国家出版基金项目
"十三五"国家重点出版物出版规划项目

近感探测
与毁伤控制技术丛书

近感探测与毁伤控制总体技术

Overall Technology of Proximity Detection and Damage Control

夏红娟　崔占忠　周如江　编著

U0234552

北京理工大学出版社
BEIJING INSTITUTE OF TECHNOLOGY PRESS

内 容 简 介

本书是介绍近炸引信总体技术的著作。书中全面系统地介绍了近炸引信基础理论、设计方法以及测试试验技术。全书共 12 章，内容包括：概论；系统设计；无线电引信主要工作体制；其他几种主要近炸引信工作体制；目标与环境近场散射特性；分系统技术；抗地海杂波干扰技术；抗干扰技术；目标方位识别技术；引信可靠性；综合测试技术；综合试验技术。

本书是作者在总结多年来本单位的科研成果以及国内外该领域最新研究成就的基础上完成的。本书可作为高等院校近炸引信专业的教材，也可供近炸引信专业的科研和工程技术人员参考。

图书在版编目（CIP）数据

近感探测与毁伤控制总体技术／夏红娟，崔占忠，周如江编著. —北京：北京理工大学出版社，2019.6

（近感探测与毁伤控制技术丛书）

国家出版基金项目"十三五"国家重点出版物出版规划项目

ISBN 978 - 7 - 5682 - 7189 - 9

Ⅰ. ①近…　Ⅱ. ①夏… ②崔… ③周…　Ⅲ. ①近炸引信 - 探测技术
Ⅳ. ①TJ43

中国版本图书馆 CIP 数据核字（2019）第 132399 号

出版发行／北京理工大学出版社有限责任公司

社　　址／北京市海淀区中关村南大街 5 号

邮　　编／100081

电　　话／（010）68914775（总编室）

　　　　　（010）82562903（教材售后服务热线）

　　　　　（010）68948351（其他图书服务热线）

网　　址／http：//www. bitpress. com. cn

经　　销／全国各地新华书店

印　　刷／北京地大彩印有限公司

开　　本／787 毫米×1092 毫米　1/16

印　　张／25　　　　　　　　　　　　　　责任编辑／陈莉华

字　　数／474 千字　　　　　　　　　　　文案编辑／陈莉华

版　　次／2019 年 6 月第 1 版　2019 年 6 月第 1 次印刷　　责任校对／周瑞红

定　　价／126.00 元　　　　　　　　　　责任印制／李志强

图书出现印装质量问题，请拨打售后服务热线，本社负责调换

近感探测与毁伤控制技术丛书

编 委 会

名誉主编：朵英贤

主　　编：崔占忠　栗　苹

副 主 编：徐立新　邓甲昊　周如江　黄　峥

编　　委：（按姓氏笔画排序）

王克勇　王海彬　叶　勇　闫晓鹏

李东杰　李银林　李鹏斐　杨昌茂

肖泽龙　宋承天　陈　曦　陈慧敏

郝新红　侯　卓　贾瑞丽　夏红娟

唐　凯　黄忠华　潘　曦

总序

引信是武器系统终端毁伤控制的核心装置，其性能先进性对于充分发挥武器弹药系统的作战效能，并保证战斗部对目标的高效毁伤至关重要。武器系统对作战目标的精确打击与高效毁伤，对弹药引信的目标探测与毁伤控制系统及其智能化、精确化、微小型化、抗干扰能力与实时性等性能提出了更高要求。

依据这种需求背景撰写了《近感探测与毁伤控制技术丛书》。丛书以近炸引信为主要应用对象，兼顾军民两大应用领域，以近感探测和毁伤控制为主线，重点阐述了各类近感探测体制以及近炸引信设计中的创新性基础理论和主要瓶颈技术。本套丛书共9册，包括《近感探测与毁伤控制总体技术》《无线电近感探测技术》《超宽带近感探测原理》《近感光学探测技术》《电容探测原理及应用》《静电探测原理及应用》《新型磁探测技术》《声探测原理》和《无线电引信抗干扰理论》。

丛书以北京理工大学国防科技创新团队为依托，由我国引信领域知名专家崔占忠教授领衔，联合航天802所等单位的学术带头人和一线科研骨干集体撰写，总结凝练了我国近炸引信相关高等院校、科研院所最新科研成果，评述了国外典型最新装备产品并预测了其发展趋势。丛书是展示我国引信近感探测与毁伤控制技术有明显应用特色的学术著作。丛书的出版，可为该领域一线科研人员、相关领域的研究者和高校的人才培养提供智力支持，为武器系统的信息化、智能化提供理论与技术支撑，对推动我国近炸引信行业的创新发展，促进武器弹药技术的进步具有重要意义。

值此《近感探测与毁伤控制技术丛书》付梓之际，衷心祝贺丛书的出版面世。

近又不"近"

自第二次世界大战弹药领域发明了近炸引信以来，弹药的毁伤效能发生了革命性变化。尤其在制导武器领域，近炸引信已成为不可或缺的核心部分，使对付飞机、导弹类机动目标的毁伤效能呈现几个数量级的上升，在武器系统创新发展中起着强大的推动乃至牵引作用。21世纪以来，随着武器装备现代化步伐的加快，对近炸引信的功能、性能提升的需求更加旺盛且迫切。

近炸引信作为一门专用领域使用的特殊产品，由于其领域的特殊性和其技术的专业性，长期以来很难从公开的文献或著作中及时、全部地了解到其发展的最新动态，尤其是其可靠实用的设计理念、方法和技巧。初入门者大都雾里看花，即使在该行业深耕多年的专业工作者也大都只知其一不知其二，或者知其然不知其所以然。从这个角度看，近炸引信并不"近"。

夏红娟研究员及其团队的《近感探测与毁伤控制总体技术》，是本套丛书的第一本，这本著作展现了她（他）们的真知灼见和前瞻思维。内容都来自他们在近炸引信领域多年的第一线研究成果和实践经验，来自对国内外研究现状与技术、产品发展趋势的了解与把握，来自对现代战争、武器需求的分析判断。全书对近感探测与毁伤控制总体技术创新带来的思维变革、技术上的挑战以及独特的设计、测试、试验方法如何改变武器毁伤效能、如何提升产品可靠性和地面试验验证的充分性与成功率，都做了全面的讲解。

本书的一个重要观点是，不同的弹药用途，需要配置与之相适应的近感探测体制，不同的弹药性能，必须为其建立适当的控制机制，才能物尽其用，提供最佳费效比的产品。同时，作者从实用性出发，对相关技术与产品在地面如何有效测试与验证提供了系统方法论和比较主流的实践。综观全书，这是一部现代引信的历史书，也是一部科普书，也可以说是一部指导创新的教科书。由于近炸引信的应用必然涉及武器研发与使用领域，因此本书不仅值得引信行业科技人员一读，对研究、应用、关注整个武器各领域的科技人员、管理人员来说，也必定开卷有益。

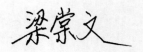

引信作为弹药的核心组成部分，自 20 世纪初出现后发生了巨大变化，首先是随着弹药功能、用途的不断扩展尤其是各类导弹的发展，近炸引信应运而生并成为必不可少的引信类别。同时，随着对物理场基础研究的深入和探测技术的发展，近感探测的手段和方法逐渐成熟并得到广泛应用，近炸引信的体制不断创新，功能、性能持续提升，大力推动了各类弹药的发展。21 世纪以来，伴随着信息技术和人工智能技术的发展，更使近炸引信的功能及其相应的数字化研发、制造、测试与试验手段的提升成为可能。

近炸引信的基本特征是要在弹目交会的不同姿态下具有极高的工作可靠性（例如 $0.99 \sim 0.999$）、极短的工作时间（例如 ms 级）、极高的安全性（例如 10^{-6}）以及体积小、成本低，同时现代战争给近炸引信提出了抗各种无源干扰、有源干扰、定向高效毁伤和智能自适应等更高的要求，使引信技术具有更专业化的特点。作者及其团队通过总结多年工作经验，梳理了本单位及其他单位的科研成果，在本书中系统地论述了引信的工作原理、设计方法以及测试、试验技术。

本书为引信专业学生及相关领域的科技工作者提供了一本比较系统的近炸引信总体技术专业著作。书中系统地介绍了引信的工作原理、设计方法以及测试技术，包括引信基础知识、引信设计技术、目标与环境近场散射特性、引信抗干扰及目标方位识别技术、引信可靠性、引信测试和试验技术等内容。

本书由7个部分组成：第1部分为引信的基础知识，包括第1章的内容，综述引信的定义与分类、发展历程与趋势、作用与原理、组成与特点，以及测试仿真与模拟试验等内容；第2部分为引信系统设计技术，包括第2章到第4章的内容，阐述了引信的设计准则和设计原理，介绍了引信工作体制；第3部分为目标特性，包括第5章的内容，介绍目标与环境的电磁散射特性与激光散射特性，以及目标与环境散射特性的仿真和测试方法，并给出了部分目标与环境散射特性测试数据，以供引信设计和仿真参考；第4部分为引信分系统设计技术，包括第6章的内容，介绍无线电引信的天线、发射机、接收机和信号处理机的组成、原理及设计方法；第5部分为满足现代战争需求的抗地海杂波技术、抗干扰技术、定向高效毁伤技术介绍，包括第7章到第9章的内容；第6部分为可靠性，包括第10章的内容，介绍了引信可靠性设计、试验及评估方法；第7部分为引信测试、试验技术，包括第11章和第12章的内容，系统介绍了实验室综合测试和外场试验验证引信性能的技术和方法。

参加本书编写工作的有夏红娟、周如江、崔占忠、王海涛、刘跃龙、童广德、周明宇、魏维伟、程姝华、刘锡民、王荣、韩永金、姜毅、陆长平、武海东、林佳宏、徐晟、李佳雪、朱晓蕾、徐雅燕、李炜昕、王彪、邓甲昊、郝新红、刘俊豪。全书由夏红娟、崔占忠、周如江、刘跃龙统稿。王平、高亮、占银玉、杨晓明参与了资料整理和格式处理工作。本书编写过程中引用了诸多文献资料，在此谨向原作者表示衷心感谢。

特别感谢高烽研究员在编写过程中的指导和提出的宝贵意见。

由于作者水平有限，时间仓促，书中错误和不妥之处，恳请读者批评指正。

夏红娟

目 录
CONTENTS

第1章 概　论

近感探测与毁伤控制所涵盖的内容相当广泛。在武器系统中，近感探测与毁伤控制装置就是引信。"近感探测"中的"近"即为"近场"，"感"即识别、感知和信息获取，"探测"即探查、发现目标。"近场"有别于"远场"，也不同于常规雷达应用领域，界定了引信工作的条件。"感"界定了引信的功能。"探测"界定了引信的基本原理和作用。"毁伤控制"为控制战斗部起爆，即引战配合，界定了引信的目的。根据"感"知的信息，按最佳方式对目标实现最大毁伤。近感探测与毁伤控制涵盖了引信的工作条件、功能、基本原理和目的，是当前阶段"引信"技术的综合诠释。由于触发引信技术相对比较成熟，且本书篇幅有限，文中"近感探测与毁伤控制"主要是指"近炸引信"技术。

本章综述引信的定义与分类、发展历程、作用与原理、组成与特点、测试仿真与模拟试验以及发展趋势等内容。

1.1　定义及分类

本节从引信的发展过程与功能出发给出引信的定义，并根据引信与目标的作用方式对引信进行分类。

1.1.1　定义

引信起源于中国，是古代火药在军事上的应用，雏形类似于爆竹的火药捻子。明代《火龙经》称火药捻子为"信"，《武备志》详细记载了"信"的具体制造方法，明末宋应星所著的《天工开物》将"信"与"引信"通用。引信的具体定义是对每个发展阶段所具备特征的高度概括和总结，它是随科技的发展而变化的。仅就20世纪国内外对引信的定义而言，其内涵就有了明显的不同，也体现了引信在技术上的发展与突破。

20世纪40年代，苏联对引信的定义："供弹丸发射后在所要求的弹道某点上（在碰击障碍物之前或碰击障碍物之后）爆炸之用的特殊机构"。该定义指明了引信的作用是在所配弹丸的既定弹道上选择起爆弹丸的炸点。该定义是基于机械触发类引信和钟表时间引信所构建的，因此它是"特殊机构"。

20 世纪 50 年代，美国对引信的定义："发现目标并在最佳时机使弹头起爆的部件"。这个定义是在 20 世纪 40 年代无线电引信出现之后构建的。与前一定义内容相比，它有两个主要发展：一是明确指出了引信具有"发现目标"的功能；二是指出引信具有选择最佳起爆时机的功能。这是对引信定义的重大发展，也标志着引信功能的重要拓展。在随后的 30 多年里，国内外对引信的定义虽有不同描述，但内涵均没有明显变更。

1989 年出版的《中国大百科全书：军事》中，对引信的定义："利用环境信息和目标信息，在预定条件下引爆或引燃战斗部装药的控制装置"。该定义首次将"信息"和"控制"引入到引信的定义，并以"预定条件"来涵盖"最佳作用方式""最佳起爆时机""最佳炸点"等内容，是对引信定义的两个重要发展。在 1990 年出版的《中国军事百科全书》中，在上一定义主体内容的基础上，将"控制装置"替换为"控制装置或系统"，首次将"系统"的概念引入到引信定义中。

"信息""控制""系统""预定条件""引爆或引燃战斗部装药"等关键词，构成了现代引信定义的主体概念，同时反映了现代引信的技术本质和主要特征。近 20 年来，对引信的新认识及新定义得到了国内引信界共同认可。

结合近年来武器系统的发展和引信技术的进步，可对现代引信做出的定义为：引信是感受并识别环境和目标信息（或按装定的指令信息），在期望时空引爆弹药实现最佳终端效能的控制系统。

一般来说，现代引信具备以下 3 个功能：

（1）在引信生产、装配、运输、存储、装填、发射以及发射后的弹道起始段上，不能提前作用，确保我方人员和设备的安全。

（2）感受目标和环境信息并加以处理，确保战斗部在相对目标的最佳位置起爆，确保环境不会对引信的主要战技能力产生影响。

（3）向战斗部输出足够的起爆能量，以完全地引爆战斗部。

目前，考察引信装备及引信技术的发展，需要在 3 个层面上进行：一是战争对抗克敌制胜的需求；二是武器系统综合作战效能提高的需求；三是相关技术发展所提供的技术可能性和所产生的技术推动力。第一层面和第二层面主要体现了军事需求的牵引，它们对引信装备发展产生重要影响，主要表现在引信功能的不断完善与扩展，是引信发展必不可少的条件；第三层面主要体现技术发展的推动，它对引信装备发展所产生的影响主要表现在引信性能的不断提高，是引信发展的充分条件。"需求牵引，技术推动"是引信发展的不竭源泉，是引信装备与引信技术发展的一般规律。

1.1.2 分类

引信的分类方法较多，可按对目标的作用方式、工作原理、战术使用、装配位置等进行分类。按照引信感受并识别目标信息的方式可分为 3 类：触感式、近感式及间接式。相对应分别为触发引信、近炸引信及执行引信。

1. 触发引信

触发引信是指依靠与目标实体的直接接触或碰撞而作用的引信，又称为着发引信或碰炸引信。按照作用原理不同，可分为机械类引信和机电类引信。按照引信的作用时间不同又可分为瞬发引信、惯性引信、延期引信和机电触发引信等。

1）瞬发引信

瞬发引信是在弹头碰击目标瞬间，借助目标的反作用力起爆的引信。从触及目标至传爆序列输出爆轰或爆燃能量的时间间隔小于 1 ms。此类引信适用于杀伤榴弹、空心装药破甲弹、小高炮榴弹及杀伤爆破弹。电子瞬发引信的作用时间可以控制在十到几十微秒之间，主要配用于打击坦克、装甲车、低空飞机、巡航导弹等高机动目标的弹药。

2）惯性引信

惯性引信即短延时引信，靠引信撞击目标时的前冲惯性力发火。从触及目标至传爆序列输出爆轰或爆燃能量间的时间间隔一般在 1～5 ms。一般配用于杀伤爆破或攻坚爆破弹药。装备此类引信的榴弹，爆炸后可在中等坚实的土壤中产生小弹坑，对坚实的土壤有小量的侵彻。

3）延期引信

延期引信是指目标信息经过信号处理后延长作用时间的触发引信。延期的目的是保证弹药进入目标内部爆炸，延期时间一般在 10～300 ms。该类引信可安装在弹头和弹底。对付高防护的目标时应安装在弹底，主要配用于穿甲、爆破及杀伤爆破弹药，用来对付飞机、舰艇、地面工事、机场跑道等具有一定防护能力的目标。

4）机电触发引信

机电触发引信属于瞬发引信，因原理不同且种类较多而独自分为一类。用压电元件将获得的目标信息转换为电信号的压电引信曾是机电触发引信的主流，但目前更多采用磁后座发电机发射时"取能"、双层金属罩碰撞时闭合"发火"的方式。机电触发引信瞬发度高，一般在几十微秒即可作用，常用于破甲弹和早期导弹上。

"作用时间"是指接触目标瞬间开始到发火输出所经历的时间。触发引信的作用时间又称作用瞬发性或引信的瞬发度，作用时间越短，瞬发度越高。

5）侵彻引信

侵彻引信是利用侵彻过程中的目标信息，依据预定策略引爆侵彻战斗部的控制系统。一般用于对建筑物、舰船内部及地下目标实施毁伤。

2. 近炸引信

近炸引信是通过目标出现时周围空间物理场特性的变化感知目标的存在，并在预定的位置适时起爆战斗部的一种引信。近炸引信又称近感引信，按照传递目标信息的物理场特性，可分为无线电、光、磁、声、电容、静电等引信。

1）无线电引信

无线电引信俗称雷达引信，是利用无线电波获取目标信息而作用的近炸引信。按照引信的工作波段又可分为米波、分米波、厘米波、毫米波和亚毫米波引信等；按照作用原理又可分为多普勒、调频、脉冲调制、噪声调制和编码引信等；按照无线电波辐射物理场源可分为主动、半主动和被动引信。

2）光引信

光引信是利用光波获取目标信息而作用的近炸引信，常用的有红外引信和激光引信。红外引信是利用目标的红外辐射特性来工作的引信，主要应用于空对空导弹。激光引信是利用目标表面反射激光来工作的引信，具有极窄的光束、极小的旁瓣和很强的抗外界电磁干扰能力，是一种发展很快的近炸引信，主要应用于导弹和迫弹。

3）磁引信

磁引信是利用磁场获得目标信息而作用的近炸引信。许多目标如飞机、坦克、潜艇、车辆等都是由铁磁物质构造成的，这些目标周围存在磁异常场，改变了周围空间的磁场分布，离目标越近，这种变化越剧烈。目前该类引信主要应用于水雷、地雷、反坦克弹和航空炸弹上。

4）声引信

声引信是利用声波获取目标信息而作用的近炸引信。许多目标如飞机、潜艇、坦克等都带有大功率的发动机，行进过程中会产生很大的声响，因此可利用声波进行探测。目前主要应用于水中武器和反坦克弹药上，在反直升机弹药上也有较好的应用前景。

5）电容引信

电容引信是利用引信探测电极间的电容遇到目标时发生变化来获取目标信息而作用的近炸引信。该类引信具有原理简单，定距精度高，抗干扰能力强等优势，主要应用于作用距离要求不大的场合。

6）静电引信

静电引信是通过检测目标静电场而获取目标信息的近炸引信，具有结构简单、体积小、造价低、反电磁隐身和抗电磁干扰能力强等优势。根据目标静电产生机理，静电引信在反隐身、超低空以及精确目标方位识别等领域具有良好的应用前景，但是易受到雷电、雷暴云等恶劣自然环境的干扰。

近炸引信的作用特点是引信不接触目标便能起爆，完全依靠其敏感装置来感应目标的出现时机、速度、距离及方向，在距目标一定距离即可起爆。近炸引信可大幅提高弹药对地面、空中及水中目标的杀伤概率，提高弹药对各种目标的毁伤能力，减少弹药的消耗量。对需要近距离爆炸的弹药，如导弹以及炮弹领域的杀伤弹、破甲弹等，是最适用的引信。

3. 执行引信

执行引信是指直接获取外部专门设备发出的信号而作用的引信。按照获取方式的不同，可分为时间引信和指令引信。

1）时间引信

按预先装定的时间而作用的引信，根据原理不同可分为机械式、火药式和电子式引信。机械式采用钟表计时，火药式采用火药燃烧药柱长度计时，电子式采用电子计时。此类引信一般用于杀伤爆破弹、子母弹和特种弹等。

2）指令引信

指令引信利用接收遥控（或有线控制）系统发出的指令信息而作用。该类引信无须发射装置，但需要配备接收指令信号的装置。该类引信的缺点：一是需要一个大功率辐射源和复杂的遥控系统，容易被敌方发现并摧毁；二是引战配合效率不高。以往用于地对空导弹，现在已基本不用。

1.2　发展历程

引信自火药发明以来就一直存在，应用于炮弹的触发引信也有几百年历史，但近炸引信的发展史不足百年。

近炸引信的发展是从 20 世纪 30 年代开始的，德国最早，其次是英国、日本、苏联，它们曾先后设计了多种类型的近炸引信。例如苏联在 1935 年制成了声学引信，在实验室和靶场试验时，得到了令人满意的结果。用它来对付装有 M－11 或 M－17 发动机的飞机，可以保证在 50~60 m 距离动作，并对炮弹发射的声音不起作用。近炸引信的飞跃发展是在 20 世纪 40 年代以后，是由于第二次世界大战中特别令人注目的两大事件促成的。第一个事件是有很大活动半径的新式导弹的出现，它使近炸引信变成极为必需的装置。因飞机上装载的航空导弹数量一般不多，它们构造复杂而且昂贵，这就使它们不能像普通口径的航空炮弹那样大量地消耗。此外，导弹的遥控系统或是自动瞄准系统都存在着不可避免的误差而不能导引弹头直接命中目标。因此，对导弹来说，实现近感起爆比炮弹更加必要。第二个事件是雷达技术的广泛发展，为实现新原理的近炸引信创造了条件。如美国在 1940 年左右才开始研究，但很快就把雷达技术移植到近炸引信上来，从而后来居上，处于领先地位。连续波多普勒无线电引信于 1943 年研制成功并装备部队。到第二次世界大战结束时，共生产可用的连续波多普勒无线电引信约两千多万发，这些引信在大战后期都显示出强大威力。无线电引信相对触发引信成倍甚至几十倍地提高杀伤效果，这一事实使各国受到很大启示，投入了更多的人力、物力，而且把最先进的技术成就优先用于引信。由于广泛采用了各个科学领域中的最新成就，近炸引信发展很快。无线电引信从 20 世纪 40 年代的电子管型、50 年代的晶体管型、60 年代的固体电路型，发展为 70 年代的特制集成电路型。例如美国将中、大口径炮榴弹引信，用一种集成化通用无线电引信代替。在迫击炮弹上，也研制配用了集成化的多用途引信。随着电子计算机、微电子技术、红外技术、激光技术、遥控（感）技术等在近炸引信中得到应用，先后出现了各种原理的近炸引信，如红外引信、激光引信、毫米波引信等。

目前，近炸引信已由配用于导弹及大、中口径炮弹上发展到配用于小口径炮弹上。根据现代飞机和防空技术的发展水平，各国普遍认为中高空的防御可利用导弹，而低空防御则可用小高炮和低空导弹。由于小高炮有反应快、射速高、数量多及初速大等许多特点，因而仍是现代战场上的一种有效的不可缺少的防空武器。如瑞典博福斯公司为提高 40 毫米高炮武器系统的效能，于 1974 年第一次在 40 毫米预制钨珠凸底榴弹上正式配用无线电近炸引信，从而大大提高了杀伤概率。其他国家也都在研究、设计和制造各种小口径的近炸引信弹药，有的已装备部队。

导弹引信技术起步于第二次世界大战，经历了四个阶段。

第一阶段从第二次世界大战结束后到 20 世纪 50 年代中期。本阶段导弹引信主要解决弹目交会时，如何探测到目标存在，使导弹在未能直接命中目标的情况下，适时引爆战斗部的问题，以期达到扩大目标杀伤面积的目的。这期间的引信工作体制，多为外差式连续波多普勒或简单的连续波调频引信。引爆延时时间多为固定的。引信缺乏良好的距离截止特性。这期间的导弹引信以美国的波马克导弹调频引信、苏联的 SAM – 1 与 SAM – 2 导弹引信为典型代表。

第二阶段从 20 世纪 50 年代末期到 70 年代末期。本阶段导弹引信技术蓬勃发展。激光、红外、窄脉冲、特殊波调制、噪声调频和各种波形调制的引信（包括主动式、半主动式和被动式引信等）应运而生。引信的研究、设计侧重于下述几点：①通过雷达波形的设计，提高引信固有的潜在抗干扰能力，例如通过提高引信的距离截止特性，提高引信抗转发式干扰能力；②通过采用激光、红外技术提高引信抗电子干扰能力；③通过调整天线波束倾角、战斗部破片飞散角和借助制导系统提供的简单信息，调整启动延时等技术措施，以提高引战配合效率。这期间比较典型的雷达引信主要有英国的"天空闪光"非全相参的 PD 引信、法国的马特拉 – 530 空空导弹 PJE – 2 型引信和"海响尾蛇"引信、苏联的 SAM – 3 地空导弹 5E11 型引信和 SAM – 6 地空导弹引信、美国"霍克"导弹的半主动定角引信和"不死鸟"窄脉冲引信、意大利 Aspide 导弹的 PD + 旁瓣抑制引信、法国和西德联合研制的罗兰特导弹的特殊波调频引信。比较典型的激光引信有美国的 AIM29L 导弹 Dsu215B 激光引信、瑞典的 RBS270 导弹的激光引信。比较典型的红外引信有法国的"响尾蛇" R2440 空空导弹引信、英国的 PK24 空空导弹的中红外引信、美国的 AIM29P 空空导弹的中红外引信。这期间，英、美等国相继建立了无线电缩比动态模拟试验室、火箭橇试验场，开展了大量的目标近区雷达散射特性测试和引信启动特性试验研究，进一步完善了引信技术研究试验手段。

第三阶段从 20 世纪 80 年代初到 20 世纪末。本阶段导弹引信技术的研究和发展受到两方面因素的影响：一是自 20 世纪 60 年代末期以来，由于巡航导弹的出现和飞机低空突防能力的增强，以及日益严重的电子、光学干扰环境，使引信朝着提高低空性能和进一步提高引信抗干扰性能方面发展；二是随着弹目交会速度的增大，以及微计算机技术的发展，使引信朝微计算机控制产生最佳起爆的方向发展。这期间各国充分利用制导系统提供的信息和激光、红外、雷达技术的最新成就，使引信在低空性能、抗干扰能力和引战配合方面进步明显。这一阶段引信技术发展有几个重要标志：①引信的低空性能由 20 世纪 70 年代 200～300 m，降低到 80 年代的 50～30 m，90 年代改进的"海响尾蛇"导弹引信以及俄罗斯的施基里－1 导弹引信可以攻击 5～10 m 掠海目标，美国的 RAM 导弹激光引信可以攻击 3～5 m 掠海目标；②精确起爆控制技术迅速发展，国外第四代防空武器普遍采用新型定向起爆无线电引信与定向战斗部匹配的定向引战系统，如俄罗斯的 S－300V、S－400"凯旋"(Tfiumf)、AA－12 系列，欧洲的"紫苑"系列、美国的 PAC－3 系列普遍采用新的定向引战技术，即起爆时刻、方式、方向精确控制的无线电引信与战斗部飞散角控制技术相结合；③采用频段扩展、静电探测体制扩展、高速数字信号处理等手段，以及各种复合调制技术，从而提高了抗干扰能力。

第四阶段始于 21 世纪初。随着科学技术的进步和未来军事需求的发展，引信技术在以下几方面得到发展：一是引信工作频段普遍扩展到毫米波甚至亚毫米波频段；二是发展和完善了新的引信体制，如 GIF 引信、激光成像和红外成像引信；三是引信集成度大大提高，信号处理能力显著增强，且采用了复合引信技术；四是引信的产品化和低成本化得到重视和发展。以上几方面的发展使引信的超低空性能、反隐身性能、反高速目标性能和抗干扰性能得到进一步提高，引信的性价比得到明显提升。

1.3   作用与原理

引信是使战斗部充分发挥其效能的控制装置。引信种类繁多，工作原理也各不相同。本节主要介绍主动式近炸引信、半主动式近炸引信和被动式近炸引信的工作原理。

1.3.1   作用

现代武器系统主要包括原子弹、导弹、火箭弹、航空炸弹、炮弹、鱼雷、水雷、地雷、手榴弹等和它们的发射、运载、投放、布设装置等，其作用就是对预定目标造成最大程度的损伤和破坏。在上述弹种中多装有炸药或其他装填物，遇目标时利用它们爆炸产生的能量来完成对目标的杀伤和毁坏的任务。但是炸药爆炸是有约束的，一是需外加足够的起始能量来引爆炸药，二是必须控制其在特定的时机起爆，以确保在运输、存储、发射过程中不发生爆炸，并给予目标造成最大程度的毁伤。为了充分发挥弹药的威力，若将运载系统作为第一控制系统，则引信是第二控制系统，是对目标作用的最后一个控制环节，是至关重要的。

战斗部是武器系统中直接对目标起毁伤作用的部分，即指导弹、火箭弹、炮弹等起爆炸作用的部分，也包括不起爆炸作用的特种弹，如宣传弹、燃烧弹、照明弹等。在战争中，目标与战斗部处于直接对抗状态，战斗部要摧毁目标，目标要以各种方式进行干扰和防御战斗部的攻击。

在现代战争中存在各种各样的目标，同时伴随着复杂环境，如存在条件（空中、地面、地下、水面、水下等）、物理特性（高速、低速、静止、热辐射、电磁波反射等）、防护性能（强装甲防护、钢筋水泥防护、土木结构防护、无防护等）等。为了能有效摧毁目标，需根据目标的相关特性发展各种各样的战斗部，如破甲、穿甲、爆破、杀伤等以及它们的组合形式。若要求这些战斗部有各自相对目标起作用的最佳位置，则必须根据目标特点配用引信以实现对目标的识别，从而使战斗部充分发挥其效能，引信在其中发挥关键作用。相对目标起作用的最佳位置随战斗部的类型和威力不同而不同，为了满足这一要求，需研制出各种不同原理的引信。

目标、战斗部、作战方式和科学技术的发展，推动着引信技术不断发展。

1.3.2 工作原理

近炸引信是非触发引信，与目标不直接接触，但存在密切联系。当目标存在时，其自身的物理特性、几何形状与轮廓、运动状态及目标周围的环境都反映出了各种信息。近炸引信正是通过探测和识别目标的各种信息来确定目标的存在与方位，控制战斗部适时起爆的。

引信与目标之间传递信息需要中间媒介物，如图1-1所示。一般来说，中间媒介物可以是各种物理场，如电、磁、声、光等。场是一种特殊形式的物质，在同一个空间中同时存在着多种物理场，场可以改变目标的状态，目标也会对场产生影响，近炸引信与目标的相互作用正是利用了场的这个特性。

图1-1 引信与目标之间的关系

当空间存在物理场时，目标的出现会引起物理场的变化。如果近炸引信中装有对物理场变化敏感的装置，那么场的变化就会引起敏感装置状态的变化。这样，通过场的作用将目标的信息传递给引信，引信接收到该信息并加以处理，以控制引信在合适时机作用。

在这里，对近炸引信进行进一步的定义：通过目标出现时周围物理场的变化感知目标的存在并对感知到的目标信息进行处理，在预定位置适时起爆战斗部的一种系统。按照传递目标信息的物理场来源，近炸引信可分为主动式、半主动式和被动式三类。

主动式近炸引信：由引信本身的物理场源（简称场源）辐射能量，利用目标的反射特性获取目标信息而作用的引信。由于该物理场是由引信本身产生的，工作稳定性较好。但场源的设计使引信的电路设计复杂，并要求有较大功率的电源来供给物理场源工作，增加了引信的设计难度。此外，该类引信易被敌方察觉，若抗干扰设计欠佳，容易被干扰。主动式近炸引信是最常用的近炸引信，尤其在防空导弹上列装和在研的几乎都是主动式近炸引信。

半主动式近炸引信：由我方在地面、飞机或军舰上设置场源辐射能量，利用目标的反射特性，并同时接收场源辐射和目标反射信号从而获取目标信息进行作用的引信。该类引信结构简单，场源特性稳定且可控，关键在于引信要能鉴别目标反射信号与场源信号。该类引信需要大功率的场源和专门设备，指挥系统复杂，且容易暴露。目前该类引信较少使用。

被动式近炸引信：利用目标产生的物理场获取目标信息而工作的引信。大部分目标都是具有某种或多种物理场的，例如发动机可以产生红外光辐射场和声波，高速运动的目标由于静电效应而存在静电场，铁磁目标存在磁场等。该类引信结构简单、耗能低、不易暴露。但该类引信获取目标信息完全依赖于目标的物理场。由于各种目标的物理场强度存在明显差异，且敌方可能采取特殊措施或者使用特殊材料，使得目标物理场产生变化或减小，甚至可以暂时消失，故其工作稳定性差。电容引信、磁引信、声引信等都属于被动式近炸引信。

近炸引信借以工作的中间媒介物是各种物理场，根据物理场的变化，敏感装置引入目标信号，经过信号处理装置进行目标识别和定位，推动执行装置工作，引爆战斗部。

1.4　组成与特点

本节介绍引信的基本组成、爆炸序列、工作特点以及主要战术技术指标体系。

1.4.1　基本组成

图 1-2 给出了近炸引信的基本组成部分、各部分间的联系以及引信与目标、战斗部等的关系。

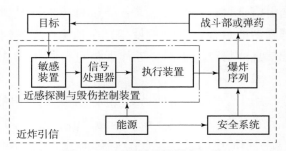

图 1-2　近炸引信的基本组成

近炸引信由近感探测与毁伤控制装置、能源、安全系统和爆炸序列组成。近感探测与毁伤控制装置包括敏感装置、信号处理器和执行装置，它起着发现识别目标、抑制干扰、确定最佳起爆位置和给出引爆信号的作用。能源包括环境能源（由战斗部运动所产生的后坐力、离心力、摩擦产生的热、气流的推动等）及引信自带的能源（二次电源），其作用是供给近感探测与毁伤控制装置和安全系统正常工作所需的能量。安全系统包括保险机构、隔爆机构等。保险机构使近感探测与毁伤控制装置平时处于不敏感或不工作状态，使隔爆机构处于切断爆炸序列通道的状态，这种状态称为安全状态或保险状态。爆炸序列是指各种火工元件按它们的敏感程度逐渐降低而输出能量逐渐增大的顺序排列而成的组合，其作用是引爆战斗部主装药。爆炸序列也受安全系统的控制，只有引信完全解除保险才可能被引爆。

1. 敏感装置

对于触发引信来说，敏感装置就是触发器，通过感知弹目碰撞力而给出启动信号。

对于近炸引信来说，敏感装置感受外界由于目标存在而产生的物理场变化，并把所获得的目标信息变成电信号，也称为目标敏感器，有无线电探测器、红外探测器、激光探测器、电学探测器、磁学探测器和声学探测器等。敏感装置是近炸引信的核心。对于主动式近炸引信，敏感装置还包括辐射能量的装置。

2. 信号处理器

对于触发引信来说，信号处理器主要起延时作用，最后通过点火电路给出引爆信号。

对于近炸引信来说，一般情况下，敏感装置所获得的目标信息能量很小，输出的初始信号也很弱，需要将此信号放大。另外，在所获得的目标信息中还混杂了各种干扰信号，需经过频域、时域处理，鉴别或抑制人工干扰、背景与环境杂波等，从中提取有用的信号，确定目标处在最佳炸点时推动后一级执行装置工作。频域处理包括滤波、频谱分析等，在频谱上抑制干扰或杂波，从而提取需要的目标信号。时域处理包括对目标信号进行和、差、乘、除、微分、积分等运算。采用相关检测，可大大改善引信的距离截止特性，提高引信的抗干扰能力。将时、频处理获得的目标信息，以及制导系统给出的有关信息进行数学运算和逻辑运算，经引战延时后给出启动指令，最后通过点火电路给出引爆信号。

3. 执行装置

执行装置是将信号处理器输出的引爆信号转变为火焰能或爆轰能的装置。它由开关、储能器、电点火管（或电雷管）组成。电点火管所需要的电能是由储能器提供的，利用开关适时地接通使电点火管点火引爆战斗部。开关受安全系统控制，解除保险后适时接通。

1.4.2 引信的爆炸序列

引爆战斗部主装药的任务是由爆炸序列直接完成的。为保证弹药的安全，战斗部主装药都是钝感炸药。要使其爆炸，必须使用敏感度高的引爆炸药。从安全角度考虑，敏感度高的引爆炸药使用量不会多。由于少量的敏感度高的引爆炸药只有较小的爆炸能量输出，不能引爆钝感炸药，因此在高敏感度引爆炸药和钝感炸药之间，需要设置一些敏感度逐渐降低而能量逐渐增大的爆炸元件，主要有火帽、电点火管、雷管、电雷管、导爆药、传爆药等。火帽、电点火管、雷管、电雷管也可以放置在执行装置中。

爆炸序列有传爆序列和传火序列之分。传火序列一般用于宣传、燃烧、照明等特种弹药的引信中。最后一个爆炸元件输出爆轰能的爆炸序列称为传爆序列，最后一个爆炸元件输出火焰能的爆炸序列称为传火序列。传爆序列的组成随着战斗部类型、主装药的药量和引信的作用方式不同而有所差异。其中，传爆序列第一级爆炸元件为电火工元件，如电点火管或雷管。图1-3为近炸引信传爆序列框图。

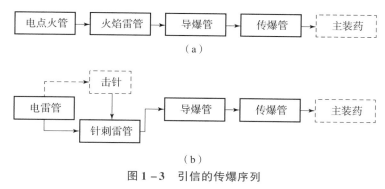

（a）

（b）

图1-3 引信的传爆序列

（a）火焰雷管传爆序列；（b）针刺雷管传爆序列

传爆序列中，导爆药柱和传爆药柱采用与主装药感度基本相同的炸药制成，而火帽、电点火管、雷管、电雷管等起爆元件则装有较敏感的起爆药。在某些环境条件下起爆药可能产生自燃或早炸导致引信早炸，因此一般都采用隔离安全技术措施。隔离是指将爆炸序列中的一个爆炸元件与下一级爆炸元件相隔离，以隔断爆炸冲量的传递通道。实施爆轰冲量隔离的零件称为隔爆件。

在火帽（或电点火管）与雷管中间设置隔爆件，称为半保险引信。当火帽（或电点火管）意外发火时，不会引爆雷管，保证引信的不作用。但这种隔爆方式仍不能解决雷管意外发火时引起引信爆炸的危险性。在雷管（或电雷管）与导爆药柱中间设置隔爆件，称为全保险型引信。当火帽（或电点火管）和雷管（或电雷管）意外发火时，都不会使引信爆炸。没有上述隔离措施的引信称为非保险型引信。

传爆序列的起爆由位于发火装置中的第一个火工元件开始，发火方式主要有下列3种：

（1）机械发火，即用针刺、撞击、碰击等机械方式使火帽或雷管发火。

（2）电发火，即利用电能使电点火管或电雷管发火。

（3）化学发火，即利用两种或两种以上的化学物质接触时发生的强烈氧化还原反应所产生的热量使火工元件发火。

1.4.3 引信的工作特点

引信的工作特点有：与目标相互作用的复杂性、瞬时工作、高精确引爆指令、高可靠、体积小、价格低等。

1. 与目标相互作用的复杂性

引信性能与目标物理特性的关系极为密切。对于主动式无线电引信来说，目标处于引信天线近区或超近区，到达目标和目标反射的电磁波均为球面波。引信天线接收到的目标信号的振幅、相位、多普勒频谱与目标的大小、形状、构造、材料及引信与目标之间的姿态等有密切关系。目标的雷达散射截面（RCS）是距离的函数。这点与工作在目标远区的雷达导引头有显著区别。因此，引信接收到的目标回波功率，与距离之间不是恒定的四次方关系，而是随距离的减少，从四次方逐步过渡到平方关系。引信的近区特性给引信数字仿真带来了很大的复杂性和难度。引信最大作用距离虽然不大，但引信最小作用距离要求接近 0 m，这给引信的设计带来了相当大的难度。

触发引信的起爆性能与目标的结构、材料、导弹接触目标的入射角等密切相关。

2. 瞬时工作

为防止引信因弹内或弹外的干扰产生早炸，过早发出意外的引爆指令，希望引信处于完全工作状态的时间尽量短，一般在几秒以内。通常无线电引信天线波束比较窄，一般为几度（°），光引信甚至为零点几度，而引信与目标之间的相对速度高达每秒几百米至几千米，因此引信获得目标回波信号的持续时间非常短，从几十毫秒到几毫秒甚至更短。引信必须在这极短的时间内从环境干扰和人为干扰中检测目标，提取目标信息，快速产生启动指令。这就给近炸引信天线或光学系统设计、波形设计及信号处理设计等带来特殊要求和难度。无线电引信属于近程雷达，但一般雷达上的许多处理方法在引信上是不能直接套用的。此外，对空引信必须在周向 360° 进行探测，这也是引信区别于一般雷达的特点和难点。

3. 高精确引爆指令

由于引信与目标之间的相对速度很高，尤其是导弹引信在拦截弹道导弹的弹头时，相对速度高达十马赫以上。因此引信发出的引爆指令误差为几毫秒，就相当于提早或延迟引爆几米到十几米，这样战斗部的杀伤元素（如破片或链条）就可能击不中目标或不能全部击中目标，致使导弹攻击目标失败或杀伤目标效果恶化。

在触发引信中，瞬发引信的瞬发度的精确度要求也较高，根据不同的目标物理结构，瞬发度要求微秒级。瞬发度的不正确，将影响对目标的杀伤效果。

4. 高可靠、高安全

由于引信是引爆战斗部的一次性使用产品，因此它的可靠性要求特别高。在勤务操作中，要保证绝对安全，在战斗使用时要保证及时解除保险。在引信处于待发状态期间，不允许出现虚警（虚警概率要小于 10^{-6}），否则将导致战斗部早炸，效率为零。在目标通过引信启动区时，应适时引爆战斗部（启动概率一般要大于 95%，现在大多不低于 98%），不允许出现漏警，否则引信就来不及检测和处理目标回波信号，导致不爆，效率为零。弹上制导设备则允许出现一定数量的虚警或漏警，因为它能在一定时间内纠正虚警或漏警产生。

在使用火工品的安全执行机构中，由于火工品只能一次点火，一次使用，其性能好坏不能逐个点火检查，只能靠抽样检查，因此性能可靠性、稳定性更重要。

5. 体积小、价格低

引信受弹上空间的限制和成本的限制，必须做到体积小、成本低，这也是引信区别于一般电子设备的特点和设计难点。特别是未来武器系统对引信的要求越来越高，往往需要采用多种体制复合才能完成作战任务，小型化、低成本设计难度越来越高。

综上所述，引信具有近场探测体目标的复杂性、瞬时性、一次工作的高精确性和高可靠性、高安全性等特点，集近场目标探测、识别、控制、保险和解除保险等核心技术于一体。

1.4.4　主要战术技术指标体系

根据使用要求、武器弹药系统的技术特性、目前的技术水平和生产能力等实际情况，对引信提出了一系列性能要求。这些要求可以归纳为战术和技术两个方面，统称为战术技术要求。战术要求是根据需要提出的，技术要求是实现战术要求的保证。战术技术要求通常由军方和研制生产方共同确定，必须具备技术实现可行性。战术技术要求是引信设计、研制和评价引信的最基本的原始依据，并以定量指标形式作为评定产品质量的标准。

不同类型引信的战术技术要求不同，可分为一般要求和特殊要求。一般要求是所有引信都必须满足的基本要求，而特殊要求则是依据引信的特点而定。近炸引信的主要战术技术性能有安全性、可靠性、电磁兼容性、使用性、引战配合性、抗干扰能力、环境适应性、标准化、经济性和长期存储稳定性等。

1. 安全性

引信的安全性是指引信在生产、勤务处理、装填、发射直至延期解除保险的各种环境中，在规定条件下不意外解除保险和爆炸的性能。引信的安全性得不到保证，就谈不上可靠性。一般安全性可分为勤务处理安全性、发射安全性和撤离战斗安全性几个方面。

1）勤务处理安全性

勤务处理是指从引信出厂到发射前所做的全部操作和处理，其间可能遇到振动、磕碰、跌落、冲击、静电及射频干扰等。引信不因这些环境条件的作用而提前解除保险，提前引爆或发火。

2）发射安全性

它是指弹药发射时引信在发射器内（如炮管、发射管等）和阵地的安全性。对于火炮弹药是指膛内安全性和炮口安全性；对于火箭弹和导弹则是指主动段安全性。

（1）膛内安全性。

炮弹发射时，在炮膛内的加速度很高，如某些小口径航空炮弹发射时加速度峰值可达 110 000 倍重力加速度，中、大口径榴弹和加农炮榴弹发射时的加速度可达 1 000～30 000 倍重力加速度，引信内部的零件会受到强烈的冲击力，1 g 质量的微小零件将要受到 500～600 N 的力。这样大的力就有可能使某些起爆元件自行发火，如果引信发火，就会引爆战斗部发生膛炸，造成武器受损、人员伤亡的严重后果。为此，在引信中设置隔爆机构，以保证膛内安全。

（2）炮口或主动段安全性。

这主要是保证我方发射阵地的安全性。因为发射阵地上可能有伪装物或处于丛林地带，如果炮弹一出炮口引信就处于待发状态，则伪装物或丛林等就可能成为假目标而使引信发生早炸。对于火箭弹来说，如发动机工作不正常时，火箭弹很可能飞向自己阵地，或者发动机熄火而使箭弹掉在自己阵地上。因此，对引信应有炮口（或主动段）安全距离的要求。炮弹的炮口安全距离应大于战斗部的有效杀伤半径，小于火炮的最小攻击距离；火箭弹和导弹的安全距离应为主动段距离。

为保证炮口或主动段安全，通常采用隔爆机构延期解除保险的方法。在引信中专门设置延期解除保险机构，又称远距离解除保险机构。

3）撤离战斗安全性

它是指弹药发射后未遇目标而撤离战斗的安全性。这是某些弹药对引信提出的战术技术要求，而且根据弹种不同而异。例如，地对空或空对空弹药主要用于城市和野战防空或空对空作战。通常是对付在我方地区上空的空中目标。当弹药发射后未遇到目标时，就会落在我方地区，已处于待发状态的引信将会引爆战斗部而危及地面人员和设备的安全。因此，要求引信在距地面一定高度的范围内不发火，此高度称为安全高度。通常采用使引信在安全高度以上的弹道点发火，使战斗部炸毁（称为自毁），以防止对我方阵地人员及设备的危害。在这类弹药引信中都设置了使战斗部自炸的机构，称为自炸机构。同样，在地雷引信中也要求设置自炸机构，在我军撤离自己投放的地雷区时使地雷自毁，以保证友军进入该阵地时的安全性。又如，对坦克等装甲目标射击时，为了避免脱靶的弹药危及我方出击部队的安全，要求弹药落地时爆炸。

弹药除发射（投放）后撤离战斗的情况外，还存在另一种情况即投弃弹药。例如某些航空弹药中的航弹、火箭弹、导弹在执行战斗任务时，由于飞机或武器发生故障、战斗任务取消或需卸载的情况下，可能向友区投弃弹药。此时，必须要求引信不能解除保险，通常采用专门的控制装置将引信锁定在"保险"位置上，以保证弹药投弃安全。

2. 可靠性

传统的可靠性定义：产品在规定条件下和规定时间内完成规定功能的能力。规定条件是指产品的工作条件。对于引信而言，工作条件是指环境条件、勤务处理条件和贮存条件。规定时间是指使用时间和贮存时间，引信的工作时间极短而贮存时间很长。规定功能是指产品所规定功能的全体，而不是一部分的功能。引信的可靠性可分为安全可靠性和作用可靠性两大部分。

安全可靠性的失效模式为早炸，即引信在安全距离以内的发火现象。由于安全性在引信中占有特殊地位，因而将其从可靠性中独立出来，并作为引信的功能性能要求来对待。引信可靠性主要是指作用可靠性，包括解除保险可靠性、解除隔离可靠性和对目标作用的可靠性。其中，对目标作用的可靠性又包括发火可靠性和爆炸序列最后一级火工品的起爆完全性。

引信在遇目标之前必须处于待发状态，这就要求可靠地解除保险与隔离，否则引信将会失效。发火可靠性是指引信遇目标时，其作用过程必须正常，按照预定的方式发火。起爆完全性取决于传爆序列的设计是否合理。

由于引信工作环境条件十分复杂和恶劣，且为一次使用产品，对其引爆性能无法实现100％检验，只能抽样检验。在整个武器系统中，引信是实现毁伤目标的最后环节。引信失效会使整个系统无效，会造成巨大的经济损失、人员伤亡或延误战机等后果。因此，必须对引信提出高可靠性要求。

3. 电磁兼容性

引信电磁兼容性设计应满足武器系统电磁兼容性要求。引信电磁兼容性设计的主要内容有频率选择、信号电平的选择、元器件的选择、结构设计、布线设计、电路设计、屏蔽设计、滤波设计、接地设计、系统布局、电源设计、搭接设计等。通过对以上内容的具体实施以保证引信的电磁兼容性能符合规定的设计要求，并达到以下工作目标：①引信在工业、电视、通信造成的电磁干扰环境中能正常工作；②引信在规定的电磁环境中能正常工作，其工作时产生的电磁辐射不影响其他设备和系统的正常工作，且应保护相关人员免受电磁辐射的危害。

4. 使用性

引信的使用性是在勤务处理和使用过程中，安装、检测及装定引信时的可操作性，以及操作的可靠性、快速性、准确性等综合性能。

引信是一次使用产品，设计时应考虑从勤务处理到使用全过程中，操作人员、使用兵种、使用场合和使用环境条件等因素对引信装定、检测及安装等操作的影响，应尽量使引信的操作程序简单、方法便捷。

5. 引战配合性

引战配合性是指引信使战斗部的毁伤能力发挥作用程度的指标，是在规定的弹目交会条件下，引信起爆区与战斗部的最佳起爆区协调一致的能力。它包括引信引爆战斗部的适时性、完全性及结构上的协调性。

引信引爆战斗部的适时性是在各自可能的弹目交会条件下，引信起爆区与战斗部动态毁伤区协调一致的性能。它与引信的类型、目标的结构特性和易损性、战斗部类型以及弹目交会条件等有关。

引信引爆战斗部的完全性是指引信爆炸序列的输出能量能充分引爆战斗部的主装药，使其完全爆炸的性能。

引信引爆战斗部结构上的协调性是指引信与战斗部及其他部件之间相互结合的协调性，主要包括外形要求、结构连接要求、质量及质心的要求、机电性能的协调性以及材料的相容性。一般对空中目标射击时，单发杀伤概率越大，说明引战配合效率越好。对地射击时，用单发杀伤面积来描述。对空无线电引信常提出作用距离要求，对地无线电引信常提出炸高要求。

6. 抗干扰能力

引信的抗干扰能力是指引信在弹道上飞行时抵抗各种干扰并保持正常工作的能力，或者说引信在延期解除保险后抵抗各种干扰并保持正常工作的能力。

引信抗干扰主要包括抗自然干扰和抗人工干扰。

自然干扰指对引信的非人为干扰，如雷电、云雾、自然光、热辐射源、放射性源、地物散射、海浪杂波、雨雪和大气后向散射及工业用光、热、电器设备的辐射干扰等。当弹药攻击目标时，目标背景存在的自然干扰又称为背景干扰。引信设计时应满足对抗自然干扰的要求。

人工干扰是针对引信的工作特点人为设置的干扰，可分为有源干扰和无源干扰。有源干扰又称积极干扰，如能辐射热、光、声等的装置，以及各种无线电干扰机等。无源干扰又称消极干扰，如箔条、角反射体、诱饵导弹等。引信设计时应满足对抗人工干扰的要求。

抗人工干扰能力通常用有干扰与无干扰条件下杀伤概率之比或能破坏引信正常工作的干扰功率来表征。根据引信类型的不同和引信战术技术指标及干扰条件的差异，选择相应的引信抗干扰能力评定准则。

7. 环境适应性

引信在生产、勤务处理和使用过程中要经受冲击、振动、温度、湿度等各种各样的环境，设计者必须保证这些环境不能影响引信正常工作。设计时，还应从实际的技术水平和使用情况出发确定具体指标要求。

8. 标准化

引信标准化包括引信通用化、系列化和模块化，通常称为"三化"。

引信通用化是在互换性的基础上，尽可能扩大同一引信（包括零件、部件、组件）的适用范围。

引信系列化是同一品种或同一形式的引信产品的规格按最佳数列科学排列，以最少的品种满足最广泛的需要。

引信模块化（组合化）是将一系列通用化较强的零件、部件、组件，按需要组成不同用途和不同功能的引信。它是引信标准化的高级形式，也是通用化发展的必然结果。

在引信设计中，应按照统一、简化、协调和优选的标准化原则进行引信的标准化设计。

9. 经济性

对消耗量大的引信来说，经济性（或效费比）要求具有特别重大的意义。评定经济性的基本指标是引信的成本。引信的成本包括设计费用、研制费用、制造费用、维护费用和使用费用等，这些费用之间是密切关联的，在设计过程中应统筹考虑。

10. 长期存储稳定性

弹药在战时消耗极大，因此在平时必须要有足够的储备。一般要求引信存储 10 年至 15 年后，各项性能应合乎要求，新一代引信则要求存储寿命达 15 年以上。在长期存储中，气象条件影响很大，潮湿环境的影响尤为严重。一般要求能经受住 – 50 ～

+70 ℃的贮存温度和100%的相对湿度。因此，设计时引信各部件都要经过防腐蚀处理，采取严格密封措施。不仅引信本体要有严格的密封性，引信包装筒或包装箱也都需要严格密封。

1.5　测试仿真和模拟试验

验证引信性能是否符合设计要求，除了靠理论论证、数学仿真和少量打靶试验外，必须依靠引信的测试、试验研究工作保证。引信测试、试验研究工作的基本内容包括：产品的技术性能测试；系统的仿真与模拟试验；抗干扰试验（包括抗背景杂波与敌方人工干扰）。

1.5.1　引信系统的技术性能测试

设计时，引信系统的战术技术性能靠选择适当的技术参数保证。以无线电引信为例，作用距离由灵敏度和天线增益等保证；启动区由天线方向图和信号处理电路有关参数保证，信号处理电路有关参数包括积分电路时间常数、采样积累时间、数字信号处理时间、延时电路延时时间等；抗干扰性能和抑制地海杂波性能由距离截止特性和信息处理技术保证。因此，正确测量引信的这些技术参数是验证其战术技术性能的基础。

功率、频率、电流、电压、波形等参数可用通用仪器来测量，但部分参数的测试有特殊性，必须用专用仪器设备测量。不同类型的引信测灵敏度的专用设备不同，但都是模拟目标反射信号基本特征的模拟器，例如多普勒效应模拟、距离（延时）模拟、回波信号振幅变化率模拟等。引信技术参数的测试精度，很大程度上由模拟器的精度决定。

随着计算机技术的发展，引信技术参数的测试，完全可以实现自动化，既可提高测试精度，又可极大缩短测试时间。

1.5.2　引信系统模拟试验的基本方法

引信系统仿真与模拟试验的主要内容是研究和验证引信系统的启动特性。常用方法按目标模拟的手段分为仿真目标模拟试验和实体目标模拟试验。仿真目标模拟试验主要以射频半实物仿真模拟试验为主；实体目标模拟试验又分为低速动态交会模拟试验和高速动态交会模拟试验。

由于引信工作的特殊性，系统模拟试验最关键的是要突出试验的真实性和等效性，主要包括目标的真实性、产品的真实性和弹目交会条件的真实性。由于引信系统模拟试验在地面完成，通常很难同时达到目标真实、产品真实以及弹目交会条件真实，因此上述三种方法各有利弊，下面以无线电引信为例对上述几种基本方法进行简要描述。

1. 射频半实物仿真模拟试验

射频半实物仿真模拟试验是由 2000 年后逐渐兴起的模拟试验手段。其最大优点是产品的真实和交会条件的真实，其不足是目标回波为数字仿真生成，会引入目标数字模型带来的误差。该方法也是地面模拟试验中唯一能够真实模拟弹目交会条件的试验方法。

射频半实物仿真模拟试验在微波暗室中实施。微波暗室净区中放置转台，转台可实现滚转角和俯仰角调整。射频半实物仿真模拟试验的核心是目标回波的模拟和回放。通过数字仿真的方法，根据真实目标的数学模型、引信的工作体制和弹目交会条件仿真计算目标回波的幅度和相位信息，通过高速 DAC 生成中频回波信号，再通过微波上变频生成引信工作频点上的射频回波信号。射频回波信号经过天线阵列向空间辐射，通常采用"三元组"法进行实时模拟回放。真实产品安装在转台上，根据仿真的弹目交会条件模拟弹体姿态，引信天线接收模拟系统的天线阵列辐射的目标回波实现动态交会过程的启动特性仿真。

2. 低速动态交会模拟试验

低速动态交会模拟试验是目前最常采用的引信启动特性试验方法。其最大的优点是目标为实体目标，目标模拟完全真实，其不足是交会速度低，无法模拟真实弹目交会速度。为兼顾经济性，交会速度通常在 15 m/s 左右。因此，待试产品的部分参数需要进行调整，如滤波通带、采样率等。

试验时，真实目标通过塔吊系统吊挂在轨道上方，通过吊挂线缆或钢索调整目标的姿态。引信安装在模拟弹舱中置于航车上，弹舱姿态通过工装调整。通常采用直线电机驱动航车，带动引信与实体目标进行低速模拟交会。由于模拟速度远低于真实速度，试验过程中采集的回波数据需要根据缩比关系进行增速回放，对启动特性进行二次模拟试验分析。

由于低速动态交会模拟试验效费比较高，是启动特性试验十分重要的模拟试验方法。

3. 高速动态交会模拟试验

高速动态交会模拟试验的方法与低速动态交会模拟试验基本一致，不同的是高速动态交会模拟试验航车通常采用火箭固体发动机驱动，所以又称其为火箭橇试验。其模拟速度取决于火箭的药量和数量，一般模拟的交会速度可达 150 m/s 以上。待试产品的技术参数不需调整，且目标、产品均为真实。高速动态交会模拟试验交会速度可达到实际交会速度的下限，无法达到交会速度上限。此模拟方法成本较高，通常作为低速动态交会模拟试验的补充。该试验的实现手段除火箭橇试验外还有柔性滑轨试验。

需要指出的是，大型目标模型，特别是国外目标模型，制作困难且不经济。此外，高速动态交会试验场地较大，一般建在室外，试验时易受天候影响。

1.5.3 引信抗干扰试验

抗干扰能力是引信的一个非常重要的战术技术性能，引信设计要考虑抗干扰措施。抗干扰措施是否有效，除了做理论分析与计算外，引信抗干扰试验是设计和研制过程中的重要工作内容。通过试验验证采取措施的有效性，从而改进抗干扰措施，提高抗干扰性能。

任何影响引信正常工作的因素都属于干扰。引信的干扰可分为内部干扰和外部干扰。内部干扰是指干扰源来自引信本身，是工作过程中存在的内部噪声，包括导弹飞行中振动、旋转、章动、进动等运动引起的噪声，电子元器件的噪声，光电串扰引起的噪声，各种泄漏引起的噪声等。外部噪声是指非引信自身产生的干扰，主要是环境干扰和人工干扰。人工干扰分为有源干扰（积极干扰）和无源干扰（消极干扰）。

引信的抗干扰试验分为实验室静态抗干扰试验和外场动态抗干扰试验，本小节以无线电引信为例分别进行介绍。

1. 实验室静态抗干扰试验

根据国内外干扰机的发展情况，无线电引信干扰的主要形式有阻塞式干扰、扫频干扰、瞄准式干扰、转发式干扰等。实验室静态抗干扰试验使用能够模拟实际干扰形式的干扰模拟源，将干扰注入引信接收机中以验证其抗干扰性能。既可以直接注入接收机输入端口，也可在微波暗室内通过天线辐射到引信接收天线进入引信接收机。试验过程中记录干扰下引信的工作情况，包括误动作、不动作（瞎火）、提前动作和延迟动作，获得抗干扰性能数据。通过试验不断迭代改进，确定最佳的抗干扰措施，实现优秀的抗干扰性能。

2. 外场动态抗干扰试验

静态抗干扰试验无法完全模拟真实作战环境，无法评估天线方向图、弹目姿态等因素的影响。因此，需要外场动态抗干扰试验进一步验证引信抗干扰性能。具体试验方法包括准动态抗干扰试验、低空挂飞试验以及射击靶标试验。

1）准动态抗干扰试验

准动态抗干扰试验方法与前文所述的低速、高速动态交会模拟试验方法基本一致，主要区别是需要在轨道附近或在模拟目标上按干扰源的形式和种类架设干扰机。

2）低空挂飞试验

低空挂飞试验是考核引信低空工作性能的有效手段，采用真实引信产品。试验时引信模拟舱安装在运载飞机下部，运载飞机由高到低进行俯冲飞行，依次穿越引信的各个距离模糊区，记录载机穿越各个距离模糊区时引信的工作情况，验证引信抗界外干扰的性能。

3）射击靶标试验

射击靶标试验是在靶标上安装干扰机或在交会阶段施放干扰，通过目标毁伤程度或遥测数据评估引信抗干扰性能。一般是在考核整个武器系统的抗干扰性能时，进行这个试验。由于该试验费用昂贵，因此只在选定的典型弹道上进行。

1.6　发展趋势

回顾引信的发展历程，引信是在不断解决战争需求和迎接各种挑战中得以发展、进步和完善的。本节论述了未来引信面临的挑战和引信技术的发展趋势。

1.6.1　面临的挑战

引信是武器终端毁伤系统的重要组成部分，是影响武器系统安全性和构成武器系统整体效能的一个重要环节。引信技术始终是武器系统适应新作战环境和新作战目标的瓶颈技术之一。未来作战条件使引信面临着诸多挑战。

1. 新目标与新环境

未来作战条件使引信面临诸多新目标与新环境的挑战。

1）超高速、高机动目标

未来弹道导弹等高速、高机动目标将对探测体制、引战配合和信号处理时间提出新要求，要求引信适应马赫数为10以上的高速交会条件。

2）小型、隐身目标

侦察打击一体的多功能无人机、小型巡飞弹药、无人战斗机等新目标，体积小，雷达散射截面极小。有些大尺寸目标也采取隐身措施，增大了探测难度。这要求引信提高对小型、隐身目标的探测能力。

3）强防护目标

深埋、复合装甲、反应装甲、末段主动拦截等目标防护措施的发展，要求引信耐高过载、耐冲击等。

4）强辐射光、电、磁环境及复杂无源干扰环境

现代战争环境愈加恶劣，引信处于强电磁辐射和强光电干扰环境和复杂无源干扰环境中，则要求引信提高强光、电、磁环境下和复杂无源干扰环境的生存能力和抗干扰能力。

5）邻近空间、外太空、深海等环境

邻近空间飞行器、空天飞机等成为目标后，引信将遇到前所未见的超低温、低气压、宇宙射线辐射、等离子鞘套等新环境，要求引信能适应这些新环境并具备信息穿越传递等功能。

2. 新要求

新一代武器系统对引信提出了新的要求。

1）与多模战斗部和定向战斗部匹配

采用多模战斗部，要求引信实现多点起爆控制。引信必须满足其方位探测和起爆控制的要求，有更精确的角度测量和延时，提高引战配合效率。

2）小型化、集成化、低功耗

为提高导弹射程、增加载弹量、提高战斗部威力、提高隐身性能等，导弹需要小弹径、小型化。如在空空导弹领域，为满足第四代战机隐身需要，要求空空导弹必须能内埋于战机中。这就要求引信必须采取小型化、集成化、低功耗设计。单片微波毫米波集成电路、DSP、ASIC、FPGA 等超大规模集成电路，微小型安执机构（MEMS）等将成为未来引信高可靠性微小型化的主要器件。

1.6.2 发展趋势

为应对引信面临的挑战和需求，信息化、微小型化、功能多样化和扩展化、提高抗干扰能力、提高炸点控制精度和智能化是引信发展的必由之路。

1. 信息化

充分利用其他设备的信息，通过提高引信性能从而提高整个武器系统的综合性能，是引信技术发展趋势之一。引信的信息化水平提高，不仅意味着引信需要获取更多的环境信息和目标信息以满足作战需求，更重要的是对引信功能的扩展提出了更多更高的要求。

2. 微小型化

微机电技术在尺寸、重量、性能方面的优势特别适合在引信系统中应用。采用MEMS 技术、单片微波集成电路（MMIC）技术、专用单片集成电路、高能电池等手段，可实现引信微小型化。

引信小型化进而微型化，可以带来一系列好处：①微小型化的引信可以在小口径弹药上使用；②在体积不变的条件下，引信可以使用更多的元件、器件、部件，使功能更加完善；③可以节省出空间用于装药。目前，新的引信开始大量使用微机电技术。

3. 功能多样化和扩展化

引信功能的多样化是为适应未来战场环境复杂情况的需要和简化后勤保障的需要。一种引信具有多种功能，可具有触发、近炸、计时等功能。触发又可具有瞬发、长延期、短延期等；近炸可以具有炸高分挡功能。如果一种引信具有多种功能，就意味着一种引信可以配多个弹种。这将有利于生产、勤务、保障、使用等诸多环节。

引信功能的扩展化是引信技术进一步发展的必然趋势。现代引信除了具备起爆控制的基本功能外，还可有以下扩展功能：①为续航发动机点火、为弹道修正机构动作提供控制信号；②评估作战效果；③与信息平台、指控平台、武器其他子系统等各类平台交流信息。引信信息化水平的提高是引信功能扩展的重要内容。

4. 提高抗干扰能力

提高抗干扰能力是引信特别是近炸引信发展的重要方向。利用各种物理场、各种探测原理和先进的信号处理手段，提高引信对各类目标的准确识别能力，提高引信自身战场生存能力，确保引信工作的可靠性。提高近炸引信抗干扰能力主要有三个方面：①探索新物理场特性和新的工作原理；②研究新的信号处理手段和方法，提高从复杂背景中识别目标的能力；③采用多种体制复合以抗干扰。

5. 提高炸点控制精度

进一步挖掘并更加充分地利用各种目标信息和环境信息，使引信准确识别目标，实现引信起爆模式和炸点的最优控制。主要有以下几层含义：敌我识别；从复杂战场环境中检测目标；目标方位识别；目标易损部位识别；选择何种作用方式（近炸、触发、延期）；最佳毁伤位置起爆。

6. 智能化

引信技术智能化的内涵是通过采用先进的微电子技术、光电技术、微机电技术、信号处理技术、仿真技术和系统化集成技术取代传统的机械机电技术，开发引信新的探测和控制功能，实现引信技术与装备的跨越式发展。以智能化武器装备发展为需求牵引，以引信智能化为技术推动，着眼于全面提升引信行业研发创新能力，实现引信技术从传统技术向智能化技术方向转变，将在发展新型武器系统和改造传统武器装备中发挥巨大作用和影响。目前，智能技术无处不在，如何将智能技术应用到引信技术中是后续引信研究的重点之一。

第 2 章　系统设计

本章依据导弹武器系统提出的近炸引信战术技术要求，以无线电近炸引信为例，阐述引信系统的设计准则及设计原理，为引信设计提供设计理论与方法。

2.1　引信系统设计依据

与引信系统设计有关的导弹战术技术指标及弹上条件有以下 7 项。

1）导弹的单发杀伤概率

导弹的单发杀伤概率 p_1 的表达式为

$$p_1 = k \int_0^{\rho_{\max}} \int_0^{2\pi} p_{df}(\rho, \varphi) g(\rho, \varphi) \mathrm{d}\varphi \mathrm{d}\rho \qquad (2-1)$$

式中：k 为导弹武器系统的可靠性系数；$\rho_{\max}$ 为最大脱靶距离；ρ 为脱靶距离；φ 为脱靶方位；$p_{df}(\cdot)$ 为战斗部杀伤概率；$g(\cdot)$ 为制导误差概率密度函数。

单发杀伤概率与制导误差概率密度函数、引信的启动概率密度、战斗部的坐标杀伤概率函数以及导弹的可靠性具有十分密切的关系。

2）导弹制导精度、发射过载、机动特性

导弹制导精度与引信作用距离及天线参数设计有密切关系，一般有两种表示方法：一是最大脱靶距离；二是引信启动概率为达到一定百分比（如 90%）时的脱靶距离。

导弹发射过载和机动特性与引信需承受的冲击、加速度和振动等密切相关。

3）目标特性

以无线电近炸引信为例，目标特性主要包括目标的飞行速度、机动特性和雷达散射截面。目标的飞行速度、机动特性与引信同战斗部的配合特性设计有关。雷达散射截面与引信发射机、接收机设计密切相关。

4）可靠性

导弹的可靠性，或平均无故障工作时间直接影响导弹武器系统的可靠性。引信是导弹的重要组成部分，导弹可靠性指标对引信可靠性指标的设计有相应要求。通常引信可靠性指标较高，引信中的安执机构等关键部分可靠性指标更高。

5）作战空域相关指标

作战空域指标主要包括最大射程和最小射程、最大作战高度和最低作战高度、最大航路捷径等。以上指标同导弹体积重量、飞行速度、目标特性相结合，决定引信下述技术特性的设计：

（1）引信开机和弹道封闭时间参数；

（2）引信低空性能；

（3）引信安全和保险系统参数；

（4）导弹自毁时间；

（5）半主动引信系统灵敏度和时间灵敏度控制系统参数；

（6）远程待爆时间；

（7）匹配的战斗部类型；

（8）引信启动延时和启动特性；

（9）引信的体积重量和外形。

6）武器系统的作战环境

武器系统的作战环境包括地域环境、自然环境和电磁环境等。现代武器系统作战环境越来越恶劣，要求引信能适应各种地域环境，可全天候工作，且具有良好抗干扰性能，能在复杂电磁干扰环境下可靠工作。

7）弹上和地面提供的条件

为便于引信系统的设计，弹上和地面提供的条件通常有：弹道环境和弹上能源条件；弹上和地面提供的先验信息，如导弹速度、弹目相对速度等。

2.2 弹目交会的几何关系及数学模型

建立导弹与目标交会段的数学模型，用以分析导弹与目标交会过程中的相对几何位置及姿态，为评估引信与战斗部配合性能提供数学工具。

2.2.1 导弹与目标交会段的特征及相关参数

导弹与目标交会段又称遭遇段，通常指从导弹制导系统失控至导弹与目标最接近的遭遇点（脱靶点）之间的一段运动弹道。该段弹道的待飞时间为 $0.1 \sim 0.3$ s。交会段的距离与导弹和目标的机动过载能力、制导系统性能、交会条件等因素有关。

交会段的主要特征：

（1）导弹与目标速度矢量基本不变，可认为导弹与目标做匀速直线运动；

（2）导弹与目标的视线速度急剧变化；

（3）导弹与目标的姿态参数变化极小，近似等于刚进入交会段瞬间的姿态参数。

通常在进入交会段前，武器系统可提供如下姿态参数和数据：R——目标至导弹发射架的斜距；H——目标相对海平面的高度；P——目标进入的航路捷径；v_M、v_T——

导弹和目标的速度；α_M、α_T——导弹和目标的攻角；β_M、β_T——导弹和目标的侧滑角；ϑ_M、ϑ_T——导弹和目标的俯仰角；ψ_M、ψ_T——导弹和目标的偏航角；γ_M、γ_T——导弹和目标的滚动角。

除上述参数外，常用的参数还包括：导弹和目标的飞行轨迹倾角 θ_M、θ_T，航向角 ϕ_M、ϕ_T，以及导弹和目标的速度倾角 γ_{CM}、γ_{CT}。这些参数在弹道参数中通常不直接给出，而是通过运算得到。

2.2.2　常用坐标系

为建立目标相对弹体以及弹体相对目标的运动方程，描述引信启动区需要引入几个常用的直角坐标系统。

1. 地面坐标系和地面参考坐标系

地面坐标系原点 O 设置在导弹发射点；OX_g 轴与导弹发射瞬时目标飞行速度在地面上的投影平行，并取其相反方向为正；OY_g 轴铅垂向上为正；OZ_g 轴与 OX_g、OY_g 构成右手坐标系。此坐标系能表达导弹与目标在交会段的位置、速度、姿态角及有关弹道参数。图 2-1 所示给出了导弹与目标速度在地面坐标系中的表示方法，其中，导弹与目标的速度矢量 v_M、v_T 在地面坐标系中的方向，可用导弹和目标的弹道偏角 ϕ_M、航迹偏角 ϕ_T 以及弹道倾角 θ_M、目标航迹倾角 θ_T 表示。

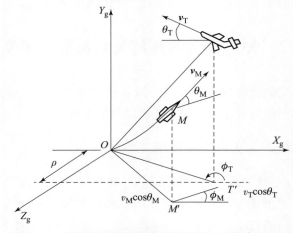

图 2-1　目标和导弹速度在地面坐标系中的表示方法

当地面坐标系平移到弹体、目标或其他点时，则称之为地面参考坐标系。

2. 导弹速度坐标系和目标速度坐标系

导弹速度坐标系和目标速度坐标系分别以 $OX_MY_MZ_M$ 和 $OX_TY_TZ_T$ 表示。原点分别设在导弹和目标质心；OX 轴与速度矢量方向一致；OY 轴在过 OX 轴的铅垂平面内向上为正；OZ 轴与 OX、OY 轴构成右手坐标系。根据定义，导弹和目标速度在相应速度坐标中具有最简便的表达形式。

以导弹为例，导弹速度的三个分量为

$$\begin{bmatrix} v_{Mv_x} \\ v_{Mv_y} \\ v_{Mv_z} \end{bmatrix} = \begin{bmatrix} v_M \\ 0 \\ 0 \end{bmatrix} \qquad (2-2)$$

3. 弹体坐标系和目标坐标系

弹体坐标系和目标坐标系分别以 $OX_{1M}Y_{1M}Z_{1M}$ 和 $OX_{1T}Y_{1T}Z_{1T}$ 表示。原点分别设在弹体和目标的质心；OX_{1M}、OX_{1T} 轴分别位于弹体和目标纵轴方向，向前为正；OY_{1M}、OY_{1T} 轴分别位于弹体和目标的纵对称平面内，向上为正；OZ_{1M}、OZ_{1T} 轴符合右手坐标系。

在弹体坐标系中能够表示的信息：引信对目标探测的敏感区方位，例如无线电近炸引信的天线方向图、光学引信的视场方向图等；引信的启动区；目标落入的极性角；战斗部杀伤破片的静态飞散区。

在目标坐标系中能够表示的信息：目标散射特性的方向图；目标镜面反射点位置；目标要害部位及易损舱段分布；目标对引信的"起始金属"位置及其特定的边缘位置。

4. 相对速度坐标系

相对速度坐标系有目标相对速度坐标系和弹体相对速度坐标系之分，分别用 $OX_{RT}Y_{RT}Z_{RT}$ 和 $OX_{RM}Y_{RM}Z_{RM}$ 表示。目标相对速度坐标系原点设在目标质心；OX_{RT} 轴方向与导弹相对目标运动的相对速度方向一致；OY_{RT} 轴在过 OX_{RT} 轴的铅垂平面内，向上为正；OZ_{RT} 轴符合右手坐标系。图 2-2 给出了目标相对速度坐标系的示意图。

弹体相对速度坐标系原点设在弹体质心（在引信与战斗部配合分析中，一般设在战斗部中心）。OX_{RM} 轴方向与目标相对导弹运动的相对速度方向一致；OY_{RM} 轴在过 OX_{RM} 轴的铅垂平面内，向上为正；OZ_{RM} 轴符合右手坐标系。图 2-3 给出了弹体相对速度坐标系的示意图。

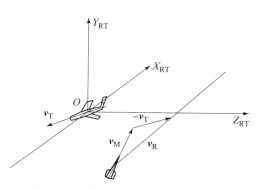

图 2-2 目标相对速度坐标系示意图

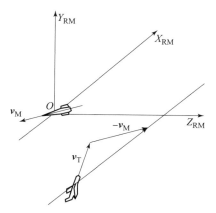

图 2-3 弹体相对速度坐标系示意图

在相对速度坐标系中，弹目交会运动方程具有最简便的形式，可以确定导弹（目标）相对目标（导弹）的脱靶量及脱靶方位。也可以确定与制导误差有关的引信启动概率函数，以及制导误差给定时，引信沿相对速度轴分布的启动概率密度函数。相对速度坐标系是研究遭遇点弹道、引战配合及杀伤概率的主要参考坐标系。

2.2.3 常用坐标系之间的转换关系

同一个变量在不同坐标系中有不同的值，需要建立变量在不同坐标系下的转换关系，通常用转换矩阵来实现。

1. 速度坐标系与地面坐标系的关系

根据地面坐标系和速度坐标系的定义知，二者之间的关系由导弹弹道倾角 θ_M（目标航迹倾角 θ_T）和弹道偏角 ϕ_M（目标航迹偏角 ϕ_T）联系起来，并通过坐标系间的旋转变换得到。

目标相对弹体运动在地面坐标系中的三个相对速度分量为 v_{Rgx}、v_{Rgy}、v_{Rgz}，目标速度在地面坐标系中的三个速度分量为 v_{Tgx}、v_{Tgy}、v_{Tgz}，导弹速度在地面坐标系中的三个速度分量为 v_{Mgx}、v_{Mgy}、v_{Mgz}，它们之间的关系为

$$
\begin{bmatrix} v_{Rgx} \\ v_{Rgy} \\ v_{Rgz} \end{bmatrix} = \begin{bmatrix} v_{Tgx} - v_{Mgx} \\ v_{Tgy} - v_{Mgy} \\ v_{Tgz} - v_{Mgz} \end{bmatrix} = \boldsymbol{M}_y(-\phi_T)\boldsymbol{M}_z(-\theta_T)\begin{bmatrix} v_T \\ 0 \\ 0 \end{bmatrix} - \boldsymbol{M}_y(-\phi_M)\boldsymbol{M}_z(-\theta_M)\begin{bmatrix} v_M \\ 0 \\ 0 \end{bmatrix} \quad (2-3)
$$

其中

$$
\boldsymbol{M}_x(\theta) = \begin{bmatrix} 1 & 0 & 0 \\ 0 & \cos\theta & \sin\theta \\ 0 & -\sin\theta & \cos\theta \end{bmatrix}
$$

$$
\boldsymbol{M}_y(\theta) = \begin{bmatrix} \cos\theta & 0 & -\sin\theta \\ 0 & 1 & 0 \\ \sin\theta & 0 & \cos\theta \end{bmatrix}
$$

$$
\boldsymbol{M}_z(\theta) = \begin{bmatrix} \cos\theta & \sin\theta & 0 \\ -\sin\theta & \cos\theta & 0 \\ 0 & 0 & 0 \end{bmatrix}
$$

2. 地面坐标系和弹体坐标系的关系

地面坐标系和弹体坐标系之间的关系由弹体姿态角 ϑ_M、ψ_M、γ_M 联系起来。

由地面坐标系转换到弹体坐标系的变换矩阵为

$$
\boldsymbol{A}_{Z_g \to Z_{1M}} = \boldsymbol{M}_x(\gamma_M)\boldsymbol{M}_z(\vartheta_M)\boldsymbol{M}_y(\psi_M) \quad (2-4)
$$

根据目标坐标系与弹体坐标系具有相同定义，同样可求得由地面坐标系到目标坐标系的转换矩阵为

$$A_{Z_g \to Z_{1T}} = M_x(\gamma_T) M_z(\vartheta_T) M_y(\psi_T) \tag{2-5}$$

3. 地面坐标系和相对速度坐标系之间的关系

地面坐标系和相对速度坐标系之间的关系包括：地面坐标系与弹体相对速度坐标系的关系；地面坐标系与目标相对速度坐标系的关系。

1）地面坐标系与弹体相对速度坐标系的关系

按照相对速度坐标系定义，地面坐标系与相对速度坐标系的关系可通过相对弹道倾角 θ_{RM}、相对弹道偏角 ϕ_{RM}，借助坐标旋转变换联系起来。由地面坐标系向弹体相对速度坐标系转换的变换矩阵为

$$A_{Z_g \to Z_{RM}} = M_z(\theta_{RM}) M_y(\phi_{RM}) \tag{2-6}$$

其中

$$\tan\phi_{RM} = \frac{v_{Rgz}}{-v_{Rgx}} \quad -\pi \leqslant \phi_{RM} \leqslant +\pi \tag{2-7}$$

$$\sin\theta_{RM} = \frac{-v_{Rgy}}{|v_R|} \quad -\frac{\pi}{2} \leqslant \theta_{RM} \leqslant +\frac{\pi}{2} \tag{2-8}$$

2）地面坐标系与目标相对速度坐标系的关系

由于目标相对速度坐标系与弹体相对速度坐标系仅是坐标原点位置不同、相对速度矢量方向相反，因此得到由地面坐标系向目标相对速度坐标系的变换矩阵为

$$A_{Z_g \to Z_{RT}} = M_z(\theta_{RT}) M_y(\phi_{RT}) \tag{2-9}$$

其中

$$\tan\phi_{RT} = \frac{-v_{Rgz}}{v_{Rgx}} \quad -\pi \leqslant \phi_{RT} \leqslant +\pi \tag{2-10}$$

$$\sin\theta_{RT} = \frac{-v_{Rgy}}{|v_R|} \quad -\frac{\pi}{2} \leqslant \theta_{RT} \leqslant +\frac{\pi}{2} \tag{2-11}$$

4. 弹体坐标系和弹体相对速度坐标系之间的关系

借助于变换矩阵 $A_{Z_{RM} \to z_g}$ 以及 $A_{Z_g \to Z_{1M}}$ 可以得到弹体相对速度坐标系向弹体坐标系转换的变换矩阵 $A_{Z_{RM} \to z_{1M}}$，即

$$A_{Z_{RM} \to z_{1M}} = \begin{bmatrix} a_{11M} & a_{12M} & a_{13M} \\ a_{21M} & a_{22M} & a_{23M} \\ a_{31M} & a_{32M} & a_{33M} \end{bmatrix}$$

$$= M_x(\gamma_M) M_z(\vartheta_M) M_y(\psi_M) M_y(-\phi_{RM}) M_z(-\theta_{RM}) \tag{2-12}$$

目标相对弹体运动，在弹体坐标系中的瞬时位置方程为

$$\begin{bmatrix} x_{1M} \\ y_{1M} \\ z_{1M} \end{bmatrix} = M_x(\gamma_M) M_z(\vartheta_M) M_y(\psi_M) M_y(-\phi_{RM}) M_z(-\theta_{RM}) \begin{bmatrix} v_R t \\ \rho\cos\theta \\ \rho\sin\theta \end{bmatrix} \quad (2-13)$$

式中：$v_R t$、$\rho\cos\theta$、$\rho\sin\theta$ 为目标在弹体相对速度坐标系中的三个瞬时坐标分量 x_R、y_R、z_R；v_R 为目标相对导弹的速度；t 为时间，原点选在目标与 $Y_R O Z_R$ 平面相交的瞬间；ρ 为脱靶量；θ 为目标落入方位。

当脱靶量及脱靶方位给定时，利用弹道参数就可以计算出弹目交会中弹目相对运动参数。导弹与目标之间的瞬时斜距为

$$R = (x_{1M}^2 + y_{1M}^2 + z_{1M}^2)^{\frac{1}{2}} \quad (2-14)$$

同理，可求得弹体相对目标运动的方程为

$$\begin{bmatrix} x_{1T} \\ y_{1T} \\ z_{1T} \end{bmatrix} = M_x(\gamma_T) M_z(\vartheta_T) M_y(\psi_T) M_y(-\phi_T) M_z(-\theta_T) \begin{bmatrix} v_R t \\ \rho\cos\theta \\ \rho\sin\theta \end{bmatrix} \quad (2-15)$$

式（2-13）、式（2-15）是弹目交会的基本方程，弹目交会中的许多几何关系参数均可通过这两个方程求出。

2.2.4　目标任意点相对弹体的运动方程

在引信目标特性仿真及引战配合研究中，要求确定目标上任意一个镜面反射点或任意一个易损点相对弹体的坐标位置。为此，需求解目标任意点相对弹体运动方程。假定目标上任意一点相对目标坐标系的坐标为（x_{1Ta}，y_{1Ta}，z_{1Ta}），利用原点在目标上的地面参考坐标系与目标坐标系的关系，以及原点在目标上的弹体坐标系与地面参考坐标系的关系，通过坐标系的二次旋转，并利用式（2-13）可求得目标上任意一点相对弹体的运动方程为

$$\begin{bmatrix} x_{1M} \\ y_{1M} \\ z_{1M} \end{bmatrix} = A_{Z_{RM} \to z_{1M}} \begin{bmatrix} v_\theta t \\ \rho\cos\theta \\ \rho\sin\theta \end{bmatrix} + m \begin{bmatrix} x_{1Ta} \\ y_{1Ta} \\ z_{1Ta} \end{bmatrix} \quad (2-16)$$

其中

$$m = \begin{bmatrix} m_{11} & m_{12} & m_{13} \\ m_{21} & m_{22} & m_{23} \\ m_{31} & m_{32} & m_{33} \end{bmatrix}$$

$$= M_x(\gamma_M) M_z(\vartheta_M) M_y(\psi_M) M_y(-\psi_T) M_z(-\vartheta_T) M_x(-\gamma_T) \quad (2-17)$$

2.2.5　弹体坐标系中目标落入的极性角

图 2-4 为目标落入极性角 ω_ϕ 示意图。目标落入极性角主要用于判别弹目交会时，目标落入弹体坐标系中的方位。v_R 为目标相对于导弹的相对速度；P 为相对弹道与 Y_1OZ_1 平面的交点。

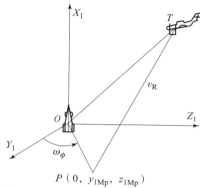

图 2-4　目标落入的极性角 ω_ϕ 示意图

目标任意一点与 $Y_{1M}OZ_{1M}$ 平面相交时的坐标位置为

$$\begin{bmatrix} x_{1Mp} \\ y_{1Mp} \\ z_{1Mp} \end{bmatrix} = \begin{bmatrix} 0 \\ a_{21M}v_R t_{x0} + a_{22M}\rho\cos\theta + a_{23M}\rho\sin\theta + m_{21}x_{1Ta} + m_{22}y_{1Ta} + m_{23}z_{1Ta} \\ a_{31M}v_R t_{x0} + a_{32M}\rho\cos\theta + a_{33M}\rho\sin\theta + m_{31}x_{1Ta} + m_{32}y_{1Ta} + m_{33}z_{1Ta} \end{bmatrix}$$

$$(2-18)$$

其中

$$t_{x0} = \frac{-(a_{12M}\rho\cos\theta + a_{13M}\rho\sin\theta + m_{11}x_{1Ta} + m_{12}y_{1Ta} + m_{13}z_{1Ta})}{a_{11M}v_R} \qquad (2-19)$$

根据图 2-4，有

$$\omega_\phi = \arccos\left(\frac{y_{1Mp}}{\sqrt{y_{1Mp}^2 + z_{1Mp}^2}}\right) \qquad (2-20)$$

$-\pi \leqslant \omega_\phi \leqslant +\pi$，根据 y_{1Mp} 和 z_{1Mp} 做符号判断。

2.2.6　目标轴向及速度矢量与弹体坐标轴的夹角

1. 目标轴向（或三坐标轴）与弹体坐标轴的夹角

根据目标和弹体坐标系与地面坐标系的关系，令

$$\boldsymbol{A} = \boldsymbol{M}_x(\gamma_M)\boldsymbol{M}_z(\vartheta_M)\boldsymbol{M}_y(\psi_M - \psi_T)\boldsymbol{M}_z(\vartheta_T)\boldsymbol{M}_x(\gamma_T)$$

$$= \begin{bmatrix} A_{11} & A_{12} & A_{13} \\ A_{21} & A_{22} & A_{23} \\ A_{31} & A_{32} & A_{33} \end{bmatrix} \qquad (2-21)$$

则

$$
\begin{bmatrix} x_{1M} \\ y_{1M} \\ z_{1M} \end{bmatrix} = A \begin{bmatrix} x_{1T} \\ y_{1T} \\ z_{1T} \end{bmatrix} = \begin{bmatrix} A_{11}x_{1T} + A_{12}y_{1T} + A_{13}z_{1T} \\ A_{21}x_{1T} + A_{22}y_{1T} + A_{23}z_{1T} \\ A_{31}x_{1T} + A_{32}y_{1T} + A_{33}z_{1T} \end{bmatrix} \qquad (2-22a)
$$

令 $y_{1T} = z_{1T} = 0$，则得到目标 x_{1T} 轴在弹体坐标系中的表达式为

$$
\begin{bmatrix} x_{1M} \\ y_{1M} \\ z_{1M} \end{bmatrix} = \begin{bmatrix} A_{11}x_{1T} \\ A_{21}x_{1T} \\ A_{31}x_{1T} \end{bmatrix} \qquad (2-22b)
$$

该矢量与弹体坐标系三个坐标轴矢量的夹角，由其对应的三个方向余弦表示为

$$
\begin{bmatrix} \cos(ox_{1T}, ox_{1M}) \\ \cos(ox_{1T}, oy_{1M}) \\ \cos(ox_{1T}, oz_{1M}) \end{bmatrix} = \frac{1}{\sqrt{A_{11}^2 + A_{21}^2 + A_{31}^2}} \begin{bmatrix} A_{11} \\ A_{21} \\ A_{31} \end{bmatrix} \qquad (2-23)
$$

如果分别令 $x_{1T} = z_{1T} = 0$，$x_{1T} = y_{1T} = 0$，则可得到 OY_{1T} 轴以及 OZ_{1T} 轴在弹体坐标系中的三个方向余弦为

$$
\begin{bmatrix} \cos(oy_{1T}, ox_{1M}) \\ \cos(oy_{1T}, oy_{1M}) \\ \cos(oy_{1T}, oz_{1M}) \end{bmatrix} = \frac{1}{\sqrt{A_{12}^2 + A_{22}^2 + A_{32}^2}} \begin{bmatrix} A_{12} \\ A_{22} \\ A_{32} \end{bmatrix} \qquad (2-24)
$$

$$
\begin{bmatrix} \cos(oz_{1T}, ox_{1M}) \\ \cos(oz_{1T}, oy_{1M}) \\ \cos(oz_{1T}, oz_{1M}) \end{bmatrix} = \frac{1}{\sqrt{A_{13}^2 + A_{23}^2 + A_{33}^2}} \begin{bmatrix} A_{13} \\ A_{23} \\ A_{33} \end{bmatrix} \qquad (2-25)
$$

2. 目标速度矢量与弹体坐标轴的夹角

利用地面坐标系与弹体坐标系的关系，令

$$
\begin{aligned}
B &= M_x(\gamma_M) M_z(\vartheta_M) M_y(\psi_M) M_y(-\phi_T) M_z(-\theta_T) \\
&= \begin{bmatrix} B_{11} & B_{12} & B_{13} \\ B_{21} & B_{22} & B_{23} \\ B_{31} & B_{32} & B_{33} \end{bmatrix}
\end{aligned} \qquad (2-26)
$$

可得到目标速度矢量与弹体坐标系三个坐标轴矢量的夹角，由其对应的三个方向余弦表示为

$$
\begin{bmatrix} \cos(v_T, ox_{1M}) \\ \cos(v_T, oy_{1M}) \\ \cos(v_T, oz_{1M}) \end{bmatrix} = \frac{1}{\sqrt{B_{11}^2 + B_{21}^2 + B_{31}^2}} \begin{bmatrix} B_{11} \\ B_{21} \\ B_{31} \end{bmatrix} \qquad (2-27)
$$

2.2.7　交会角及相对速度矢量与弹体坐标轴的夹角

在弹目遭遇段中，导弹速度矢量与目标速度矢量反方向的夹角为弹目交会角 φ。只要求得导弹速度在弹体坐标系中的表达式，就可求得弹目交会角。借助弹体坐标系与地面坐标系的关系，令

$$\boldsymbol{M}_x(\gamma_\mathrm{M})\boldsymbol{M}_z(\vartheta_\mathrm{M})\boldsymbol{M}_y(\psi_\mathrm{M})\boldsymbol{M}_y(-\phi_\mathrm{M})\boldsymbol{M}_z(-\theta_\mathrm{M}) = \begin{bmatrix} C_{11} & C_{12} & C_{13} \\ C_{21} & C_{22} & C_{23} \\ C_{31} & C_{32} & C_{33} \end{bmatrix} \qquad (2-28)$$

根据交会角定义及矢量夹角公式可求得交会角的余弦为

$$\cos\varphi = \frac{B_{11}C_{11} + B_{21}C_{21} + B_{31}C_{31}}{\sqrt{(B_{11}^2 + B_{21}^2 + B_{31}^2)(C_{11}^2 + C_{21}^2 + C_{31}^2)}} \qquad (2-29)$$

相对速度矢量与弹体坐标轴夹角的三个方向余弦为

$$\begin{bmatrix} \cos(v_\mathrm{R}, ox_{1\mathrm{M}}) \\ \cos(v_\mathrm{R}, oy_{1\mathrm{M}}) \\ \cos(v_\mathrm{R}, oz_{1\mathrm{M}}) \end{bmatrix} = \frac{1}{|v_\mathrm{R}|} \begin{bmatrix} B_{11}v_\mathrm{T} - C_{11}v_\mathrm{M} \\ B_{21}v_\mathrm{T} - C_{21}v_\mathrm{M} \\ B_{31}v_\mathrm{T} - C_{31}v_\mathrm{M} \end{bmatrix} \qquad (2-30)$$

2.2.8　弹目交会段多普勒频率的计算

主动无线电引信发出的电磁波往返于弹目之间，引起的相位变化为

$$\phi = (2\pi/\lambda)2R_\mathrm{MT} \qquad (2-31)$$

式中：ϕ 为相位变化量；R_MT 为弹目距离；λ 为载波波长。

故多普勒频率 f_D 为

$$f_\mathrm{D} = \frac{1}{2\pi} \cdot \frac{\mathrm{d}\phi}{\mathrm{d}t} \qquad (2-32)$$

由于

$$R_\mathrm{MT} = \sqrt{x_{1\mathrm{M}}^2 + y_{1\mathrm{M}}^2 + z_{1\mathrm{M}}^2} \qquad (2-33)$$

$$\dot{R}_\mathrm{MT} = \frac{1}{R_\mathrm{MT}}(\dot{x}_{1\mathrm{M}}x_{1\mathrm{M}} + \dot{y}_{1\mathrm{M}}y_{1\mathrm{M}} + \dot{z}_{1\mathrm{M}}z_{1\mathrm{M}}) \qquad (2-34)$$

将 $\dot{R}_\mathrm{MT}$ 代入式（2-32）中得

$$f_\mathrm{D} = \frac{2}{\lambda R_\mathrm{MT}}(\dot{x}_{1\mathrm{M}}x_{1\mathrm{M}} + \dot{y}_{1\mathrm{M}}y_{1\mathrm{M}} + \dot{z}_{1\mathrm{M}}z_{1\mathrm{M}}) \qquad (2-35)$$

2.3　引信启动特性及数学描述

引信启动特性是导弹和目标交会条件下，引信与目标相互作用的综合性能表征，

通常借助于引信启动区及其概率特性来描述。

2.3.1　引信启动区的定义

在给定的一组弹目交会条件下，引信收到目标信号后，给出启动信号瞬间，目标中心相对导弹战斗部中心所处全部空间位置组成的区域称为引信启动区。

引信启动区是对特定的遭遇点（又称交会点）和交会条件而言的。遭遇点和交会条件不同，则引信的启动区不同。当遭遇点相同时，两组不同的交会条件其启动区不同。当引信启动区与相同交会条件下战斗部的动态杀伤区重合或完全相同时，引信与战斗部有最好的配合，战斗部起爆时对目标毁伤效果最好。因此，引信设计的重要任务之一，则是使引信启动区满足一定的形状要求，以获得最佳的引信与战斗部配合效果。

2.3.2　影响引信启动区的主要因素

决定近炸引信启动区形状及空间位置的主要因素包括引信收发系统的参数、导弹和目标交会条件、目标特性、导弹和目标遭遇点参数。

1. 引信收发系统的参数

引信的收发系统参数包括以下三方面。

1）收发天线的波束倾角、波束宽度及旁瓣电平

对光学引信来说，该参数是视场角和视野角。

由于引信天线或光学系统决定了其在不同方向上探测目标存在的能力，因此该参数是决定引信启动区形状和位置的主要因素。

2）引信的灵敏度及其距离截止特性

通常引信灵敏度越高，引信启动点越靠近天线波束（或探测场）边缘。反之，越深入波束或探测场内部。对于距离截止特性好的引信，即使灵敏度高，启动点的斜距也不会大于引信截止距离。

3）引信信号的累积延时及启动延时

引信信号的累积延时，包括信号传输延时、信息处理延时，以及抗干扰设置的人工延时。启动延时是为提高引信与战斗部配合而设计的启动延时调整。累积延时及启动延时均使引信启动区的启动角增大。

2. 导弹和目标交会条件

导弹和目标交会条件包括：导弹和目标的相对运动速度；相对速度矢量与弹轴的夹角；导弹和目标的交会角；导弹和目标的姿态参数。

3. 目标特性

目标特性包括：目标几何尺寸大小和形状；目标反射特性（其中包括双基反射和单基反射）；目标辐射特性（其中包括电磁辐射特性和红外辐射特性）。

一般来说，目标尺寸增大，雷达散射截面增大，引信启动区的启动角会减小。但目标尺寸大，形状复杂，交会姿态不同，引信启动区的离散度会增大。

4. 导弹和目标遭遇点参数

导弹和目标遭遇点参数包括脱靶量和脱靶方位。

脱靶量增大时，接收目标回波信号减弱，引信启动区的启动角增大。

由上述分析可知：①当引信探测场方向图是绕弹轴空间的旋转体时，对于相同的一组交会弹道情况，将引信绕弹轴旋转任何一个角度，所获得的引信启动区都基本相同；②对于相同的一组交会弹道，当落入方位（或脱靶方位）不同时，由于目标被照射的情况以及相对速度矢量不同，引信启动区并非是绕弹轴的旋转体；③在实战条件下，影响引信启动的参数量都是随机量，无法预知，加之这些参数量都具有一定的散布，因此引信启动点位置也都是随机的。

2.3.3　引信启动区的表示方法

引信启动区是一个相对的几何空间，即引信给出引爆信号瞬间，目标中心相对导弹战斗部中心（有时相对引信天线中心）的空间分布，或战斗部中心相对于目标中心位置的空间分布。因此，根据相对的参考坐标系，不同引信启动区有不同的表示方法。可以在弹体坐标系中表示，也可以在相对速度坐标系中表示。通常为便于试验统计，采用弹体相对速度坐标系表示法。

在给定脱靶量 ρ 和脱靶方位 θ 的条件下，给出启动点沿相对速度轴 OX_R 的散布区域，图 2-5 中阴影区即为弹体相对速度坐标系中的引信启动区。

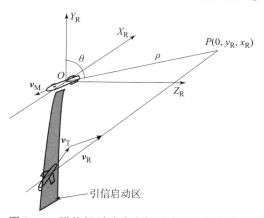

图 2-5　弹体相对速度坐标系中的引信启动区

2.3.4　引信启动区的数学描述

1. 引信启动点分布的概率密度函数

引信启动点的坐标位置是随机的，并由多个独立的随机因素决定。根据数理统计理论中的中心极限定理，启动点的分布密度函数为正态分布函数。在弹体相对速度坐标中，如图 2 - 5 所示，当脱靶量 ρ 和脱靶方位 θ 给定时，引信启动点沿 X_R 方向分布的概率密度函数 $f_1[x_R/(\rho,\theta)]$ 可表示为

$$f_1[x_R/(\rho,\theta)] = \frac{1}{\sqrt{2\pi}\sigma_x}\exp\left[-\frac{(x_R - m_x)^2}{2\sigma_x^2}\right] \tag{2-36}$$

式中：x_R 为 (ρ,θ) 给定条件下引信的启动点坐标；m_x 为引信启动区散布的数学期望值；σ_x 为引信启动区散布的标准差。

在弹体坐标系中，当脱靶量 ρ 和落入方位角 ω 给定时，在一级近似情况下，也可用启动角 ϕ 的概率密度函数表示

$$f_1[\phi/(\rho,\omega)] = \frac{1}{\sqrt{2\pi}\sigma_{\phi(\rho,\omega)}}\exp\left\{-\frac{[\overline{\phi}(\rho,\omega) - \phi(\rho,\omega)]^2}{2\sigma_{\phi(\rho,\omega)}^2}\right\} \tag{2-37}$$

式中：$\overline{\phi}(\rho,\omega)$ 为启动角散布的数学期望；$\sigma_{\phi(\rho,\omega)}$ 为引信启动角散布的标准差。

2. 引信启动区参数的求解

由于引信启动点的随机特性，引信启动区散布的数学期望值和散布的均方差通常借助大量试验数据，经统计运算得到。

1）利用靶场飞行试验获得的数据进行统计

借助靶场飞行试验中遥测和光测系统取得的引信启动点在弹体相对速度坐标系中的位置，可以确定引信启动点对应的 x_R 值、脱靶量 ρ 及脱靶方位 θ。对获得的大量试验数据按 $\theta_0 \pm \Delta\theta$ 划分统计间隔（一般 $\Delta\theta$ 取 5°）；对落入 $\theta_0 \pm \Delta\theta$ 范围内的启动点，按其对应的 x_R 和 ρ 绘制出如图 2 - 6 所示的启动点分布图；对 $\rho_0 \pm \Delta\rho$ 范围的启动点进行统计（$\Delta\rho$ 一般取 1～2 m）。得到的数学期望值为

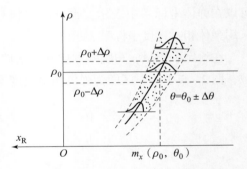

图 2 - 6　θ_0 给定时引信启动区分布图

$$m_x(\rho_0,\theta_0) = \frac{1}{N}\sum_{i=1}^{N} x_{Ri}(\rho_0,\theta_0) \tag{2-38}$$

散布的均方差为

$$\delta_x(\rho_0,\theta_0) = \sqrt{\frac{\sum_{i=1}^{N}[x_{Ri}(\rho_0,\theta_0) - m_x(\rho_0,\theta_0)]^2}{N-1}} \tag{2-39}$$

固定 θ_0 值，改变 ρ_0 值，可得不同 ρ_0 值下的 m_x 和 δ_x。改变 θ_0，可得到整个启动区空间的 m_x 和 δ_x 值。

利用靶场飞行试验进行统计的主要问题：获得足够多的数据才能获得启动区的数字特征，这需要大量实弹射击。

2）利用全尺寸目标低速动态交会模拟试验获得的数据进行统计

假设全尺寸目标、参试引信样机均符合模拟相似条件，则可根据下述程序进行仿真试验，并利用获得的引信启动点坐标数据进行统计。

（1）根据给定的弹道、导弹和目标参数，确定导弹和目标在弹体相对速度坐标系中的姿态。

（2）确定试验时目标落入的方位角 θ。

（3）移动弹体位置，在保持 θ 角不变的情况下，以不同的脱靶距离，根据弹道给定的相对速度比例进行飞行试验，并确定启动坐标位置 $x_R(\rho,\theta)$。

（4）以 $5° \sim 10°$ 间隔改变 θ 角，重复（3）。

（5）更改弹道参数，重复（1）~（4）的试验，直到给定的一组弹道做完为止。

（6）将所获得的全部数据按给定的 ρ、θ 进行统计，并按式（2 - 38）、式（2 - 39）进行统计计算得到 $m_x(\rho,\theta)$ 和 $\delta_x(\rho,\theta)$。当 θ 固定时，可绘制出启动区数学期望值和散布均方差随脱靶量变化的情况。

当引信和目标及其速度关系不符合模拟相似条件时，必须将获得的信号及其运动位置标志信号通过数据采集和增速设备输出后，再输入引信。增速处理时，数据取出位置应与输入位置相同，这样可以记录引信启动时相对运动位置标志点位置。据此，判读出 $x_R(\rho_i,\theta_i)$ 后进行统计。

利用全尺寸目标低速动态交会模拟试验获得引信启动区数字特征的主要优点：试验重复性好，可获得大量试验数据；数据精度高；交会姿态灵活；周期短，效率高。

利用数字仿真可克服物理仿真试验的不足，但遇到的主要关键技术是：建立引信的数学模型；建立弹目交会模型；建立目标在不同照射情况下的散射模型。

2.3.5　影响引信启动区散布的因素

影响启动区散布的主要因数：引信灵敏度变化；天线方向图散布；天线增益变化；目标反射起伏；引信累积延时；相对速度散布。

1）引信灵敏度变化对启动区散布的影响

为便于分析，做如下假设：

（1）目标为点目标，在引信额定灵敏度时，引信启动所对应的角度为 α_0，对应的天线增益为 $G(\alpha_0)$。

（2）引信收、发天线具有相同增益。

（3）引信产品实际灵敏度相对额定灵敏度的均方根偏离为 $\Delta S_\sigma(dB)$。

从 2.3.2 节的分析可知，当信号强度增加时，引信启动角减小，反之增大。当引

信为额定灵敏度 S_1 时，引信输入信号功率 P_{S_1} 为

$$P_{S_1} \propto G^2(\alpha_0)\sigma \tag{2-40}$$

式中：σ 为目标截面雷达；$G(\alpha_0)$ 为引信天线在 α_0 角上的功率增益。

当引信灵敏度为 $S_2 = S_1 + \Delta S_\sigma$ 时，忽略启动角变化而引起的弹目斜距变化，其输入信号功率为

$$P_{S_2} \propto G^2(\alpha_0 + \Delta\alpha)\sigma \tag{2-41}$$

显然灵敏度变化的均方根偏离 $\Delta S_\sigma(\mathrm{dB})$ 值，应等于输入信号功率变化的分贝数，即

$$\Delta S_\sigma = 2\mid G(\alpha_0 + \Delta\alpha) - G(\alpha_0)\mid = 2\Delta G(\alpha_0) \tag{2-42}$$

将 $\Delta G(\alpha_0) \approx [\mathrm{d}G(\alpha)/\mathrm{d}\alpha]^{\Delta\alpha}$ 代入上式，得到灵敏度变化引起启动角的变化为

$$\Delta\alpha = \frac{\Delta S_\sigma(\mathrm{dB})}{2\mathrm{d}G(\alpha)/\mathrm{d}\alpha} \tag{2-43}$$

根据灵敏度变化与启动角变化的方向关系，式（2-43）应为

$$\Delta\alpha = \frac{-\Delta S_\sigma(\mathrm{dB})}{2\mid \mathrm{d}G(\alpha)/\mathrm{d}\alpha\mid} \tag{2-44}$$

式中：$\mathrm{d}G(\alpha)/\mathrm{d}\alpha$ 的单位应为 $\mathrm{dB}/(°)$。

引信启动角的散布与引信灵敏度的散布成正比，而与天线增益函数的斜率成反比。引信天线的方向图前沿越陡峭，启动角散布的角度越小。

根据式（2-44）以及相对速度坐标系与弹体坐标系的关系，可求得灵敏度变化造成的 x_R 变化。

利用式（2-12）和式（2-13）可求得

$$\begin{bmatrix} x_{1M} \\ y_{1M} \\ z_{1M} \end{bmatrix} = A_{Z_{RM} \to z_{1M}} \begin{bmatrix} x_R \\ \rho\cos\theta \\ \rho\sin\theta \end{bmatrix} = \begin{bmatrix} a_{11} & a_{12} & a_{13} \\ a_{21} & a_{22} & a_{23} \\ a_{31} & a_{32} & a_{33} \end{bmatrix} \begin{bmatrix} x_R \\ \rho\cos\theta \\ \rho\sin\theta \end{bmatrix} \tag{2-45}$$

$$\cos\alpha = \frac{a_{11}x_R + a_{12}\rho\cos\theta + a_{13}\rho\sin\theta}{\sqrt{x_R^2 + \rho^2}} \tag{2-46}$$

对 x_R 微分可得

$$-\frac{\sin\alpha\mathrm{d}\alpha}{\mathrm{d}x_R} = \frac{a_{11}(x_R^2 + \rho^2) - x_R(a_{11}x_R + a_{12}\rho\cos\theta + a_{13}\rho\sin\theta)}{(x_R^2 + \rho^2)^{\frac{3}{2}}} \tag{2-47}$$

考虑到

$$\sin\alpha = \sqrt{\frac{x_R^2 + \rho^2 - (a_{11}x_R + a_{12}\rho\cos\theta + a_{13}\rho\sin\theta)}{x_R^2 + \rho^2}} \tag{2-48}$$

代入上式后可得

$$\frac{\mathrm{d}x_{\mathrm{R}}}{\mathrm{d}\alpha} = \frac{(x_{\mathrm{R}}^2 + \rho^2)\sqrt{x_{\mathrm{R}}^2 + \rho^2 - (a_{11}x_{\mathrm{R}} + a_{12}\rho\cos\theta + a_{13}\rho\sin\theta)}}{a_{11}(x_{\mathrm{R}}^2 + \rho^2) - x_{\mathrm{R}}(a_{11}x_{\mathrm{R}} + a_{12}\rho\cos\theta + a_{13}\rho\sin\theta)} \tag{2-49}$$

最后，由于灵敏度变化引起 x_{R} 的均方根散布为

$$\sigma_{x_{\mathrm{R}}} = \left| \frac{\mathrm{d}x_{\mathrm{R}}}{\mathrm{d}\alpha} \right| \Delta\alpha\pi / 180° \tag{2-50}$$

或为

$$\sigma_{x_{\mathrm{R}}} = \left| \frac{\mathrm{d}x_{\mathrm{R}}}{\mathrm{d}\alpha} \frac{\Delta S\sigma(\mathrm{dB})}{2\mathrm{d}G(\alpha)/\mathrm{d}\alpha} \right| \pi / 180° \tag{2-51}$$

2）天线方向图散布造成的 x_{R} 散布 σ_{Ω}

假定天线方向图散布（即最大增益方向的变化）不改变方向图形状，而仅是方向图的平移或旋转。那么，原来对应的 α 方向增益现在变为了 $\alpha \pm \Delta\alpha_{\Omega}$ 方向的增益，相当于引信灵敏度变化了 $2[G(\alpha \pm \Delta\alpha_{\Omega}) - G(\alpha)] = \Delta S_{\Omega}$，根据式（2-44），由于天线方向图散布偏离额定角度为 $\Delta\alpha_{\Omega}$，则引起引信启动角散布的均方根角度为

$$\Delta\alpha_{\varphi} = \left| \frac{G(\alpha \pm \Delta\alpha_{\Omega}) - G(\alpha)}{\mathrm{d}G(\alpha)/\mathrm{d}\alpha} \right| \tag{2-52}$$

与式（2-51）相似，可得到由于引信天线方向图散布造成的启动点散布 σ_{Ω}

$$\sigma_{\Omega} = \left| (\mathrm{d}x_{\mathrm{R}}/\mathrm{d}\alpha) \frac{G(\alpha \pm \Delta\alpha_n) - G(\alpha)}{\mathrm{d}G(\alpha)/\mathrm{d}\alpha} \right| \pi / 180° \tag{2-53}$$

3）天线增益变化引起的启动点散布

假定实际天线方向图增益比设计的额定增益变化了 $\Delta G(\mathrm{dB})$（均方根），则相当于引信灵敏度变化了 $2\Delta G(\mathrm{dB})$，由此引起的启动散布角为

$$\Delta\alpha_G = \Delta G / [\mathrm{d}G(\alpha)/\mathrm{d}\alpha] \tag{2-54}$$

而引起的启动角散布为

$$\sigma_G = \left| (\mathrm{d}x_{\mathrm{R}}/\mathrm{d}\alpha) \frac{\Delta G\mathrm{d}\alpha}{\mathrm{d}G} \right| \pi / 180° \tag{2-55}$$

4）目标反射起伏造成的启动点沿 x_{R} 轴的散布

目标起伏有幅度起伏和角起伏两种，假定两者是统计独立的。目标幅度起伏使雷达散射截面偏离设计值，其起伏可等效于引信灵敏度变化。因此，幅度起伏引起的启动角和启动点沿 x_{R} 方向的散布 σ_{A}，可利用式（2-44）和式（2-51）给出。

目标角起伏通常称为角闪烁。假定不产生附加的幅度起伏，则目标的角起伏对某些引信（例如比相引信）的启动角产生直接影响。角起伏大小与弹目距离有关，距离越小，影响越大，与距离的关系可通过试验统计得到。由角起伏引起启动点沿 x_{R} 方向的散布 σ_{Δ} 的计算式为

$$\sigma_{\Delta} = \left| \frac{\mathrm{d}x_{\mathrm{R}}}{\mathrm{d}\alpha} \right| \Delta\alpha_{\Delta}\pi / 180° \tag{2-56}$$

式中：$\Delta\alpha_\Delta$ 为角起伏。

5）由引信累积延时造成的启动点散布

实际引信的惯性累积延时与设计值总有偏离，假定偏离的均方根为 σ_τ，则引起启动点沿 σ_A 方向的散布为

$$\sigma_{x\tau} = v_R\sigma_\tau \qquad (2-57)$$

6）由相对速度散布造成的启动点沿 σ_A 方向的散布 σ_{xv}

对一组实际遭遇弹道，相对速度对于平均值总有一定偏差，设其均方根偏离为 σ_v，则造成引信启动点沿 σ_A 方向的散布为

$$\sigma_{xv} = \tau\sigma_v \qquad (2-58)$$

综上所述，各因素对引信启动点散布的影响是统计独立的，各因素对引信启动点的综合影响为

$$\sigma_{x\Sigma} = \left\{ \sigma_{x_R}^2 + \sigma_G^2 + \sigma_\Omega^2 + \sigma_A^2 + \sigma_\Delta^2 + \sigma_{x\tau}^2 + \sigma_{xv}^2 \right\}^{\frac{1}{2}} \qquad (2-59)$$

在引信总体参数设计时，必须全面地考虑上述影响。

2.3.6 引信的启动特性

式（2-36）是在任意脱靶量条件下，假定近炸引信肯定启动的情况下建立的。它描述了引信启动时，启动点沿 x_R 轴分布的概率。然而，由于灵敏度限制，实际引信不可能在任何脱靶量条件下都能启动。大量试验统计表明，引信启动概率与脱靶量成下述关系

$$\omega_\alpha(\rho,\theta) = 1 - F\left(\frac{\rho-R_0}{\sigma_R}\right) \qquad (2-60)$$

式中：$\omega_\alpha(\rho,\theta)$ 为引信启动概率，是脱靶量 ρ 和脱靶方位 θ 的函数；R_0 为引信启动半径的期望值，即引信的平均启动半径；σ_R 为引信启动半径散布的均方差；$F[(\rho-R_0)/\sigma_R]$ 为正态分布函数。

$$F\left(\frac{\rho-R_0}{\sigma_R}\right) = \frac{1}{\sqrt{2\pi}} \int_{-\infty}^{\frac{\rho-R_0}{\sigma_R}} e^{\frac{-t^2}{2}} dt \qquad (2-61)$$

式中：R_0 和 σ_R 由绕飞试验或物理仿真试验统计给出。

由图 2-7 可看出，启动概率与脱靶量之间的关系可划分为 3 个区域：

（1）引信完全启动区，其启动概率大于 98%，所对应的最大脱靶量通常称为引信可靠启动半径。

（2）引信不完全启动区，启动概率在 2% ~ 98% 之间。

（3）启动概率低于 2% 的区域称为完全不启动区。

启动概率 50% 对应的脱靶量称为引信平均启动半径，启动概率 2% 对应的脱靶量称为引信最大可能启动半径。

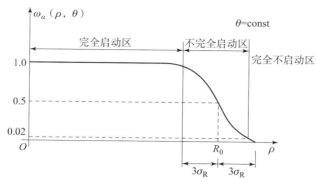

图 2-7　引信启动概率与脱靶量关系曲线

根据上述分析，完整的引信启动特性应当把式（2-36）和式（2-60）结合起来才能有效表征。两式的乘积是近炸引信启动特性的完整数学描述，即引信的启动规律为

$$\omega(x_R, \rho, \theta) = \omega_\alpha(\rho, \theta) f_1\left[x_R/(\rho, \theta)\right] = \frac{1 - F\left(\dfrac{\rho - R_0}{\sigma_R}\right)}{\sqrt{2\pi}\,\sigma_{x_R}} \exp\left[-\frac{(x_R - m_{x_R})^2}{2\sigma_{x_R}}\right]$$

$$(2-62)$$

由式（2-62）可知，在给定脱靶条件下，近炸引信的启动特性完全由下述统计特性表征：

（1）引信的平均启动半径 R_0；

（2）引信启动半径的均方差 σ_R；

（3）引信沿 x_R 轴启动的期望值 m_R；

（4）引信沿 x_R 轴启动的均方差散布值 σ_{x_R}。

2.4　引信与战斗部的配合及效率

引信启动区与战斗部动态杀伤区的协调性能称为引信与战斗部配合。目的是在给定的一组弹目交会条件下，设计引信的启动区，使其与战斗部的动态杀伤区一致。此时，战斗部引爆时，目标要害部位正好处于战斗部动态破片的飞散区内，目标毁伤效果最佳。由此可知，为获得最佳毁伤效果，引信启动角应等于战斗部动态杀伤倾角，或者说，应使引信的平均启动表面与战斗部动态飞散的圆锥表面重合。由 2.3 节可知，引信启动区的位置与形状，主要由引信探测场、引信参数、目标特性和弹目交会条件决定。战斗部的动态飞散区，主要由战斗部静态破片速度、静态飞散角以及弹目交会条件决定。因此，通过对引信和战斗部参数的设计和调整，可以获得引信和战斗部的最佳配合。

2.4.1 战斗部的动态杀伤特性

为对引信与战斗部配合及其效率进行定量评估，首先阐述战斗部的动态杀伤特性。

1. 战斗部破片的静态飞散特性

具有一定飞散角的战斗部，静态飞散区具有轴对称性。在飞散区内，破片飞散密度 $K(\varphi)$ 是破片飞散方向与战斗部或导弹纵轴 OX_1 夹角 φ 的函数，通常由多发战斗部静态爆破试验统计获得。破片飞散角内的破片相对密度函数为

$$K(\varphi) = \frac{1}{N} \cdot \frac{\mathrm{d}N}{\mathrm{d}\varphi} \tag{2-63}$$

式中：φ 为破片飞散角；N 为破片总数。

一般情况下，破片飞散角内的破片飞散相对密度可用正态分布概率密度函数表示

$$K(\varphi) = \frac{1}{\sqrt{2\pi}\sigma_\varphi} \exp\left[-\frac{(\varphi - \varphi_0)^2}{2\sigma_\varphi^2}\right] \tag{2-64}$$

式中：φ_0 为破片静态飞散角的数学期望值；σ_φ 为破片散布的均方差。

图 2-8 为破片飞散相对密度函数及飞散角示意图。定义：战斗部破片飞散角 α_f 为占破片总数 90% 所对应的飞散角宽度。令

$$\frac{2}{\sqrt{2\pi}} \int_0^{\alpha_f/(2\sigma_\varphi)} \mathrm{e}^{-t^2/2} \mathrm{d}t = 0.9$$

可求得战斗部静态飞散角 α_f 与破片散布均方差 σ_φ 的关系为 $\alpha_f \approx 3.29\sigma_\varphi$。

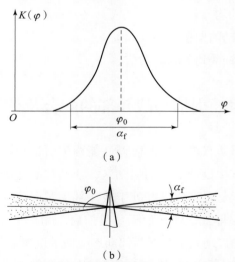

（a）

（b）

图 2-8 战斗部破片静态飞散相对密度函数及飞散角

（a）战斗部破片静态飞散相对密度函数；（b）战斗部破片静态飞散角及静态飞散中心方向角

2. 战斗部破片动态飞散区

战斗部破片动态飞散区指的是弹目交会条件下，在弹体坐标系内破片相对运动的

飞散区域。主要由战斗部的静态飞散特性（其中包括静态破片飞散速度）及弹目交会参数等决定。图 2－9 给出了战斗部破片动态飞散方向。由该图可求出战斗部破片动态飞散方向 Ω 与破片静态飞散速度 v_0、静态飞散方向 φ、静态飞散方位角 ω_0、破片动态飞散方位角 ω 以及弹目交会的相对速度分量之间的关系。

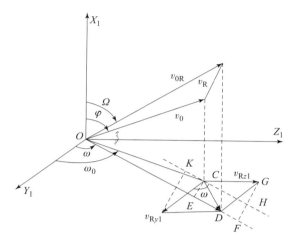

图 2－9　战斗部破片动态飞散方向

由图 2－9，可求得破片静态飞散速度的三个坐标分量为

$$\begin{bmatrix} v_{0x_{1M}} \\ v_{0y_{1M}} \\ v_{0z_{1M}} \end{bmatrix} = \begin{bmatrix} v_0\cos\varphi \\ v_0\sin\varphi\cos\omega_0 \\ v_0\sin\varphi\sin\omega_0 \end{bmatrix} \tag{2－65}$$

利用弹体相对速度坐标系与弹体坐标系的变换条件，可得到

$$\begin{cases} v_{Rx_{1M}} = v_R a_{11} \\ v_{Ry_{1M}} = v_R a_{21} \\ v_{Rz_{1M}} = v_R a_{31} \end{cases} \tag{2－66}$$

$$v_p = \left[(v_0\sin\varphi\cos\omega_0 + v_R a_{21})^2 + (v_0\sin\varphi\sin\omega_0 + v_R a_{31})^2 \right]^{\frac{1}{2}} \tag{2－67}$$

由此可得破片飞散速度 v_{0R} 为

$$v_{0R} = \left(v_p^2 + v_0^2\cos^2\varphi + v_R^2 a_{11}^2 \right)^{\frac{1}{2}} \tag{2－68}$$

破片动态飞散方向角 Ω 为

$$\sin\Omega = \frac{v_p}{\sqrt{v_p^2 + v_0^2\cos^2\varphi + v_R^2 a_{11}^2}} \tag{2－69}$$

破片动态飞散方位角 ω 为

$$\cos\omega = \frac{v_0\sin\varphi\cos\omega_0 + v_R a_{21}}{\sqrt{(v_0\sin\varphi\cos\omega_0 + v_R a_{21})^2 + (v_0\sin\varphi\sin\omega_0 + v_R a_{31})^2}} \tag{2－70}$$

将 $\varphi = \varphi_0 \pm \dfrac{1}{2}\alpha_{\mathrm{f}}$ 代入以上各式。当 ω_0、φ_0、α_{f}、v_0 以及 v_{R}、a_{11}、a_{21}、a_{31} 已知时，可求得破片动态飞散方向角 Ω 随 ω 变化的关系，也可求得破片动态飞散速度 $v_{0\mathrm{R}}$ 与 ω 的变化关系。图 2-10 绘制了战斗部破片动态飞散区随 ω 变化的曲线。

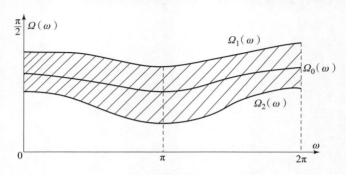

图 2-10　战斗部破片动态飞散区

图 2-10 中，$\Omega_0(\omega)$ 为破片动态平均飞散方向，对应于 $\varphi = \varphi_0$ 情况，$\Omega_1(\omega)$ 对应于 $\varphi = \varphi_0 + \dfrac{1}{2}\alpha_{\mathrm{f}}$，$\Omega_2(\omega)$ 对应于 $\varphi = \varphi_0 - \dfrac{1}{2}\alpha_{\mathrm{f}}$。

由图 2-10 可知，战斗部的破片动态飞散角 $\Delta\Omega(\omega)$ 是 ω 的函数。

破片动态飞散相对密度为

$$R(\varphi) = \frac{1}{N}\mathrm{d}N/\mathrm{d}\Omega = \frac{1}{N}(\mathrm{d}N/\mathrm{d}\varphi)\,\mathrm{d}\varphi/\mathrm{d}\Omega = K(\varphi)\,\mathrm{d}\varphi/\mathrm{d}\Omega \tag{2-71}$$

其中

$$\mathrm{d}\varphi/\mathrm{d}\Omega = \frac{\cos\Omega\,\sqrt{v_{\mathrm{p}}^2 + v_0^2\cos^2\varphi + v_{\mathrm{R}}^2 a_{11}^2}}{(\mathrm{d}v_{\mathrm{p}}/\mathrm{d}\varphi)(1 - v_{\mathrm{p}}^2) + v_{\mathrm{p}}v_0^2\cos\varphi\sin\varphi} \tag{2-72}$$

破片动态飞散相对密度函数为

$$R(\varphi) = \frac{K(\varphi)\cos\Omega\,\sqrt{v_{\mathrm{p}}^2 + v_0^2\cos^2\varphi + v_{\mathrm{R}}^2 a_{11}^2}}{(\mathrm{d}v_{\mathrm{p}}/\mathrm{d}\varphi)(1 - v_{\mathrm{p}}^2) + v_{\mathrm{p}}v_0^2\cos\varphi\sin\varphi} \tag{2-73}$$

3. 战斗部对目标的动态杀伤特性

1）对目标要害部位的杀伤破片数计算

假设目标上有 n 个要害部位，第 i 个要害部位在目标坐标系中的坐标为 $(x_{\mathrm{T}i}, y_{\mathrm{T}i}, z_{\mathrm{T}i})$。对应在目标相对速度坐标系中的坐标为

$$\begin{bmatrix} x_{\mathrm{TR}i} \\ y_{\mathrm{TR}i} \\ z_{\mathrm{TR}i} \end{bmatrix} = A_{Z_{\mathrm{T}} \to Z_{\mathrm{TR}}} \begin{bmatrix} x_{\mathrm{T}i} \\ y_{\mathrm{T}i} \\ z_{\mathrm{T}i} \end{bmatrix}$$

则第 i 个要害部位在弹体坐标系中的坐标为

$$\begin{bmatrix} x_{1\text{M}i} \\ y_{1\text{M}i} \\ z_{1\text{M}i} \end{bmatrix} = A_{Z_{\text{R}} \to z_{1\text{M}}} \begin{bmatrix} x_{\text{TR}i} - x_{\text{R}} \\ y_{\text{TR}i} - \rho\cos\theta \\ z_{\text{TR}i} - \rho\sin\theta \end{bmatrix} \qquad (2-74)$$

由此求得要害点在弹体坐标系中的方位角 ω_i 为

$$\tan\omega_i = z_{1\text{M}i}/y_{1\text{M}i} \qquad (2-75)$$

要害方向与弹轴夹角 Ω_i 以及要害部位离战斗部中心距离 R_i 的关系为

$$\cos\Omega_i = x_{1\text{M}i}/R_i \qquad (2-76)$$

$$R_i = \left(x_{1\text{M}i}^2 + y_{1\text{M}i}^2 + z_{1\text{M}i}^2 \right)^{\frac{1}{2}} \qquad (2-77)$$

由式（2-70）、式（2-69）和式（2-67）联解可求得 φ_i 和 ω_0，从而可确定破片静态和动态相对密度函数。

为计算确定命中目标要害部位的破片平均数，引入单位立体角 $\Delta\gamma$ 内的平均破片相对密度 $\delta(\Omega)$，定义为

$$\delta(\Omega) = \lim_{\Delta\gamma \to 0} \frac{1}{N}\Delta N/\Delta\gamma \qquad (2-78)$$

对于第 i 个部位得

$$\delta(\Omega_i) \approx \frac{1}{2\pi\sin\Omega_i}K(\varphi_i)\,(\mathrm{d}\varphi/\mathrm{d}\Omega)_i \qquad (2-79)$$

假定第 i 个要害部位的面积为 S_{0i}，根据单位立体角平均破片相对密度的定义，可求得面积为 S_{0i} 的要害部位被命中的破片平均数为

$$N_i = \frac{NS_{0i}K(\varphi_i)}{2\pi R_i^2\sin\Omega_i\,(\mathrm{d}\Omega/\mathrm{d}\varphi)_i} \qquad (2-80)$$

2）毁伤目标要害部位的速度

打击目标要害部位的破片速度由式（2-68）决定。破片飞行中，由于空气阻力的影响，速度逐渐降低。值得注意的是，弹目相对速度不会发生变化，仅破片静态飞散速度受空气阻力影响。为计算分析简便，考虑到弹目相对速度比破片飞散速度小得多，故将其与破片动态飞散速度一起考虑。达到目标要害 i 点的破片飞散速度 $v_{0\text{rT}}(\omega)$ 为

$$v_{0\text{rT}}(\omega) = v_{0\text{R}}(\omega)\exp(-\Delta H\alpha R_i) \qquad (2-81)$$

式中：$v_{0\text{R}}(\omega)$ 为破片动态飞散速度；ΔH 为空气相对密度；α 为破片与高度有关的弹道系数；R_i 为破片相对运动距离。

ΔH 随高度变化的规律近似为

$$\Delta H = \begin{cases} (1 - H/44\,308)^{4.255\,3} & H \leqslant 11\,000 \text{ m} \\ 0.297\exp[-(H-1\,100)/6\,318] & H > 11\,000 \text{ m} \end{cases} \qquad (2-82)$$

3）战斗部坐标毁伤规律

战斗部的坐标毁伤概率又称战斗部对目标的条件杀伤概率，系指在给定炸点（x_{R}，

$\rho, \theta)$ 条件下，对目标的毁伤概率。

一般情况下，研究战斗部坐标毁伤规律时，通常需考虑战斗部的两种毁伤效应：破片对目标的杀伤作用和冲击波对目标的爆破毁伤作用。战斗部对目标的条件毁伤概率 $G[x_R/(\rho,\theta)]$ 可表示为

$$G[x_R/(\rho,\theta)] = 1 - \prod_{i=1}^{n} \{1 - G_i[x_R/(\rho,\theta)]\} \qquad (2-83)$$

式中：$G_i[x_R/(\rho,\theta)]$ 为对目标第 i 个舱段的毁伤概率；n 为目标划分舱段总数。

假定破片质量相同（预制破片结构战斗部），且不考虑战斗部破片对舱段的累积杀伤效应，舱段的毁伤概率 $G_i[x_R/(\rho,\theta)]$ 可表示为

$$G_i[x_R/(\rho,\theta)] = 1 - e^{-\overline{m}_i P_{1i}} \qquad (2-84)$$

式中：$\overline{m}_i$ 为命中第 i 个舱段破片的数学期望值；P_{1i} 为单枚破片杀伤第 i 个舱段的概率。

2.4.2 引信与战斗部配合效率的评估

1. 引信与战斗部配合效率的定义

给定导弹和目标交会条件下，引信启动区与战斗部动态杀伤区协调一致程度的度量称为引信与战斗部配合效率，简称引战配合效率，通常表示为

$$\eta = W_1/W_1^* \qquad (2-85)$$

式中：η 为引信与战斗部配合效率；W_1 为带有实际引信的导弹对目标的单发毁伤概率；W_1^* 为带有理想引信的导弹对目标的单发毁伤概率。

理想引信是在给定的弹目交会条件下，引信启动区与战斗部动态杀伤区有最佳理想配合的引信。装有理想引信的导弹，毁伤概率最大。

2. 引战配合效率的评定方法

引战配合效率的评定方法有试验法和计算法两种。试验法可通过全尺寸动态仿真、数学仿真和靶场飞行试验得到。用试验法能确定引战配合效率结果真实，但需要复杂的设备和实际引信产品，特别是要获得理想引信更为困难。相较于试验法，计算法更方便。计算法有精确的数值积分法和图解近似计算法两种。随着计算技术的飞速发展，目前数值积分法已基本替代了图解近似计算法，成为引战配合评定的主要方法。

3. 引信和战斗部的二维坐标杀伤概率

引信与战斗部的二维坐标杀伤规律又称为引信与战斗部的联合条件杀伤概率，通常以 $P_{df}(\rho,\theta)$ 表示。它表征在给定脱靶条件 (ρ,θ) 下，引信和战斗部对目标的联合条件杀伤概率，表达式为

$$P_{df}(\rho,\theta) = \begin{cases} 1 & \rho \leqslant \rho_0 \\ W_a(\rho,\theta) \int_{m_x - 3\sigma_x}^{m_x + 3\sigma_x} f_1[x_R/(\rho,\theta)] G[x_R/(\rho,\theta)] dx_R & \rho > \rho_0 \end{cases} \qquad (2-86)$$

式中：ρ_0 为引信与战斗部联合杀伤概率为 1 时的最大脱靶量，当 $\rho \leqslant \rho_0$ 时，不管启动角大小，其杀伤概率总为 1；$f_1[x_R/(\rho,\theta)]$ 为引信启动点沿 x_R 分布的概率密度函数，按式（2-36）计算；$G[x_R/(\rho,\theta)]$ 为战斗部在给定引爆条件下的坐标毁伤规律，按式（2-83）计算；$W_a(\rho,\theta)$ 为引信启动概率函数；m_x 为引信沿 x_R 启动的数学期望值；σ_x 为引信沿 x_R 启动的散布均方差；$m_x+3\sigma_x$ 为引信启动区的上限；$m_x-3\sigma_x$ 为引信启动区的下限。

式（2-86）的积分表示在给定脱靶条件下，引信启动区与战斗部动态杀伤区重合的程度。二者越重合，其乘积后的积分面积越大，引信与战斗部的配合越好，其联合的条件毁伤概率就越大。图 2-11 说明了引信启动区与战斗部动态毁伤区的重合情况。

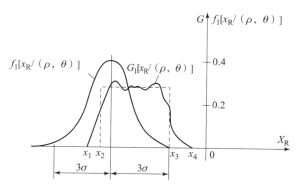

图 2-11　引信启动区与战斗部动态杀伤区的重合情况

4. 导弹对目标的单发毁伤概率

假定导弹系统的可靠概率为 1，则导弹对目标的毁伤概率为

$$W_1 = \int_0^{2\pi} \int_0^{\rho_{\max}} f(\rho,\theta) P_{df}(\rho,\theta)\,\mathrm{d}\rho\mathrm{d}\theta \qquad (2-87)$$

式中：$f(\rho,\theta)$ 为在脱靶平面内，导弹对目标的制导误差概率密度函数，该函数可通过相对速度正交坐标系中 $f_e(y_R,z_R)$ 概率密度函数求得。

假定 $f_e(y_R,z_R)$ 为二维正态概率密度函数，且 y_R、z_R 相互独立，则

$$f_e(y_R,z_R) = \frac{1}{2\pi\sigma_y\sigma_z}\exp\left\{-\left[\frac{(y_R-m_y)^2}{2\sigma_y^2}+\frac{(z_R-m_z)^2}{2\sigma_z^2}\right]\right\} \qquad (2-88)$$

式中：m_y、m_z 分别为沿 Y、Z 轴的制导系统误差；σ_y、σ_z 分别为沿 Y、Z 轴的散布均方差；y_R、z_R 为最佳启动点 Y、Z 坐标。

由于 $y_R=\rho\cos\theta$，$z_R=\rho\sin\theta$，根据概率论原理可求得

$$f(\rho,\theta) = f_e(y_a,z_a)J \qquad (2-89)$$

式中：J 为雅可比行列式。

雅可比行列式为

$$J = \begin{vmatrix} \partial y_R / \partial \rho & \partial y_R / \partial \theta \\ \partial z_R / \partial \rho & \partial z_R / \partial \theta \end{vmatrix} = \rho \qquad (2-90)$$

可得

$$f(\rho,\theta) = \frac{\rho}{2\pi\sigma_y\sigma_z}\exp\left\{ -\left[\frac{(\rho\cos\theta - m_y)^2}{2\sigma_y^2} + \frac{(\rho\sin\theta - m_z)^2}{2\sigma_z^2}\right]\right\} \qquad (2-91)$$

当 $\sigma_y = \sigma_z = \sigma$ 时，则

$$f(\rho,\theta) = \frac{\rho}{2\pi\sigma^2}\exp\left\{ -\left[\frac{(\rho\cos\theta - m_y)^2}{2\sigma^2} + \frac{(\rho\sin\theta - m_z)^2}{2\sigma^2}\right]\right\} \qquad (2-92)$$

式（2-87）中的积分限 ρ_{max}，通常选取最大可能脱靶量值，其计算式为

$$\rho_{max} = \sqrt{m_y^2 + m_z^2} + 3\sqrt{\sigma_y\sigma_z} \qquad (2-93)$$

当 $m_y = m_z = m$，$\sigma_y = \sigma_z = \sigma$ 时，则

$$\rho_{max} = m\sqrt{2} + 3\sigma \qquad (2-94)$$

m_y、m_z、σ_y、σ_z 由制导控制系统仿真或试验统计给出。将 $P_{df}(\rho, \theta)$ 和 $f(\rho, \theta)$ 代入式（2-87）中，可得导弹对目标的毁伤概率。利用计算机进行数值积分则可获得满意的结果。

5. 理想引信情况下的单发杀伤概率

理想引信定义为，引信的启动区没有散布，且与战斗部破片动态飞散角中心重合。在这种情况下，引信的启动概率密度函数为

$$f_1[x_R/(\rho,\theta)] = \delta[(x - x_R^*)/(\rho,\theta)] \qquad (2-95)$$

式中：$\delta(x)$ 为狄拉克函数；x_R^* 为最佳启动点坐标。

由此得二维目标杀伤规律为

$$P_{af}^*(\rho,\theta) = W_a(\rho,\theta)P_a[x_R^*/(\rho,\theta)] \qquad (2-96)$$

有一种情况需要考虑，即当目标易损舱段不在目标中心时，在目标中心对准动态飞散角中心时，其联合毁伤概率 $P_{af}(\rho, \theta)$ 不一定最大。为此需要做如下选取

当 $P_a[x_R^*/(\rho,\theta)] \leqslant P_a[x_{R2}/(\rho,\theta)]$ 时，选取

$$P_{af}^*(\rho,\theta) = W_a(\rho,\theta)P_a[x_{R2}/(\rho,\theta)] \qquad (2-97)$$

当 $P_a[x_R^*/(\rho,\theta)] > P_a[x_{R2}/(\rho,\theta)]$ 时，选取

$$P_{af}^*(\rho,\theta) = W_a(\rho,\theta)P_a[x_R^*/(\rho,\theta)] \qquad (2-98)$$

式中：x_{R2} 为易损舱段等效中心坐标。

将式（2-97）或式（2-98）代入式（2-87）可得在理想引信情况下，导弹对目标单发杀伤概率 W_1^*，即

$$W_1^* = \int_0^{2\pi}\int_0^{\rho_{max}} f(\rho,\theta)P_{af}^*(\rho,\theta)\mathrm{d}\rho\mathrm{d}\theta \qquad (2-99)$$

将 W_1^* 和式（2-87）代入式（2-85），即可得到引信与战斗部配合效率。

2.4.3　提高引信与战斗部配合效率的技术途径

通常，为解决引信与战斗部的配合效率问题，必须具备下列几个条件：

（1）有完备的目标探测装置，以获得弹目交会过程中必须取得的有关信息。

（2）有完善的信息处理和运算装置，获得足够精确的数据，以实时计算最佳起爆角和最佳延时起爆时间。

（3）有适当的控制机构和措施，能及时准确地在最佳起爆角或最佳起爆时间引爆战斗部。

总之，提高引信与战斗部配合效率，就是要使引信的启动区与战斗部的动态杀伤区相重合。在技术实现上，有两种途径：一是调整引信的启动区；二是调整战斗部的动态杀伤区。

1. 调整引信的启动区

在弹目交会过程中，利用从引信探测器或制导系统获得的导弹和目标的有关信息，调整引信的启动区，使之与战斗部的动态杀伤区相匹配。

采取的主要技术措施有：

（1）定角启动，调整自适应启动延时使引信的引爆角与战斗部的动态杀伤角相重合。

（2）引信采用宽波束天线探测目标角位置，并根据其他信息（如相对速度、相对速度与弹轴夹角、脱靶矢量等）实时预定最佳引爆角度，当目标角位置到达预定的角位置时，引爆战斗部，此角位置即为战斗部动态杀伤角。

（3）采用雷达相控技术，根据弹目交会中获得的有关信息，调整引信天线的波束倾角，使引信启动角与战斗部动态杀伤角一致。

（4）利用谱识别和图像识别技术，对目标部位进行识别，当目标易损要害部位位于战斗部动态杀伤区时，引爆战斗部。

2. 调整战斗部的动态杀伤区

在弹目交会过程中，利用引信或制导系统获得的目标信息，调整战斗部的动态杀伤区，使之与引信的启动角相重合。

采用的主要技术措施有：

（1）采用宽飞散角战斗部，在引爆战斗部时，动态杀伤区总能覆盖目标要害部位。

（2）采用预置破片战斗部，使之能根据弹目交会信息，自动地预置破片飞散方向，使之与引信启动角相匹配。

（3）采用一种破片飞散方向可选择的瞄准式战斗部，用引信和制导信息进行控制，当引信启动时，战斗部绝大部分破片均能投向目标。

引信与战斗部配合应充分利用引信和制导信息，并向自适应和智能化方向发展。

2.5　无线电引信系统参数设计

近炸引信有许多种，不同的近炸引信系统参数也有所不同。本节以最常见的无线电引信为例，介绍系统参数的设计原则和设计方法。

2.5.1　引信天线参数的设计和确定

1. 天线波束倾角的确定

天线波束倾角和波束宽度的确定，应保证使引信的启动区与战斗部的动态杀伤区在很大程度上相重合。因此，天线波束倾角和波束宽度的设计，应与给定弹道交会条件下战斗部的动态破片飞散范围密切相关。

1）确定天线波束倾角的步骤

按如下步骤确定引信天线的波束倾角。

步骤一：根据给定的一组弹道交会参数和战斗部静态破片飞散参数，用式（2－68）、式（2－69）和式（2－70），计算战斗部动态破片平均飞散方向角（Ω_0）与破片动态飞散角（ω）的关系，并绘出曲线。

步骤二：对计算和绘制出的动态破片平均飞散方向角（Ω_0）随（ω）变化的一组曲线，在 $\omega = 0 \sim 2\pi$ 的角范围内进行统计处理，求得的期望值即可作为引信天线的波束倾角 Ω_{f_0}，即

$$\Omega_{f_0} = \frac{1}{2N\pi} \sum_{i=1}^{N} \int_{0}^{2\pi} \Omega_i(\omega)\,\mathrm{d}\omega \qquad (2-100)$$

式中：$\Omega_i(\omega)$ 为动态破片在 ω 角上的平均飞散方向角；N 为给定的弹道个数。

2）确定战斗部破片动态飞散角

设计时，破片动态飞散角要考虑多个误差量，不能直接取一组弹道中最小的战斗部破片动态飞散角 $\Omega_{\min}$。误差量有以下 3 个。

（1）天线波束倾角指最大增益方向与天线轴（或弹轴）的夹角，由于天线波束宽度不为零，因此引信启动角要增加半个波束角的提前量。

（2）确定引信天线的波束倾角时，要考虑引信信号的积累时间和启动延迟时间，因此要增加一个提前量。

（3）考虑目标为体目标，弹目交会中首先进入波束的是目标边缘，引信对边缘点启动会使得战斗部杀伤点不是靠近目标中心的要害位置，因此需要考虑一个滞后量 $\Delta\Omega_{f_0}$。

2. 天线波束宽度 $\theta_{1/2}$ 的确定

从减小引信启动散布及增大引信作用距离出发，设计天线波束宽度尽量小。而从信息处理时间的要求出发，天线波束需要有一定的宽度。特别是对于小尺寸、高速目标。天线波束宽度必须保证目标穿越波束的时间大于信息处理系统所需要的时间（例如惯性累积延时），即需满足

$$t_x > \tau_s \qquad\qquad (2-101)$$

式中：t_x 为目标在天线波束中的持续时间；τ_s 为引信信息处理系统所需的时间。

图 2-12 为共面交会时目标相对运动轨迹与天线波束的交会几何图。图中：P 为脱靶点；ρ 为脱靶量；M 为目标进入天线主瓣点；K 为目标达到天线最大增益点；N 为目标离开天线主瓣点；2θ 为天线主瓣宽度；Ω_{f_0} 为天线最大增益角；Δ 为目标轴线与 v_R 的夹角；v_M 为导弹飞行速度；v_T 为目标飞行速度；L 为目标线长度；v_R 为导弹与目标的相对运动速度；β 为导弹弹轴与目标相对速度的夹角。由图可求出

$$t_x = (\overline{MN} + l)/v_R \qquad\qquad (2-102)$$

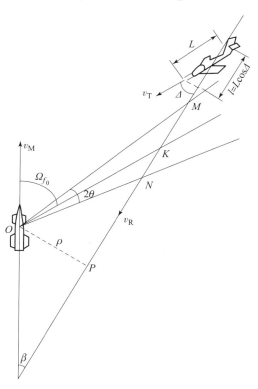

图 2-12　共面交会时目标相对运动轨迹与天线波束的交会几何图

式中：l 为目标线长度在 $\overline{MN}$ 方向上的投影，$l = L\cos\Delta$，其中 L 为目标线长度；Δ 为目标轴线与 v_R 的夹角。

$$\overline{MN} = \overline{MP} - \overline{NP} = \frac{2\rho\left(\tan\dfrac{\theta}{2} - \tan\alpha\tan^2\dfrac{\theta}{2}\right)}{\tan^2\alpha - \tan^2\dfrac{\theta}{2}} \tag{2-103}$$

$$(\overline{MN} + L\cos\Delta)/v_{\mathrm R} \geqslant t_x \tag{2-104}$$

将式（2-103）代入式（2-104）解三角方程得

$$\tan\frac{\theta}{2} = \frac{-2\rho \pm \sqrt{4\rho^2 + 4(A - 2\rho\tan\alpha)A\tan^2\alpha}}{2(A - 2\rho\tan\alpha)} \tag{2-105}$$

式中：$\alpha = \Omega_{f_0} - \beta$；$A = v_{\mathrm R}t_x - L\cos\Delta$。

根据式（2-105）可求得天线最小波束宽度 $\theta_{1/2}$。在实际计算中，目标穿越天线波束时间至少是信息处理系统所需时间的 5 倍，即

$$t_x \geqslant 5\tau_{\mathrm s} \tag{2-106}$$

3. 天线波束前沿陡峭度的设计

天线波束前沿陡峭程度影响引信启动角散布。当引信系统灵敏度变化和启动角偏差 $\Delta\alpha$ 给定时，根据式（2-107）可求得天线波束前沿增益随角度变化的斜率，即

$$\mathrm{d}G(\Omega_f)/\mathrm{d}\Omega_f = \left|\frac{\Delta S}{2\Delta\alpha}\right| \tag{2-107}$$

例如：在引信系统灵敏度变化 10 dB，允许的启动角偏离为 1.2° 时，要求天线增益变化斜率大于 4.2 dB/(°)。

4. 天线增益的确定

天线增益的确定应考虑无线电引信灵敏度。但是当引信天线波束宽度确定时，天线的最大增益值也基本上确定了。这是因为微波天线的辐射效率接近于 1 时，天线的增益与波束宽度的近似关系式（数值运算，不考虑量纲）为

$$G \approx 41\ 253/(\theta_{\mathrm B}\phi_{\mathrm B}) \tag{2-108}$$

式中：$\theta_{\mathrm B}$、$\phi_{\mathrm B}$ 分别为两个正交平面的半功率波束宽度，以度（°）表示，其中 $\theta_{\mathrm B}$ 为弹轴平面的半功率波束宽度。

一般来说，波束宽度受天线长度的限制。若天线长度受限，致使波束宽度不会太小。当天线最大长度给定时，天线波束的最小宽度就基本确定。在满足式（2-106）和式（2-105）对波束宽度约束的条件下，尽可能采用较窄波束天线，使天线增益有所提高，减轻引信接收机灵敏度设计上的困难。

5. 天线副瓣电平的设计

1）天线副瓣电平参数设计中考虑的因素

天线副瓣电平参数设计的主要要求，是尽可能减小目标在天线副瓣区启动的概率，以提高目标在与导弹交会时适时启动的概率。目标在天线副瓣区是否启动及启动概率，取决于下述因素：

（1）引信天线副瓣区的增益与最大增益之比。

（2）引信系统灵敏度允许变化的范围及其分布概率密度。

（3）目标的雷达散射截面变化范围及其分布概率密度。

（4）人为的有源和无源干扰强度。

（5）在给定的一组弹目交会条件下，由于脱靶量随机性带来的信号变化范围及其分布概率密度。

在上述因素中，（1）项是天线设计中需要考虑的问题；（4）项是引信抗干扰设计中需要考虑的问题；（2）、（3）、（5）项均是引信设计中需要考虑的随机变量，这些随机特性均影响引信启动特性。分析雷达散射截面、目标信号动态变化范围对引信的影响时，均可等效为灵敏度变化对启动概率的影响。

2）利用动态变化范围确定引信天线副瓣电平

这种方法是把引信灵敏度和目标的雷达散射截面，以及脱靶量随机性带来的信号动态变化当作一个确定的事件，把它们最大可能出现的范围，看作必然发生的。

（1）分析计算常用的假定。

假定一：引信系统设计中，给出的雷达散射截面为最小截面，且以 σ 表示，其动态变化范围为 $\Delta\sigma(\mathrm{dB})$。

假定二：由于引信目标近区特性，根据有关文献，其截面与距离成正比，根据引信雷达方程，消除截面随距离变化的因素后，对主动无线电引信，接收信号功率与距离 R^3 成正比。

假定三：当脱靶量 $\rho \leqslant 3\mathrm{~m}$ 时，即使在天线副瓣对目标启动，引信与战斗部都有良好的配合效率。主要原因：一是战斗部爆炸时冲激波的作用，使其对目标毁伤概率为百分之百；二是此时目标张角很大，而且由于固有延时，引爆时目标已进入天线主瓣范围，毁伤效果良好。因此，在考虑因脱靶量变化引起输入信号动态变化时，仅考虑最小脱靶量为 $\rho_{\min} \leqslant 3\mathrm{~m}$ 和最大脱靶量引起的变化。动态范围 ΔS_{RA} 为

$$\Delta S_{\mathrm{RA}} = 30\lg(\rho_{\max}/\rho_{\min})(\mathrm{dB}) \tag{2-109}$$

假定四：引信灵敏度允许的散布范围为 $\Delta S(\mathrm{dB})$，相对应的，靶试中引信灵敏度变化也为 $\Delta S(\mathrm{dB})$。

（2）确定灵敏度公差范围的原则。

在引信灵敏度设计时，其公差范围应遵从两个基本原则：一是在引信最低灵敏度值时，对于给定的最小雷达散射截面及最大的作用距离，能保证目标处在天线主瓣半波束宽度范围内仍能启动；二是在引信最大灵敏度时，对于最大雷达散射截面和最小脱靶距离，能保证目标在天线增益最大副瓣方向上，引信不能启动。

根据上述假定和设计原则，目标截面相对最小截面的变化、引信灵敏度的相对变化、输入信号动态变化范围，均可等效为天线副瓣电平的增加。考虑到 ΔS、ΔS_{R}、$\Delta \sigma$

的相互独立性，目标在天线最大增益副瓣方向上不启动的副瓣电平 G_{SLA} 应满足

$$2G_{SLA} + (\Delta S^2 + \Delta S_{RA}^2 + \Delta \sigma^2)^{\frac{1}{2}} \leqslant -6 - 2\delta_0 \qquad (2-110)$$

故

$$G_{SLA}(dB) \leqslant -\frac{1}{2}(\Delta S^2 + \Delta S_{RA}^2 + \Delta \sigma^2)^{\frac{1}{2}} - 3 - \delta_0 \qquad (2-111)$$

式中：-3 代表 $-3(dB)$，表示天线的半功率电平，在大于或等于 $-3(dB)$ 的任何范围，引信均能可靠启动（对于最小灵敏度和信号情况），在小于 $-3(dB)$ 时，引信不启动；$-\delta_0$ 为引信确保不启动的余量。

例如：引信灵敏度变化范围为 $\Delta S = 10$ dB，$\Delta \sigma = 7$ dB，$\rho_{max} = 15$ m，$\rho_{min} = 3$ m，根据式（2-109）和式（2-110）分别有 $\Delta S_{RA} = 20.97$ dB，取 $\delta_0 = 3$ dB，则 $G_{SLA} = -18.13$ dB。

3）天线后副瓣电平的设计要求

对引信天线的后副瓣，需要满足抗干扰要求。除后副瓣电平应尽可能低之外，还应减小地面指挥和照射雷达或导弹载机雷达的干扰。这种情况要根据具体环境特征提出。

抗干扰方面对天线副瓣的要求，应根据干扰环境要求提出，原则上希望引信天线波束越小越好，同时副瓣电平越低越好。

4）对垂直弹轴平面方向图的要求

引信在垂直弹轴平面的 360° 范围内，要求具有均匀的增益分布，这在实际中难以实现。特别是弹径较大，引信工作波长较短时，需要 2~4 根天线才能形成包围 360° 的方向图。当发射频率相同时，由于相位干涉，不可避免地形成干扰缺口。对垂直弹轴平面内方向图的要求：干扰缺口一般不大于 3°~5°（增益 -3 dB）；在两天线的方向图交叉处，相对增益不得低于 6 dB。

2.5.2　引信最大和最小作用距离的确定

任何无线电引信都有最大作用距离和最小作用距离的指标，最小作用距离往往是指引信的距离盲区。

1. 引信最大作用距离的确定

引信的最大作用距离，应保证导弹在最大制导误差情况下，引信仍能可靠启动。在无方向性接收天线情况下，引信的最大作用距离 R_{max} 应满足

$$R_{max} \geqslant \rho_m = \rho_0 + 3\sigma_m \qquad (2-112)$$

式中：ρ_0 为制导系统的系统误差；σ_m 为制导系统的随机均方根差；ρ_m 为导弹的最大脱靶量。

对于有方向性接收天线的情况，引信的最大作用距离与天线波束倾角 Ω_{f_0}、弹目交

会角（或相对速度与弹轴的夹角 β）、脱靶方位角（ω）以及最大脱靶量等因素有关，应满足

$$R_{max} \geqslant \frac{\rho_m}{\sin\zeta} \tag{2-113}$$

式中：ζ 为相对速度矢量 v_R 与天线主波束中心线间的夹角。

ζ 角与 β、Ω_{f_0} 及 ω 等有关，在共面交会情况下，ζ 可由下式确定：

$$\zeta = \Omega_{f_0} \pm \beta \tag{2-114}$$

在导弹"早到"时（即导弹袭击目标时，目标到达脱靶点时，目标还未越过导弹轴线的情况），上式取"$-$"。在导弹"晚到"时（即导弹袭击目标时，当目标到达脱靶点时，目标已穿过导弹轴线的情况），上式取"$+$"。

2. 关于引信最小作用距离

通常，引信对最小作用距离的要求很高，甚至要求没有盲区。这就要求弹目距离趋于 0 m 时引信仍能够启动。引信时序设计时，应使距离很近的目标回波仍能进入引信接收波门。在这种时序设计下，应确保足够的引信收发隔离度和信噪比，保证引信在没有目标存在时，在各种环境条件下不会误启动。引信收发隔离度既包括发射机与接收机之间的隔离度，又包括发射天线与接收天线之间的隔离度。

此外，引信的盲区性能设计与近距灵敏度关系很大。经过大量的试验发现，近距灵敏度设计过高，引信易受收发泄漏信号的影响造成虚警。但是近距灵敏度设计太低，在某些目标的某些特定姿态下容易引起"瞎火"，即出现了盲区。因此，引信最小作用距离需要通过合理设计近距灵敏度，并结合大量的准动态交会试验进行充分的性能验证。

2.5.3 引信灵敏度的设计

1. 用于引信灵敏度设计的引信雷达方程

引信雷达方程又称无线电引信作用距离方程，是描述无线电引信主要性能参数与目标特性参数相互关系的方程式。

对于主动式外差或超外差引信，在点目标（即被全部照射）情况下，雷达方程基本形式为

$$P_r = \frac{P_t \lambda_0^2 G_r G_t \sigma}{(4\pi)^3 R^4 L_s} \tag{2-115}$$

式中：P_r 为无线电引信接收机输入端的功率；P_t 为发射机的输出功率；G_r 为接收天线增益函数；G_t 为发射天线增益函数；σ 为在无线电引信条件下，确定的目标反射面积；λ_0 为引信的自由空间波长；R 为引信与目标之间的距离；L_s 为系统损耗。

2. 无线电引信灵敏度的定义

无线电引信灵敏度又称引信启动灵敏度，通常以引信启动时接收机输入端最小可

检信号电平表示。其值越低灵敏度越高。对于主动无线电引信，为方便测试，常常用相对灵敏度来表示引信灵敏度。相对灵敏度以发射信号功率与引信启动时所需的最小可检信号功率电平之比的分贝数表示（即以发射和接收通道间插入的系统衰减分贝数表示）。通常引信相对灵敏度绝对值越大，引信灵敏度越高。引信灵敏度主要受接收机内部系统噪声、发射噪声、引信振动噪声、发射功率大小以及引信启动时所要求的输出信噪比等因素限制。

3. 引信灵敏度信号电平设计

为确保引信可靠启动，信噪比 S_0/N_0 应满足一定要求（通常应满足 $S_0/N_0 \geqslant$ 20 dB）。对于主动无线电引信，接收机输出端的 S_0/N_0 为

$$\frac{S_0}{N_0} = \frac{P_t\lambda_0^2 G_r G_t \sigma}{(4\pi)^3 R^4 kT\Delta f F_n L_s} \qquad (2-116)$$

式中：k 为玻尔兹曼常数，为 1.38×10^{-23} J/K；Δf 为接收机的等效噪声带宽；F_n 为接收机整机噪声系数；T 为接收机工作的绝对温度；其他定义同式（2-115）。

因此，接收机的最小可检信号（主动引信）电平 S_{min} 为

$$S_{min} = kT\Delta f F_n(S_0/N_0) = \frac{P_t\lambda_0^2 G_r G_t \sigma}{(4\pi)^3 R^4 L_s} \qquad (2-117)$$

接收机等效噪声带宽为

$$\Delta f = \frac{\dfrac{1}{2\pi}\displaystyle\int_{-\infty}^{\infty}\mid H(\omega)\mid^2 \mathrm{d}\omega}{H(\omega_0)} \qquad (2-118)$$

式中：$H(\omega)$ 为中频或零中频放大器频率响应函数；ω_0 为最大响应处的角频率。

引信灵敏度设计步骤如下：

（1）确定和计算接收机等效噪声带宽；

（2）按实际条件确定噪声系数 F_n；

（3）按实际条件确定发射机功率 P_r；

（4）根据天线尺寸确定收发天线增益；

（5）考虑收发系统损耗 $L = 3\sim5$ dB，并根据式（2-115）所确定的引信最大作用距离、目标雷达散射截面 σ 和工作波长 λ_0 代入式（2-116）计算接收机的输出信噪比 S_0/N_0。

（6）若 S_0/N_0 大于要求的信噪比，则按式（2-117）计算所得的功率电平，即为引信灵敏度电平。

如果上述计算得到的 S_0/N_0，远远大于已确定的信噪比，为减轻接收机高灵敏度制造上的困难，可适当放宽对 F_n 的要求，也可在保持灵敏度不变的情况下，适当降低发射机功率。如果计算的信噪比不能满足要求，则必须进一步减小 F_n，或提高发射功率

及天线增益，直到满足输出信噪比要求为止。

灵敏度设计也可采取逆向设计的方式。根据给定的 S_0/N_0、Δf、F_n，利用式（2-117）确定引信的最小可检信号电平。然后利用雷达方程计算接收机输入端功率，若输入端功率电平大于计算的 S_{min}，则引信灵敏度可接受，若小于计算的 S_{min}，应调整发射机功率和增益参数，或进一步减低 F_n 以提高引信灵敏度。若计算的接收功率电平比 S_{min} 大很多，则说明 S_0/N_0 有很大余量，可适当降低发射机功率，或降低接收机灵敏度。

4. 关于引信灵敏度值散布的设计

灵敏度设计必须考虑公差 ΔS。雷达散射截面不是一个确定值，而是一个从最小到最大的散布值。此外，脱靶量不同使输入信号功率不同。因此引信的最低灵敏度值应保证其在最小的雷达散射截面 σ_{min} 和最大脱靶量 ρ_{max} 时仍能可靠启动；引信的最高灵敏度应保证其在最小脱靶量 ρ_{min} 和最大雷达散射截面 σ_{max} 作用下，不应在天线副瓣启动。

假设在最低灵敏度，最小 σ_{min} 和最大脱靶量引信不动作的副瓣电平为 L_N（dB）。当 $\Delta\sigma_{max}$ 和由脱靶量变化引起信号动态变化的范围 $\Delta S_{P_{max}}$ 为已知时，对主动引信来说，允许的引信灵敏度最大公差 ΔS_{max} 应满足

$$\frac{1}{2}\left(\Delta S_{max}^2 + \Delta\sigma_{max}^2 + \Delta S_{P_{max}}^2\right)^{\frac{1}{2}} + L_{sl} \leqslant L_N \qquad (2-119)$$

故

$$\Delta S_{max} \leqslant \left[4\left(L_N - L_{sl}\right)^2 - \Delta\sigma_{max}^2 - \Delta S_{P_{max}}^2\right]^{\frac{1}{2}} \qquad (2-120)$$

引信灵敏度的期望值为

$$S_0 = S_{min} + \frac{1}{2}\Delta S_{max} \qquad (2-121)$$

这种设计对天线副瓣电平提出了苛刻要求，下面使用最小概率原理来确定 ΔS_{max}。

假定 ΔS、$\Delta\sigma$、ΔS_R 均为随机变量，对引信接收机的影响如式（2-112）和式（2-113）所示。概率密度函数 $f_W(W)$ 为三个随机变量概率密度函数的连续卷积。假定天线副瓣为 L_{sl}，对主动天线相当于 $2L_{sl}$，该量与引信整机灵敏度、目标截面、回波信号三个随机变量之和 W 相加，形成新的随机变量 Q，为 $Q = W + 2L_{sl}$。根据概率论原理，Q 的概率密度函数为

$$P\left(W - 2L_{sl} \geqslant 2L_N\right) = 1 - \int_{-\infty}^{2L_N} f_W\left(W - 2L_{sl}\right)dW \qquad (2-122)$$

令 $P\left(W - 2L_{sl} \geqslant 2L_N\right) = 10^{-4}$，则 $\int_{-\infty}^{2L_N} f_W\left(W - 2L_{sl}\right)dW = 0.999\,9$。改变 ΔS 的标准差 σ_s，可改变 $f_W\left(W - 2L_{sl}\right)$ 的宽窄，并使之从 $-\infty$ 到 $2L_N$ 的积分值大于 $0.999\,9$，从而决定了灵敏度最大偏差为 $\Delta S = 6\sigma_s$。

2.5.4　引信的累积延时和启动延时的设计

1. 惯性累积延时的设计

引信惯性累积延时，主要用于提高引信抗外部和自身的瞬时尖峰脉冲干扰能力。有关文献指出：当引信无惯性累积延时时，引信受内部或外来瞬时尖头脉冲干扰而不启动的概率（即可靠性系数）K_1 为

$$K_1 \approx \exp\left\{-\frac{\Delta f_z t_0}{\sqrt{3}}\exp\left[-u_0^2/(2\sigma_z^2)\right]\right\} \tag{2-123}$$

式中：Δf_z 为干扰噪声带宽；t_0 为引信在弹道上工作的时间；u_0 为引信启动门限电平；σ_z 为门限输入端的噪声电压均方根。

若引信有惯性累积延时，则引信因受噪声干扰不启动的概率为

$$K_2 \approx \exp\left\{-\frac{t_0}{\sqrt{3}\tau_s}\exp\left[-\left(\frac{\tau_s\Delta f_z}{2}\right)\left(\frac{u_0-U_{z_0}}{\sigma_z}\right)^2\right]\right\} \tag{2-124}$$

式中：τ_s 为惯性累积延时；Δf_z 为噪声的带宽；U_{z_0} 为惯性检波器输出噪声的直流电压分量。

比较式（2-123）和式（2-124），可知当 $\tau_s \to \infty$ 时，$K_2 \to 1$。

惯性累积延时的设计应考虑下述因素：

（1）惯性累积延时应明显小于目标穿越天线波束的时间。

（2）惯性累积延时应满足 $\tau_s \geqslant \dfrac{1}{\Delta f_z}$。

（3）在天线方向图设计中，引信应具有反应提前量，该提前量由战斗部动态破片飞散区、天线波束倾角、天线波束宽度和弹道参数决定。

通常，对于低速导弹，$\tau_s \approx 3 \sim 4$ ms；高速导弹取 $\tau_s \approx 1 \sim 2$ ms 甚至更小。在考虑了（1）和（2）因素后，根据经验选取 τ_s 值，然后在引战配合效率计算中验算。

2. 启动延时的设计

1）引战启动延时设计

由于天线波束沿弹轴方向的倾角固定，各种交会条件下引信启动区相对稳定。但由于交会弹道不同，战斗部的动态杀伤区变化很大。受战斗部破片静态飞散速度限制，在大的作战空域范围内，很难设计一个波束倾角，使引信启动区与各种弹道条件下的战斗部动态飞散区相匹配。此外，天线波束宽度和倾角实际值与设计值会存在偏差，也会恶化引信启动区和战斗部杀伤区的匹配性。

固定启动延时主要用于弥补引信启动区和战斗部杀伤区匹配的不足。当固定启动延时较小时，可以和惯性累积延时一起设计考虑。当其较大时，必须单独考虑，否则可能大于信号的持续时间。设计固定启动延时时还需要考虑弹道的出现概率。

固定启动延时的设计，要建立在对引信启动区和战斗部动态杀伤区大量计算比较的基础上，对不同脱靶情况下的延时折中处理，最大化单发杀伤概率。

2）启动延时分挡调整

启动延时的分挡调整，比固定延时更能提高引战配合效率。启动延时可在发射前或者导弹飞行中装定，也可由引信根据弹上信息实时计算。引信实时计算的设计方法与自适应延时调整方法无异。

3）启动延时自适应调整

启动延时自适应调整，是指在弹目交会过程中，引信能根据自身以及从制导系统获得的相关信息，实时调整引信的启动延时，使其在各种交会情况下均能在最佳位置引爆战斗部，获得最大杀伤概率。自适应延时调整分为最佳和非最佳自适应延时调整。但不管是最佳自适应延时调整还是非最佳自适应延时调整，方案和模型都不是唯一的。引信获得的信息形式不同，调整模型也不同。

图 2 – 13 为引战启动延时模型的交会几何图。对于绝大部分弹目交会情况，由于惯性累积延时的作用，认为引信在天线波束倾角 Ω_{f_0} 附近给出启动信号，下面基于此条件分析启动延时。

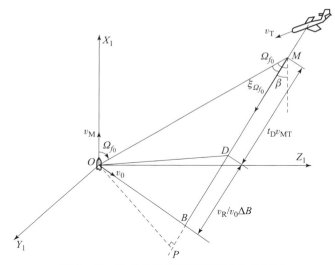

图 2 – 13 引战启动延时模型的交会几何图

根据图 2 – 13 的交会几何关系，点目标启动延时为

$$t_{D_0} = \frac{R_{BM}}{v_R} - \frac{R_{OB}}{v_{D_0}} \qquad (2-125)$$

B 点与 M 点之间的距离为

$$R_{BM} = \frac{\rho \cos\Omega_{f_0}}{\cos\beta \sin\xi_{\Omega_{f_0}}} \qquad (2-126)$$

战斗部原点到 B 点的距离为

$$R_{OB} = \frac{\rho\cos\Omega_{f_0}}{\cos\beta\sin\xi_{\Omega_{f_0}}} \sqrt{\cos^2\beta + \cos^2\Omega_{f_0} - 2\cos\beta\cos\xi_{\Omega_{f_0}}\cos\Omega_{f_0}} \qquad (2-127)$$

可得

$$t_{D_0} = \frac{\rho}{\cos\beta\sqrt{1 - f_{D\Omega_{f_0}}^2\lambda_0^2/(4v_{MT}^2)}}\left\{\frac{\cos\Omega_{f_0}}{v_{MT}} - \frac{1}{v_0}\sqrt{\cos^2\beta + \cos^2\Omega_{f_0} - \cos\beta\cos\Omega_{f_0}f_{D\Omega_{f_0}}\lambda_0/v_{MT}}\right\}$$

$$(2-128)$$

式中：ρ 为脱靶量；v_0 为战斗部破片静态飞散速度；v_{MT} 为导弹目标的相对速度；β 为相对速度矢量与弹轴的夹角；λ_0 为引信工作波长；$f_{D\Omega_{f_0}}$ 为对应波束倾角 Ω_{f_0} 时的多普勒频率。

脱靶量 ρ 可从制导系统中获得，也可自行通过多普勒频率的多次测量得到；v_R 可从制导系统失控前的多普勒频率测得；β 值可用导引头获得相对速度瞬间天线轴与弹轴的夹角来替代；$f_{D\Omega_{f_0}}$ 则由引信刚输出启动信号瞬间的多普勒频率得到；λ_0 和 v_0 为已知数。引信的启动延时可借助于 ρ、v_R、β 和 $f_{D\Omega_{f_0}}$ 调整，实现最佳延时调整。

考虑到实际目标为体目标，且目标尺寸因子 K 与交会姿态有关。K 值大小既可预先装定，也可取统计平均值。若考虑目标尺寸因子情况，启动延时为

$$t_0 = \frac{\rho}{\cos\beta\sqrt{1 - f_{D\Omega_{f_0}}^2\lambda_0^2/(4v_{MT}^2)}}\left\{\frac{\cos\Omega_{f_0}}{v_{MT}} - \right.$$

$$\left.\frac{1}{v_0}\sqrt{\cos^2\beta + \cos^2\Omega_{f_0} - \cos\beta\cos\Omega_{f_0}f_{D\Omega_{f_0}}\lambda_0/v_{MT}}\right\} + \frac{K}{v_{MT}} \qquad (2-129)$$

如果仅用有限的几个量进行延时调整，其延时模型并非最佳延时调整模型。例如 ρ 可用其期望值 $\bar{\rho}$ 代替，β 也可用大量弹道计算的平均值代替（一般来说，β 在 $0° \sim \pm20°$ 范围），$f_{D\Omega_{f_0}}$ 也可用计算的平均值。可得到仅受相对速度控制的延时调整模型为

$$t_D = \frac{\bar{\rho}}{a\sqrt{1 - c^2/v_{MT}^2}}\left\{\frac{b}{v_{MT}} - \frac{1}{v_0}\sqrt{a^2 + b^2 - 2abc/v_{MT}}\right\} + \frac{K}{v_{MT}} \qquad (2-130)$$

式中：$a = \cos\beta$；$b = \cos\Omega_{f_0}$；$c = f_{D\Omega_{f_0}}\lambda_0/2$。

如果将 t_D 与 v_R 的关系分段离散控制，则可得自适应分挡延时。由于启动延时受 v_R 影响很大，目前大部分引信采用相对速度进行延时调整。

在延时调整设计中，也可按式（2-129），以 v_R 为自变量，ρ、β、$f_{D\Omega_{f_0}}$ 等为参变量进行大量计算，然后用最小二乘原理拟合出延时随 v_R 变化的曲线来，最后实现调整。该调整可用 ROM 查表方法实现。

第 3 章　无线电引信主要工作体制

无线电引信主要工作体制有脉冲多普勒体制、连续波调频体制和脉冲体制等。其他几种主要近炸引信工作体制有非相干激光体制、相干激光体制、电容体制、被动红外体制、磁体制、声体制以及静电体制等。本章简要介绍无线电引信主要工作体制的原理、组成、主要参数设计和体制扩展。其他几种主要近炸引信工作体制在第 4 章介绍。

3.1　脉冲多普勒体制

多普勒无线电引信利用多普勒效应，探测运动目标的存在，获得天线波束方向弹目相对速度信息，进而启动引信。连续波多普勒引信无法获得弹目距离信息，而脉冲多普勒引信（简称 PD 引信）既能获得弹目相对径向速度信息又能获得弹目距离信息，具有脉冲和连续波多普勒两种引信的优点。脉冲多普勒引信技术成熟、性能优良、系统简单，因此得到了普遍应用。

按照相干检测方式划分，脉冲多普勒引信可分为脉冲对脉冲相干检测的脉冲多普勒引信和脉冲对连续波相干检测的脉冲多普勒引信两类。前者将发射信号的一部分，经微波延时线延时，作为与回波信号进行相干检测的基准信号，故又称为延时本振的脉冲多普勒引信。后者是发射机发射射频脉冲时，还提供一个与发射脉冲载频完全相干的相参振荡信号给混频器，以作为与回波脉冲信号进行相干检测的基准信号。脉冲多普勒引信以后者居多。

脉冲多普勒引信按波段划分，常用的有 C 波段 PD 引信、X 波段 PD 引信、Ku 波段 PD 引信和 Ka 波段 PD 引信。

本节主要介绍脉冲多普勒引信的特点、原理、主要参数设计和体制扩展。

3.1.1　原理、组成及框图

典型的脉冲多普勒引信有天线收发共用和天线收发分开两种基本形式。天线收发共用脉冲多普勒引信原理框图如图 3 - 1 所示。

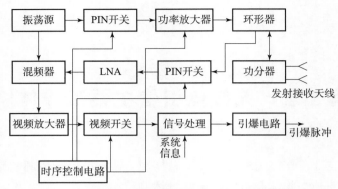

图 3 – 1   天线收发共用脉冲多普勒引信原理框图

在图 3 – 1 中，引信由发射接收天线、脉冲发射机、微波接收机、时序控制电路、信号处理组合和引爆电路等组成。脉冲发射机由微波振荡源、PIN 开关、功率放大器（简称功放）、环形器和功分器组成。微波接收机由接收 PIN 开关、LNA 低噪声放大器、混频器以及视频放大器（简称视放）组成。时序控制电路由时钟电路、分频电路、距离门产生器和调制器组成。信号处理组合由视频开关和信号处理电路（一般包括模拟信号处理电路和数字信号处理电路）组成。

在图 3 – 1 中，振荡源产生高稳定度低相噪的微波正弦振荡信号，除耦合一部分作为接收机本振用外，经过 PIN 开关、功放、环形器和功分器，然后经发射天线发射，被目标反射回来就携带了多普勒信息，并被接收天线接收后经功分器和环形器至微波接收机，最后输出带多普勒包络的双向视频脉冲信号。经视频开关、信号处理电路检测目标多普勒信号，满足启动条件时输出启动信号并进行引战延时，最后由引爆电路产生引爆脉冲。

天线收发分开脉冲多普勒引信原理框图如图 3 – 2 所示。

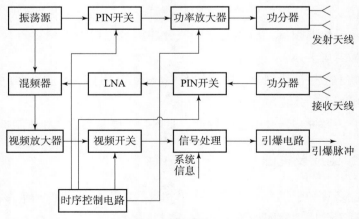

图 3 – 2   天线收发分开脉冲多普勒引信原理框图

由图 3 - 2 可知，引信由发射天线、脉冲发射机、接收天线、微波接收机、时序控制电路、信号处理组合和引爆电路等组成。脉冲发射机由微波振荡源、PIN 开关、功放以及功分器组成。微波接收机由功分器、接收 PIN 开关、LNA 低噪声放大器、混频器以及视频放大器组成。时序控制电路由时钟电路、分频电路、距离门产生器和调制器组成。信号处理组合由视频开关和信号处理电路（一般包括模拟信号处理电路和数字信号处理电路）组成。

两种形式的脉冲多普勒引信工作原理相同。不同之处在于天线收发共用脉冲多普勒引信一般只用两根天线（两根天线可探测周向 360°的目标），天线收发分开脉冲多普勒引信一般用四根天线（两发两收）。收发共用脉冲多普勒引信结构比较简单，占用弹上的空间资源比较少，但缺点是收发隔离度不高，因为收发隔离取决于环形器的隔离度以及微波与天线接口处的驻波系数，一般只有 25 dB 左右。隔离度不高带来两个问题：一是引信整机振动时，发射脉冲被天线反射后会有部分进入接收机且幅度在振动过程中有波动，最终引起引信输出噪声增大，容易引起引信虚警；二是如果发射脉冲加了随机调制，由于收发隔离度低，随机脉冲漏入接收机也会引起引信输出噪声增大，也容易引起引信虚警。天线收发分开脉冲多普勒引信虽然多了两根天线，但收发隔离度可大大增加，可达 60 dB 甚至 70 dB 以上，较好地克服了天线收发共用脉冲多普勒引信的以上两个缺点。

1. 信号分析

发射 PIN 开关控制脉冲序列的表达式为

$$u_\mathrm{p}(t) = U_\mathrm{p}P_{\tau_0/2}(t) * \sum_{-\infty}^{\infty}\delta(t - NT) \tag{3 - 1}$$

式中：U_p 为脉冲幅度；$P_{\tau_0/2}(t)$ 为宽度为 τ_0、幅度为 1 的脉冲；$\delta(t)$ 为狄拉克函数；N 为脉冲个数；T 为脉冲重复周期；"$*$"表示卷积算子符号。

假定 PIN 开关的隔离比为无穷大时，发射信号为百分之百调制的射频脉冲序列，发射脉冲时域表示式为

$$u_0(t) = U_0\cos(\omega_0 t)P_{\tau_0/2}(t) * \sum_{-\infty}^{\infty}\delta(t - NT) \tag{3 - 2}$$

式中：U_0 为射频脉冲幅度；ω_0 为射频信号角频率。

当发射信号遇到目标时，其反射信号为

$$u_1(t) = U_1\cos\omega_0(t - \tau)\left[P_{\tau_0/2}(t - \tau) * \sum_{-\infty}^{\infty}\delta(t - NT)\right] \tag{3 - 3}$$

式中：U_1 为反射信号幅度；τ 为电磁波从引信到目标往返的延时。

当目标相对引信运动时，$u_1(t)$ 中就携带了多普勒信息，$u_1(t)$ 经引信接收机接收，与本振信号混频并滤除高频分量后，得到带多普勒包络的周期脉冲信号 $u_2(t)$，若不考虑目标引入的初始相位，则 $u_2(t)$ 的表达式为

$$u_2(t) = U_2\cos(\omega_D t)\left[P_{\tau_0/2}(t - \tau) * \sum_{-\infty}^{\infty}\delta(t - NT)\right] \qquad (3-4)$$

式中：U_2 为带多普勒包络的周期脉冲信号幅度；ω_D 为多普勒信号的角频率。

脉冲多普勒引信各级波形图如图 3 - 3 所示。

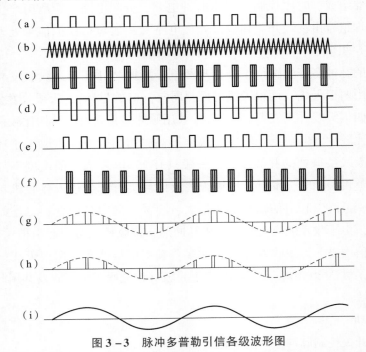

图 3 - 3   脉冲多普勒引信各级波形图

（a）基准脉冲信号；（b）CW 振荡器输出及本振信号；（c）发射脉冲信号；（d）接收开关驱动脉冲信号；

（e）距离门脉冲信号；（f）回波脉冲信号；（g）混频器及视频放大器输出的双向视频信号；

（h）距离门选通电路输出信号；（i）滤波器输出信号

图 3 - 3 （h）绘出了距离门输出的双向视频信号，当回波脉冲延时 τ 与距离门预定的延时 τ_i 完全相同时，距离门电路输出的视频信号宽度最大（图 3 - 3 （h）中视频信号宽度尚未达到最大）且等于回波脉冲宽度（假定距离门脉冲宽度等于发射脉冲宽度），此时距离门延时 τ_i 所对应的距离即为目标距离。

2. 作用距离方程

PD 引信最重要的公式是作用距离方程，包括无杂波时的作用距离方程以及有旁瓣杂波存在时的作用距离方程。

1）无杂波时的作用距离方程

无杂波时，点目标（全照射条件下）PD 引信作用距离方程为

$$R = \left[\frac{P_t G_t G_r \lambda^2 \sigma \tau_s^2}{(4\pi)^3 kTBF_n(S/N)T_t\tau_r L_s}\right]^{1/4} \qquad (3-5)$$

式中：R 为引信作用距离；P_t 为天线发射功率；G_t 为发射天线增益；G_r 为接收天线增

益；λ 为工作波长；σ 为雷达散射截面；τ_s 为发射脉冲在作用距离内落入接收波门内的宽度；k 为玻尔兹曼常数；T 为绝对温度；B 为接收机窄带滤波器等效带宽；F_n 为接收机噪声系数；S/N 为输出信噪比；T_t 为发射脉冲重复周期；τ_r 为接收波门宽度；L_s 为系统损耗。

引信作用距离的估算一般都按式（3-5）进行计算。

2）旁瓣杂波存在时的作用距离方程

当有旁瓣杂波存在时，与信号抗衡的是杂波和接收机噪声之和，因此引信的作用距离方程为

$$R = \left[\frac{P_t G_t G_r \lambda^2 \sigma \tau_s^2}{(4\pi)^3 (P_c + kTBF_n)(S/N) T_t \tau_r L_s} \right]^{1/4} \qquad (3-6)$$

式中：P_c 为接收机窄带滤波器输出的杂波功率。

3.1.2　主要参数设计

脉冲多普勒引信的主要参数：发射脉冲宽度、接收波门宽度、发射脉冲重复频率、微波发射开关隔离比、微波发射开关速度、微波接收开关隔离比、微波接收开关速度、视频开关隔离比、视频开关速度、接收机视频放大带宽、接收机低频通带、天线发射功率、天线增益、天线主波束倾角和宽度、天线主副比、引信相对灵敏度、引信信噪比以及收发隔离度等。

1. 发射脉冲宽度

发射脉冲宽度 τ_t 的选择需综合考虑最大作用距离 R_m、截止距离、近距盲区以及发射脉冲中包含的最少微波振荡周期。脉冲宽度 τ_t 选得小有利于减小盲区和提高截止特性，但不利于提高作用距离。如果发射功率较大，作用距离足够，可选较小的脉冲宽度 τ_t，如可选 20~40 ns。对于作用距离较远的定高引信，可选较大的脉冲宽度 τ_t。如可选 100 ns 甚至更大。如果视频开关选通脉冲宽度与发射脉冲宽度 τ_t 大致相等，则 $\tau_t \approx R_m / c$。

发射脉冲在作用距离内落入接收波门内的宽度 $\tau_s \leqslant \tau_t$。

每一个发射脉冲中包含的最少微波振荡周期一般为 15~20 个，若微波振荡周期为 1 ns，则发射脉冲最小宽度为 15~20 ns。

2. 接收波门宽度

接收波门宽度 τ_r 包括微波接收开关控制脉冲宽度和视频开关选通脉冲宽度，一般微波接收开关控制脉冲宽度应不小于视频开关选通脉冲宽度，作用距离方程中的接收波门宽度 τ_r 为视频开关选通脉冲宽度。接收波门宽度 τ_r 的选择需综合考虑最大作用距离 R_m、距离分辨率和信噪比。接收波门宽度 τ_r 小对信噪比有利，但对最大作用距离不利。为获得较好的距离分辨率，一般采用与发射脉冲宽度相同的接收波门宽度。

3. 发射脉冲重复频率

发射脉冲重复频率 f_t 的选择首先要满足采样定律，须大于 2 倍最大多普勒频率，发射脉冲重复频率 f_t 越高对作用距离越有利；但发射脉冲重复频率 f_t 越高模糊距离越短，对低空工作和抗回答式干扰不利，故工程上一般折中选择发射脉冲重复频率 f_t 为最大多普勒频率的 3 ~ 10 倍。发射脉冲重复周期 $T_t = 1/f_t$。

4. 微波发射（接收）开关隔离比

在 PD 引信中为获得相参脉冲振荡，都采用 PIN 调制方法。然而由于 PIN 开关的隔离比（又称通断比）不是无限大，因此调制输出不能获得 100% 的调制。导致引信的截止特性不是完全截止的，而是有一个基底，其高度与 PIN 开关的隔离比有关。由于这种非截止情况，使脉冲多普勒引信对地海杂波及转发式干扰的对抗性能降低，引信易被干扰"早炸"，因此开关隔离比应尽量大一些。开关隔离比的选择可根据地海杂波及转发式干扰的强弱、引信灵敏度的高低、有无视频对消以及发射 PIN 开关后有无功放等来综合选择。一般可在 40 ~ 80 dB 之间。一般发射 PIN 开关的隔离比选择大于接收 PIN 开关的隔离比。

5. 微波发射（接收）开关速度

要获得高的测距精度和截止特性，微波发射（接收）开关速度应尽量高，一般可选 3 ~ 5 ns。

6. 视频开关隔离比

当引信接收回波的动态范围较大时，为获得好的距离截止特性，视频选通开关隔离比应足够高，一般应达到 50 dB 以上，但超过 60 dB 的隔离度实现较困难。为了获得更好的距离截止特性，可以同时采用微波接收 PIN 开关和视频开关。

7. 视频开关速度

要获得锐截止距离特性，视频选通开关速度应尽量高，一般可选 3 ~ 4 ns。

8. 接收机通带选择

接收机视频放大器带宽 Δf_i 通常可表示为

$$\Delta f_i = \frac{(1 ~ 1.3)}{\tau_s} \qquad (3 - 7)$$

式中：τ_s 为发射脉冲在作用距离内落入微波接收波门内的宽度。

PD 引信低频放大器带宽应不小于低频滤波器通带范围，低频滤波器一般为带通滤波器，其高端频率不小于目标回波最大多普勒频率，低端频率不大于目标回波最小多普勒频率。

9. 天线发射功率

天线发射功率的选择应综合考虑最大作用距离、微波技术水平和成本等因数。发射功率小对最大作用距离不利，但易于实现且成本低，不易被敌方侦察到。发射功率大对最大作用距离有利，且有利于功率对抗，但成本也高。

10. 天线增益、天线主波束倾角和宽度、天线主副比

天线增益高有利于提高引信作用距离，一般情况下都尽量提高引信的天线增益。导弹引信天线主波束倾角与引战配合有关，也与引信多普勒频率范围有关，一般选择 $50° \sim 70°$。天线主波束宽度窄有利于减少引信启动点散布，也有利于降低干扰进入引信天线主瓣的概率，因此一般情况下尽量减小天线主波束宽度。天线主副比高有利于抗大功率自卫式干扰，也有利于引信超低空抗地海杂波干扰，一般要求天线主副比在 20 dB 以上甚至 25 dB 以上。

11. 引信相对灵敏度

引信相对灵敏度 S_r 的表达式为

$$S_r = \frac{G_t G_r \lambda^2 \sigma}{(4\pi)^3 R^4 L_s} \tag{3-8}$$

式中：R 为引信作用距离；G_t 为发射天线增益；G_r 为接收天线增益；λ 为工作波长；σ 为目标雷达散射截面；L_s 为系统损耗。

多数引信相对灵敏度在 $-70 \sim -120$ dB 之间，引信作用距离越大、目标雷达散射截面越小，引信相对灵敏度 dB 数的绝对值就越大，对引信处理和信噪比就越不利。在引信作用距离和目标雷达散射截面给定的前提下，提高天线收发增益，减小系统损耗，可以减小相对灵敏度 dB 数的绝对值。

引信相对灵敏度可以分为近距灵敏度（一般在 1 m 以内）和远距灵敏度（对应引信作用距离），近距灵敏度 dB 数的绝对值小于远距灵敏度 dB 数的绝对值，在引信设计时，两个灵敏度都要满足。

12. 引信信噪比

为防止引信虚警和漏警，需保证足够的引信信噪比，根据工程经验，在最恶劣条件下的引信信噪比需不小于 16 dB，而在常温和高低温下的信噪比一般需在 20 dB 以上。

13. 收发隔离度

对于天线收发共用脉冲多普勒引信，一般要求收发隔离度达到 25 dB 以上。对于天线收发分开脉冲多普勒引信，一般要求收发隔离度达到 40 dB 以上。如果发射脉冲加随机调制，为了减少随机发射脉冲泄漏到接收机引起的引信输出噪声恶化，确保足够的引信信噪比，根据引信灵敏度的不同要求，要求收发隔离度达到 60 dB 甚至 70 dB 以上。

3.1.3　体制扩展及主要特点

复合调制脉冲多普勒引信是脉冲多普勒引信体制扩展的主要形式，包括随机码调相脉冲多普勒引信、随机脉位调制脉冲多普勒引信、随机码调相随机脉位脉冲多普勒引信以及旁瓣抑制随机码调相随机脉位脉冲多普勒引信等，可提高引信的低空抗界外干扰能力和抗人为电磁干扰能力。

1. 随机码调相脉冲多普勒引信

随机码调相脉冲多普勒引信是用随机码对发射机载波进行相位调制的脉冲多普勒引信，其具有如下特点：

（1）可以获得距离信息和速度信息。

（2）距离分辨率高，引信有尖锐的距离截止特性。

（3）易于改变调制参数，所以可根据作战条件调整引信参数。

（4）可在大的作用距离范围实现不模糊的距离测量。

上述特点使随机码调相脉冲多普勒引信具有良好的低空性能和抗干扰性能，因而得到广泛应用。随机码调相脉冲多普勒引信的一种典型原理框图如图 3-4 所示。

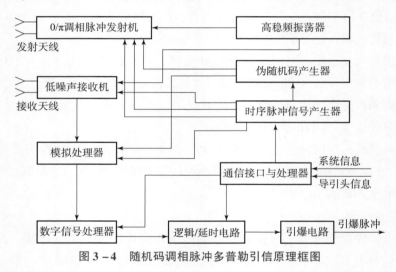

图 3-4　随机码调相脉冲多普勒引信原理框图

高稳频振荡器、0/π 调相脉冲发射机和低噪声接收机组成微波组件，其中 0/π 调相脉冲发射机由 0/π 调相器、发射开关、脉冲功放和功分器组成，低噪声接收机由功合器、接收开关、低噪声放大器、混频器和前置中放组成。

模拟处理器和引爆电路组成模拟处理组合，其中模拟处理器由视放、解码电路、视频开关、带通滤波器、放大器和检波器组成。相对于 PD 引信的模拟处理器，0/π 调相 PD 引信增加了解码电路，解码电路是 0/π 调相 PD 引信的重要电路，一般可用乘法器实现。如果采用视频采样技术，数字解码可获得很好的效果。

时序脉冲信号产生器、伪随机码产生器、数字信号处理器、通信接口与处理器以及逻辑/延时电路组成数字处理组合。相对于 PD 引信的数字处理组合，主要是增加了伪随机码产生器，可产生伪码调制脉冲和解码电路的解码脉冲。

2. 随机脉位调制脉冲多普勒引信

随机脉位调制脉冲多普勒引信是脉冲周期或脉冲位置在一定范围内随机变化的脉冲多普勒引信，其具有如下特点：

（1）可以获得距离信息和速度信息。

（2）距离分辨率高，引信有尖锐的距离截止特性。

（3）可在较大的作用距离范围实现不模糊的距离测量。

上述特点使随机脉位调制脉冲多普勒引信具有良好的低空性能和抗干扰性能，因而得到广泛应用。随机脉位调制脉冲多普勒引信的一种典型原理框图如图 3-5 所示。

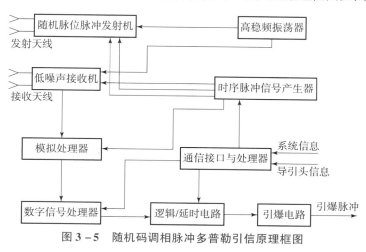

图 3-5 随机码调相脉冲多普勒引信原理框图

高稳频振荡器、随机脉位脉冲发射机和低噪声接收机组成微波组件。随机脉位脉冲发射机由发射开关、脉冲功放和功分器组成，低噪声接收机由功合器、接收开关、低噪声放大器、混频器和前置中放组成。

模拟处理器和引爆电路组成模拟处理组合，模拟处理器由视放、视频开关、带通滤波器、放大器和检波器组成。

时序脉冲信号产生器、数字信号处理器、通信接口与处理器以及逻辑/延时电路组成数字处理组合。时序脉冲信号产生器产生随机脉位脉冲而非周期脉冲。

随机脉位调制脉冲多普勒引信的发射脉冲周期是随机的，可显著降低距离模糊区的界外干扰强度和回答式干扰落入引信接收波门的概率，从而提高了引信抗界外干扰能力和抗回答式干扰的能力。脉位均匀分布的随机脉位脉冲多普勒引信可以获得最好的抗界外干扰能力。

随机脉位调制脉冲多普勒引信适合多种频段。特别是当引信工作频段在 X 波段及以下波段时，由于脉冲重复频率较低，脉冲周期较大，随机脉位的范围可比较大，距离模糊区的界外干扰和回答式干扰落入引信接收波门的概率可显著降低，随机脉位脉冲多普勒引信相对脉冲多普勒引信的抗界外干扰和回答式干扰能力的改善比较显著。

随机脉位调制脉冲多普勒引信的原理框图与脉冲多普勒引信的原理框图相同，只是发射和接收 PIN 开关以及视频接收开关的控制脉冲不是周期脉冲，而是周期随机可变的脉冲，相应的时序脉冲信号产生器须产生随机脉位脉冲序列。

随机脉位调制脉冲多普勒引信的微波、模拟电路和数字电路都与 PD 引信相同。

3. 随机码调相随机脉位脉冲多普勒引信

随机码调相随机脉位脉冲多普勒引信在脉冲多普勒引信基础上增加了双重调制，使发射波形更加复杂，敌方侦察和分析的难度显著增加，抗人为电磁干扰能力更强。在抗界外干扰能力方面，通过随机码调相和随机脉位方式对模糊区界外干扰的双重抑制，能有效抑制界外干扰。因此随机码调相随机脉位脉冲多普勒引信是更先进的引信体制。

随机码调相随机脉位脉冲多普勒引信的原理框图与随机码调相脉冲多普勒引信的原理框图相同（见图 3-4），只是发射和接收 PIN 开关以及视频接收开关的控制脉冲不是周期脉冲，而是周期随机可变的脉冲，相应的时序脉冲信号产生器须产生随机脉位脉冲序列。

随机码调相随机脉位脉冲多普勒引信的信号处理方式与随机码调相脉冲多普勒引信相同。

4. 旁瓣抑制随机码调相随机脉位脉冲多普勒引信

随机码调相随机脉位脉冲多普勒引信具有较强的抗干扰能力，但抗自卫式强干扰的能力还不够强。采用旁瓣抑制技术可显著提高引信抗自卫式干扰的能力。

具体措施是在引信接收机中增加一条辅接收通道，其接收天线采用无方向性的全向天线，全向天线在整个空间的增益约 0 dB，远低于主通道定向天线主瓣增益，但都高于主通道定向天线副瓣（或旁瓣）增益。从全向天线接收到的干扰信号比从定向天线副瓣接收到的干扰信号大。由于引信的启动条件是主通道的信号超过启动门限且主通道的信号大于辅通道的信号，故干扰无法通过定向天线副瓣使引信启动。由于定向天线方向图为漏斗形，在导引头跟踪目标时天线主瓣几乎不会指向目标，因此自卫式干扰在弹目尚未近距交会的远处进入引信定向天线主瓣干扰引信的概率很低，从而引信可有效抑制自卫式强干扰。

旁瓣抑制原理的天线增益示意图如图 3-6 所示。

从图 3-6 可以看出，如果没有旁瓣抑制，在 a_1 和 a_2 点上，当引信受到自卫式干扰时，可能由于"旁瓣"影响而误爆。现在由于旁瓣抑制的作用，在"旁瓣"区 a_1 和 a_2 点，由于全向天线增益高于定向天线"旁瓣"增益，不论干扰信号多强，引信都不会起爆，而在主瓣区，当弹目交会时不管有无干扰信号，由于定向天线增益高于全向天线增益，可以使引信起爆。

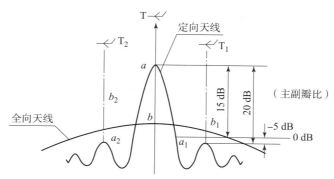

图 3 - 6　旁瓣抑制原理的天线增益示意图

旁瓣抑制随机码调相随机脉位脉冲多普勒引信原理框图如图 3 - 7 所示。

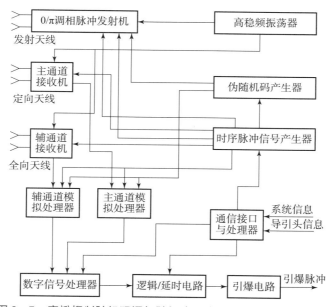

图 3 - 7　旁瓣抑制随机码调相随机脉位脉冲多普勒引信原理框图

高稳频振荡器、0/π 调相脉冲发射机和主/辅通道接收机组成微波组件,其中 0/π 调相脉冲发射机由 0/π 调相器、发射开关、脉冲功放和功分器组成,主/辅通道接收机包括组成相同的主通道接收机和辅通道接收机,均由功合器、接收开关、低噪声放大器、混频器和前置中放组成。

主/辅通道模拟处理器和起爆电路组成模拟处理组合,其中主/辅通道模拟处理器包括组成相同的主通道模拟处理器和辅通道模拟处理器,均由视放、解码电路、视频开关、带通滤波器、放大器和检波器组成。

时序脉冲信号产生器、数字信号处理器、通信接口与处理器以及逻辑/延时电路组成数字处理组合。

若去掉辅通道，图 3-7 原理框图与随机码调相随机脉位脉冲多普勒引信原理框图相同，引信的工作原理也相同。加上辅助通道，只是增加了旁瓣抑制功能，不影响原主通道的功能。

3.2　连续波线性调频体制

连续波调频体制无线电引信（简称调频引信）发射等幅调频连续波信号，发射信号的频率按调频信号的规律变化，由于发射信号的频率是时间的函数，在无线电波从引信到目标间往返传播的时间内，调频信号频率已经发生了变化，于是回波信号和发射信号之间存在频率差，因此可以根据一定关系得到引信到目标的距离。这种调频定距方法，相对于连续波多普勒引信具有定距精度较高，抗干扰性能好等特点，因而比连续波多普勒引信得到了更广泛的应用。该引信相对于脉冲多普勒引信能获得更大的引信作用距离，比较适合大作用距离的引信。但连续波调频体制无线电引信低空性能不如脉冲类引信，且有一定的近距盲区。

连续波调频体制无线电引信按照调制信号的不同，可分为线性调频和非线性调频两类，本节重点介绍线性调频引信，主要介绍连续波线性调频引信的原理、组成、主要参数设计以及体制扩展。

3.2.1　原理、组成及框图

连续波线性调频引信根据敏感的弹目交会物理量的不同分为调频测距引信和调频多普勒引信。调频多普勒引信的工作机理与上文中的脉冲多普勒引信相同，均为敏感弹目相对运动产生的多普勒调制，其主要差别在于载频形式的不同，本质机理完全相同，这里不再展开。下面重点针对连续波线性调频测距引信进行介绍。

连续波线性调频测距引信根据调制信号的形式不同，分为三角波调制和锯齿波调制，它们的基本工作原理、测距处理的本质相同，这里重点介绍调频信号为三角波调制的连续波线性调频测距引信。

图 3-8 是三角波调制的线性调频测距引信的一般原理框图，通常由调制信号发生器、振荡器、环形器、混频器、信号处理电路及执行级等部分组成。

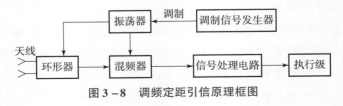

图 3-8　调频定距引信原理框图

引信工作时，调制信号发生器产生规定波形的调制信号，对振荡器频率进行调制，形成调频连续波，由发射天线辐射到空间。被辐射的无线电信号遇到目标后，部分能量被反射，并被引信接收天线接收。在无线电波传输到目标并返回到引信接收天线的这段时间里，发射信号的频率较之回波信号的频率已有了较大的变化，将回波信号与来自振荡器的基准信号进行混频，在混频器输出端滤除高频（和频）分量，可得到差频信号。差频信号的频率 f_R 与引信到目标间的距离 R 存在一定的对应关系，测定差频频率 f_R，就可以确定相应的距离 R。在弹目接近过程中，引信和目标间的距离 R 连续地发生变化，差频频率 f_R 也相应地随之变化。信号处理电路对差频频率进行选择和判别，当对应于给定距离范围的差频信号作用时，信号处理电路给出启动信号，使执行级工作，保证引信在目标处于有效杀伤范围内引爆战斗部。

发射机被三角波线性调频，通过测量目标回波信号与发射信号频率间的频率差 f_R，测量弹目之间的距离 R。计算式为

$$R = \frac{cf_R}{4f_m \Delta f_m} \tag{3-9}$$

式中：f_m 为调制频率；Δf_m 为调频频偏；c 为光速。

由于目标通过引信波束的距离，在很大的范围（从几米到几十米）内变化，接收机通带较宽，为了保证测距精度，调制指数要求较大，因而寄生调幅也较大，易产生误动作信号。

3.2.2　主要参数设计

本节主要介绍三角波调制的线性调频测距引信参数设计方法。在差频公式中，相关的基本参数主要有调频频偏 Δf_m，调制频率 f_m（或调制周期 T_m）以及差频频率 f_R。在调频引信具体参数设计时，这些参数的选择是受到多种限制的。

1. 发射频率的选择

发射频率 f_0 的选择主要根据波段特点、天线形式及性能、部件形式、结构、体积、重量等需求，以及目标特性、系统功能与性能、测距精度等因素来决定。另外，成本和应用市场也是重要参数。

2. 调频频偏的选择

调频频偏 Δf_m 的选择主要考虑以下几个方面。

1）避免寄生调幅的影响

在通过改变振荡器电路中某元件参数以达到调频时，该变化同时也使振荡器回路负载的频率反馈系数发生了变化，即振荡器的工作状态发生了相应的改变，使得振荡器输出信号幅度受到相应的改变，即寄生调幅，从而导致在无回波信号时，混频器输出端也存在具有调频频偏 Δf_m 的信号输出。

为减小寄生调幅的影响，设计调频系统时常采用一些技术措施，如应用平衡混频

器、设置限幅器以及对寄生调幅进行负反馈，选择合适的工作点等，但仍不能完全消除寄生调幅的影响。所以，在选择系统参数时，在定距范围内，要求混频后的差频频率 f_R 与产生寄生调幅的调制频率 f_m 相差较远，即

$$f_R = k f_m \qquad (3-10)$$

式中：k 为比例系数，$k \gg 1$。

2）减小固定误差

根据对差频信号的分析可知，其频谱是离散的，只存在频率为调制频率整数倍的调制分量，即差频信号只能为 f_m 的整数倍。因而在大多数情况下，直接用测差频的方法测量距离是不连续的，而是离散的，此离散性会引起与距离无关的误差，常称这种误差为固定误差。

远距离定距时，固定误差相对值一般很小，可以忽略。但随着距离的减小，固定误差的相对值可能达到百分之几十，而在近炸引信条件下，测量距离的离散性就可与弹目相互作用距离本身相比拟了。这样就有可能在给定距离内无法测定而漏过目标。

由式（3-9）知

$$f_R = \frac{4 \Delta f_m R}{c} f_m \qquad (3-11)$$

固定误差 ΔR 的大小等于差频频率 $n f_m$ 和 $(n+1) f_m$ 所对应的距离之差。令

$$n = \frac{4 \Delta f_m R}{c} \qquad (3-12)$$

则

$$n + 1 = \frac{4 \Delta f_m (R + \Delta R)}{c} \qquad (3-13)$$

由此可得三角波调频固定误差为

$$\Delta R = \frac{c}{4 \Delta f_m} \qquad (3-14)$$

由上式可以看出，固定误差 ΔR 与调频频偏 Δf_m 成反比。要减小固定误差，就要增大调频频偏。在设计引信时，对于给定测距误差 ΔR，调频频偏 Δf_m 应满足

$$\Delta f_m \geqslant \frac{c}{4 \Delta R} \qquad (3-15)$$

3）考虑工程可实现性

由上面的计算可知，为减小固定误差，希望增大系统频偏。对于实际的调频探测系统，增大频偏将会引起多方面的限制。在工程实现时，一般取 $\Delta f_m < 5\% \times f_0$，否则非线性等问题将非常突出，会严重影响测量精度。另外，天线、混频器等主要部件的带宽也将限制 Δf_m 的提高。

3. 调制频率的选择

调制频率 f_m 的选择主要考虑以下几个方面。

1) 尽量减小差频不规则区

由于存在不规则区，导致差频信号具有许多谐波分量和离散的频谱，从而影响利用差频公式测距的精度。只有选择适当的调制规律，并使调制周期 $T_m \to \infty$ 时，才可使差频信号对于任何距离为单一频率，且此频率可随距离连续变化。从这方面出发，希望调制频率 f_m 越小越好。因此在选择调制频率时应尽量使不规则区在一个调制周期内占较小的比例，即

$$T_m = k\tau_{max} = k\frac{2R_{max}}{c} \qquad (3-16)$$

式中：τ_{max} 表示电磁波自引信到目标的最大往返时间；R_{max} 为引信到目标的最大距离；k 为常数且 k 远大于 10。

用调制频率表示为

$$f_m = c/(2kR_{max}) \ll c/(2R_{max}) \qquad (3-17)$$

2) 消除距离模糊

在周期性调制的情况下，三角波线性调频信号在一个调制周期内出现距离模糊，其最大不模糊距离对应于 $T_m/2$。也就是说在相差距离 $\Delta R = cT_m/4$ 值和其倍数 $n\Delta R$ 时，所对应的差频 f_R 值是相同的。

为了消除距离模糊，在选择调制频率时，应使调制周期足够大，半个调制周期所对应的距离应大于可能测得的距离变化范围。设 $R_{max} - R_{min}$ 为系统能够测出的距离变化范围，则

$$T_m > \frac{4(R_{max} - R_{min})}{c} \qquad (3-18)$$

$$f_m < \frac{c}{4(R_{max} - R_{min})} \qquad (3-19)$$

若满足上式则基本可满足式（3-17），因此减小差频不规则区与消除非单值所产生的距离模糊考虑一种即可。

4. 差频频率的选择

弹目间有相对运动时存在多普勒效应，使差频信号的频谱发生变化，特别是多普勒频率的出现，将给信号处理造成困难或引起距离误差。因此使差频频率 f_R 尽量与多普勒频率 f_D 相差较远，即

$$f_R \gg f_D \qquad (3-20)$$

对于三角波调频信号有

$$f_R = \frac{4\Delta f_m R}{c} f_m \qquad (3-21)$$

而

$$f_{\mathrm{D}} = \frac{2v}{\lambda} \tag{3 - 22}$$

选取合适的参数即可满足测量要求。

5. 综合考虑

在一定的条件下，差频信号频谱会出现仅含某一次谐波频率信号的情况，此时差频信号都集中在该次谐波频率上，选择该次谐波作为差频信号进行信号处理并定距是合适的。因此，当引信作用距离指标一定时，应综合考虑各参数之间的匹配关系，可根据仿真结果选定各参数。

3.2.3 体制扩展及主要特点

连续波线性调频体制的扩展主要是在基本体制的基础上，进行二次相位调制或二次幅度调制实现。

1. 伪随机码调相与线性调频复合体制引信

伪随机码调相与线性调频复合体制引信是通过对线性调频信号载频进行伪随机码调相实现复合调制的引信。该引信利用了伪随机码信号良好的本地自相关接收性能，同时利用了线性调频信号以改变单一伪随机码调相信号的频谱，增加了引信的抗干扰性能。

伪随机码调相与线性调频复合体制引信原理框图如图 3 - 9 所示，它由射频振荡器、调制信号发生器、频率调制器、伪随机码产生器、调相器、环形器、延时器、修正码产生器、混频器、差频信号处理及恒虚警放大器、相关器、信号处理器和执行级等部分组成。

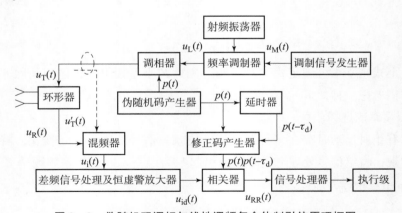

图 3 - 9 伪随机码调相与线性调频复合体制引信原理框图

调制信号发生器产生锯齿波或三角波调制信号 $u_{\mathrm{M}}(t)$，对射频振荡器产生的射频频率进行线性调频，产生线性调频信号 $u_{\mathrm{L}}(t)$ 作为下一级调相器的本地振荡信号。伪随机码产生器产生的伪随机码序列 $p(t)$ 分三路：一路用于对应引信预定作用距离的延时 $p(t-\tau_d)$；另一路用于对延时码的修正，产生修正码 $p(t)p(t-\tau_d)$；第三路通过调相器对已调线性调频信号进行 $0/\pi$ 调相。调相后的信号 $u_T(t)$ 经功率放大、环形器，由发射天线辐射到空间中。

遇到目标后，部分能量被反射并被引信接收天线接收。将回波信号 $u_R(t)$ 与发射机的耦合信号 $u'_T(t)$ 进行混频，在混频器输出端得到携带目标距离信息和速度信息的伪随机码延时码和线性调频的差频信号 $u_i(t)$。经差频信号处理和恒虚警放大，得到 $u_{id}(t)$，进入相关器，与预先设置的修正延时码 $p(t)p(t-\tau_d)$ 进行相关处理，相关器输出的信号 $u_{RR}(t)$ 送至信号处理器，信号处理器对相关输出信号进行处理，当信号满足引信预先设定的条件时，推动执行级输出引信点火脉冲，保证引信在目标处于有效杀伤范围内时引爆战斗部。

2. 准连续波线性调频体制引信

准连续波线性调频体制引信是通过对线性调频信号进行脉冲开关调制，在线性调频的周期内产生幅度包络为脉冲式，频率按调频斜率线性连续变化的调频信号。由于其载频仍为连续波线性调频，幅度受脉冲调制，是将线性频率调制（二次相位调制）加到幅度恒定的脉冲上，以相等的时间发射占据频率范围 ΔF 内的每个频率，故称之为准连续波线性调频体制。该体制通过发射信号的脉冲调制以及接收端的同步脉冲接收，可以实现发射工作段不接收，发射休止段接收的工作方式，其最大的优势是保留了连续波调频引信高灵敏度、高精度测距等一系列的优点，极大改善了传统连续波调频体制的近距性能，通过时序合理设计可实现小盲区或无盲区。该体制的引信组成原理框图如图 3-10 所示。

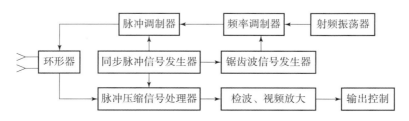

图 3-10　准连续波线性调频体制引信原理框图

准连续波线性调频体制引信的工作原理为：锯齿波信号发生器产生锯齿波调制信号对射频振荡器进行线性调频，同步脉冲信号发生器对系统进行同步控制的同时，产生脉冲压缩的调制脉冲，对已调线性调频信号再进行脉冲调制，产生脉冲式的射频线性调频信号，经环形器由天线向目标方向发射。目标回波信号由同一天线接收，经环形器进入接收脉冲调制处理，后经滤波放大和信号处理，进入输出控制电路。当满足引信的启动条件时，输出启动控制信号。

3.3　脉冲体制

脉冲体制引信是一种发射的射频脉冲信号具有一定重复周期的无线电引信。

在弹目交会过程中截获目标，测量目标有关参数如弹目视线角、弹目距离等，在最佳时刻发出引爆指令，脉冲无线电引信与经典脉冲雷达的基本原理相同，但在设计中有很大的区别。脉冲无线电引信工作于近程和超近程，作用距离只有几米至几十米，所以它的距离分辨率要求很高，盲区要求很小，甚至不允许有盲区。由于它与目标的作用时间很短，所以测量目标有关参数必须快速进行。

脉冲体制引信的优点是工作原理简单成熟，易于获得弹目间的距离信息，可获得良好的距离截止特性，收发天线可分开而有助于解决收发隔离。与脉冲多普勒引信相比，脉冲体制引信重复周期长，模糊距离远，非常有利于低空性能。但也存在这些缺点：①接收机带宽较宽而不利于抗干扰；②与脉冲多普勒引信相比需要较大的发射功率才能获得相同的作用距离；③近距离盲区较难解决；④难以获得速度信息。

按接收方式不同分类，脉冲体制引信有超外差式脉冲引信和外差式脉冲引信。通常采用超外差式（有中频）脉冲引信，在距离要求较近时（几米）可采用最简单的直接检波式接收。

按收发天线是否共用，可分为天线收发分开脉冲引信和天线收发共用脉冲引信。天线收发分开脉冲引信可适用于多种导弹引信。天线收发共用脉冲引信一般主要用于定高引信，本节不做详细阐述。

本节主要介绍脉冲无线电引信的特点、原理、主要参数设计和体制扩展。

3.3.1　原理、组成及框图

典型的脉冲体制引信，其收发信机的组成与经典的脉冲雷达差别不大，其选通波门通常设置在中频放大级，在接收机前端还有收发开关，在发射脉冲期间关闭接收机，以防止发射脉冲泄漏至接收系统，致使中频放大器饱和，甚至使引信误动作。典型的超外差式天线收发分开脉冲引信原理框图如图 3 – 11 所示。

在图 3 – 11 中，超外差式天线收发分开脉冲引信主要组成包括发射天线、接收天线、脉冲发射机、时序控制组合、接收机、信号处理组合和引爆电路。其中脉冲发射机由发射脉冲调制器和脉冲振荡源组成。时序控制组合由触发脉冲产生器、延时电路、选通脉冲产生器组成。接收机由微波接收调制器、接收开关、本振、混频器、中频放大器（简称中放）、选通开关、检波电路和视频放大器组成。

脉冲发射机是脉冲体制引信的关键分系统，发射频段越高、发射功率越大，发射脉冲宽度越窄则研制难度越高。为解决引信盲区问题，发射脉冲宽度和脉冲前后沿需在高低温下保持稳定。

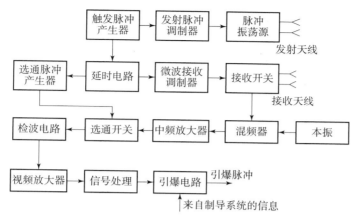

图 3 – 11　超外差式天线收发分开脉冲引信原理框图

脉冲振荡源是脉冲发射机的关键器件。在可生产的脉冲振荡源中最合适的是磁控管振荡器，可产生高质量的大峰值功率的射频短脉冲。如某性能优良的 Ku 波段磁控管可产生脉冲功率为 3 kW、脉宽为 40 ~ 60 ns 的射频脉冲。

在超外差式脉冲引信中，发射的射频脉冲序列 $u_t(t)$ 可表示为

$$u_t(t) = U_t \sum_{k=0}^{\infty} P(t - kT) \cos(\omega_0 t + \phi_t) \tag{3 – 23}$$

式中：$P(t)$ 是峰值为 1、宽度为 τ_t 的单个脉冲包络；T 为脉冲重复周期；U_t 为发射脉冲信号振幅；ω_0 为载波角频率；ϕ_t 为初始相角。

接收的目标回波信号 $u_r(t)$ 为

$$u_r(t) = U_r \sum_{k=0}^{\infty} P(t - \tau - kT) \cos[\omega_0(t - \tau) + \phi_r] \tag{3 – 24}$$

式中：τ 为回波脉冲相对发射脉冲的延时；U_r 为回波脉冲信号振幅；ϕ_r 为初始相角。

微波接收开关控制脉冲 $u_{re}(t)$ 的归一化数学表达式为

$$u_{re}(t) = \sum_{k=0}^{\infty} P_{re}(t - \tau_L - kT) \tag{3 – 25}$$

式中：$P_{re}(t)$ 是峰值为 1、宽度为 τ_r 的单个脉冲包络，其中 τ_r 为微波接收开关控制脉冲宽度；τ_L 为微波接收开关控制脉冲相对发射脉冲的延时。

经过微波接收开关后的目标回波信号 $u_{rl}(t)$ 为

$$u_{rl}(t) = U_r \sum_{k=0}^{\infty} P_{rl}(t - \tau - kT) \cos[\omega_0(t - \tau) + \phi_r] \tag{3 – 26}$$

式中：$P_{rl}(t)$ 是峰值为 1、宽度为 τ_{rl} 的单个脉冲包络。

通常，$\tau_L \approx \tau_t$，$\tau_r \geqslant \tau_t$。

当 $\tau < \tau_t$ 时

$$\tau_{rl} = \tau \tag{3 – 27}$$

当 $\tau_t \leqslant \tau < \tau_t + \tau_r$ 时

$$\tau_{rl} = \min(\tau_t + \tau_r - \tau, \tau_t) \qquad (3-28)$$

当 $\tau \geqslant \tau_t + \tau_r$ 时

$$\tau_{rl} = 0 \qquad (3-29)$$

本振信号 $u_L(t)$ 为

$$u_L(t) = U_L\cos(\omega_L t + \phi_L) \qquad (3-30)$$

式中：U_L 为本振信号振幅；ω_L 为本振信号角频率；ϕ_L 为初始相角。

在微波混频器中 $u_{rl}(t)$ 与 $u_L(t)$ 相乘，并滤除高次谐波后，得到中频脉冲信号序列 $u_i(t)$ 为

$$u_i(t) = U_i \sum_{k=0}^{\infty} P_{rl}(t - \tau - kT)\cos[(\omega_i + \omega_D)t + \phi_i] \qquad (3-31)$$

式中：$P_{rl}(t)$ 是峰值为1、宽度为 τ_{rl} 的单个脉冲包络；U_i 为中频脉冲信号振幅；ω_i 为本振角频率与载波角频率之差；ω_D 为多普勒角频率；ϕ_i 为初始相角。

视频选通开关控制脉冲 $u_{se}(t)$ 的归一化数学表达式为

$$u_{se}(t) = \sum_{k=0}^{\infty} P_{se}(t - \tau_{L1} - kT) \qquad (3-32)$$

式中：$P_{se}(t)$ 是峰值为1、宽度为 τ_{se} 的单个脉冲包络；τ_{L1} 为视频选通开关控制脉冲相对发射脉冲的延时。

中频脉冲信号通过视频选通开关后的表达式为

$$u_{i1}(t) = U_i \sum_{k=0}^{\infty} P_i(t - \tau - kT)\cos[(\omega_i + \omega_D)t + \phi_i] \qquad (3-33)$$

式中：$P_i(t)$ 是峰值为1、宽度为 τ_i 的单个脉冲包络。

通常，$\tau_{L1} \approx \tau_t$，$\tau_{se} \geqslant \tau_t$，$\tau_{se} \leqslant \tau_r$。

当 $\tau < \tau_t$ 时

$$\tau_i = \tau \qquad (3-34)$$

当 $\tau_t \leqslant \tau < \tau_t + \tau_{se}$ 时

$$\tau_i = \min(\tau_t + \tau_{se} - \tau, \tau_t) \qquad (3-35)$$

当 $\tau \geqslant \tau_t + \tau_{se}$ 时

$$\tau_i = 0 \qquad (3-36)$$

3.3.2　主要参数设计

本节的讨论是基于式（3-23）~式（3-31）所描述的超外差式脉冲引信。脉冲体制引信的主要参数包括发射脉冲宽度 τ_t、接收开关控制脉冲宽度、脉冲重复频率 f_T、微波发射开关隔离比、发射开关速度、接收开关隔离比、接收开关速度、视频选通开关隔离比、视频选通开关速度、接收机通带、天线发射功率、天线增益、天线主波束

倾角与宽度、天线主副比、相对灵敏度、信噪比以及收发隔离度等。

1. 发射脉冲宽度

发射脉冲宽度 τ_t 由以下因数综合决定：最大作用距离 R_m、截止距离、近距盲区以及脉冲振荡器能达到的脉宽范围。脉冲宽度 τ_t 选得小有利于减小盲区和提高截止特性，但不利于提高作用距离。如果发射功率较大，作用距离足够，可选较小的脉冲宽度 τ_t，如可选 $30 \sim 40$ ns。对于作用距离较远的定高引信，可选较大的脉冲宽度 τ_t。如可选 100 ns 甚至更大。如果选通脉冲宽度与发射脉冲宽度 τ_t 大致相等，则 $\tau_t \approx R_m/c$。

2. 接收开关控制脉冲宽度

接收开关控制脉冲宽度包括微波接收开关控制脉冲宽度 τ_r 和视频选通开关控制脉冲宽度 τ_{se}，一般微波接收开关控制脉冲宽度应不小于视频选通开关控制脉冲宽度。视频选通开关控制脉冲宽度最终决定接收开关控制脉冲宽度。接收开关控制脉冲宽度的选择主要考虑最大作用距离 R_m。

3. 脉冲重复频率

由于脉冲雷达引信无须考虑测速模糊问题，所以脉冲重复频率可以选得较低，以保证足够长的模糊距离。但由于引信作用距离近，弹目交会相对速度高，为保证引信适时启动，就要可靠、快速地检测回波信号。因而要求脉冲重复频率应足够高，若要求引信波束扫过目标起始段有效长度 L_t，引信必须有效地处理目标回波信号，则必须满足不等式

$$\frac{L_t}{v_{max}} \geqslant n_p \frac{1}{f_T} \tag{3-37}$$

式中：v_{max} 为最大弹目相对速度；L_t/v_{max} 为引信波束扫过 L_t 的时间；n_p 为信号处理必需最小脉冲数，一般为 $6 \sim 10$；f_T 为脉冲重复频率；n_p/f_T 为信号处理必需的最小时间。

式（3-37）经变换可得

$$f_T \geqslant n_p v_{max}/L_t \tag{3-38}$$

4. 接收机通带

接收机中频放大器带宽 Δf_i 通常按式（3-39）确定。

$$\Delta f_i = \frac{(1 \sim 1.3)}{\tau_i} \tag{3-39}$$

5. 作用距离

无杂波时点目标（全照射条件下）脉冲引信作用距离方程为

$$R = \left[\frac{P_t G_t G_r \lambda^2 \sigma}{(4\pi)^3 kTBF_n(S/N)L_s}\right]^{1/4} \tag{3-40}$$

式中：R 为引信最大作用距离；k 为玻尔兹曼常数；T 为绝对温度；B 为接收机带宽；F_n 为接收机噪声系数；S/N 为输出信噪比；P_t 为天线发射功率；G_t 为发射天线增益；G_r

为接收天线增益；λ 为工作波长；σ 为雷达散射截面；L_s 为系统损耗。

当 $P_t = 2\ 000$ W，$G_r = G_t = 10$ dB，$\lambda = 0.02$ m，$\sigma = 0.005$ m²，$k = 1.38 \times 10^{-23}$ J/K，$T = 300$ K，$F_n = 7$ dB，$B = 30$ MHz，$S/N = 100$，$L_s = 1.6$ 时，可得 $R = 37.8$ m。

当 $P_t = 1\ 000$ W，$G_r = G_t = 7$ dB，$\lambda = 0.02$ m，$\sigma = 0.003$ m²，$k = 1.38 \times 10^{-23}$ J/K，$T = 300$ K，$F_n = 7$ dB，$B = 30$ MHz，$S/N = 100$，$L_s = 1.6$ 时，可得 $R = 16.6$ m。

由作用距离计算可知，采用大功率的脉冲引信，对雷达散射截面很小的隐身目标也能达到较大的作用距离。

6. 收发隔离度

对于天线收发共用脉冲引信，一般用于定高引信，为解决收发隔离度低的问题，采用高隔离度接收开关。对于天线收发分开脉冲引信，根据引信灵敏度的不同要求，一般要求收发隔离度达到 65 dB 甚至 75 dB 以上。

7. 其他参数

以下参数的选择原则与脉冲多普勒引信相同：微波发射开关隔离比、发射开关速度、接收开关隔离比、接收开关速度、视频选通开关隔离比、视频选通开关速度、天线发射功率、天线增益、天线主波束倾角与宽度、天线主副比、相对灵敏度以及信噪比。

3.3.3 体制扩展及主要特点

3.3.1～3.3.2 节讲述的是周期脉冲引信，每个脉冲位置相对起始脉冲是固定和周期的，脉冲信号的频谱为离散谱。如果把每个脉冲位置相对起始脉冲改为随机的，则为随机脉位脉冲引信。随机脉位脉冲信号的频谱类似噪声频谱，敌方干扰机难以通过侦测引信发射信号频谱还原引信发射波形，因而提高了引信波形的隐蔽性和抗干扰性能。相对于脉冲引信，随机脉位脉冲引信的模糊区回波落入引信接收波门的概率大大降低，可通过计算单位时间内落入引信接收波门的脉冲个数识别目标回波和干扰回波。

将周期脉冲引信扩展为随机脉位脉冲引信，其原理框图可与脉冲体制引信的原理框图相同，如图 3-11 所示，但在图 3-11 中的触发脉冲产生器和选通脉冲产生器产生的脉冲不是周期脉冲，而是随机脉位脉冲。

第4章 其他几种主要近炸引信工作体制

近炸引信可利用的物理场很多，除无线电辐射场外，声、光、电容、磁、静电等也广泛用于近炸引信。

本章以非相干激光探测体制、相干激光探测体制、电容近感探测体制、磁探测体制、声探测体制和静电探测体制为例，介绍各自的原理、组成、主要参数设计、体制扩展及特点等。

4.1 非相干激光探测体制

非相干激光探测也称为直接探测或者激光包络探测。其基本原理是发射光源发射激光探测信号，经被测物体反射由激光探测器接收。激光探测器将光信号转变成电信号，通过特定的信息处理方法来获取信息，完成对目标的探测。非相干激光探测体制工作原理成熟，具有抗电磁干扰能力强、测距精度高、距离截止特性好、系统组成简单等优点。

脉冲激光探测是一种成熟的非相干激光探测体制，脉冲激光引信广泛应用于导弹和常规弹药等多种平台和型号中。本小节重点讨论脉冲激光引信的相关内容。

4.1.1 原理、组成和框图

典型脉冲激光引信主要由发射光学系统、发射电路、接收光学系统、接收电路、信号处理系统等组成，如图4-1所示。

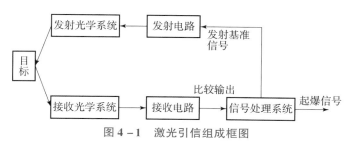

图4-1 激光引信组成框图

激光引信开机工作时，信号处理系统提供发射基准信号，发射电路产生激光脉冲发射信号，发射光学系统对该信号整形后向空间发射。当目标进入引信发射光学视场内，目标本身与目标背景散射回来的光束，由接收光学系统接收送入接收电路，接收电路完成回波信号光电转换、放大滤波和门限比较后形成脉冲信号并输出到信号处理系统。信号处理系统对回波信号进行采集和特征提取，然后根据相应的目标识别和抗干扰算法，产生最终的起爆信号。

1）发射电路

激光引信发射电路由调制电路、激励电路、功率开关及半导体激光器组成，其原理框图如图 4–2 所示。

图 4–2　激光引信发射电路原理框图

其基本工作原理为：调制电路将主频脉冲转换后均分给激励电路，激励电路得到所需的脉冲频率后，触发各自的功率开关，功率开关打开后输出启动半导体激光器所需的电流。

发射电路常选用砷化镓半导体激光器。激光器工作需要较大的瞬时电流，所以必须对调制后的信号加以激励。为了保证驱动电路的效率，要求驱动电路的内阻要小，而且开关速度要高。

2）接收电路

接收电路由光电探测器、前置放大器、主放大器、增益控制电路及阈值电压比较器组成。原理框图如图 4–3 所示。

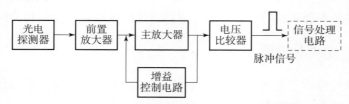

图 4–3　激光引信接收电路原理框图（探测器实框）

其基本工作原理为：光回波信号通过光电探测器转换成电信号，激光引信一般选用硅探测器。前置放大器和主放大器的设计对系统的定距精度和探测距离有重要的影响。前置放大器是用来完成光电探测器与后续电路性能匹配的部件，对其性能要求由光电探测器性质和后续处理电路的要求决定，其最重要的性能要求是低噪声及宽频带。主放大器主要是用来提供足够大的增益，以方便后续处理，但同时必须在满足系统带宽要求下，保证有用信息不会丢失。另外，为了保证在回波信号幅值变化很大情况下仍有很好的定距精度，要求主放大器增益有较大的动态范围。放大后信号经电压比较器输出 TTL 脉冲信号，最后将脉冲信号送至信号处理电路。

3）收发光学系统

收发光学系统通常由机构件和光学透镜组成。

发射光学系统的工作原理：利用激光器已有条件，分别在快轴方向（子午面）和慢轴方向（弧矢面）上对激光束进行整形。

接收光学系统的工作原理：对探测视场范围内的光束进行会聚，聚焦到光电探测器的光敏面上。需注意的是，为实现对阳光、海面辐射的杂散光的带外抑制，接收光学系统需进行滤光处理。

4）信号处理系统

非相干探测体制激光引信的信号处理系统的主要功能为：回波信号采集与特征提取，目标识别与抗干扰，引战配合输出等几个部分。

（1）回波信号采集

激光回波信号为脉冲信号，要针对信号进行时域采集。对于模拟信号形式的回波信号，需通过高速 A/D 采样转变为数字信号。对于脉冲形式的回波信号，则可由数字芯片运用高速时钟对信号进行 0、1 读取。回波信号采集过程中可采用距离门选通技术，对有效探测距离内回波进行采集。

（2）目标识别与抗干扰

目标识别完成目标回波特征的提取，综合利用回波幅度、宽度、象限和距离等信息，实现对有效目标的识别并剔除干扰回波。然后设计合理的目标积累准则，实现目标识别。

目标积累的工作原理是：在一个判断周期内共发射 m 个激光脉冲，在此时间内接收的回波脉冲积累超过 n 个才认为是目标信号。n/m 为系统判断率，其数值主要根据目标尺寸、背景特点、引战配合等要求确定。

（3）引战配合输出

当激光引信正确识别出目标时，将会输出报警信号。为了最佳的引战配合效果，需要对报警信号的输出时刻进行适当的延时，延时量根据飞行姿态、目标类型、飞行速度等信息经过公式推导计算获得。

4.1.2　主要参数设计

激光引信总体参数设计需根据研制指标需求，综合考虑各方因素，涉及探测距离和灵敏度、光学系统参数、发射信号参数等方面的设计。

1. 发射功率

探测距离是脉冲激光引信系统的基本参数，受发射功率、目标反射率、目标尺寸、通光面积等因素影响。在简化条件下，大视场探测脉冲激光引信探测距离方程为

$$P_s = \frac{P_t T_t \rho_t T_q T_c S_g L \cos\theta}{\phi_t \pi R^3} \tag{4-1}$$

式中：P_s 为接收目标反射功率；P_t 为激光器发射功率；T_t 为发射光学系统总效率；T_c 为接收光学系统总效率；T_q 为大气透过率；ρ_t 为目标表面反射率；θ 为视线与物体表面法线之间的夹角；L 为被发射视场覆盖的目标部位的长度（投影值）；S_g 为引信接收光学系统的有效通光面积；R 为作用距离；ϕ_t 为发射视场的视野角。

激光引信在阳光下工作时，背景噪声远大于热噪声，因此系统最小探测功率取决于背景功率、接收带宽和探测器响应率，其表达式为

$$P_{min} = \left(\frac{2qBP_b}{R}\right)^{1/2} \tag{4-2}$$

式中：q 为电子电荷；B 为激光引信接收带宽；P_b 为背景功率；R 为探测器响应率。

若

$$P_s = P_{min}(S/N) \tag{4-3}$$

在引信探测距离设定完成时，根据接收目标反射功率和系统最小探测功率以及信噪比要求，代入作用距离方程，可计算所需发射功率。由于弹载脉冲激光引信探测距离近，计算时可以忽略大气衰减。

2. 光学系统

1）光学系统通道数选择

脉冲激光引信探测视场布局根据视野角 ϕ 和通道数 n 的乘积值关系，可分为连续探测视场和离散探测视场两类。当乘积值不小于 360°时为连续视场探测，当乘积值小于 360°时为离散视场探测。

对付空中动目标的激光引信，其周向要求达到 360°视场全覆盖，如目标大，可用多象限离散视场探测，如目标小，则用多象限连续视场探测，以不漏探目标为原则。而单个探测象限的视野角越大，设计难度也越大。因此激光引信单象限视野角 ϕ 通常设计为 30°~90°之间，对应的探测通道数量 n 为 12~4 个。在特殊的体积需求情况下，也可选择 120°大视场。对地、对地面慢速目标的激光引信一般用单通道或多通道测距即可完成，视场大小由落速、落角决定。激光引信视野角如图 4-4 所示。

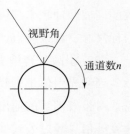

图 4-4 激光引信视野角示意图

2）收发探测视场设计

激光引信收发探测视场包括交叉视场和包容视场两种方式。

（1）交叉视场。

交叉视场设计采用了几何截断原理，如图 4-5 所示，其中 α_F 为发射视场角，α_S 为接收视场角。只有当目标进入这个重叠区域，接收机才能探测到目标回波。

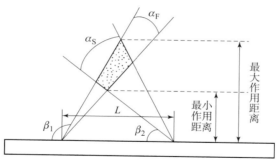

图 4-5　交叉视场发射视场角与接收视场角的关系

交叉视场之间的表达关系式为

$$\frac{L}{R} = \frac{\tan\beta_1 + \tan\beta_2}{\tan\beta_1 \tan\beta_2} \tag{4-4}$$

式中：β_1 为发射视场倾角；β_2 为接收视场倾角；R 为最大作用距离；L 为光学系统基线长度。

光学系统基线作用是拉开收发间距，可利用该参数设计探测盲区，达到减少近距干扰的目的。

交叉视场探测主要应用在小作用距离定距脉冲激光引信中。随着引信作用距离的增大，发射视场和接收视场在较远处得到较小的重叠区域的难度相应增加，而且交叉视场体制需要调整发射与接收装置的视场角度来实现不同作用距离，难以实现作用距离可变装定。

（2）包容视场。

包容视场体制具体表现为接收视场包含全部发射视场，如图 4-6 所示。只要有目标进入发射视场内，接收机就能探测到目标散射的激光回波。

包容视场可充分利用发射能量，易于使激光引信在较大的距离上实现有效的探测，可以与距离门选通技术结合来控制引信的作用距离。与交叉视场体制相比，包容视场体制通过改变延迟时间就可以设定不同的距离门，有利于作用距离装定设计。

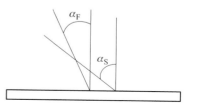

图 4-6　包容视场发射视场角
与接收视场角的关系

3）发射视场倾角

发射视场倾角设计需要综合考虑这几个因素：光学系统结构空间、收发系统的探测能力、引信启动概率以及引战配合规律。

倾角的一般设计范围在 30°~90°之间。

4）滤光片设计

滤光片设计需考虑激光器峰值波长温度漂移。在大视场探测情况下，还要考虑较大的入射角范围带来的峰值波长漂移的影响。因此，滤光片的通带宽度和透过率设计时要兼顾上述两个因素。

3. 发射脉宽

激光引信的发射脉宽多在纳秒级，一般小于100 ns。由于作用距离精度与发射光脉冲上升时间有一定关系，因此要满足作用距离精度要求，必须对发射脉冲上升时间提出要求，即

$$t_r = \frac{\Delta R}{2c} \qquad (4-5)$$

式中：t_r 为发射光脉冲上升时间；c 为光在真空中的传播速度；ΔR 为作用距离精度。

采用窄脉冲发射能够提高测距精度，提高对目标和干扰的分辨能力。同时窄脉冲有利于减小稀疏杂质后向散射叠加，从而减小后向散射回波的峰值功率，达到抗干扰的效果。

4. 发射重复频率

由于激光引信作用距离近，弹目交会相对速度高，为保证引信适时启动，就需要可靠、快速地检测回波信号，脉冲重复频率应设计得足够高。若波束扫过目标起始段有效长度为 L，则必须满足不等式

$$\frac{L}{v_{max}} \geqslant n_p \frac{1}{f_T} \qquad (4-6)$$

式中：v_{max} 为最大弹目相对速度；L/v_{max} 为引信波束扫过 L 的时间；n_p 为信号处理必需的最小脉冲个数，激光引信一般选择为4个以上；n_p/f_T 为信号处理必需的最小时间，f_T 为脉冲激光重复频率。

式（4-6）经变换可得

$$f_T \geqslant n_p v_{max}/L \qquad (4-7)$$

防空导弹激光引信激光器重复频率通常选择 10～30 kHz。

5. 接收带宽

为满足激光引信测距要求，激光引信接收带宽 B 必须与发射脉冲上升时间相对应，否则回波信号上升沿波形会出现失真，影响测距精度。接收带宽计算公式为

$$B = \frac{0.35}{t_r} \qquad (4-8)$$

式中：t_r 为发射光脉冲上升时间。

4.1.3 体制扩展及主要特点

激光引信的发展趋势是在复杂干扰环境下，进一步提高探测能力以及抗干扰能力；提高在干扰背景中识别目标的能力；提高对目标的精细化探测能力，实现精确炸点控制等。围绕上述需求，非相干探测激光引信在激光发射光源、新探测体制以及先进的信号处理技术等方面不断发展。主要体制包括脉冲激光探测、偏振激光探测、成像激

光探测等。

1. 超窄脉冲激光探测

针对激光引信抗云雾干扰以及在干扰背景中目标识别的需求，窄脉冲激光探测是解决途径之一。研究表明，窄脉冲的激光后向散射比宽脉冲的激光后向散射小得多。在干扰背景中利用窄脉冲激光探测目标，一方面可提高目标信号幅度与云雾后向散射幅度比；另一方面，能够进一步提高测距精度，综合利用回波幅度和时域的差异，能有效区分目标与烟雾干扰。

随着固体激光器高速发展，已经有大功率、小体积的半导体激光二极管泵浦微宝石激光器研制成功。该激光器可以产生重复频率为 10 kHz、脉冲宽度不大于 3 ns 的激光信号，峰值功率可达几千瓦，有望在激光引信上应用。

为适应超窄脉冲激光发射，需要有匹配的超宽带激光探测接收机。针对防空导弹的大视场设计，可采用阵列形式的雪崩光电二极管探测器组件实现。相对于传统的大面积 PIN 探测器，雪崩光电二极管探测器具有响应速度快、增益高的特点，可满足超窄脉冲激光探测接收的需求。

2. 偏振激光探测

偏振态是激光光束的关键描述特性之一。激光偏振技术试验和理论分析证明，当线偏振光入射到一个不透明界面时，反射回波的偏振度与入射表面的粗糙度有关。

脉冲激光引信探测的目标主要是人造金属目标，反射回波偏振度较高，反射光主振方向和入射光基本一致，此时在探测器前端用相同方向的检偏器检偏后可以获得较大的回波能量。当反射物为云雾等悬浮粒子时，反射回波信号大多经多次反射后返回接收窗口，其偏振度较低，探测器前端在同方向检偏后将获得较小的回波能量。通过偏振激光收发技术，可以在基本不降低目标回波强度的基础上降低云雾信号的回波强度，提高引信的抗云雾干扰能力。

偏振脉冲激光引信与传统脉冲激光引信相比，主要的区别在于光学系统需设计成具备特定偏振特性的偏振镜。

3. 成像激光探测

成像激光引信的成像途径大致可有以下几种：光机扫描探测成像、电光扫描探测成像、多象限阵列探测结合飞行扫描探测等。多象限阵列探测成像通过线性阵列器件本身结构实现一维扫描，结合导弹的飞行实现另一维扫描而进行成像，也称为推扫成像。推扫成像周向具有分辨率高、扫描频率高、结构简单，无须扫描机构，易于实现等优点，因此成为成像激光引信的主要方案。

推扫成像激光引信原理：发射系统发射脉冲激光探测目标，目标回波经成像光学系统会聚到探测器光敏面。探测器完成回波光电转换后，信号处理电路获取各个回波的特征信息，并在数字信号处理芯片中完成各像素点的排列组合，形成当前发射周期内的目标行图像。随着弹目交会，以脉冲发射的频率，不断地获得目标不同位置的行图像。将整个交会过程中的行图像按列组合，即可获得交会过程中的目标像。

推扫成像激光引信具有以下优势：

（1）抗干扰能力强，具有较强的反隐身能力，不易受环境温度及阳光变化影响。

（2）通过在复杂的干扰背景下提取回波的形体信息，实现精细化探测，有利于在云雾等干扰环境内识别目标。

（3）识别易损部位，提高引战配合效率和毁伤效果。

推扫成像激光引信需重点关注以下几点：

（1）大视场成像光学系统设计难度大。

（2）对目标识别算法研制必须满足引信工作实时性的要求，并且适用于不同弹目交会姿态以及目标类型。

（3）系统硬件设计复杂，对体积和功耗要求很高。

4.2　相干激光探测体制

相干激光探测具有灵敏度高、携带信息丰富等优势，已经在军事、测绘、通信等领域得到广泛的应用，特别是在激光雷达和激光通信领域的应用发展迅速。相干激光探测应用到激光引信，通过检测激光多普勒信号，可以获得目标相对速度信息，利用速度差别可以提高激光引信抗自然环境干扰能力。本小节介绍相干激光探测的原理及特点，然后针对典型的线性调频相干激光引信，对其工作原理及系统组成进行介绍。

4.2.1　原理、组成和框图

1. 相干激光探测机理

相干激光探测原理如图 4 – 7 所示。光学系统接收的频率为 f_S 的回波光和由激光器输出的频率为 f_L 的本振光经过合束器入射到光电探测器表面进行相干混频，因为探测器仅对其差频（$f_{IF} = f_S - f_L$）分量响应，故只有频率为 f_{IF} 的中频电信号输出，再经过信号处理进行解调，最后得到有用的信号信息。

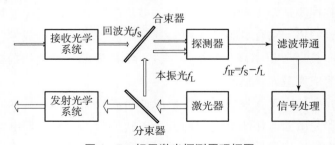

图 4 – 7　相干激光探测原理框图

假设光电探测器光敏面的量子效率是均匀的，同时垂直入射到光电探测器表面上的本振光和回波光是平行且重合的平面波，这时，回波光和本振光的电场表达式分别为

$$E_S(t) = |E_S| \cos(2\pi f_S t + \phi_S) \tag{4-9}$$

$$E_L(t) = |E_L| \cos(2\pi f_L t + \phi_L) \tag{4-10}$$

式中：E_S、E_L 分别为回波光和本振光的振幅；ϕ_S、ϕ_L 分别为回波光和本振光的相位；f_S、f_L 分别为回波光和本振光的频率。

由光电探测器平方律检测关系，输出信号可表示为

$$I_{IF}(t) = \gamma [E_S^2(t) + E_L^2(t) + 2E_S(t)E_L(t)] \tag{4-11}$$

式中：γ 为光电转换系数。

就目前工艺水平，光电探测器的响应频率远远小于激光频率。因此，平方项输出为直流信号，乘积项可化简为和频项和差频项，其中和频项频率远大于探测器带宽，输出为零。忽略直流偏置，中频电信号可以表示为

$$I_{IF}(t) = 2\gamma |E_S| |E_L| \cos(2\pi f_{IF} t + \phi_0) \tag{4-12}$$

从上述分析可以得出，在相干激光探测中，光电探测器输出的中频功率正比于回波光和本振光平均功率的乘积。因此，即便在回波光功率非常小的情况下，通过提高本振光功率可得到理想的中频输出，这就是相干激光探测能够探测到极微弱光信号的原因。

典型的相干激光引信通常由发射系统、接收系统和信号处理系统三部分组成，如图 4-8 所示。发射系统包括相干激光器、分束器以及发射光学天线；接收系统包括接收光学天线、光电探测器、接收放大电路（前置放大电路以及混频器）；信号处理系统包括信号调理及采集模块、信息解算与目标识别模块、时序模块。

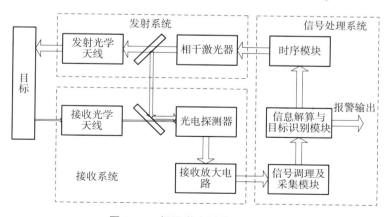

图 4-8　相干激光引信原理框图

引信工作时，激光器产生的发射激光经分束装置分为两部分光，其中小部分光作

为本振光，大部分光经过发射光学天线进行整形后对目标进行探测，目标反射后由接收光学天线进行接收，得到包含目标速度信息的信号光；信号光和本振光同时会聚到光电探测器上得到多普勒频移；经信号处理系统通过解算多普勒信息最终获得目标的速度信息，利用速度信息实现目标的识别。

单频相干探测激光引信可以实现对目标速度信息的获取。由于激光频率高达 10^{14} Hz 以上，假设防空导弹弹目相对速度为 1 000 m/s，目标回波的多普勒频移达到 GHz 量级。如此高频率的多普勒信号要求光电探测器有足够高的响应带宽，此种方法无法应用到带宽较低的激光引信，如大视场激光引信等领域。

2. 双频相干激光引信

双频激光相干测速是利用共源的双频激光进行相干探测的一种实现方法。采用输出为同偏振的线偏振光的双频激光器作为光源，并使这两个线偏振光同时传感速度信息，具有更高的光强利用率和信噪比，可以有效提高测速上限，扩大测速范围，实现激光相干探测技术在引信超高速领域中的应用。双频激光相干探测原理如图 4-9 所示。

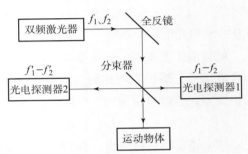

图 4-9 双频激光相干探测原理图

双频激光器发射双频激光，经分束棱镜后，一束光由光电探测器 1 接收作为本振信号；另一束光照射到高速目标，经反射后被光电探测器 2 接收，得到回波信号。本振信号与回波信号进行电学混频，得到双频激光多普勒信号，经信号处理系统解算获得高速目标速度信息。

在双频激光相干探测过程中，利用波的相干叠加原理和光电探测器平方律检测关系，本振信号的频率为

$$f_L = f_1 - f_2 \qquad (4-13)$$

式中：f_1、f_2 分别为双频激光的两个频率，差值在百 MHz 量级。双频激光经高速目标散射后产生不同的多普勒频移，经光电探测器检测得到回波信号，其频率为

$$f_S = f_1' - f_2' = (f_1 + f_{D1}) - (f_2 + f_{D2}) \qquad (4-14)$$

式中：f_1'、f_2' 为含多普勒频移的双频激光的频率；f_{D1}、f_{D2} 分别为双频激光产生的多普勒频移。回波信号与本振信号进行二次乘积混频及低通滤波后，得到双频激光多普勒信号，其频率为

$$f_D = f_S - f_L = f_{D1} - f_{D2} \qquad (4-15)$$

依据激光多普勒频移公式，双频激光多普勒信号的频率与目标相对速度的关系为

$$f_D = f_{D1} - f_{D2} = 2vf_1/c - 2vf_2/c = 2v(f_1 - f_2)/c \qquad (4-16)$$

式中：c 为电磁波的传播速度；v 为目标的相对速度；$f_1 - f_2$ 为双频激光的频差。由式

（4-16）可知，当激光波长取 1.0 μm，双频激光的频差为 300 MHz，弹目相对速度为 1 000 m/s 时，单频激光多普勒频移为 2 GHz，而双频激光多普勒频移仅为 2 kHz。

双频相干激光引信的系统组成如图 4-10 所示。

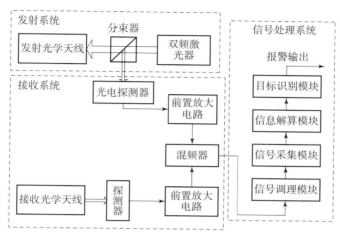

图 4-10　双频相干激光引信的系统组成

双频相干激光引信系统由发射系统、接收系统和信号处理系统三部分组成。发射系统包括双频激光器、分束器以及发射光学天线；接收系统包括接收光学天线、光电探测器、前置放大电路以及混频器；信号处理系统包括信号调理模块、信号采集模块、信息解算模块以及目标识别模块。

1）双频激光器

双频激光器是双频相干探测新体制激光引信系统的重要组成部分之一。为保证系统实现相干探测，双频激光应具有相同偏振态、频率差值可控且具有高稳定度。

一种通过 LD 抽运 Nd：YVO$_4$ 晶体微片方式，可获取光束质量很好的同偏振的双频激光输出，并且具有较高的频差稳定性，满足双频激光相干探测的设计要求。双频激光器采用 LD 作为泵浦源，选用各向异性的 Nd：YVO$_4$ 晶体作为激光晶体，可获得同偏振的双频激光输出，左腔镜直接镀制在激光晶体的左通光面上，右腔镜是独立的反射镜，由于激光器谐振腔内相邻纵模的频率间隔 $\Delta\nu = c/(2L)$，通过调节右腔镜的位置来改变腔长 L，可以改变输出双频激光的频差。激光晶体的非腔镜面均镀有对泵浦光和振荡激光的消反射膜，以提高激光器的功率和稳定性。

2）收发光学设计

相干探测时，本振光与信号光必须充分满足一定空间相干匹配条件，即径向光强度分布匹配、波前匹配、空间角匹配和偏振态匹配。径向光强度分布匹配条件实际上是对激光器输出的激光光束模式提出要求，即所设计的激光器必须是单纵模（TEM$_{00}$）输出。

为了实现偏振态匹配，在光路通过加入布鲁斯特窗片、1/2 波片和 1/4 波片合理组合可以实现。

3）激光接收机

基于 PN 结工作原理，光电探测器带宽与时间常数 RC 成负增长关系，结电容 C 与 PN 结面积成正比，即探测器光敏面越大，结电容也越大，导致其响应带宽越小。对于大视场激光引信而言，探测器的光敏面面积较大，相应的带宽较低。为实现大视场、高速运动目标的探测，解决光敏面面积与探测器带宽的相互制约的矛盾，可采用阵列探测技术。

双频相干激光引信接收机系统设计如图 4-11 所示。系统主要由光纤阵列接收器、高速光电探测器以及前置接收放大电路组成。光纤阵列接收器利用多根光纤芯径组合，解决大视场接收问题；高速光电探测器用于将光信号转换成电信号，主要解决高带宽探测问题；前置接收放大电路主要实现对光电信号有效的放大，便于后级信号处理系统进行采集。

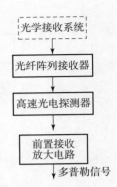

图 4-11 双频相干激光引信接收机原理框图

4.2.2 主要参数设计

双频相干探测激光引信系统主要包括探测距离、系统信噪比和测速精度等性能参数。下面针对各性能参数设计进行详细介绍。

1. 探测距离

引信探测的目标一般为线目标，由雷达方程可知，激光器的发射光功率 P_t 为

$$P_t = \frac{4R^3 \times K_a \times \lambda \times P_s}{T \times \eta_e \times \rho \times D^3 \times d \times \eta_c \times \eta_R} \qquad (4-17)$$

式中：K_a 为孔径通光常数；D 为通光口径；λ 为激光波长；R 为探测距离；T 为大气传输系数；η_e 为发射光学系统传输效率；ρ 为目标平均反射率；d 为线性目标直径；η_c 为系统耦合器分束效率；P_s 为回波信号光功率；η_R 为接收光学系统传输效率。

考虑信噪比衰减系数及探测器响应度要求，回波信号光功率 P_s 可以近似表示为

$$P_s = \frac{h \times \nu \times B \times S/N}{R_a \times k_{SN} \times \eta_h} \qquad (4-18)$$

式中：h 为普朗克常量；ν 为激光频率；B 为探测器带宽；S/N 为信噪比；R_a 为探测器响应度；k_{SN} 为信噪比衰减系数；η_h 为系统混频效率。

2. 信噪比

对于相干激光探测系统而言，信噪比是评价系统探测性能的重要指标。相干激光探测噪声主要包括散粒噪声、热噪声、暗电流噪声、背景噪声和本振噪声，信噪比可

以用中频电流信号和噪声电流的均方值之比来表示，表达式为

$$S/N = \frac{i_{int}^2}{i_{th}^2 + i_{dk}^2 + i_{sn}^2 + i_{bk}^2 + i_{lo}^2} \tag{4-19}$$

其中，i_{int}^2 是中频信号电流均方值，表达式为

$$i_{int}^2 = (P_{int}\Re)^2 = \left(\frac{\eta_q q}{h\nu}\right)^2 P_{int}^2 \tag{4-20}$$

式中：P_{int} 为探测器光敏面上接收到的功率。

i_{dk}^2 是暗电流噪声，表达式为

$$i_{dk}^2 = 2qI_{dk}B \tag{4-21}$$

式中：I_{dk} 为探测器的暗电流。

i_{th}^2 是热噪声电流均方值，表达式为

$$i_{th}^2 = \frac{4kT_e B N_f}{R_L} \tag{4-22}$$

i_{sn}^2 是信号的散粒噪声电流均方值，表达式为

$$i_{sn}^2 = 2qP_s\Re B = \frac{2\eta_q q^2}{h\nu}P_s B \tag{4-23}$$

i_{lo}^2 是本振噪声电流均方值，表达式为

$$i_{lo}^2 = 2qP_l\Re B = \frac{2\eta_q q^2}{h\nu}P_l B \tag{4-24}$$

i_{bk}^2 是背景噪声电流均方值，表达式为

$$i_{bk}^2 = 2qP_{bk}\Re B = \frac{2\eta_q q^2}{h\nu}P_{bk} B \tag{4-25}$$

式中：$\Re$ 为探测器响应度；η_q 为量子效率；q 为电子电量；h 为普朗克恒量；k 为玻尔兹曼常数；B 为系统带宽；T_e 为绝对温度；N_f 为噪声因子；R_L 为负载电阻；P_s 为信号回光功率；P_l 为本振信号光功率。将各电流均方值的表达式代入式（4-19）得信噪比的表达式为

$$S/N = \frac{\eta_q P_s P_l}{h\nu B(P_l + P_s + P_{bk} + P_{dk} + P_{th})} \approx \frac{\eta_q P_s}{h\nu B} \tag{4-26}$$

3. 测速精度

由双频激光多普勒测速公式可知，速度的表达式为

$$v = \frac{cf_D}{2(f_1 - f_2)\cos\theta} \tag{4-27}$$

式中：f_D 为双频激光多普勒频移；$f_1 - f_2$ 为双频激光的频差；θ 为目标与光学接收系统的视场角。

由式（4-27）可知，双频激光相干测速精度与多普勒频谱展宽、接收视场角、双频激光频差稳定性等有关。由双频激光引起的测速误差与双频激光的频差稳定性成正

比，实际应用时，选用线宽较窄的激光器和选频技术，可以获得稳定性很高的双频激光的输出，因此由双频激光频差稳定性引起的测速误差较小。接收视场角主要是由于探测器光敏面具有一定的尺寸，存在微小的有限夹角，速度存在微小梯度，进而产生测速误差，通过优化光学系统设计，可以有效降低接收视场角产生的测速误差。因此，测速精度主要受到多普勒展宽的影响较大。

激光多普勒频谱增宽的来源主要是有限渡越时间增宽。发射激光照射到运动物体表面时，由于激光光斑具有一定大小，导致每个运动粒子产生的信号大小只能持续一定时间且信号的相位随机。大量随机分布的粒子产生的信号叠加在一起，于是产生了大小和相位的随机变化，导致多普勒频谱增宽。文献 [25] 给出了有限渡越时间增宽量的表达式为

$$\Delta f = (\ln \sqrt{2})^{1/2} \frac{v\sin\theta}{\pi\omega} \qquad (4-28)$$

式中：ω 为光斑大小；v 为运动物体平均速度；θ 为光束方向与物体表面的夹角。由式可知，通过减小被测物体表面平均速度或是增加光斑大小，可以降低有限渡越时间造成的多普勒频谱增宽。

4.2.3　体制扩展及主要特点

单频和双频相干探测两种方案都能够获取目标的速度信息，但对付空中动目标的激光引信，如果能够获得速度信息的同时获得距离信息，通过时域和频率信号处理，能够进一步提升目标识别和抗干扰能力。若要同时获得距离和速度信息，可采用如下两种体制扩展方案。

1. 脉冲多普勒相干激光引信

脉冲多普勒相干探测激光引信是采用脉冲激光进行相干探测，通过对激光进行脉冲放大实现远距离探测，利用脉冲激光上升沿和多普勒频率信息解算出目标的距离及速度信息，完成目标的探测和识别。

由于脉冲多普勒相干探测激光引信需要对发射激光进行脉冲整形和能量放大，硬件设计上需要相应地增加脉冲调制器和放大器，增加了系统结构的复杂性。

2. 线性调频相干激光引信

线性调频相干探测激光引信是将激光频率进行线性调制后发射出去，利用线性调频技术和多普勒频率获得目标的距离及速度信息，完成对目标的探测和识别。为解决目标距离速度耦合现象产生的影响，可采用对称三角波的调制解调方式进行处理。通过检测对称三角波的下降和上升频率调制段的频移大小，就可以解算出目标的距离及速度信息，从而识别出目标或干扰的回波，实现干扰环境下的目标探测。线性调频体制中，直接对激光器进行内调制即可实现激光频率的线性调制。而内调制线性调频模块可以集成在激光器中，降低了激光引信系统的设计复杂性，利于系统的工程化实现。

由于激光多普勒信号频率高达 GHz 量级，传统的信号处理方法中，A/D 采样速率难以满足要求；并且在采样数据长度一定的情况下，限制了多普勒信号频率估计精度的提高，进而限制了系统的测速精度。为了提高对探测器输出信号带宽的适应性和可扩展性，可采用时分信道化处理方式，通过改变本振频率 f_{L1} 将 GHz 量级的激光多普勒信号变频至采样通带 B 范围内，从而可通过较低频率的采样器对信号进行采样。

变频信号处理原理框图如图 4 - 12 所示。

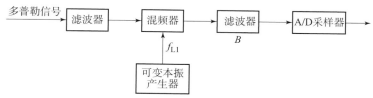

图 4 - 12　变频信号处理原理图

4.3　电容近感探测体制

电容近炸引信是利用两个电极间电容量的变化工作的引信。当引信接近目标时，引信电极间的电容会根据目标的特性发生一定的变化。将电容量的变化量及变化率转换成电信号，并进行检测和判别，满足一定条件时引爆战斗部。

电容近炸引信具有良好的抗干扰能力、反隐身能力和自适应延时起爆的特点，并且无探测盲区。可作为攻击各种低空、超低空目标近炸引信，能充分提高导弹对小目标（巡航导弹或无人机）的命中率和导弹的单发杀伤概率，也能用于对装甲目标的定高（定距）引信。

4.3.1　原理、组成及框图

以导弹用探测空中目标的电容引信为例，电容引信主要由感应极、探测电路、信息检测电路、信号处理电路、启动脉冲产生器、执行级、起爆回路和电源等组成，其框图如图 4 - 13 所示。

电容引信的外壳是由非金属材料制成的绝缘环，将导弹分成前舱（制导舱段）和后舱（战斗部和发动机舱段），它们组成了电容引信的感应极，并接入高频振荡电路。当导弹接近目标时，弹目之间产生了感生电容 ΔC。随着弹目距离 R 趋近，ΔC 增大，弹目离开，ΔC 减小。ΔC 的变化可引起探测电路中高频振荡器的频率发生变化，从而产生频差 Δf。信息检测电路对 Δf 进行鉴频，将 Δf 的变化转换成电压 ΔU 的变化。信号处理电路对 ΔU 进行识别处理，输出引信启动信号，送入执行级，适时引爆电雷管。其工作波形如图 4 - 14 所示。

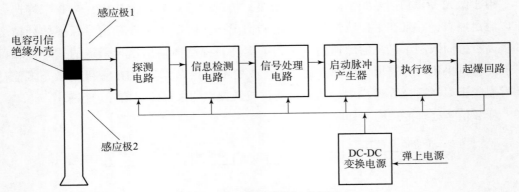

图 4 – 13　电容引信组成框图

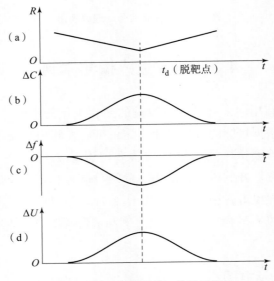

图 4 – 14　电容引信工作波形图

（a）目标距离 R 随时间的变化曲线；（b）电容变化量 ΔC 随时间的变化曲线；

（c）频差变化量 Δf 随时间的变化曲线；（d）鉴频器输出电压 ΔU 随时间的变化曲线。

1）探测电路

探测器电路由感应极和高频振荡器组成，如图 4 – 15 所示。

前舱和后舱之间构成的电容称为弹体结构电容，用 C_0 表示。高频振荡器采用克拉泼（Clupp）电路。在弹目交会过程中，随着弹目距离的变化，目标和感应极之间的感生电容 C_{01}、C_{02} 也发生变化，产生了 ΔC，其等效电路如图 4 – 16 所示。

图 4 – 16 中由 C_{01}、C_{02} 和 C_0 形成的等效电容 C_X 为

$$C_X = C_0 + \frac{C_{01} \cdot C_{02}}{C_{01} + C_{02}} = C_0 + \Delta C \tag{4 – 29}$$

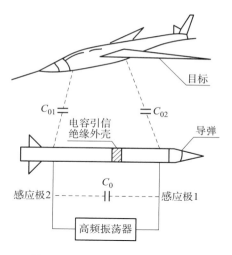

图 4 – 15　电容引信探测原理图

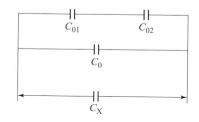

图 4 – 16　电容等效电路图

式中：ΔC 为有目标出现时回路的电容变化量。

故在无目标出现时，$C_{\mathrm{X}} = C_0$；

有目标出现时，$C_{\mathrm{X}} = C_0 + \Delta C$；

弹目接近时，Δf 变化表示为

$$\Delta f = f_0 - f_{\mathrm{i}} = -\frac{1}{2} f_0 \frac{\Delta C}{C_0} \qquad (4 - 30)$$

式中：f_0 为无目标出现时的振荡频率；f_{i} 为有目标出现时的振荡频率。

由式（4 – 30）可见，高频振荡器频率的变化量 Δf 与目标出现时 ΔC 的变化大小成正比，符号相反。ΔC 的变化规律与弹目交会时的姿态、脱靶量、交会角等有关，根据这种规律，经适当的信号处理，即可实现最佳的引战配合。

2）信息检测电路

图 4 – 17 为利用锁相环原理构成的信息探测电路框图，锁相环由相位比较器、低通滤波器和压控振荡器（VCO）组成。

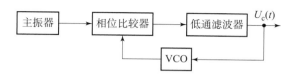

图 4 – 17　锁相环原理框图

锁相环设计成宽带跟踪环，将主振信号的调制频谱落在环路的带宽之内，使 VCO 在很宽的频率范围内都能跟踪主振器频率的变化，然后利用锁相环的频率解调功能对主振信号进行解调并输出鉴频电压 $U_{\mathrm{c}}(t)$。

由于锁相环具有良好的抗干扰性能及门限性能好的优点，它的闭环传递函数具有低通滤波器特性，而误差传递函数具有高通滤波器特性，门限比普通鉴频器改善了 5 dB，因此使噪声、突发性窄带干扰等被锁相环有效抑制。

3）信号处理电路

电容引信信号处理电路主要由频率选择电路、速率选择电路、幅度鉴别电路和宽度鉴别电路等组成。其主要功能简述如下。

（1）频率选择电路

利用低通滤波器加高通滤波器组成匹配滤波器，使高频干扰、低频干扰、慢漂、噪声等被滤除掉，使目标出现引起的信号频谱落在滤波器范围内，送至后级放大。

（2）速率选择电路

利用积分差分电路，组成速率选择电路，鉴别真实信号与低速干扰，使高于某一速率的信号通过，低于某一速率的信号不能通过。因为弹目交会的速度很高，主振频率变化速率很大，干扰信号变化速率一般较小，利用这个性质，可对大面积地物杂波干扰及等幅干扰起到一定的抑制作用。

（3）幅度鉴别电路

采用幅度鉴别电路，使高于一定幅度的信号有输出，小于一定幅度的信号没有输出。适当地选择比较电平，可抑制低于该电平的噪声干扰。

（4）宽度鉴别电路

宽度鉴别采用累积延时电路实现。弹目交会时，目标所产生的信息具有一定的持续时间，适当调节电参数进行宽度鉴别，使大于某一持续时间的信号通过，小于这个持续时间的信号不能通过，将真实目标信号鉴别出来。该电路对抗窄脉冲干扰具有良好效果。

4）启动脉冲产生器

由于弹目交会时相对速度 v_r 很高，引起单位时间内频率变化大，即速率 Δf 的变化快；而对于背景干扰，交会的相对速率较低，速率变化慢。针对这一特性，根据静态目标特性试验数据，设置电容引信启动条件为：第一，必须达到一定的频差 Δf；第二，必须达到一定的频率变化率，两者缺一不可。只有达到设计规定的频差和速率的变化值时，电容引信才能启动。

感应信号通过信号处理电路后，根据先触发后近炸的需要，将获得的真实目标信号经延迟电路处理形成启动脉冲信号，并使在一定时间范围内都能保持启动作用。然后提高启动脉冲能量，送至执行级引爆电雷管。

4.3.2 主要参数设计

电容近炸引信主要参数为主振频率、锁相环路参数和灵敏度等。

1. 主振频率

电容近炸引信振荡器采用克拉泼振荡器，其中振荡电容 C_0 是包括两个电极间的结构电容在内的克拉泼电容。主振器在无目标情况下的振荡频率为

$$f_0 = \frac{1}{2\pi\sqrt{LC_0}} \tag{4-31}$$

式中：L 为回路电感。

当弹目接近时，极间电容发生变化，因此振荡频率也相应变化，频率变化量 Δf 为

$$\Delta f = -\frac{1}{2}\frac{\Delta C}{C_0}f_0 \tag{4-32}$$

即 $\Delta f \propto \Delta C/\Delta C_0$。

另外，因鉴频电压 $\Delta U \propto \Delta f$，则

$$\Delta U \propto \Delta C/C_0 \tag{4-33}$$

为了便于信号检测，一般情况下希望 ΔU 尽可能大些。从式（4-33）可知，要获得更大的 ΔU，必须减小 C_0 或者增大 ΔC。当 ΔC 增大时，ΔU 也即增大。C_0 为导弹在自由空间，且目标未出现时电容引信两探测电极之间形成的起始电容，一旦弹体结构确定，则该值是一个固定值。因此在设计电容引信的非金属外壳和弹体结构尺寸时要尽可能保证 C_0 尽可能小。另外 ΔC 是弹目交会时由目标和弹体两极之间形成的电容变化量，要使该值增大，则必须合理设计电极尺寸的大小和极间距离。

另外从式（4-31）可知，在 L 确定的情况下，C_0 越小，f_0 越大。电容近炸引信是利用电容变化工作的，应该尽量减少可能导致的电磁辐射干扰，而 f_0 过高则会使电容近炸引信本来具有的抗电磁辐射能力的优点受到影响。因极间电容由电极尺寸、形状和总体结构确定，它是振荡电容的一部分，取值不可能太小。对于便携式防空导弹电容引信的振荡频率选取 5~15 MHz 为宜。另外主振频率设计应满足以下两点：

（1）电容引信的信息检测为相位自动锁定，因此主振器信号的调制频谱应落在锁相环路的带宽之内，并且能使 VCO 在很宽的频率范围内都能跟踪主振频率的变化，然后利用 PLL 解调功能输出鉴频电压。

（2）对于非目标因素引起的扰动具有一定的抗干扰性能。

2. 锁相环路参数

根据电容引信的工作特点，主振器在弹目交会过程中输出的振荡信号在一定程度上可以看作是一个调频信号，如果适当地设计锁相环的环路滤波器带宽，使鉴相器输出的信号能够顺利通过，则 VCO 就能跟踪输入信号中反映调制规律变化的瞬时频率，这时锁相环路滤波器输出的控制电压就是所需的频率解调电压。

电容引信在调试生产及工作过程中，因器件参数漂移、外界环境因素变化等，使得主振频率可能在一定范围内慢漂，因此其锁相环必须设置成宽带跟踪环。根据目标

特性及灵敏度的要求，对锁相环的截获范围和同步范围进行设计，确保在弹目交会过程中，锁相环能自动捕获并跟踪主振频率。常用的二阶锁相环路示意图如图 4 – 18 所示。

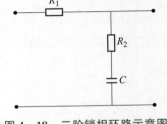

图 4 – 18　二阶锁相环路示意图

锁相环路的捕获范围 $\Delta\omega_\mathrm{p}$ 为

$$\Delta\omega_\mathrm{p} = K_\Phi K_\mathrm{VCO}\left(\frac{\tau_2}{\tau_1}\right)(\mathrm{rad/s}) \qquad (4-34)$$

式中：$\tau_2 = R_2 C$；$\tau_1 = (R_1 + R_2)C$；K_Φ 为鉴相器增益常数；K_VCO 为 VCO 增益常数；R_1、R_2、C 为滤波器参数。

锁相环路的同步范围 $\Delta\omega_\mathrm{H}$ 为

$$\Delta\omega_\mathrm{H} = K_\Phi K_\mathrm{VCO}(\mathrm{rad/s}) \qquad (4-35)$$

$\Delta\omega_\mathrm{H}$ 必须要大于主振频率可能的最大偏移 $\Delta\omega_\mathrm{TM}$。

3. 灵敏度

电容引信的探测灵敏度 S_d，表明引信探测目标能力的强弱。将式（4 – 33）进一步细化可得

$$\Delta U = S_\mathrm{d}\frac{\Delta C}{C_0} \qquad (4-36)$$

即

$$S_\mathrm{d} = \frac{\Delta U}{(\Delta C/C_0)} \qquad (4-37)$$

从式（4 – 37）可知，通过增大探测电极的结构尺寸，或者增大电极与弹体的间距，能增大目标信号强度，从而提高电容引信的探测灵敏度。

4.3.3　信号处理设计

电容引信主要依据弹目交会过程中探测电路产生的频率变化和频率变化率实现目标识别。电容引信的信号处理设计主要包括信息检测设计、滤波放大设计、启动条件设计三方面。

1. 信息检测设计

电容引信对信号的检测一般使用鉴频器，其特性呈 "S" 形，线性范围小，实际使用中通过人工调节磁芯将其中心频率与引信主振器的频率对准达到调谐目的；或者采用锁相自动跟踪代替人工调谐技术，通过对 PLL 的设计改进使 VCO 在很大的范围内都能跟踪主振频率变化。只要在产品调试时，将主振频率调在 VCO 附近，引信一开机锁相环便能很快截获主振频率，并自动跟踪，不需要调谐，就能稳定工作。

2. 滤波放大设计

对前一级输出的鉴频电压进行相应的匹配滤波技术，检出目标信号并进行信号放

大，使其能满足下一级信号处理的要求。

3. 启动条件设计

引信启动条件的确定也是引信设计的关键技术之一，国内外一般电容引信的启动条件是电容变化量达到一定值。然而这种方法有很多致命的缺点，如抗干扰能力差、作用距离低、易造成引信误炸等。

根据大量目标特性曲线数据分析，对于有些弹道，在大脱靶量情况下，由目标引起的频差 Δf 是比较小的（即电容变化量 ΔC 较小），若靠频差的绝对值启动难度较大。一般情况下，在实际飞行过程中，弹目相对速度较高，弹目距离急剧变化，使得频差的变化速率很大。利用这个信息特征，在信息处理电路中增加速率选择电路，鉴别高速率信号与低速率信号。只有频差和频差变化速率均达到一定的设计值，引信才能启动。这样可以提高电容引信工作的稳定性、可靠性和安全性。

4.4　磁探测体制

磁引信是利用目标的铁磁特性，在弹目接近时使引信周围的磁场发生变化从而检测目标的引信，又称磁感应引信。

铁磁效应的实质是铁磁体具有改变周围一定范围内磁场特性的能力。属于这样的铁磁体有铁、钴、镍等。铁磁体对其周围磁场产生影响的大小取决于铁磁体的质量、形状及其铁磁性。许多物体，如舰船、桥梁、坦克等，均含有大量铁磁材料。这些铁磁材料在地球磁场或其他人造磁场的长期作用下被磁化。这些被磁化的物体使其所处位置附近的磁场发生畸变。磁引信通过检测这些畸变探测目标。因此，磁引信可以探测具有铁磁性的目标，在合适的弹目相对位置输出起爆信号引爆战斗部。

磁引信分为主动式磁引信和被动式磁引信。主动式磁引信利用目标对引信本身产生的磁场的扰动探测目标。被动式磁引信自身不向外辐射电磁场，而是靠它的磁敏感装置感知外界磁场的变化发现目标。

4.4.1　原理、组成及框图

1. 主动式磁引信探测机理

当线圈中通过正弦交流电时，线圈周围空间会产生正弦交变磁场 H_1。置于此磁场中的金属导体将产生电涡流，并产生交变磁场 H_2。H_2 的方向与 H_1 方向相反，使线圈总的磁通量减少，即在线圈中会感应出涡流磁场所产生的感应电势。把变化的感应电势作为目标信号利用，即是主动式磁引信的探测原理。

研究金属目标对探测器的影响，本质上就是研究金属表面涡流分布、磁场分布对探测线圈阻抗的影响。建立图 4-19 所示的直角坐标系，以 $2a \times 2b$ 的矩形金属板作为探测对象进行分析。在图 4-19 中，XOY 平面与金属板共面，且坐标原点位于矩形板的几何中心。设探测线圈的圈数为 N 匝，面积为 S，激磁交变电流为 I，探测线圈平面与金属板平面平行，探测线圈圆心坐标为 $(0,0,c)$。金属表面的磁场 H 是坐标和时间的函数。由于工作频率较低，一般为 $10^2 \sim 10^5$ Hz，电路尺寸远小于工作波长，因此可以用准静态电磁场来分析电磁场分布及其电流分布变化情况。

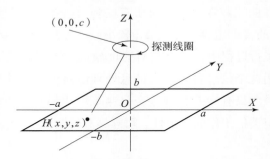

图 4-19　矩形截面金属目标感生磁场图

若 $I = I_{\max}\cos(\omega_0 t + \phi_0)$ 为激励电流，假定媒质是均匀和各向同性的，考虑初始条件和边界条件，可以得到相应于 H 的某一项 H_{mn} 的电流密度为

$$J_{mn} = D_{mn}\exp(1 - p_{mn}t)\left[-i\,\frac{n\pi}{2b}\cos\left(\frac{m\pi}{2a}x\right)\sin\left(\frac{n\pi}{2b}y\right) + j\,\frac{m\pi}{2a}\sin\left(\frac{m\pi}{2a}x\right)\cos\left(\frac{n\pi}{2b}y\right) \right]$$

（4-38）

其中

$$D_{mn} = \frac{16H_0}{\pi^2 mn}\sin\left(\frac{m\pi}{2}\right)\sin\left(\frac{n\pi}{2}\right)$$

（4-39）

式中：m 和 n 均为奇数；P_{mn} 为与激励电流和时间相关的系数。进而得到涡流损耗的功率 P_w 为

$$P_w \propto \sum_{m=1}^{\infty}\sum_{n=1}^{\infty} J_{mn}^2 \propto H_0^2 \propto \frac{1}{l^6}$$

（4-40）

式中：H_0 是探测线圈对目标产生的交变磁场；l 为探测线圈与目标的距离。

主动电磁引信主要由发射机、接收机、目标识别电路以及点火电路组成。某主动磁引信作用原理框图如图 4-20 所示。

振荡器、导引电路和辐射线圈构成发射机部分。振荡器产生频率为 f_0 的正弦振荡信号，经导引电路向辐射线圈输送一个电流。辐射线圈向空间辐射频率为 f_0 的电磁场，磁场的一部分 B_1 被接收线圈（或称探测线圈）直接接收。

相位调整电路、振幅调整电路、相位误差修正装置、放大器 2、比较器、带通滤波器、检波器、高通滤波器、电平检波器、延时电路构成目标识别部分（或称信号处理

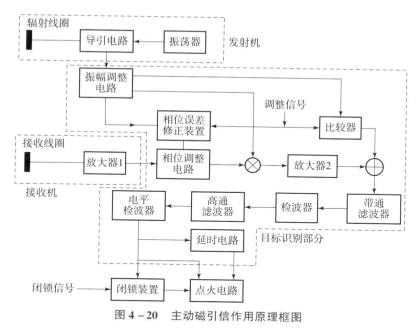

图 4-20　主动磁引信作用原理框图

器）。在没遇到目标时，相位调整电路和振幅调整电路输出幅度相等相位相反的两路信号，因此放大器 2 没有输出。放大器 2 的噪声输出可以被比较器和滤波器抑制。当弹目接近时，由于涡流磁场 B_3 的作用，使得放大器 2 有信号输出。比较器和电平检波器控制目标识别处理的时间和启动电平。滤波器用于滤除干扰。

点火电路由与门闸流管、起爆电容、电雷管和碰炸开关组成，其工作过程不再详述。

闭锁装置是为了保证引信在弹道上不误动作而设置的。闭锁时间由最小攻击距离确定。

2. 被动式磁引信探测机理

典型被动式磁引信配用于低阻航弹，由载机外挂投弹，主要用来封锁交通，攻击机动车辆和有生力量，这种被动式磁引信具有以下几个特点。

（1）当目标进入引信作用区后，直到弹目距离最小时引信才引爆炸弹。若目标进入引信作用区后前进的过程中还没有达到最近点而改变方向离开炸弹，引信就在它刚开始离开时引爆炸弹。

（2）对所攻击的目标的速度有选择。目标接近速度在 1～90 km/h 范围以外时引信不会启动。因此，在战场上的弹片或其他炮弹飞过时，引信不会受到干扰而误动作。

（3）引信平时以小电流工作，仅 0.6 mA。因此可以维持工作 4～5 个月。当电源电压降到一定值（大约工作四、五个月时间后，以前没有遇到目标）时自炸。

（4）此引信灵敏度较高。对车辆的作用距离为 25 m 左右，对人员（哪怕是仅带一支钢笔）在 1 m 范围内可以起作用。

被动式磁引信电路由磁敏感装置、放大及引爆脉冲产生电路、抗干扰及闭锁电路、速度选择电路和自毁电路等组成，组成框图如图 4 – 21 所示。

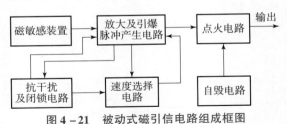

图 4 – 21　被动式磁引信电路组成框图

磁敏感装置：利用铁磁物体可以造成物体附近地球磁场畸变的特性来探测铁磁目标，并把目标靠近的信息转换成电压信号。

放大及引爆脉冲产生电路：把微弱的目标信号电压放大并在目标靠近到最有利杀伤位置时输出一个启动脉冲触发点火电路。

速度选择电路：当铁磁目标以 1 ~ 90 km/h 的速度接近时，速度选择电路输出一个控制方波，控制引爆脉冲产生电路送出引爆脉冲。当目标速度小于 1 km/h 或大于 90 km/h 时，它控制引爆脉冲产生电路不送出引爆脉冲。

抗干扰及闭锁电路：该电路有 3 个作用。第一，从弹刚离开载机到入地的这段时间（为 2 ~ 3 min）内，该电路输出一个闭锁方波，使引爆脉冲产生电路闭锁，因而在这段时间内不会产生引爆脉冲，实现了远距离解除保险。这一方面可以保证载机的安全，并且在弹下落过程中避免由于地面或地面上铁磁运动物体而使引信作用。同时也给弹落地后引信电路一段工作稳定所需要的时间。第二，当速度较高的铁磁体飞过时，该电路产生 1 min 闭锁方波，使引爆脉冲产生电路闭锁。从而避免其他弹丸爆炸时飞过来的弹片使引信误动作。第三，当出现其他内外干扰时，该电路也输出 1 min 闭锁方波给引爆脉冲产生电路。

自毁电路：由于工作时间过长或其他原因致使电源电压下降到一定程度时引信电路不能正常工作，此时该电路输出一个启爆脉冲给点火电路引爆电雷管。

4.4.2　主要参数设计

相较于其他探测体制，磁引信是利用目标的铁磁特性来实现对目标的探测，所以在磁探测装置的具体选择过程中应充分考虑磁场分辨率、灵敏度、线性度、工作频率等参数。

1. 磁场分辨率

磁场从零值缓慢进行增加时，在增加至某一值后，磁传感器的输出电压发生了可观测的变化，此时磁场的大小称为磁场传感器的分辨率。磁传感器分辨率的大小是衡量磁传感器探测精度的一个重要指标，磁传感器的分辨率越高，其探测精度越高。

2. 灵敏度

探测器的相对灵敏度指在稳定工作时的输出信号幅值变化对磁场强度变化的比值，表示为

$$S = \frac{\Delta Y}{\Delta X} \quad \text{或} \quad S = \frac{dy}{dx} \qquad (4-41)$$

相对灵敏度的量纲是输出信号与待测磁场强度的量纲之比。对于输出信号近似线性的探测器而言，其校准时输出/输入特性直线的斜率就是其相对灵敏度，是一个常数。

以上文所述主动式磁引信为例，其灵敏度取决于三方面，一是环境干扰的强度及其统计特性；二是接收机底噪及其对信号的检测能力；三是应满足检测概率和虚警概率要求。

3. 线性度

在规定条件下，传感器校准曲线与拟合直线间的最大偏差 ΔU_{max} 与满量程输出 U 的百分比，即在传感器满量程范围内，传感器的测量曲线与其规定直线的拟合程度称为线性度，线性度又称为非线性误差。该数据越小，表明线性特性越好，传感器的性能也就越好。线性度表达式如下：

$$\delta = \frac{\Delta U_{max}}{U} \times 100\% \qquad (4-42)$$

4. 工作频率

由于背景环境的差异，将某种体制的磁引信应用于特定的环境时应充分考虑其工作频率。以主动式磁引信为例，其工作频率的选择应考虑：

（1）工作频率影响磁信号在海水等介质中的传播衰减和铁磁面的反射系数，过低、过高都会降低目标回波强度。

（2）为了不失真地反应目标接近过程，工作频率应高于目标运动回波包络频率。

（3）要避开环境强干扰频率范围。

4.4.3　磁引信探测器的探测方法

大多数磁引信武器系统，例如地雷、水雷、鱼雷、反坦克弹等，其探测电路都是基于法拉第电磁感应定律为探测机理进行设计的，还有基于霍尔元件的电磁效应体制，基于磁通门的磁饱和体制以及新型的基于 GMR 传感器的巨磁阻效应体制等。随着磁敏感材料的推陈出新，磁探测技术有了很大的发展，常用的磁探测方法如图 4-22 所示。

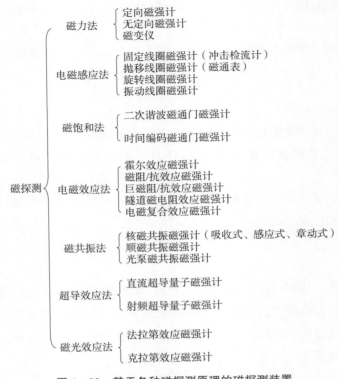

图 4-22 基于各种磁探测原理的磁探测装置

4.5 声探测体制

武装直升机是现代战争中的一支重要攻击力量，在战斗中使用的主要特点是采取超低空飞行，利用地形、地物隐蔽飞行。该飞行特点给某些传统的探测技术带来极大的困难，飞行高度使各类防空雷达处于无能为力的境地——因在雷达盲区而看不见。各波段的电磁波都遇到了地形、地物等背景干扰，分辨出飞行目标变得十分困难。由于电磁波在水中剧烈衰减的原因，各波段电磁波、激光、红外等探测技术的难度更大。

战场上的飞机、坦克、舰艇等在运动状态时都会发出巨大的噪声，因此可以利用被动声探测器探测这些目标。这些发声目标都是声源，声源的扰动会在弹性媒质中引起声波。声波是弹性媒质中传播的压力、应力、质点位移、质点速度等的变化或几种变化的综合。声引信就是利用声探测器把声场中上述物理量转变为电信号，从而确定目标方位、引爆装药。

利用声场探测目标的近炸引信称为声引信。声引信按工作原理分为主动声引信和被动声引信。主动声引信是引信向空间辐射声波，利用目标产生的回波或声场变化来探测目标；被动声引信则仅靠接收声源的声信号探测目标。声引信能在复杂干扰背景中可靠地检测目标信号，按预定条件输出起爆信号，既可用于水中目标探测，也可用于探测地面和空中目标。

　　主动声引信以其作用半径容易控制、抗干扰能力强等特点多用于水中目标的探测。与主动声引信相比，被动声引信具有隐蔽性强、体积小、能耗低等优点。因此，对于目标辐射噪声能量远高于自噪声和环境噪声的情况，被动声引信仍得到了有效的应用。本节主要介绍被动声引信探测技术。

4.5.1　原理、组成及框图

　　被动声定位是利用声传感器阵列和电子装置接收目标噪声信号，通过计算声信号到达不同声传感器的时间延迟来估计目标方位的一种技术，它能够用于探测车辆、坦克、火炮等军事目标的位置。

　　常用的被动声探测定位方法有匹配场定位方法、波束形成法、时延估计方法。其中，时延估计方法是利用传声器或传声器阵列之间由于信号传播距离不同而引起的时延估计，来完成目标的联合测向和测距；若能精确估量声波到达各阵元间存在的时延值，并根据传声器阵列布设的几何关系，就可以获得目标的空间位置。该方法具有较高的定向、定距精度，并有较强的抗干扰性能，是地面被动声探测定位系统广泛采用的方法。

　　声目标定位精度与采用的传声器阵列形式有关。传声器阵列布设方式可分为线型阵列、平面阵列和立体阵列等。线型阵列可以确定目标的二维参量，但由于其轴对称性，故在定位时会造成空间模糊。平面阵列能确定目标的二维参量，可以在整个平面对目标进行定位，也可以对阵列所在平面为界的半个空间进行定位。如果目标是落地的炮弹，要测量落点位置，可以采用面阵。如果目标是低空或超低空飞行的武装直升机以及地面上的坦克，可以采用面阵。由 N 个声传感器阵元组成的阵列，可得到 $N-1$ 个独立的时延，空中的直升机对于被动声定位系统来说可认为是远场的点目标，有三个自由度；地面上的坦克只有两个自由度，如果定位系统要求有通用性，盲区范围小，就必须用立体阵。

　　目标方向角、距离的估计都可以通过估计两个传声器间由于目标距传声器的距离不同而引起的声信号到达时间差而获得。从本质上说，目标位置估计是时延估计。图 4-23（a）为二维平面内目标方向角估计模型。在 xoy 平面有一目标 S，两个传声器分别放在 x 轴上，以第一个传声器为基准传声器，其所在位置为坐标原点，即 $x_1=0$，两传声器间距为 d，即 $x_2=d$。S 距声器阵列距离远大于传声器之间的距离，视 S 为远场点目标，S 向外辐射的声波到达传声器阵列时波阵面近似为平面，S 辐射的声波到达第 2 个传声器相对于基准传声器的时间差（或时延）τ 为

$$\tau = \frac{x_2 \cdot \sin\theta}{c} \qquad (4-43)$$

其中，θ 为目标的方向角；c 为声速。即只要能够估计出时延 τ，就可以获得目标方向角 θ 的估计。

$$\theta = \arcsin \frac{c\tau}{d} \qquad (4-44)$$

在讨论目标的距离估计时，不能再假设信号为平面波，因为这意味着目标距离等于无穷大。在二维空间测距问题中，采用目标声波到达传声器阵列时为柱面波的假设，最简单的测距模型如图 4-23（b）所示。三个传声器沿直线以等间距 d 均布，第二个传声器位于坐标原点，这时，有下式成立：

$$R = \frac{d^2 \cos^2 \theta}{c(\tau_{12}\tau_{23})}$$

$$\theta = \arcsin \frac{c(\tau_{12}\tau_{23})}{2d} \qquad (4-45)$$

其中，R 为目标距参考阵元（坐标原点）的距离。

图 4-23（a）和图 4-23（b）为二维平面内目标位置估计模型，在三维空间目标位置估计的原理与二维平面内的原理相同。

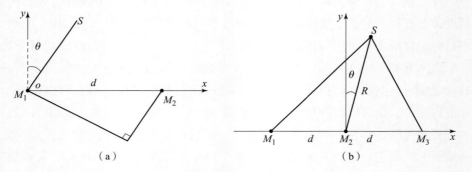

图 4-23　二维平面内目标位置估计模型

（a）方位角估计的简单模型；（b）三点测距的简单模型

由此可以看出，目标方向角、距离估计都可以通过时延估计获得，时延估计精度越高，目标位置估计质量越好。

由于声探测系统目标信号与艇船等声源信号都是宽带随机信号，所以，声呐中时延估计方法只要时延估计精度、估计时间、设备或计算复杂程度等满足声探测系统要求，就可以直接用于声探测系统之中。

时延估计最具代表性的方法是最大似然法、相关函数法、广义互相关函数法、互功率谱法等。设待估计时延的两传声器输出信号为

$$\begin{cases} r_1(t) = s(t) + n_1(t) \\ r_2(t) = bs(t-\tau) + n_2(t) \end{cases} \qquad (4-46)$$

式中：b 为某个常数衰减因子，为讨论方便，取 $b=1$。其余字母意义同前。时延 τ 的估计可以通过相关计算求出。

计算 $r_1(t)$、$r_2(t)$ 的互相关函数为

$$
\begin{aligned}
C_{\mathrm{OTT}_{r_1r_2}}(\Delta t) &= \lim_{T\to\infty}\frac{1}{T}\int_0^T r_1(t-\Delta t)r_2(t)\mathrm{d}t \\
&= \lim_{T\to\infty}\frac{1}{T}\int_0^T\left[s(t-\Delta t)+n_1(t-\Delta t)\right]\cdot\left[s(t-\tau)+n_2(t)\right]\mathrm{d}t \quad (4-47)
\end{aligned}
$$

因为 $s(t)$ 与 $n_1(t)$、$n_2(t)$ 不相关，且 $n_1(t)$ 与 $n_2(t)$ 也互不相关，所以

$$
C_{\mathrm{OTT}_{r_1r_2}}(\Delta t) = \lim_{T\to\infty}\frac{1}{T}\int_0^T s(t-\Delta t)s(t-\tau)\mathrm{d}t \qquad (4-48)
$$

根据自相关函数的性质，在 $\Delta t=\tau$ 时，$C_{\mathrm{OTT}_{r_1r_2}}(\Delta t)$ 取最大值。由此，可以获得时延估计。

在广义互相关法中，先将 $r_1(t)$、$r_2(t)$ 进行预滤波，再进行互相关。

互功率谱法是另一种估计时延的有效方法。

对于平稳随机信号 $r_1(t)$、$r_2(t)$，被区间 $[-T/2，T/2]$ 截断后的傅里叶变换为

$$
\begin{cases}
R_{1T}(f) = \displaystyle\int_{-T/2}^{T/2} r_1(t)\exp(-\mathrm{j}2\pi ft)\mathrm{d}t \\
R_{2T}(f) = \displaystyle\int_{-T/2}^{T/2} r_2(t)\exp(-\mathrm{j}2\pi ft)\mathrm{d}t
\end{cases}
\qquad (4-49)
$$

$r_1(t)$、$r_2(t)$ 的互功率谱为：

$$
K_{r_1r_2}(f) = \lim_{T\to\infty}\frac{1}{T}E\left[R_{1T}^*(f)R_{2T}(f)\right] \qquad (4-50)
$$

式中的"$*$"表示共轭。

可以证明，τ 的信息包含于互谱 $K_{r_1r_2}(f)$ 的相位角中。

$$
\varphi = 2\pi f\tau = \arctan\left\{\frac{\mathrm{Im}\left[K_{r_1r_2}(f)\right]}{\mathrm{Re}\left[K_{r_1r_2}(f)\right]}\right\} \qquad (4-51)
$$

式中的 $\mathrm{Im}[\,\cdot\,]$ 和 $\mathrm{Re}[\,\cdot\,]$ 表示复数的虚部和实部。

通过计算机模拟试验和实测数据求时延试验，证明互相关法、广义互相关法、互功率谱法、高阶统计量法均可以用于声探测系统之中。

根据上述思想，以被动声探测技术为核心的定位系统，其原理组成如图 4-24 所示。

图 4-24　被动声探测定位系统原理框图

4.5.2 主要参数设计

被动声探测系统主要的参数包括响应频率、灵敏度和系统通带。

1. 响应频率

响应频率的选择应考虑三点：一是不同目标噪声特性的特点及其差异；二是相同目标不同运动状态下的噪声特性；三是战场环境的噪声特性。

2. 灵敏度

被动声引信灵敏度取决于三方面：一是环境干扰的强度及其统计特性；二是接收机底噪及其对信号的检测能力；三是应满足检测概率和虚警概率要求。

3. 系统通带

系统通带设计应在保证目标回波通过滤波器的同时，有效滤除干扰。

4.6 静电探测体制

静电引信就是通过探测目标产生的静电场或目标与探测器之间的静电场的变化而获得目标信息的近炸引信，因其探测机理的特点，使其在反隐身、抗人工干扰和目标方位识别精度方面具有显著的优势。

静电引信根据探测方式的不同可分为主动式静电引信和被动式静电引信两大类。凡是静电场由引信本身产生，利用目标对该静电场产生扰动而获取目标信息的，称为主动式静电引信。凡是利用目标产生的静电场探测目标信息的，称为被动式静电引信。主动式静电引信需要采用荷电方法使感应电极形成静电场，因所建立的电场相对目标静电场较弱，使得该方法探测距离极为有限。本节主要介绍的静电探测体制为被动式静电引信。

4.6.1 原理、组成及框图

典型的静电引信采用被动式静电感应探测体制，主要由感应电极、静电探测系统和信息处理系统构成。静电探测系统由低噪声电荷探测器和信号调理电路组成，其中信号调理电路由前置放大电路、调零电路、自适应增益控制、高增益放大器、自适应滤波器和组合滤波电路组成。信息处理系统由高速 A/D 采样电路、数字信号处理电路和优化算法等组成。静电引信探测系统的组成及工作原理框图如图 4-25 所示。

当目标接近感应电极的过程中，目标和感应电极之间相对运动，目标等效电荷量在感应电极周围产生的静电场也相应发生波动，致使感应电极上的感应电荷也在不断波动，感应电荷的变化在电极中诱导出 nA 或 pA 数量级的感应电流。通过低噪声电荷探测器、前置放大电路、自适应增益控制电路和滤波电路等进行信号调理后，将电荷

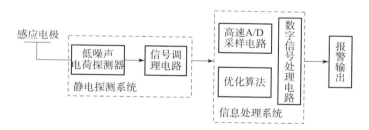

图 4-25　静电引信探测系统的组成及工作原理框图

的变化特征转化为可被采集识别的电压幅值信号。信息处理系统根据静电引信的静电感应特征信号，对多通道感应电极的接收信号进行幅值比较、自适应优化调控、信号特征匹配和识别等处理，实现对来袭目标的可靠探测与识别，同时输出引信报警信号。

1. 目标静电场特征

任何物体在高速运动的过程中，都会因为与大气粒子摩擦、燃料燃烧排放等离子气体、Lenard 效应等多种原因而导致目标带上静电，目标静电场具有以下几个特点。

1）带电量大，无法彻底消除

对于高速飞行的飞机目标，虽然研究人员采取了各种技术手段，仍然无法彻底消除所产生的静电。同时，国内外科研机构对飞行器的带电量进行了研究，取得了一定的成果。运动中的喷气式飞机带电量可达千分之一库仑（通常是负电），直升机可达百万分之一至万分之一库仑（通常是正电），飞行中的弹丸为千亿分之一到百万分之一库仑。而由此形成的电位，飞机目标通常为数十千伏，最大可以达到 500 kV，这将在其周围几百米至上千米范围内形成可探测的静电场。

2）目标近似点电荷电场

在离带电中心最远处以外区域，电力线呈放射状均匀分布，等势线呈以带电中心为圆心的同心圆分布，并且带电密度大的目标比带电密度小的目标电场分布均匀性更好。以探测系统感应电极 6 倍半径为参考长度，目标在该参考长度半径球面以外的区域，目标电场可近似认为是点电荷电场。

3）准静电场及低频变化

由于目标在运动过程中同时存在充电和放电现象，因此运动目标电场总是时刻变化的，这种电场可称为准静电场。目标带电量受气候影响比较大，在一定的气候条件下，目标最大带电量由目标曲率最大处的电晕放电阈值决定。目标在运动过程中不断地充电，当电势超过曲率最大处的电晕放电阈值时，产生电晕放电，目标的带电量和电势随之下降，同时目标继续不停地充电直至超过放电阈值时又开始放电。运动目标就以这样的规律重复地充放电，变化的频率范围为直流至几千赫兹，变化频率与大气气象条件和弹体形状等因素有关。

2. 静电探测理论

静电引信是基于静电感应和静电平衡的原理进行设计的。处于电场中的孤立导体，外加电场将对导体中的自由电子产生力的作用，使它们逆着电场的方向运动，最终使导体的一端出现正电荷，一端出现负电荷。静电感应可以使原来不带电的导体发生电荷的重新分布，并达到静电平衡状态，该过程通常都是在极短时间内完成（约为 10^{-19} s）的。

静电感应探测原理如图 4 – 26 所示，假设目标带电量为 $+Q$，速度为 v，感应电极半径为 a。根据高斯定理，可得出感应电极表面的电荷密度为

$$\sigma_s = \varepsilon_0 \varepsilon_r E_{an} = \frac{-Qz}{2\pi(x^2 + y^2 + z^2)^{3/2}} \quad (4-52)$$

式中：ε_r 为相对介电常数；ε_0 为真空绝对介电常数；E_{an} 为感应电极表面垂直方向上的电场强度。

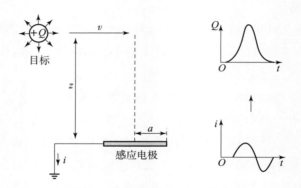

图 4 – 26 静电感应探测原理

经推导可知，感应电极靠近荷电目标的一侧所带异号电荷总量 q 为

$$q = \int_s \sigma_s \mathrm{d}S = \int_s \varepsilon_0 \varepsilon_r E_{an} \mathrm{d}S \quad (4-53)$$

式中：S 为感应电极带异号电荷的面积。

感应电极表面所获取的感应电荷量为

$$q_0 = \frac{-qza^2}{2\left[z^2 + (vt)^2 + y^2\right]^{3/2}} \quad (4-54)$$

式中：a 为感应电极等效半径。

3. 电荷信号输出特性

弹目交会过程中相对位置和距离与时间相关，假设交会段目标运动速度近似看作匀速，并且与传感器坐标系中 XOY 平面的 X 轴平行，交会参数示意图如图 4 – 27 所示。

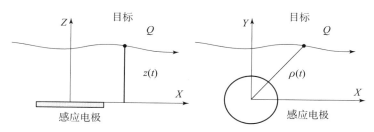

图 4 - 27 交会参数示意图

若 $t = 0$，表示目标经过坐标位置 $x = 0$ 的时刻，令 $A^2 = y_0^2 + z_0^2$，探测电极所获取的感应电荷量表达式可等效为

$$q_0(t) = \frac{q_{0\max}}{\left[1 + \left(\dfrac{t}{\tau}\right)^2\right]^{3/2}} \qquad (4-55)$$

式中：$q_{0\max}$ 为最大感应电荷量；τ 为时间常数，$\tau = A/v$。

利用感应电荷数学模型对交会特性信号进行分析，静电引信与目标发生弹目交会过程中典型静电交会信号特征如图 4 - 28 所示。静电交会信号特征包括信号持续时间（带宽）、信号上升沿、信号拐点和信号下降沿等。时间常数 τ 决定了交会过程中静电探测系统感应获取的脉冲信号带宽，时间常数越小，交会信号带宽特征越小，信号上升沿斜率特征越大。综合国内外静电引信交会特征研究成果，典型静电交会信号特征的信号带宽为 20 Hz ~ 1 kHz，信号上升沿范围在 0.5 ~ 25 ms。静电引信采用比对方法分析信号带宽、信号上升沿斜率和信噪比等显著特征量，实现对目标信息的探测与识别。

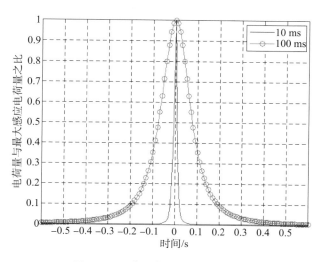

图 4 - 28 典型静电交会信号特征

4.6.2 主要参数设计

本节讨论的主要设计参数包括感应电极、工作带宽、探测距离和探测灵敏度。

1. 感应电极

感应电极作为静电引信的探测传感器，用于感应获取目标静电场特征信息，其主要设计参数与静电引信探测灵敏度和探测距离相辅相成。

由于静电探测系统的感应电极达到静电平衡的快慢，决定了其对电场变化的响应速度。研究表明导体达到静电平衡的时间与外电场的大小、导体的几何尺寸无关，仅取决于导体的电导率。因此，选择电导率大的材料作为感应电极，而选择电导率极小的材料作为绝缘材料。

典型静电感应电极采用耐腐蚀性较好的紫铜片，铜片厚度控制在 $0.03 \sim 0.2\ mm$ 之间，信号输出端口设置在电极的几何中心处。感应电极与弹体采用绝缘性能极好的聚酰亚胺材料进行隔离，电极表面采用玻璃陶瓷复材降低飞行过程中高温对感应电极性能的影响。感应电极结构示意图如图 4 - 29 所示，包括基座、电极和基板。基座与弹舱共形设计，电极嵌入设计在基板上，通过基座电缆（屏蔽电缆）与探测电路进行连接。

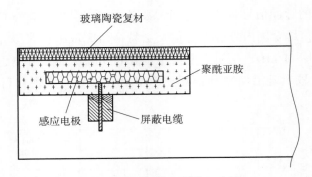

图 4 - 29　感应电极结构示意图

2. 工作带宽

静电引信工作带宽的选择，取决于弹目交会过程中相对速度和有效交会距离信息，通常系统工作带宽由下式估算

$$B = \frac{v}{H} \tag{4 - 56}$$

式中：H 为有效交会距离；v 为弹目相对速度。

3. 探测距离

静电引信的探测距离主要与目标电荷量和系统探测灵敏度等参数相关。根据静电探测理论模型，静电引信感应电极所获取的目标感应电荷量为

$$q_0 = \frac{-Qza^2}{2\left[z^2 + (vt)^2 + y^2\right]^{3/2}} \qquad (4-57)$$

假设静电引信能够检测出微弱电荷信号 q_0，则可认为静电引信的探测距离 D 为

$$D = \sqrt{x^2 + y^2 + z^2} \qquad (4-58)$$

4. 探测灵敏度

根据静电探测理论模型，引信系统电压信号输出幅值与传感器灵敏度及感应电极面积的关系为

$$U_{out} = g\varepsilon_r\varepsilon_0 S \frac{\mathrm{d}E_{an}}{\mathrm{d}t} \qquad (4-59)$$

式中：g 为探测传感器增益；S 为感应电极面积；ε_r 为相对介电常数；ε_0 为真空绝对介电常数；E_{an} 为感应电极表面垂直方向上的电场强度。

选取静电引信探测灵敏度时，需要综合考虑弹上可用空间面积，以及弹上感应电极对引信探测信号的幅值影响，通过优化感应电极面积和传感器探测灵敏度，获取静电引信最佳设计方案。

4.6.3 技术优势及发展

根据对静电探测体制的工作原理、组成及主要参数设计等内容的讨论，被动探测式静电引信由于其特殊的探测机理，在反隐身、超低空、精确脱靶方位识别和抗电磁干扰等领域具有良好的应用前景。

1）良好的反隐身能力

对于运动目标尤其是高速飞行的导弹及飞机来说，由于电荷产生的固有机理，现有技术条件下无法彻底消除运动目标的静电，因此目前研究的隐身技术对于静电引信探测体制来说是无效的。相关资料表明，俄罗斯等国正将静电探测作为反隐身的一项新型手段。

2）适合超低空工作

为了提高引信超低空工作性能，传统引信往往采用频谱识别和波门压缩等技术，但是会损失一定的引信作用距离和启动概率。引信采用静电场探测机理，在遭遇段空中目标的静电场特征信息与地海面接地平面具有显著的差别，静电引信能够有效克服地海杂波的影响，能够较好地适应超低空工作环境。

3）优越的方位解算性能

目标所形成的静电场是整个带电体电荷所产生的场强矢量总和，静电目标等效的点电荷位于静电目标的"几何"中心。弹目交会过程中，静电引信能够克服传统探测方式存在的"角闪烁"现象，具有优越的目标方位识别性能。

4）抗电磁干扰能力强

　　战场上普遍存在的有源雷达干扰和无源雷达干扰对静电引信形成不了静电场信息，因此雷达干扰对静电探测体制基本无效。此外，该探测体制采用被动探测的方式，不发射电磁信号，其本身具有良好的隐蔽性。

　　与传统探测体制引信相比较，静电引信虽然在某些方面具有一定的优势，但是作为被动式探测体制在全天候工作和抗自然环境干扰等方面存在一定的缺陷。因此，静电引信主要作为辅助探测通道与其他体制进行复合探测使用，例如常见的无线电静电复合引信。同时，作为新型引信探测体制，一些关键问题仍有待解决。特别是高速飞行目标的静电特性研究、空间大气环境目标识别技术研究、抗导弹自身干扰（飞行振动、喷射电场等）技术研究及超低空复杂环境对方位解算精度的研究还不够深入全面，需要进一步开展大量深入的研究工作。

第5章　目标与环境近场散射特性

目标与环境特性是指通过物理场可以探测或者感知的特性，通过该特性确定目标与环境的存在、位置或者形态等。目标与环境特性可采用雷达目标特征信息表征。雷达目标特征信息隐含于雷达回波之中，通过对雷达回波的幅度与相位的处理、分析和变换，可以得到诸如雷达散射截面（Radar Cross Section，RCS）及其统计特征参数、角闪烁及其统计特征参数、极化散射矩阵、散射中心分布以及极点等参量，它们表征了雷达目标与环境的固有特性。

目标与环境特性研究，是通过目标与环境特性数据获取、特征提取、理论计算等手段和方法，来研究军事目标及其环境在无线电、光学、声呐等探测器上被感知的信息，以及这些信息的综合应用技术。

目标与环境特性根据观测距离的不同，分为远场特性和近场特性两大类。两者各有特点，分别适用于武器设备的不同系统或不同作战区段。近场主要指探测入射场为非均匀的（更多的是球面发散的），或者被探测器感知的目标散射场（或者辐射场）为非均匀的（更多的是球面发散的）。远场就是指探测目标的入射场为均匀的，或者被探测器感知的目标散射场（或者辐射场）为均匀的。近场与远场的比较如表5-1所示，近场特性比远场特性更为复杂。与近感探测对应，本文主要探讨近场散射特性。

表5-1　近场、远场目标与环境特性的比较

分类	波段	近场	远场
散射特性	微波	目标： （1）路程相位差不可忽略； （2）天线增益和相位不同； （3）散射特性与俯仰角、方位角和距离相关； （4）动态多普勒回波的频谱极大展宽	（1）路程相位差相同； （2）天线增益和相位一致； （3）散射特性只与俯仰和方位角相关
		环境： （1）天线照射区域小于或接近海面（地表）大起伏尺度； （2）动态多普勒回波与局部特征相关，要求是确定性模型	（1）天线照射区域较大； （2）以统计模型为主

分类	波段	近场	远场
散射特性	激光	（1）局部照射； （2）散射特性与距离相关	（1）全照射； （2）散射特性与距离无关
辐射特性	微波、红外	（1）局部成像； （2）图像为透视投影； （3）动态图像快速变化	（1）全局成像； （2）图像近似为正交投影； （3）动态图像变化缓慢
传输特性	微波、激光	发散或会聚传播	平行传播

本章主要探讨目标与环境的近场电磁散射特性和激光散射特性。

5.1　目标近场电磁散射特性

5.1.1　基本概念

雷达散射截面是电磁散射特征之一，它是表征目标对于照射电磁波散射能力的一个物理量。在远场，雷达散射截面定义为单位立体角内目标朝接收方向散射的功率与从给定方向入射于该目标的平面波功率密度之比的 4π 倍，其表达式为

$$\sigma = 4\pi \lim_{R \to \infty} R^2 \frac{|\boldsymbol{E}_s|^2}{|\boldsymbol{E}_i|^2} \qquad (5-1)$$

式中：σ 为雷达散射截面；$\boldsymbol{E}_i$ 为入射电场；R 为接收天线与目标中心之间的距离；$\boldsymbol{E}_s$ 为接收天线位置处的散射场。

考虑散射相位因素，定义复量雷达散射截面为

$$\sqrt{\sigma} = \sqrt{4\pi} \lim_{R \to \infty} R \frac{E_s}{E_i} \qquad (5-2)$$

以上是基于电磁散射理论观点来定义的。基于雷达测量的观点，雷达散射截面为接收天线所张立体角内的散射功率与目标处照射功率之比的 4π 倍，表达式为

$$\sigma = 4\pi \lim_{R_r, R_t \to \infty} \frac{4\pi P_r R_t^2 R_r^2}{P_t G_t A_r} \qquad (5-3)$$

式中：P_r 为天线接收的功率；P_t 为天线辐射的功率；R_r 为接收天线与目标中心之间的距离；R_t 为发射天线与目标中心之间的距离；$A_r = G_r \lambda^2/(4\pi)$ 为接收天线的有效面积，其中 G_r 为接收天线方向图增益，λ 为雷达波长；G_t 为发射天线方向图增益。

雷达散射截面的两种定义完全一致，只是在理论计算和测量方面分别选用而已。

雷达散射截面定义要求距离无穷远，实质就是要求照射目标的电磁场和散射到接收天线的电磁场都为均匀平面波，雷达散射截面与距离无关。考虑引信等探测器工作在近场，入射场和散射场都不是均匀平面波，即不满足远场条件。引入距离位置变量，与远场雷达方程应用一致，近场雷达散射截面（Near Radar Cross Section，NRCS）定义为单位立体角内目标朝接收天线位置处散射的功率与给定方向入射于被电磁波照射的目标局部几何中心位置的电磁波功率密度之比的 4π 倍，近场雷达散射截面的表达式为

$$\sigma = 4\pi R_r^2 \frac{|E_s|^2}{|E_i|^2} \tag{5-4}$$

式中：σ 为近场雷达散射截面；R_r 为接收天线与目标被电磁波照射部分中心位置之间的距离；E_s 为接收天线位置处的散射场；E_i 为入射于该目标被电磁波照射部分中心位置的电场矢量。

近场雷达散射截面还可表达为接收天线所张立体角内的散射功率与目标中心位置照射功率之比的 4π 倍，表达式为

$$\sigma = 4\pi \frac{4\pi P_r R_t^2 R_r^2}{P_t G_t A_r} \tag{5-5}$$

远、近场的划分，一般是以探测器与目标之间相对距离为划分依据，通常以相对距离大于 $2D^2/\lambda$（D 为目标最大线尺寸）时作为远场，其他作为近场，如图 5-1 所示。远场时，目标处于全照射，雷达散射截面与探测器到目标的相对距离无关。近场时，目标经常处于局部照射，回波能量是局部照射区域散射的能量，雷达散射截面是与相对距离密切相关的，而且与辐射源以及辐射源的载体形成的边界条件是不可分割的。

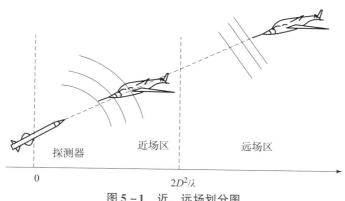

图 5-1　近、远场划分图

当目标尺寸相对较小，处于电磁波束的全照射下，目标的近场雷达散射截面与远场雷达散射截面近似。常见形状的散射特性如图 5-2 所示，球体、圆柱和平板等雷达

散射截面有理论公式计算，常用作标准体，校核理论计算方法和标定散射特性测试系统。

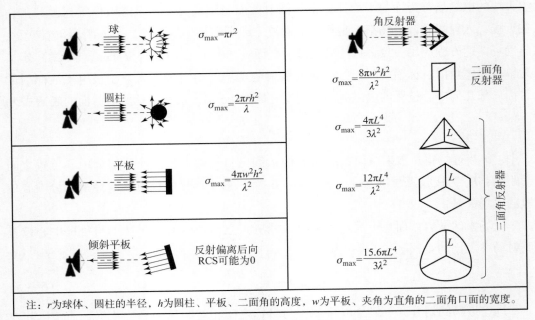

图 5 - 2　典型形状目标的雷达散射截面及计算

近场雷达散射截面与收发天线和目标之间的相对位置相关，也与雷达天线照射波束相关，因此近场散射特性与探测器和目标都紧密相关，而探测器和目标之间的距离、照射目标波束在近场通常变化较大，引起近场散射特性剧烈变化，所以引信更为关注在交会状态（即探测器和目标相对运动状态）下的近场散射特性。近场散射特性关注的主要特征量有动态交会状态下近场雷达散射截面、多普勒信号、散射中心、近场角闪烁等。一般的雷达散射特征信号，均可通过目标的复量雷达散射截面获取。对应目标散射特性的分析、计算或者测量，都以目标的复量雷达散射截面为主要研究对象。

1. 近场雷达散射截面

动态交会状态下，关注的是交会过程中随相对交会位置变化（时刻）的近场雷达散射截面，如图 5 - 3（a）所示交会过程，其目标近场雷达散射截面如图 5 - 3（b）所示，其随弹目相对姿态、相对距离变化较为剧烈。

2. 多普勒信号

动态交会状态下，近场雷达散射截面被引信探测响应的是包含幅度和相位的目标散射回波，即动态交会状态下动态多普勒信号。不考虑照射雷达的发射功率，定义多普勒信号幅度的平方为目标雷达散射截面。多普勒信号相位信息的变化反映了弹目之间相对位置的变化，多普勒信号的中心频率反映了弹目之间相对速度大小，动态多普勒信号即为目标的复量近场雷达散射截面的平方根。如图 5 - 3（b）所示为通过测试获取的某飞机模型的弹目交会多普勒信号和近场雷达散射截面，横坐标为弹目相对坐标系的 X 轴坐标，单位为 m，纵坐标中多普勒信号和雷达散射截面的单位分别为 m 和 m^2。从图中可看出，近场目标的多普勒信号和近场雷达散射截面随着雷达波束照射位置不同而起伏变化。后续计算和表征时，多普勒信号也采用近场雷达散射截面平方根的符号表征。

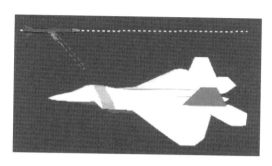

（a）

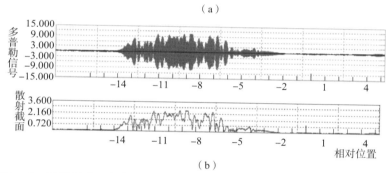

（b）

图 5 - 3　某近场弹目交会过程中目标的散射多普勒信号和近场雷达散射截面

（a）近场局部照射下的弹目交会过程示意图；（b）交会的多普勒信号和近场雷达散射截面

3. 目标散射中心

目标总的电磁散射可以认为是某些局部位置上电磁散射的相干合成，这些局部性的散射源通常被称为等效散射中心，简称强散射中心。目标散射中心这一概念是在理论分析中产生的，迄今并没有严格的数学证明。但是，这并不意味着散射中心的概念是人为的结果。理论计算和试验测量均表明，散射中心是通过精确的测量或数字模拟而得到的。人们不仅观测到了它的一维、二维和三维的几何分布，而且发现这些散射中心矢量合成的散射场同理论计算得到的总散射场吻合得很好。目标散射中心是高频区（即电磁波频率足够高，电磁波波长远小于目标尺寸）散射的基本特征之一，近场雷达散射截面可以通过目标散射中心合成。通过微波一维成像测量可获取一维散射中心分布，二维成像和三维微波成像获取目标散射中心的二维和三维分布。近场窄波束照射下，目标的近场散射特性，可以通过局部被照射下少量的主要散射中心获取。

比如目标的散射可以被视为主要来自 M 个强散射中心，其位置为 R_m，散射系数为 A_m，采用散射中心表征整个目标雷达散射截面的近似表达式为

$$\sqrt{\sigma}(f, R_a) = \sum_{m=1}^{M} A_m \cdot \left(\frac{f}{f_0}\right)^{\alpha_m} e^{-j4\pi f |R_a - R_m|/C}$$

式中：f 为电磁波频率；f_0 为雷达发射信号的中心频率；α_m 为散射中心散射幅度随入射频率的变化参数；R_a 为天线位置；C 为真空中光速。如图 5 – 4（a）所示，为基于二维成像后提取的某无人机有限个散射中心分布，近场天线波束扫描该目标获取的原始散射数据与理论上天线波束扫描主要散射中心重构的散射数据，如图 5 – 4（b）所示，可见散射中心重构数据与原始数据较为吻合。

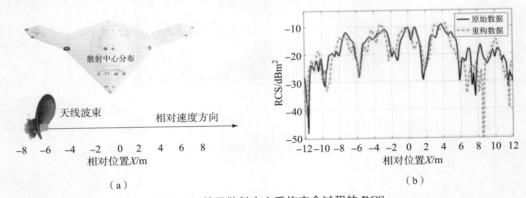

（a）　　　　　　　　　　　　　　　　　　（b）

图 5 – 4　基于散射中心重构交会过程的 RCS

（a）目标散射中心分布及其天线波束扫描目标；（b）重构目标的 RCS 曲线

4. 角闪烁

具有两个或者两个以上散射中心的扩展目标，在雷达测量目标方位时，都会产生角闪烁噪声，给方位测量带来误差。角闪烁噪声以雷达测量的目标位置与目标被照射中心位置的偏差来表征。

5.1.2　电磁散射特性仿真技术

在雷达应用中，经常要计算多种目标的散射特征信号。计算方法有解析方法、数值算法、高频渐近方法三大类。每一种方法都有适用范围，都有其优点和缺点。

解析方法，采用公式计算目标的散射场，得到目标的散射特征，如雷达散射截面、多普勒回波等。计算结果精确，但目前仅适用于具有符合坐标系并使得波动方程可以分离的一类几何结构的目标，如无限大平板、球、无限长圆柱体等标准体。

数值算法是指基于麦克斯韦方程和边界条件解算目标的散射场。数值算法计算精度较高，有矩量法（MOM）、有限元法（FEM）、时域有限差分法（FDTD）等，但数值算法需大量的存储量和计算资源，且计算过程很长，较适宜电尺度小的目标。随着

计算技术的发展，数值算法可以计算的目标越来越多。

高频渐近方法是指建立在边界条件有关的一些简化假定基础上的麦克斯韦方程的一些渐近解。经典的高频渐近方法有几何光学法（GO）、几何绕射理论（GTD）、一致性绕射理论（UTD）、物理光学法（PO）、物理绕射理论（PTD）、增量长度绕射系数法（ILDC）、等效电流法（ECM）等。高频渐近方法的物理概念清晰，可根据散射机理极大地简化计算量，适于分析计算电大或超电大目标。

也有结合上述多种算法的混合算法，如有限元法 – 矩量法（FEM – MOM）的混合算法是处理复杂媒质散射的有效算法，用物理光学 – 多层快速多极子（PO – MLFMM）的混合算法对于提高计算速度和精度十分有效。

一些已出版的书籍讨论了目标雷达散射截面的预估方法。本节主要介绍几种典型高频渐近方法，预估目标近场雷达散射截面和动态交会状态下的目标多普勒回波，从理论上了解近场目标电磁散射特征。

1. 近场雷达散射截面

基于高频渐近方法，认为目标的散射为目标上所有被电磁波束照射的局部散射贡献和。在计算中，可以将目标划分为很多局部，一般将目标进行网格化划分，如图 5 – 5 所示，得到目标表面的一块块小面元和目标的一段段边缘。针对每一个面元可以采用物理光学法计算出小面元 RCS，针对每一个边缘采用物理绕射理论方法计算出其 RCS，最后结合天线方向图与目标局部的距离，可以获得近场目标 RCS。

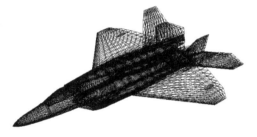

图 5 – 5　目标表面的微面元划分

设定雷达的收发天线一体，整个目标的复量近场雷达散射截面由目标各局部散射的矢量叠加获取，具体计算时，要求局部面元足够小，确保入射电磁波在局部面元内可以被认为是平行平面波。

$$\sqrt{\sigma} = \frac{\sum\limits_{\text{all\_face}} \sqrt{\sigma_p^{\text{face}}} \exp(-\text{j}2kR_p) \cdot G_p/R_p^2 + \sum\limits_{\text{all\_edge}} \sqrt{\sigma_q^{\text{edge}}} \exp(-\text{j}2kR_q) \cdot G_q/R_q^2}{G_0/R_0^2}$$

$$(5 – 6)$$

式中：k 为电磁波数；j 为虚数单位；σ_p^{face}、σ_q^{edge} 分别为第 p 个面元、第 q 个边缘的复量雷达散射截面；G_p、G_q 为第 p 个面元、第 q 个边缘对应的天线方向图增益；R_p、R_q 为第 p 个面元、第 q 个边缘与天线的距离；G_0、R_0 为该目标被天线波束照射部分的中心位置相对天线的增益和距离。

1）面元散射的 PO 方法

针对目标局部面元，设磁场沿单位矢量 $\boldsymbol{h}_i$ 方向极化。局部面元可通过物理光学得

到，其 RCS 平方根的物理光学表达式为

$$\sqrt{\sigma_p^{\text{face}}} = -\mathrm{j}k/\sqrt{\pi} \int_{S_p} \boldsymbol{n} \cdot (\boldsymbol{e}_r \times \boldsymbol{h}_i) \exp(\mathrm{j}k\boldsymbol{R}(\boldsymbol{i} - \boldsymbol{r})) \mathrm{d}s \qquad (5-7)$$

式中：S_p 表示第 p 个面元；$\boldsymbol{n}$ 是表面的外法向矢量；$\boldsymbol{i}$ 是入射方向矢量；$\boldsymbol{r}$ 是散射方向矢量；$\boldsymbol{e}_r$ 为散射的电场方向；$\boldsymbol{R}$ 是面元表面上点的位置矢量；k 为电磁波数。

2）边缘散射的 PTD 方法

对于目标局部边缘壁上存在的绕射场，采用物理绕射理论，第 q 个边缘 RCS 平方根公式为

$$\sqrt{\sigma_q^{\text{edge}}} = \frac{L}{\sqrt{\pi}} \cdot \frac{(\boldsymbol{e}_i \times \boldsymbol{t})(\boldsymbol{e}_r \times \boldsymbol{t})f + (\boldsymbol{h}_i \times \boldsymbol{t})(\boldsymbol{h}_r \times \boldsymbol{t})g}{\sin^2\beta} \cdot \frac{\sin(kL\cos\beta)}{kL\cos\beta}\exp(2\mathrm{j}k\boldsymbol{i} \cdot \boldsymbol{R})$$

$$(5-8)$$

式中：$\boldsymbol{R}$ 为源点到边缘中心的位置矢量；$\boldsymbol{t}$ 为沿边缘的单位矢量；$\boldsymbol{e}_i$ 为入射电场方向；$\boldsymbol{h}_i$ 为入射磁场方向；$\boldsymbol{h}_r$ 为散射磁场方向；L 为第 q 个边缘的长度；$\beta = \arccos(\boldsymbol{i} \cdot \boldsymbol{t})$；$f$、$g$ 为尤费塞夫物理绕射系数；$\boldsymbol{e}_r$ 为散射电场方向的单位矢量。

2. 弹目交会下动态多普勒信号

弹目交会下近场动态散射多普勒信号随姿态、弹目相对位置和相对速度变化呈现出剧烈变化，因此动态散射特性是引信、近区制导等研制、设计过程中非常重要的参数。

在交会条件下，弹体与目标以一定速度相对运动。根据相对运动模型，可得到弹体相对目标的空间运动轨迹（即相对速度坐标系中，坐标原点设为目标中心，X 轴方向与弹体相对目标的运动速度方向一致），弹目交会如图 5-6（a）所示。计算时弹体轨迹离散为一系列空间位置点（x），弹体在位置（x）处通过计算获取多普勒信号 $\sqrt{\sigma_x}$，如图 5-6（b）所示，整个交会过程的计算得到相对速度坐标下各位置（对应各时刻）的多普勒信号。

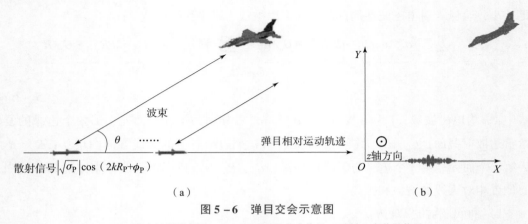

图 5-6　弹目交会示意图

（a）交会过程示意图；（b）相对弹目交会位置（时刻）多普勒信号

采用物理光学法和物理绕射理论，与近场雷达散射截面计算公式一致，得到随交会位置变化的多普勒信号，一般探测器输出目标的回波信号为多普勒信号 $\sqrt{\sigma_x}$ 的实部（或者虚部），可以表征为

$$\mathrm{Re}(\sqrt{\sigma_x}) = |\sqrt{\sigma_x}|\cos(2kR_x + \phi_x) \tag{5-9}$$

式中：R_x 为弹体引信天线与目标中心的距离；ϕ_x 为目标散射引起的电磁波的相位变化量。仿真时，确保回波信号连续，仿真计算一系列均匀间隔的离散位置的回波信号，且为保证轨迹离散后信号的连续性，一般要求相邻位置相位 $2kR_x + \phi_x$ 的变化不超过 $\pi/8$。散射回波相位含有速度的调制信息，将相位相对时间进行求导，得到多普勒频率为

$$f_D = (2k\dot{R}_x + \dot{\phi}_x)/(2\pi) = (2kv\cos\vartheta + \dot{\phi}_x)/(2\pi)$$

$$= 2\frac{v\cos\vartheta}{\lambda} + \frac{\dot{\phi}_x}{2\pi} \tag{5-10}$$

式中：v 为弹目相对速度；ϑ 为相对速度与波束之间的夹角。

5.1.3　电磁散射特性测量技术

近场散射特性测量主要分为静态测量和动态测量。静态测量可以获取静态 RCS、角闪烁、散射中心分布等特征信息；动态测量可获取动态 RCS、多普勒谱。

1. RCS 的静态测量

目标的 RCS 与目标类型（飞机、导弹、舰船）、照射频率和目标姿态角等密切相关。通过静态测量获取全照射下不同姿态角的目标 RCS，反映目标对入射电磁波的散射能力，是无线电引信设计的重要参数依据。

通过测量雷达获取待测目标的回波功率，基于测量雷达对应参数计算获取目标近场雷达散射截面。一般来说，测量雷达各参数准确值很难得到。静态 RCS 测量更多采用相对比较法，就是在相同状态下，如发射功率、接收机灵敏度、天线增益和照射角度等因素完全相同的条件下分别测试理论上已知散射截面的标准体，如金属球、平板等与待测目标，比较二者的回波功率得到目标雷达散射截面，然后进行比较。RCS 测量计算公式如下：

$$\sigma_T = (P_T/P_0)\sigma_0 \tag{5-11}$$

式中：σ_T 为目标 RCS；P_T 为目标反射功率；P_0 为标准体反射功率最大值；σ_0 为标准体 RCS。

一般采用幅相测量雷达，获取散射回波的幅度和相位（一般为复数形式的散射回波），通过比较法可以获取复量近场雷达散射截面。

$$\sqrt{\sigma_T} = \left[\frac{V_T}{V_0}\right]\sqrt{\sigma_0} \tag{5-12}$$

式中：V_T 为测量的目标散射回波矢量（复数矢量，含幅度和相位信息）；V_0 为测量的标准体散射回波矢量；$\sqrt{\sigma_0}$ 为标准体的复量雷达散射截面（要求标准体尺寸足够小，确保测试距离满足准远场条件）。

RCS 静态测量，在有限条件下建立近场幅相测试系统，如图 5 – 7 所示，系统由射频系统、仪器自动控制和转台及转台控制三部分组成。射频系统主要包括矢量网络分析仪、功率放大器、定向耦合器和天线。矢量网络分析仪具有内置信号源，其射频输出信号经功率放大器放大后接入定向耦合器。定向耦合器耦合端信号作为参考信号连到矢量网络分析仪的参考端口，耦合器的直通信号经发射天线向外辐照目标。被测目标的回波信号由接收天线采集，送入矢量网络分析仪的测试端口，将测试信号与参考信号进行比幅比相，获取目标指定方位角和俯仰角下的散射幅相信号，基于相对比较法获取目标近场雷达散射截面。

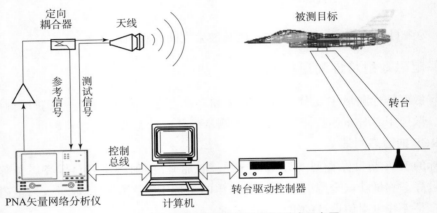

图 5 – 7　近场幅相测试系统组成和测试示意图

RCS 静态测量时，为确保测试时其他干扰信号足够小，保证测试回波精度，一般选用微波暗室作为测试场。

如图 5 – 8 是基于 RCS 静态测试获取的某飞机模型的不同方位角、不同频率的 RCS 曲线，给出目标 360°方位的散射特性，可见不同方位的 RCS 是有起伏的。

2. 多普勒信号的动态测量

多普勒信号的动态测量，即模拟弹目交会过程，获取交会过程中的目标多普勒信号。常规采用相对比较法，确保测试雷达工作状态（发射功率、接收机灵敏度、天线增益及照射角度、作用距离等）和交会参数完全相同时，对同样状态下的目标与定标体进行测量。将已知散射截面的定标体回波信号和目标回波信号进行比较，获取交会过程中各位置的目标多普勒信号。

动态测量基于可以定位的直线运动方式模拟弹目交会过程；采用测量雷达，获取弹目交会过程中目标回波的幅度和相位信息。弹目交会过程采用目标相对速度坐标系描述，

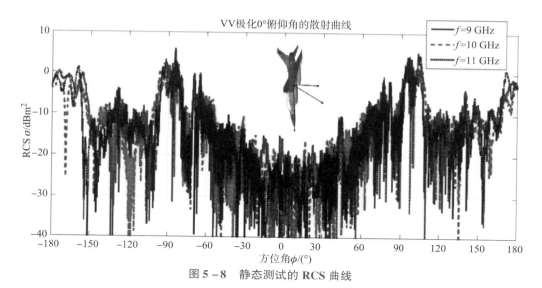

图 5 - 8　静态测试的 RCS 曲线

具体测试过程首先按照相对姿态和交会参数装定测量雷达的天线和被测目标，然后测量雷达相对目标进行直线运动，记录交会过程的位置坐标和目标的散射回波幅度与相位信号：

$$V_x = A_x\cos\boldsymbol{\Phi}_x + jA_x\sin\boldsymbol{\Phi}_x \tag{5 - 13}$$

式中：V 为多普勒信号；A 为回波信号幅度（幅度的平方与散射回波功率成正比）；$\boldsymbol{\Phi}$ 为回波信号相位；x 为对应位置的序号。

最后根据相对比较法获取目标各位置的多普勒信号。相对比较法获取目标各位置的多普勒信号，被测目标的多普勒信号计算公式为

$$\sqrt{\sigma_x} = \frac{V_x}{V_s}\sqrt{\sigma_s} \tag{5 - 14}$$

式中：$\sqrt{\sigma_x}$ 为被测目标多普勒信号；V_x 为包含幅度和相位的目标回波矢量；V_s 为同一状态下特定位置的定标体回波矢量，在该特定位置时定标体被天线主波束中心照射且定标体的雷达散射截面已知，同时确保在该位置天线与定标体中心的距离和天线主波束中心照射目标中心时天线与目标中心之间的距离相等；σ_s 为定标体雷达散射截面矢量。

为获取完整的多普勒频率信息，在相对速度矢量 X 轴上每变化 ΔX 对目标回波进行测量采样，采样步长应满足采样定理（即 ΔR 变化小于 $\lambda/8$），从而保证两个采样点间的相位变化不突然跳变。

测试时通常选择等距离步长进行采样，为完整保存多普勒频率信息，由 ΔR 和 ΔX 的关系可知，等距离采样步长计算公式为

$$\Delta X < \frac{\lambda}{8\cos\vartheta} \tag{5 - 15}$$

式中：ϑ 值取天线主波束的半功率点射线与速度矢量 X 轴的最小夹角。

基于弹目相对运动引起回波幅度与相位变化，即产生多普勒效应，多普勒频率 f_D 表达见式（5-16），利用数据处理技术可提取多普勒特征信号。

$$f_D = \frac{1}{2\pi}\frac{\mathrm{d}\Phi}{\mathrm{d}t} \qquad\qquad (5-16)$$

式中：$\mathrm{d}\Phi$ 为相位变化量；$\mathrm{d}t$ 为时间变化量。

采用扫描架模拟弹目交会过程，对目标进行弹目交会动态测量试验。测试过程如图 5-9（a）所示，扫描架带动引信天线直线移动，天线窄波束依次扫描定标球和目标，测量雷达获取定标球和目标散射多普勒信号。如图 5-9（b）所示，随交会位置移动依次出现的强多普勒信号分别为定标球、目标头部和目标尾部的散射回波，其中，定标球与目标间隔足够远，确保天线波束不可能同时照射定标球和目标。

（a）

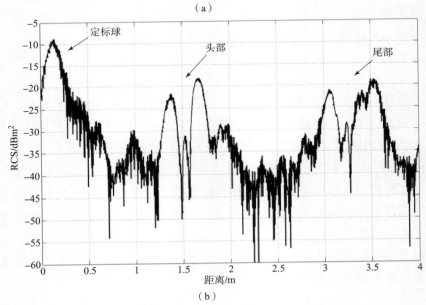

（b）

图 5-9　弹目交会过程及其结果

（a）某靶弹弹目交会测试场景；（b）靶弹多普勒信号的测试结果

5.2　环境近场电磁散射特性

雷达地海环境散射理论已成为很多出版物讨论的题目，理论的有效性取决于描述地海面状态的数学描述以及所要求的近似程度。即使最简单的地面、海面，也难以精确描述，因此主要用试验测量方法描述自然表面的雷达回波，理论的作用是对所做的测量进行解释。

5.2.1　环境电磁散射特性仿真技术

环境的近场散射过于复杂，本节基于高频渐近方法简化分析。忽略透射入地海内部的散射场和内部的多次散射，认为环境的散射为环境上所有被电磁波束照射的局部表面散射贡献和，通过计算分析地海环境的散射特性，理论上理解散射特性与哪些因素相关。

基于高频渐近方法计算，首先生成合适的环境几何模型，再分析给出合适的电磁介电参数，最后基于高频近似方法计算分析环境的散射特性。

1. 海面环境近区散射特性

1）海面的几何模型

基于海洋学现有的观测和研究成果，利用海浪频谱的相关公式可以实现海浪模拟，建立海面的几何模型，通过参数调整实现不同海情的波浪模拟，如改变风速可以得到不同的波浪形状；改变风向，可以调整波浪方向。

海表面的波浪运动是一种复杂的随机过程，定点记录海面起伏曲线，曲线的频谱即为海浪频谱 $S(\omega)$，或称为能谱，又称为频谱。图 5 – 10 为一海浪频谱示意图（图中以 $S(f)$ 表示，$f = \dfrac{\omega}{2\pi}$），它表示为海浪波由频率集中在 0.05 ~ 0.25 Hz 的正弦波叠加而成，峰值频谱随海情增大而减小。

在此基础上，可根据粗糙面的海浪频谱分布生成数字化几何模型。这里以 PM 谱分布的海谱模型为例进行说明，该谱公式为

$$S(\omega) = \frac{\alpha g^2}{\omega^5}\exp\left[-\beta\left(\frac{g}{U\omega}\right)^4 \right] \tag{5 – 17}$$

式中：无量纲常数 $\alpha = 8.1 \times 10^{-3}$；$\beta = 0.74$；$g$ 为重力加速度；U 为海面上 19.5 m 高处的风速。由 $\mathrm{d}S/\mathrm{d}\omega = 0$，得谱峰角频率：

$$\omega_m = 8.565/U \tag{5 – 18}$$

再对海谱中各频率组分进行离散化，得 $S(\omega_n)$，叠加各离散正弦波即可获得动态海面位置 x 处的海浪波动高度 z，即

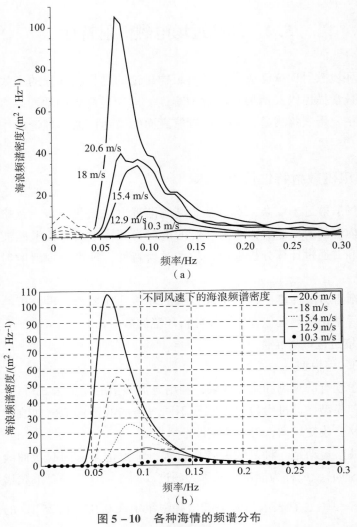

图 5 - 10　各种海情的频谱分布

（a）文献［61］给出的谱密度；（b）理论仿真的谱密度

$$z(x,t) = \sum_{n=1}^{N} A_n \sin\left[k_n x - \sqrt{g k_n} t + \phi_n \right] \qquad (5-19\text{a})$$

$$A_n = \sqrt{S(\omega_n) \Delta\omega} \qquad (5-19\text{b})$$

$$k_n = \omega_n^2 / g \qquad (5-19\text{c})$$

式中：n 为组分正弦波的序号；k_n 为离散正弦波的波数；A_n 为离散正弦波的幅度；g 为重力加速度；ϕ_n 取随机相位；N 为离散正弦波的个数；$\Delta\omega$ 为正弦波角频率的离散步长。图 5 - 11 取 3 ~ 6 级海情风速，等间隔离散点数为 256×256，海面大小为 50 m ×50 m，从图中可以看出随着海情增大，海面起伏剧烈。

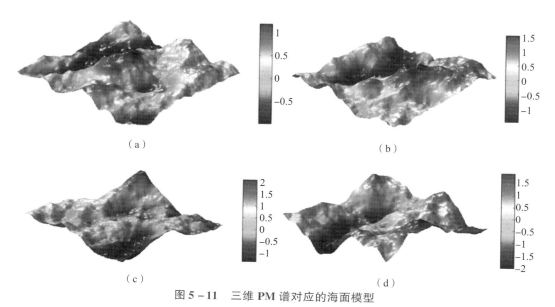

图 5 - 11　三维 PM 谱对应的海面模型

（a）3 级海情/顺风；（b）4 级海情/顺风；（c）5 级海情/逆风；（d）6 级海情/逆风

2）介电参数

海水等效介电常数是一个随电磁波频率变化的量，如对含盐量为 S_{sw}（每千克海水溶液中溶解盐的总质量克数）的海水，其相对介电常数 ε_{sw} 可采用 Debye 公式计算：

$$\varepsilon_{sw} = \varepsilon_{sw\infty} + \frac{\varepsilon_{sw0} - \varepsilon_{sw\infty}}{1 - j2\pi f\tau_{sw}} + j\frac{\sigma_i}{2\pi\varepsilon_0 f} \qquad (5-20)$$

式中：$\varepsilon_{sw\infty}$ 为无限高频的介电常数；ε_{sw0} 为静态（频率为 0）的介电常数；ε_0 为真空介电常数；f 为频率（Hz）；τ_{sw} 为 Debye 弛豫时间；σ_i 为离子电导率；ε_{sw0}、τ_{sw} 和 σ_i 均与海水温度 $T(℃)$ 和含盐量 S_{sw} 有关。通过测量确定这几个参数，也就确定了海水的介电常数与电磁波频率、海水的温度和海水的含盐度的函数关系。先后有许多研究者利用自然海水或人工合成的海水进行了测量，并在此基础上得到了在一定电磁波频率、海水的温度和海水的含盐度范围内适用的便于人们使用的计算海水的介电常数。由公式可得各波段 $T = 20$ ℃时的介电常数如表 5 - 2 所示。

表 5 - 2　微波各波段的介电常数（$T = 20$ ℃）

波段名称		L	S	C	X	Ku	K	Ka
中心频率/GHz		1.5	3	6	10	15	22.5	33.5
相对介电常数	实部	79.6	77.9	70.8	60.4	47.4	33.0	21.4
	虚部	-6.57	-12.8	-24.1	-32.4	-36.5	-35.2	-29.7

3）海面散射场的计算方法

对粗糙面类模型，主要算法有基尔霍夫近似法（Kirchhoff Approximation Model，

KAM）、微扰法（Small Perturbation Method，SPM）及两者结合的双尺度法等。

（1）基尔霍夫近似法。

基尔霍夫近似法主要用于计算地海粗糙面的镜面反射贡献。对近场散射问题，一般需先通过网格面元划分进行地海面数字化建模；再根据基尔霍夫近似，获取各面元的初次电磁流密度分布；忽略地海面面元间的高次散射贡献，按照 Stratton – Chu 积分方程对面元的散射场矢量求和获取地海面的散射特性。将海面划分为若干面元，第 m 个面元的初次散射场的计算式为

$$E_{KAM}^m = jkE_0 \frac{\exp(jkr_i)}{4\pi r_i}(\boldsymbol{I} - \boldsymbol{ss})F(\boldsymbol{i},\boldsymbol{s})\frac{\exp(jkr_s)}{4\pi r_s}\Delta S \qquad (5-21)$$

$$F(\boldsymbol{i},\boldsymbol{s}) = -(\boldsymbol{e}_i \cdot \boldsymbol{q}_i)(\boldsymbol{n}_i \cdot \boldsymbol{i})(1-R_H)\boldsymbol{q}_i + (\boldsymbol{e}_i \cdot \boldsymbol{q}_i)[\boldsymbol{s} \times (\boldsymbol{n}_i \times \boldsymbol{q}_i)](1+R_H) +$$
$$(\boldsymbol{e}_i \cdot \boldsymbol{p}_i)(\boldsymbol{n}_i \times \boldsymbol{q}_i)(1+R_V) + (\boldsymbol{e}_i \cdot \boldsymbol{p}_i)(\boldsymbol{n}_i \cdot \boldsymbol{i})[\boldsymbol{s} \times \boldsymbol{q}_i](1-R_V)] \qquad (5-22)$$

式中：E_0 为入射电磁场；k 为入射电磁波的波数；$\boldsymbol{i}$、$\boldsymbol{s}$ 分别为入射和散射方向单位矢量；r_i 和 r_s 分别为发射和接收天线到面元的距离；ΔS 为面元面积；$\boldsymbol{e}_i$ 为入射电场矢量方向，$\boldsymbol{n}_i$ 为面元法向矢量；$\boldsymbol{q}_i = \boldsymbol{n}_i \times \boldsymbol{i}/|\boldsymbol{n}_i \times \boldsymbol{i}|$，$\boldsymbol{p}_i = \boldsymbol{q}_i \times \boldsymbol{i}$ 为局部的水平和垂直极化矢量；R_V、R_H 为平坦地海面的垂直和水平极化反射系数，计算式为

$$R_V = \frac{\varepsilon_r\cos\theta_i - (\varepsilon_r - \sin^2\theta_i)^{1/2}}{\varepsilon_r\cos\theta_i + (\varepsilon_r - \sin^2\theta_i)^{1/2}} \qquad (5-23)$$

$$R_H = \frac{\cos\theta_i - (\varepsilon_r - \sin^2\theta_i)^{1/2}}{\cos\theta_i + (\varepsilon_r - \sin^2\theta_i)^{1/2}} \qquad (5-24)$$

式中：ε_r 为地海粗糙面的等效介电常数；θ_i 为入射角。

（2）微扰法。

KAM 方法主要用于计算大起伏粗糙面的镜面反射贡献，当粗糙面起伏较小时，采用微扰法（SPM）计算海面局部小尺度起伏的散射贡献，其局部粗糙海面不同极化下一阶后向散射系数公式为

$$\sigma_{HH}^0 = 16\pi k^4 \cos^4\theta_i |R_H|^2 W(2k\sin\theta_i) \qquad (5-25a)$$

$$\sigma_{VV}^0 = 16\pi k^4 \cos^4\theta_i W(2k\sin\theta_i)\left|\frac{(k_1^2 - k^2)(k_1^2 k^2 \sin^2\theta_i + k^2 k_{1zi}^2)}{(k_1^2 k_{zi} + k^2 k_{1zi})^2}\right| \qquad (5-25b)$$

式中：k 为真空中电磁波数；$W(2k\sin\theta_i)$ 为粗糙面的高度分布谱；k_1 为海水中电磁波数；k_{1zi} 为海水中入射电磁波数的 z 分量（垂直于表面的分量）；k_{zi} 为真空中入射电磁波数的 z 分量（垂直于表面的分量）。

对粗糙面某一序号 m 面元，其极化散射接收场可采用统计的近似值，即

$$E_{SPM}^m \approx \sqrt{\Delta S\sigma_{HH}}\frac{\exp[jk(r_i + r_s) + j\phi_0]}{4\pi r_i r_s}(\boldsymbol{e}_i \cdot \boldsymbol{q}_i)[\boldsymbol{s} \times (\boldsymbol{n}_i \times \boldsymbol{q}_i)] +$$
$$\sqrt{\Delta S\sigma_{VV}}\frac{\exp[jk(r_i + r_s) + j\phi_0]}{4\pi r_i r_s}(\boldsymbol{e}_i \cdot \boldsymbol{p}_i)(\boldsymbol{s} \times \boldsymbol{q}_i) \qquad (5-26)$$

式中：ϕ_0 为随机相位。

4）海环境的近场散射系数

计算过程中主要先根据海面几何模型、环境温度及电磁波频率获取海环境的等效介电常数，以此计算地海面局部面元的反射系数；再根据海面谱分布，生成粗糙海面样本；并依照弹体飞行参数及天线照射情况确定海面照射区域；结合 KAM 和 SPM 两种方法（即双尺度法），计算海面近场雷达散射截面。

$$\sqrt{\sigma} = \sqrt{4\pi}R_0 \frac{\sum_{\text{all\_face}}(E^m_{\text{KAM}} + E^m_{\text{SPM}})}{E^0_i} \qquad (5-27)$$

式中：E^0_i 为被波束中心照射的海面位置的入射场；R_0 为被波束中心照射的海面位置与接收天线口径中心的距离。

通常，海面散射采用散射系数表征，散射系数为单位面积的雷达散射截面，单位为 dB，若照射面积为 S，散射系数 σ^0 可表示为

$$\sigma^0 = \frac{\sigma}{S} \qquad (5-28)$$

本节以远距离照射海面的散射系数分析海面散射特性，近场散射系数的变化趋势与远距离的一致。仿真 Ku、Ka 波段顺风后向的远距离的散射系数变化情况，计算结果如图 5 - 12 所示，从中分析可知后向散射系数随擦地角增大而增大，HH 极化与 VV 极化在近垂直入射时几乎重合，随擦地角减小而增大。同时可以看出随频率增大，两种极化的差距有减小的趋势。

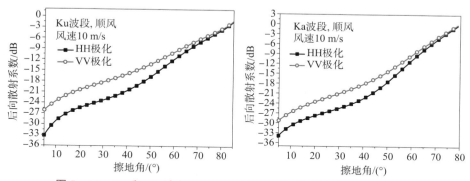

图 5 - 12　Ku 和 Ka 波段修正双尺度海面后向散射随擦地角变化情况

再考虑不同海情，分别计算了擦地角为 0°、30°、60°、90°情况下，不同高频波段的海面电磁散射随风速的变化，全面考虑了海情 1 ~ 7 级的情况。如图 5 - 13、图 5 - 14 所示，随着海情增加，泡沫体散射逐渐饱和，后向散射系数趋于平稳，且擦地角越大，海情风速对电磁散射的影响越弱。

图 5 - 15 给出后向散射系数随频率变换情况，趋势显示频率在 4 GHz 以上时随频率变化较小或者变化缓慢。

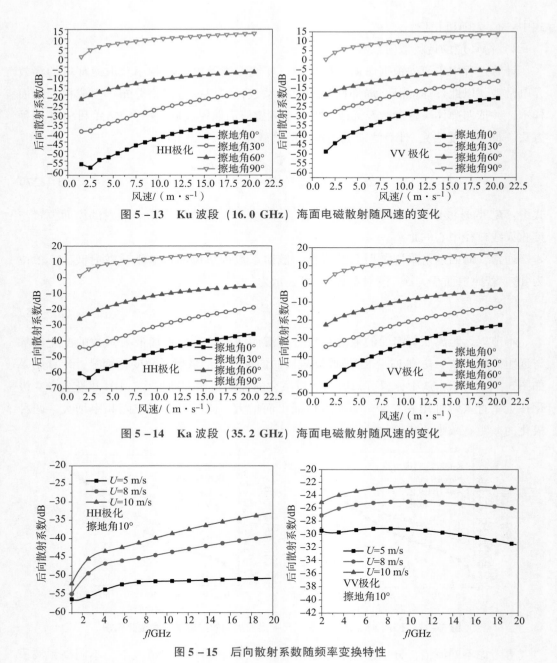

图 5 – 13　Ku 波段（16.0 GHz）海面电磁散射随风速的变化

图 5 – 14　Ka 波段（35.2 GHz）海面电磁散射随风速的变化

图 5 – 15　后向散射系数随频率变换特性

2. 地物环境近区散射特性

1）粗糙地面的几何模型

对土壤、沙地、水泥地等地面类型，可以采用统计模型表征地面。如：采用负幂次谱（即相关函数）模拟土壤界面，采用方差和相关长度均较大的高斯相关函数模拟沙土界面，采用方差和相关长度均较小的高斯相关函数模拟水泥地界面。

基于二维数字滤波技术生成具有指定自相关函数粗糙表面，有五个主要步骤。

第一，利用计算机生成一个高斯分布白噪声二维随机序列 $\eta(x,y)$，计算其傅里叶变换 $A(\omega_x,\omega_y)$；

第二，根据指定的自相关函数 R，通过傅里叶变换得到滤波器输出信号的功率谱密度 $G_z(\omega_x,\omega_y)$，同时确定输入序列的功率谱密度 C；

第三，计算滤波器的传递函数

$$H(\omega_x,\omega_y) = \sqrt{G_z(\omega_x,\omega_y)/C} \tag{5-29}$$

第四，计算二维滤波后输出序列的频谱

$$Z(\omega_x,\omega_y) = H(\omega_x,\omega_y)A(\omega_x,\omega_y) \tag{5-30}$$

第五，对 $Z(\omega_x,\omega_y)$ 进行傅里叶逆变换得到表面的高度分布函数 $\eta(x,y)$。

模拟生成结果如图 5-16（a）～（c）所示，分别为土壤、沙地和水泥地。

（a）

（b）　　　　　　　　（c）

图 5-16　模拟生成的粗糙地面

（a）土壤；（b）沙地；（c）水泥地

一般来说，土壤表面起伏跳变较大，沙地表面起伏幅度均较大，水泥地表面则最平坦，且三者都在水平面具有各向同性的特性。通过增加粗糙度及相关长度等参数，采用负幂次谱还可模拟起伏的丘陵及山地等地面类型。

2）等效介电常数

由于土壤、沙地、水泥地均为砂石、水分等多种物质组成的随机混合物，其介电特性需用等效的平均介电常数表示，可采用体积混合的半经验模型计算。由于水的介电常数在微波频段随频率变化较大，土壤、沙地和水泥地等类型地面等效介电常数随频率变化，变化量主要由其含水量决定。

对土壤，计算其相对介电常数的经验公式由式（5-31）～式（5-34）表示。

当 $W_g < W_T$ 时，

$$\varepsilon = W_g\varepsilon_x + (P - W_g)\varepsilon_a + (1 - P)\varepsilon_r \tag{5-31}$$

$$\varepsilon_x = \varepsilon_i + (\varepsilon_w - \varepsilon_i)\beta W_g/W_T \tag{5-32}$$

当 $W_g \geqslant W_T$ 时，

$$\varepsilon = W_g \varepsilon_x + (W_g - W_T)\varepsilon_w + (P - W_g)\varepsilon_a + (1 - P)\varepsilon_r \qquad (5-33)$$

$$\varepsilon_x = \varepsilon_i + (\varepsilon_w - \varepsilon_i)\beta \qquad (5-34)$$

式中：W_T 为过渡含水量，它是一个阈值；W_g 为土壤的重量湿度；ε_x 为含水后的介电常数；积孔率 $P = 1 - \rho_b/\rho_r$，这里 $\rho_b \approx 1.3 \text{ g/cm}^3$ 为干土密度，$\rho_r \approx 2.6 \text{ g/cm}^3$ 为土中岩石的密度；ε_a、ε_w、ε_r 和 ε_i 分别为空气、水、石和冰的介电常数；β 为系数。当土壤含水量 $W_g < W_T$ 时，水分子被土壤颗粒所束缚，土壤中的水主要是束缚水。当土壤含水量 $W_g \geqslant W_T$ 时，随着含水量的增加，土壤颗粒不能够吸附更多的水分子，水分子脱离土壤颗粒的束缚，表现为自由水。束缚水由于土壤颗粒的吸附作用引起介电特性的削弱，导致其介电常数要小于自由水的介电常数。

一般取 $\varepsilon_a = 1$，$\varepsilon_r = 5 + 0.1\text{j}$ 和 $\varepsilon_i = 3.2 + 0.001\text{j}$。其中的 W_T 和 β 与土壤本身的结构有关。

$$W_T = 0.49W_p + 0.165 \qquad (5-35)$$

$$\beta = -0.57W_p + 0.481 \qquad (5-36)$$

$$W_p = 0.067\,74 - 0.000\,64S + 0.004\,78C \qquad (5-37)$$

式中：S 为土壤中沙土的含量；C 为黏土的含量。

沙地是沙粒与空气组成的非均匀介质。沙粒通常是非磁性物质，其介电特性可用复介电常数表示。沙粒本身的介电常数与含水量有关，随含水量增大而增加，具体计算方法可参照土壤介电常数的计算。由于沙粒含水量变化较大，如塔克拉玛干沙漠沙含水量最小可在 0.1% ~ 1.5% 间变化。一般沙粒复介电常数实部的变化在同一数量级内，而虚部变化达 2 个数量级。将沙地等效成均匀介质，采用体积混合平均，平均复介电常数表示为：

$$\varepsilon_m = 1 + V\frac{(\varepsilon - 1)\big[(1 - A) + V(\varepsilon - 1)\big]}{(1 - A)\big[1 + (A + V)(\varepsilon - 1)\big]} \qquad (5-38)$$

式中：ε 为沙粒的介电常数；V 为沙粒体积与沙土总体积的比值（占空比）；A 为粒子几何形状参数，对球形粒子 $A = 1/3$。

水泥地是混砂土、砂石、水分等的组合体。在微波段，混凝土相对介电常数约为 2.5，砂石约为 5.0。同样地，其介电特性受含水量影响较大，水分相对介电常数可由下式计算（与海水介电常数计算方法一致）：

$$\varepsilon_{sw} = \varepsilon_{sw\infty} + \frac{\varepsilon_{sw0} - \varepsilon_{sw\infty}}{1 - \text{j}2\pi f \tau_{sw}} \qquad (5-39)$$

水泥地等效介电常数可采用体积混合平均法计算，具体计算方法可参照式（5-39）。

3）地物散射系数计算

采用面元法，将面元划分得足够小，局部表面近似为平面，采用基尔霍夫近似法，计算地面局部近场后向散射场，进而获取散射系数。近场局部照射时，计算出的散射系数随波束照射地表变化。为获取近场散射系数，将波束扫描较大区域，获取一系列散射系数，统计平均值作为近场散射系数。引信窄波束照射的后向散射系数，图 5 – 17 为部分后向散射系数结果，表现为垂直于地面入射（入射角 0°）时散射强，随入射角增大而减小。

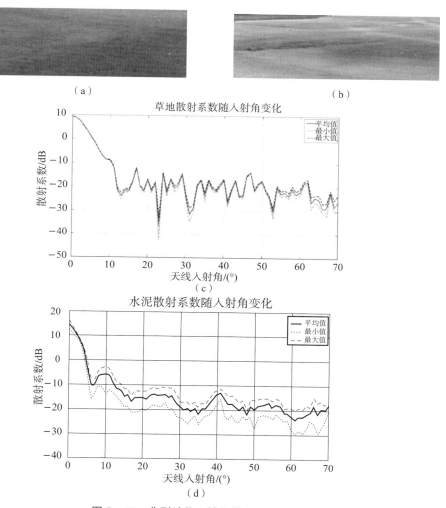

图 5 – 17   典型地物环境场景及其散射系数

（a）草地；（b）水泥地；（c）草地散射系数；（d）水泥地散射系数

5.2.2   环境电磁散射特性模拟测试技术

环境的近场散射测试一般有两种方法，一种是基于实际环境直接测试获取，另一种是基于模拟环境的测试获取。实际环境的直接测试，受限于环境的复杂性，要精确记录每一次测量的所有环境参量非常难。模拟环境测试，可以对环境参量按照需要进行变化，从而获取环境散射特性随各环境参量的变化。本节基于模拟环境的测试（简称模拟测试），分析地海环境散射特性。

环境电磁散射特性取决于测试系统和地海面参数的组合，测试雷达系统参数包括波长（或者频率）、照射面积、照射方向（方位角和俯仰角）、极化；地海面参数包括复介电常数（电导率和介电常数）、地面粗糙度、次表层的不均匀性等。

模拟测试主要是指地海环境的模拟，如美国海军位于中国湖（China Lake）的美国海军空战中心（Naval Air Warfare Center，NAWC）的试验场，如图 5-18 所示，采用与海面反射特性相同的非金属材料替代海面，开展模拟海面背景下的目标与海面复合散射特性研究。针对海环境，利用造波水池进行人工造波的方式模拟海面，开展海面背景下目标的复合散射特性研究。典型的如美国海军作战中心（Naval Surface Warfare Center，NSWC），基于室内造波设备系统地开展了室内海环境模拟测量研究，如图 5-19 所示，其造波水池尺寸为 90 m×60 m，最大可测船模尺寸为 15 m。

图 5-18　海军空战中心的早期缩比测试场

图 5-19　美国海军的室内造波水池模拟测量设施

以造波水池模拟海面，通过测试雷达获取近场海环境散射特性。通过对模拟目标与海面背景近场电磁散射特性静态模拟测试，达到如下目的：一是研究海面近场散射幅度特性，获取海杂波近场散射系数；二是模拟引信掠海飞行，研究海面近场散射频率特性，获取海杂波多普勒频谱。

1. 测试方法

模拟各种海情，获取随测试雷达入射角变化的海面近场电磁散射特性。利用造波机模拟海面，将测试设备架设在造波水池上方的测试平台上，调整天线波束照射模拟海面的入射余角，测试雷达获取模拟海面散射的回波信号。通过相对比较法，获取随入射角变化的海面近场雷达散射截面。再选择合适估算方法计算被雷达波束照射海面的面积，通过近场散射截面除以照射面积获取近场散射系数。

或者，将测试设备架设在造波水池上方的测试平台上，采用测试雷达以直线运动方式获取波束扫描海面的散射回波信号，获取局部照射下指定入射角和海情的海面多普勒信号，测试方法与目标的多普勒信号测试方法一致。

测试时，采用距离归一相对定标法，获取海面与目标的复合近场雷达散射截面。选择合适的定标体测试距离，确保定标体处于远场照射条件，并被主波束中心照射，在同样的测试雷达状态下（发射功率、接收机灵敏度、天线增益及照射角度、作用距离等）测试定标体的回波信号；将测试的海面或目标与海面复合的回波信号与定标体回波信号进行比较，获得海面或目标与海面复合的近场雷达散射截面。

$$\sqrt{\sigma} = \frac{V/R^2}{V_s/R_s^2} \sqrt{\sigma_s} \qquad (5-40)$$

式中：V 为测试的海面或目标与海面复合的回波信号；V_s 为同一状态下特定位置的定标体回波信号，在该特定位置时定标体被天线主波束中心照射且定标体的雷达散射截面已知；R 为目标测试距离（从天线波导口沿主波束方向至海面的距离）；R_s 为定标体测试距离（天线波导口沿主波束方向至定标体中心的距离）；σ_s 为定标体的复量雷达散射截面。

海面散射系数 σ^0 为单位面积的雷达散射截面，其表达式为

$$\sigma^0 = \frac{\sigma}{S} \qquad (5-41)$$

式中：S 为雷达天线的有效照射面积。

2. 测试系统

目标与海面背景近场电磁散射特性动静态模拟测试系统由海面模拟子系统、测试采集子系统、姿态控制及交会运动子系统、被测目标组成。海面模拟子系统由造波水池、造波设备、消波设备组成；测试采集子系统由测试雷达、浪高仪、温度计、位置标识装置、信号采集记录设备、数据增速设备组成；姿态控制及交会运动子系统由目标掠海姿态模拟设备、测试雷达姿态控制设备、测试目标姿态控制设备、交会运动模拟设备组成。系统组成及布局示意如图 5-20、图 5-21 所示。

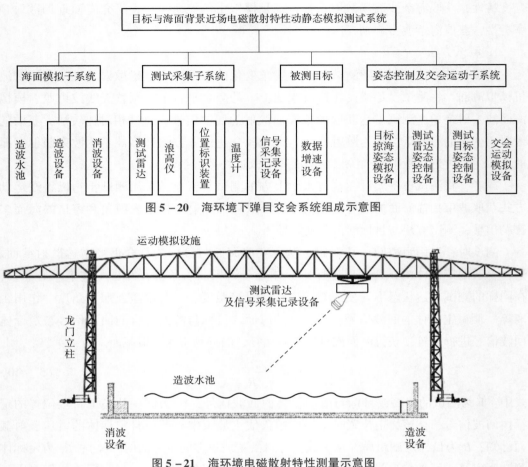

图 5 - 20　海环境下弹目交会系统组成示意图

图 5 - 21　海环境电磁散射特性测量示意图

1）海面模拟子系统

包括造波水池、造波设备、消波设备等。造波水池用于存储模拟海情的海水，其深度应满足深水波要求。造波设备用于模拟规则波和不规则波以及多向不规则波。常用的造波设备有液压伺服造波和风动力造波以及伺服电机摇板造波。造波设备的造波能力和所造波形的误差应满足试验的要求。消波设备用于消除模拟生成的海浪在造波水池壁引起的反射。在造波水池的首尾两端应设消波设备，尾部消波设备应能消除90% 以上的反射波。

2）测试采集子系统

包括测试雷达、浪高仪、位置标识装置和信号采集记录设备等。

测试雷达可选用实际引信或专用收发信机（测试仪表雷达），并满足如下要求：

第一，采用真实引信时，与时间有关的参数应做必要调整，参数更改前后的灵敏度保持一致或等效；同时确保引信的幅度响应动态范围足够，使引信输出回波信号电压的平方与输入功率在响应动态范围内保持正比例关系。

第二，采用专用收发信机时，天线方向图应与真实产品天线方向图保持一致（或者与测试要求相匹配），保证信噪比大于 10 dB。

浪高仪用于测定波浪参数（如浪高、频率、波长）。定点测试时，浪高仪离开造波设备的距离应大于最大波浪波长的 2 倍，离开造波水池壁的距离不小于 1.5 m。

位置标识装置在雷达波束扫描海面测试时，给出测试雷达瞬时位置信号，用于表征测试雷达与模拟海面的相对位置关系。

信号采集记录设备同步采集记录被测模拟目标与海面背景复合的回波信号、位置信号和浪高仪输出信号。

3）姿态控制及交会运动子系统

包括目标掠海姿态模拟设备、测试雷达姿态控制设备、测试目标姿态控制设备和交会运动模拟设备等。目标掠海姿态模拟设备，用于模拟弹体掠海角。测试雷达姿态控制设备，按照测试姿态，装定测试雷达的姿态角。测试目标姿态控制设备，按照测试姿态，装定测试目标的姿态角。交会运动模拟设备用于装定弹目脱靶量、脱靶方位，承载动态测试设备、被测目标，使测试设备、目标沿相对速度方向与海面做低速交会，以获得多普勒信号。

3. 造波基本原理

造波机系统按照海浪波形给水体以适当信号的扰动，生成合乎波高、周期、波速和周长等波浪要素要求的海浪。采用摇板式造波机，可以模拟各种海浪。海浪模拟时，在造波机控制系统中输入靶谱信号，控制驱动造波摇板按照靶谱信号摇动，从而在摇板位置生成对应的海浪；造波的摇板布置在造波水池边缘，并沿着边缘布满摇板，通过波的传播使整个造波水池生成试验需要的海浪；从而在造波水池中实现了各种海浪的模拟。

海浪模拟的波形分为规则波和单向不规则波以及多向不规则波。

典型的规则波有正弦波和二阶 Stockes 波。当水深大于二分之一波长时称为深水波，此时规则波表现为正弦波；当水深在二十分之一波长至二分之一波长范围内时称为中等深水波，此时规则波表现为二阶 Stockes 波。规则波的表达式如下：

$$z(x,t) = a\cos(kx - \omega t + \phi) \tag{5-42}$$

式中：$z(x,t)$ 表示 t 时刻位置 x 处海浪的浪高；a 为海面起伏幅度；k 为波数；ω 为角频率；ϕ 为初始相位。

不规则波常用 PM（Pierson & Moskowitz）谱和 JONSWAP（Joint North Sea Wave Project）谱来描述海浪。

PM 谱是根据北大西洋实测波谱资料归纳分析后导得的充分发展风浪谱。它是无限风区下的单参数谱，只依赖风速一个参数，也可转换为只依赖有效波高。其频谱表达式见式（5－17）。

JONSWAP 谱是由北海海浪联合计划分析归纳得到的有限风区下与风速有关的海谱。其频谱表达式如下：

$$S_{\mathrm{J}}(\omega) = \alpha\frac{g^2}{\omega^5}\exp\left[-\frac{5}{4}\left(\frac{\omega_{\mathrm{p}}}{\omega}\right)^4\right]\left\{\gamma\exp\left[-\left(\frac{\omega-\omega_{\mathrm{p}}}{\sqrt{2}\sigma\omega_{\mathrm{p}}}\right)^2\right]\right\} \tag{5－43}$$

式中：$S_{\mathrm{J}}(\omega)$ 为 JONSWAP 谱值；α 为无量纲参数，与风区长度有关，$\alpha=0.076(gx/v)-0.22$，其中 x 是风区长度，g 为重力加速度，v 为海上的风速；γ 为谱峰升高因子，其值介于 $1.5\sim6$，一般取 3.3；σ 为峰形参数；ω_{p} 为临界角速度，$\omega\leqslant\omega_{\mathrm{p}}$ 时 $\sigma=0.07$，$\omega>\omega_{\mathrm{p}}$ 时 $\sigma=0.09$。

深水区海面的波高和波周期在多方向传播的随机变化性即多向不规则性比较明显，海面波浪能量不仅分布在一定的频率范围，同时分布在相当宽的方向范围内。多向不规则波的方向谱为：

$$S(\omega,\theta) = S(\omega)G(\omega,\theta) \tag{5－44}$$

式中：$S(\omega)$ 为海浪能量谱，常用的包括 PM 谱、JONSWAP 谱等；$G(\omega,\theta)$ 为波浪的方向分布函数，采用广义型分布形式。$G(\omega,\theta)$ 的表达式为

$$G(\omega,\theta) = \frac{1}{\pi}2^{2s-1}\frac{\Gamma^2(s+1)}{\Gamma(2s+1)}\cos^{2s}\frac{\theta-\theta_0}{2} \tag{5－45}$$

式中：θ 为浪主传播方向；s 为方向分布参数；Γ 为伽马函数。

海浪模拟，采用伺服电机驱动的分段式摇板造波模拟三维海浪，不规则波通过正弦波叠加方法产生。以造波机第一块板的中点作为 x 轴的原点，产生振幅为 A 沿 θ 方向传播的斜向规则波的造波机控制信号 $\eta(n,t)$ 为

$$\eta(n,t) = \frac{A}{K_{\mathrm{f}}(\omega,\theta)}\cos(knD\sin\theta-\omega t) \tag{5－46}$$

式中：A 为造波板的冲程；$K_{\mathrm{f}}(\omega,\theta)$ 为造波机系统产生斜向波浪时的水动力传递函数；k 为海水波浪的波数；n 为序号，表示第 n 个造波板；D 为造波板的宽度。

利用线性叠加原理，产生多向不规则波的造波机控制信号为

$$\eta(n,t) = \sum_{i=1}^{M}\sum_{j=1}^{N}\frac{\sqrt{2S(\omega_i,\theta_j)\Delta\omega_i\Delta\theta_j}}{K_{\mathrm{f}}(\omega_i,\theta_j)}\cos(k_inD\sin\theta_j-\omega_it+\varepsilon_{ij}) \tag{5－47}$$

式中：ω_i 为第 i 个波的角频率；θ_j 为第 j 个方向上的角度；$S(\omega_i,\theta_j)$ 为方向谱在频率 ω_i 和方向 θ_j 处的值；$\Delta\omega_i$ 为第 i 个频率分割区间；$\Delta\theta_j$ 为第 j 个角度分割区间；ε_{ij} 为第 i、j 上的初始相位；k_i 为第 i 个波数。

一次测量连续造波的时间以连续波的个数计，规则波要求稳定波形的个数不少于 10 个，不规则波要求不少于 100 个。两次造波间隔时间通常以前一次造波后余波的大小作为指标，余波应小于所造波高的 5%。

对于不规则波斜向波浪，它是由不同周期的波浪叠加而成的。对于周期较小斜向波浪产生的精度直接影响到整体斜向不规则波浪产生的品质，因此造波板的板宽不宜过大，造波板宽度一般为 0.3 ~ 0.6 m。

4. 海环境散射特性的测试

基于造波水池模拟不同海情，获取不同入射角度的海面散射系数。根据总体需求，设置合适测试高度，选择合适定标球，设置或者选择合适带宽，获取指定频段的散射系数。

首先选择 400 mm 金属球作为定标体，完成定标测试。

其次，架设测试雷达至指定高度，设定某一固定海情，以合适角度间隔分别完成入射角（0° ~ 60°）的垂直极化的散射回波获取。针对随机海面要求相同状态下获取足够时长的散射回波，通过距离归一相对定标法完成标定。

再根据波束宽度，以 3 dB 波束宽度为基准，计算海面的照射面积，获取相应的散射系数。

最后逐次变化入射角、海情，获取并统计散射系数与入射角、海情、频率等的关系。

如图 5 - 22 所示，在 Ku 波段，二级海情的平均散射系数随频率变化较小，主要是随入射角变化很大，后续以入射角和海情为变量进行散射系数的分析。

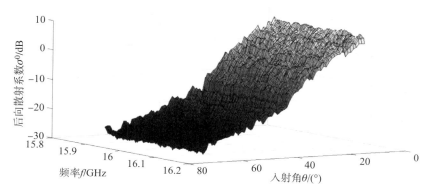

图 5 - 22　模拟 2 级 PM 谱海面 Ku 波段平均散射系数随入射角和频率的变化

如图 5 - 23 所示，平均散射系数随入射角增大快速减小，2 级与 3 级海情差异不大，室外测试的平静水面可能存在小的波动，测试曲线波动较大。其中，海情较小时，0°附近入射时散射系数远大于 2、3 级海情。

考虑海面的波动，分析散射系数的散布范围，图 5 - 24 给出了散射系数的平均值、最大值和最小值。海情较小时，散射系数散布较小，如图 5 - 24（a）所示，随海情增大散射系数散布范围增大，如图 5 - 24（c）所示，最大与最小差异可达 20 dB 以上。

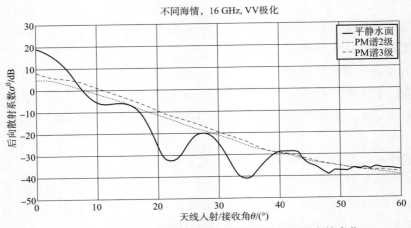

图 5 - 23　PM 谱海面平均散射系数随入射角和频率的变化

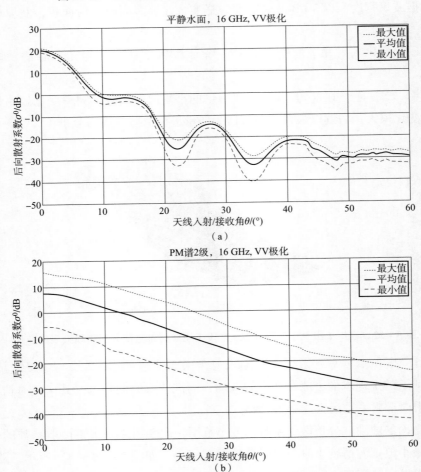

图 5 - 24　PM 谱海面散射系数随入射角变化的动态范围

（a）平静水面；（b）2 级海情

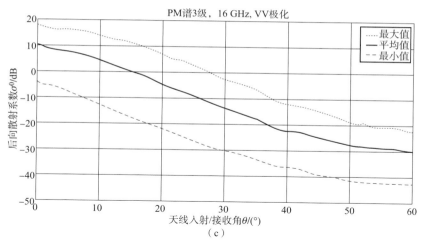

图 5 – 24　PM 谱海面散射系数随入射角变化的动态范围（续）

（c）3 级海情

5.3　激光散射特性

5.3.1　基本概念

激光也是电磁波，部分激光散射概念可以借用电磁散射概念，如激光雷达散射截面与电磁的雷达散射截面概念一致。

1. 激光雷达散射截面的定义

目标的近场激光散射强度采用激光雷达散射截面（Laser Radar Cross Section，LRCS）表征，LRCS 是描述目标对照射到它上面的激光的反射或者散射能力的物理量，是雷达设计的重要依据。激光雷达散射截面定义为距目标探测器处的散射波能流密度 W_s 与目标被照射部分的几何中心处入射波能流密度 W_i 比值的 $4\pi R^2$ 倍，它是从电磁的雷达散射截面定义引申出来的。

$$\sigma = 4\pi R^2 \frac{W_s}{W_i} \tag{5 – 48}$$

当研究偏振下的激光散射截面时，可以偏振下的激光雷达散射截面表达为

$$\sigma_{pq} = 4\pi R^2 \frac{W_s^p}{W_i^q} \tag{5 – 49}$$

式中：q 表示入射的偏振状态；p 表示散射的偏振状态；σ_{pq} 表示入射为 q 偏振状态且散射为 p 偏振状态下的激光雷达散射截面。

目标的激光散射和微波散射存在一定联系，但也有明显的不同。

第一，一般目标尺寸远大于光学波长，目标散射与粗糙表面的介质特征紧密相关。由于目标激光散射中存在明显的粗糙面散射，目标激光雷达散射截面是来自目标表面各面元散射的相干散射与非相干散射的统计平均。目标总体散射截面可以通过不同面元的非相干叠加得到。激光距离分辨雷达散射截面也是统计平均量，定义为 LRCS 对距离的微分。

第二，类似于雷达成像，某些新型激光雷达成像，如三维成像使用阵列探测器接收信号，每个像素的功率贡献来自目标部分表面的散射截面，这样就要求目标部分表面的 LRCS，可以通过积分计算部分面积的 LRCS，对整个目标积分计算总 LRCS。

第三，对于光频，测量 LRCS 时，远场要求很难满足（nD^2/λ，n 通常取 2）。考虑目标表面各面元激光散射的非相干性，以及采用激光波束分割技术和双向反射分布函数，可以获得目标 LRCS。LRCS 在室内或外场测量中能得到可重复的有用数据。由于激光波束的横截面强度不均匀，所以 LRCS 的测量与具体的系统有关，如波束形状、波束宽度、时间和空间相干性、目标表面特性、接收孔径和探测器视场等。因此，目标激光雷达方程也与探测器参数、目标物理与几何参数有关。

2. 双向反射分布函数（BRDF）

目标对入射到它上面的激光的散射能力，与目标表面材料的种类、表面的粗糙度及目标几何结构有关。一般把表面对光的散射分为两类，即镜面反射和漫反射。实际上，并不存在绝对的镜面反射和绝对的漫反射，通常所说的镜面反射中存在着漫反射，在漫反射中存在镜面反射，只是程度不同而已。实际测量到的大部分目标表面散射光分布曲线，既不能用镜面反射表达，也不能用漫反射表达，甚至不能用两种反射分量的叠加来表达。因而，必须找到一种能合理描述各种不同的反射状态的参数，目前，在材料表面的反射特性研究中，采用双向反射分布函数描述表面的反射性能。这一术语由尼科迪默斯（Nicodemus）提出于 1977 年，以美国国家标准局（NBS）的名义推荐使用。

双向反射分布函数（BRDF）表征平面的散射能力，定义为给定散射方向的亮度与指定方向的入射光通量在表面上的照度（即相对表面积的功率密度）之比，如图 5 - 25 所示。

$$f_r(\theta_i, \varphi_i; \theta_s, \varphi_s) = \frac{\mathrm{d}L_r(\theta_s, \varphi_s)}{\mathrm{d}E_i(\theta_i, \varphi_i)} \qquad (5-50)$$

式中：$L_r(\theta_s, \varphi_s)$ 为观察方向（θ_s，φ_s）的亮度；$E_i(\theta_i, \varphi_i)$ 是面元表面的入射照度（表面上的照度为表面接收的所有功率与表面积之比；$\mathrm{d}E_i(\theta_i, \varphi_i) = L_i \cos\theta_i \mathrm{d}s$，$L_i$ 为入射亮度，$\mathrm{d}s$ 为面元面积）；BRDF 的单位为逆立体角弧度（sr^{-1}）。

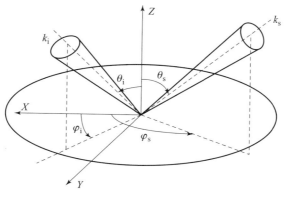

图 5 – 25　BRDF 定义示意图

针对面积 ds 的极小平面，其上入射功率密度（入射通量密度）为 $dW_i = dE_i(\theta_i, \varphi_i)/\cos\theta_i$，接收方向接收到的散射功率密度为 $dW_s = dL_s(\theta_s, \varphi_s)\cos\theta_s ds \Omega/A_r$，其中 A_r 为接收处的面积，$A_r = \Omega R^2$，Ω 为接收面积对面元中心形成的立体角，面积 ds 对应的激光雷达散射截面为

$$
\begin{aligned}
d\sigma &= 4\pi R^2 \frac{dL_s(\theta_s, \varphi_s) ds \cos\theta_s \Omega/A_r}{dE_i(\theta_i, \varphi_i)/\cos\theta_i} \\
&= 4\pi f_r(\theta_i, \varphi_i; \theta_s, \varphi_s)\cos\theta_s\cos\theta_i ds
\end{aligned}
\tag{5 – 51}
$$

相应地，对于目标的近场激光雷达散射截面与双向反射分布函数的关系，可以表征为

$$
\sigma = \iint_{\text{照射面}} 4\pi f_r(\theta_i, \varphi_i; \theta_s, \varphi_s)\cos\theta_s\cos\theta_i ds
\tag{5 – 52}
$$

式中积分公式表示对目标被照射区域面积进行积分。

3. 反射率

描述表面反射特性的另一个量是反射率 ρ，它定义为反射辐射通量与入射通量之比。在均匀入射情况下，在立体角 $d\Omega_i$ 内，入射到表面 ds 上的辐射通量 $d\Phi_i$ 为

$$
d\Phi_i = E_i(\theta_i, \varphi_i) ds = ds\iint L_i(\theta_i, \varphi_i)\cos\theta_i d\Omega_i
\tag{5 – 53}
$$

在散射立体角 $d\Omega_s$ 内的反射通量 $d\Phi_s$ 为

$$
d\Phi_s = ds\iint L_r(\theta_s, \varphi_s)\cos\theta_s d\Omega_s = ds\iint f_r E_i(\theta_i, \varphi_i)\cos\theta_s d\Omega_s
\tag{5 – 54}
$$

$$
d\Phi_s = ds\iint f_r\left[\iint L_i(\theta_i, \varphi_i)\cos\theta_i d\Omega_i\right]\cos\theta_s d\Omega_s
\tag{5 – 55}
$$

由此得反射率 $\rho(\Omega_i, \Omega_s, L_i)$ 为

$$
\rho(\Omega_i, \Omega_s, L_i) = \frac{d\Phi_s}{d\Phi_i} = \frac{\iint f_r\left[\iint L_i(\theta_i, \varphi_i)\cos\theta_i d\Omega_i\right]\cos\theta_s d\Omega_s}{\iint L_i(\theta_i, \varphi_i)\cos\theta_i d\Omega_i}
\tag{5 – 56}
$$

如果在入射光束内入射辐射是各向同性和均匀的，则入射亮度 L_i 为常数，得

$$\rho(\Omega_i, \Omega_s, L_i) = \frac{\iint\!\!\int f_r \cos\theta_i \cos\theta_s \mathrm{d}\Omega_i \mathrm{d}\Omega_s}{\iint \cos\theta_i \mathrm{d}\Omega_i} \qquad (5-57)$$

由于立体角 Ω_i、Ω_s 各自存在 3 种可能，即定向（$\Omega \to 0$）、圆锥（$0 < \Omega < 2\pi$）、半球（$\Omega = 2\pi$），所以反射率有很多种情况。通常，我们考虑入射定向（$\Omega_i \to 0$）情况，主要有定向—圆锥反射率 $\rho(\theta_i, \varphi_i, \Omega_s)$ 和定向—半球反射率 $\rho(\theta_i, \varphi_i, 2\pi)$，即

$$\rho(\theta_i, \varphi_i, \Omega_s) = \iint f_r(\theta_i, \varphi_i; \theta_s, \varphi_s) \cos\theta_s \mathrm{d}\Omega_s \qquad (5-58)$$

$$\rho(\theta_i, \varphi_i, 2\pi) = \iint_{2\pi} f_r(\theta_i, \varphi_i; \theta_s, \varphi_s) \cos\theta_s \mathrm{d}\Omega_s \qquad (5-59)$$

虽然完全漫反射和镜面反射的情况实际上不存在，但仍然存在很多可近似地按照漫反射或者镜面反射处理的情况。

朗伯面的反射亮度在半球立体角内是各向同性的，在所有散射方向上的值是相同的，这种反射也称为完全漫反射。朗伯面的反射亮度可由表面 BRDF 表征

$$\begin{aligned}
L_r(\theta_s, \varphi_s) &= \int f_r(\theta_i, \varphi_i; \theta_s, \varphi_s) \mathrm{d}E_i(\theta_i, \varphi_i) \\
&= \int f_r(\theta_i, \varphi_i; \theta_s, \varphi_s) L_i(\theta_i, \varphi_i) \cos\theta_i \mathrm{d}\Omega_i
\end{aligned} \qquad (5-60)$$

散射亮度与空间角（θ_s，φ_s）无关，f_r 函数必须为常数，因此，朗伯面的 BRDF 可简化为

$$f_r = L_r / E_i \qquad (5-61)$$

对于朗伯面，其定向—半球反射率为 $\rho(\theta_i, \varphi_i, 2\pi)$，那么朗伯面的 BRDF 为

$$\rho(\theta_i, \varphi_i, 2\pi) = \frac{\iint\limits_{\Omega_s \Omega_i}\!\!\int f_r \cos\theta_i \cos\theta_s \mathrm{d}\Omega_i \mathrm{d}\Omega_s}{\iint\limits_{\Omega_i} \cos\theta_i \mathrm{d}\Omega_i} = f_r \cdot \pi \qquad (5-62)$$

在完全镜像反射的情况下，反射光束遵守几何光学的反射定律，即 $\theta_s = \theta_i$ 和反射亮度 L_r 与入射亮度 L_i 成正比，即

$$L_r = \rho_{sp} L_i \qquad (5-63)$$

式中：ρ_{sp} 为镜面反射率。

由式（5-63）可以看出，完全镜面反射面的双向反射分布函数 f_r 必须为下列形式的冲击函数，即

$$f_r(\theta_i, \varphi_i; \theta_s, \varphi_s) = 2\rho_{sp}\delta(\sin^2\theta_s - \sin^2\theta_i)\delta(\varphi_s - \varphi_i \pm \pi) \qquad (5-64)$$

4. 目标的激光雷达散射截面

镜面反射目标，如典型立体角反射器，其激光雷达散射截面为

$$\sigma = 4\pi l^4/\lambda^2 \tag{5-65}$$

式中：l 为立体角反射器边长；λ 为激光波长。

朗伯面组成的目标，其激光雷达散射截面可以通过表面积分计算，设半球反射率为 ρ，典型的几种简单目标 LRCS 如表 5-3 所示。

表 5-3 简单目标的激光雷达散射截面计算公式

目标类型	参数	LRCS 计算公式
球	半径 r，反射率 ρ	$\sigma_s = \dfrac{8}{3}\rho\pi r^2$
平板	入射角 θ，面积 S，反射率 ρ	$\sigma_p = 4\rho S\cos^2\theta$
圆柱	半径 r，高 h，相对柱面法线最小夹角 θ，反射率 ρ	$\sigma_c = 2\rho\pi rh\cos^2\theta$

5.3.2 激光散射特性预估方法

近场引信，主要关注目标的近场激光雷达散射截面或者目标的散射回波功率，估算目标的激光雷达散射截面是研究目标激光散射特性的主要任务。考虑引信一般收发一体，激光的入射与散射方向是一致的，本小节以 θ 表征入射光与目标表面法线之间的夹角，φ 是在目标表面坐标系中的方位角。

目标的激光雷达散射截面，工程上受照射光束影响，计算或测试时必须考虑目标可能被全照射、局部照射或者部分照射的情况。比较目标尺寸和光束直径，对应将目标划分为点目标、体目标。点目标，适用于目标尺寸远小于光束直径的目标；体目标，即目标尺寸大于目标所在位置的波束宽度的情况，在近场，飞机、巡航弹、地面、海面等都属于体目标。

1. 点目标激光雷达散射截面

对于点目标而言，根据 LRCS 计算公式，可得

$$\sigma = 4\pi f_r\cos^2\theta \cdot A_e \tag{5-66}$$

式中：f_r 为双向反射分布函数；A_e 为点目标有效照射面积。

对于标准朗伯反射体，有 $f_r = \rho/\pi$，其中 ρ 为半球反射率。因此，对于平面朗伯标准反射板，其 LRCS 为：

$$\sigma = 4\rho\cos^2\theta \cdot A_e \tag{5-67}$$

2. 体目标的激光雷达散射截面

对于入射固定的后向散射的体目标，可以把表面分成许多微面元，如图 5-5 所示。整个目标的激光雷达散射截面与后向散射函数的关系，可由对目标的面积积分得到

$$\sigma = \frac{\iint\limits_{A_i} 4\pi f_r(\theta_n, \varphi_n) \cos^2\theta_n \cdot G_n^2/R_n^4 \mathrm{d}A_n}{G_0^2/R_0^4} \tag{5-68}$$

式中：序号 n 是表示第 n 个微面元；(θ_n, φ_n) 是入射光方向在目标微面元坐标系中的空间角度；θ_n 是入射光与目标表面法线之间的夹角；φ_n 是方位角；G_n 是照射第 n 个微面元的激光方向图增益；R_n 是第 n 个微面元与激光探测器窗口的距离；G_0、R_0 为该目标被激光波束照射部分的中心位置对应的增益和距离。

3. 目标近场激光散射回波仿真

首先建立激光波束模型，比如激光收发波束绕中心轴均匀分布，如图 5-26 所示。

其次选择弹目相对速度坐标系，建立弹目交会过程仿真模型，如图 5-27 所示，输入相对速度坐标系下定义的引信和目标姿态角，以及脱靶方位和脱靶量，实现弹目交会过程的模拟。

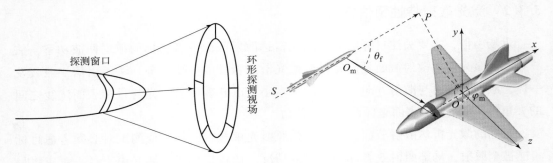

图 5-26　激光引信波束模型　　　　　图 5-27　交会过程仿真模型

最后在每一个交会瞬间，确定目标引信的相对位置和姿态，基于雷达方程，预估该瞬间散射回波功率。计算时，目标仍然被划分为无数微面元，对每一个微面元的散射功率进行积分，得到目标的散射回波功率为

$$P_r = \int\limits_{A_i} \frac{P_t G_n^2}{(4\pi)^2 R_n^4} \eta_{\mathrm{atm}} \eta_{\mathrm{sys}} \mathrm{d}\sigma_n \tag{5-69}$$

$$= \int\limits_{A_i} \frac{P_t G_n^2}{4\pi R_n^4} \eta_{\mathrm{atm}} \eta_{\mathrm{sys}} \cdot f_r(\theta_n, \varphi_n) \cos^2\theta_n \mathrm{d}A_n$$

式中：P_t 为激光发射功率；P_r 为待测目标的散射回波功率；G_n 为照射第 n 个微面元的激光发射和接收方向增益因子；η_{atm}、η_{sys} 为能量在空间和系统中的损耗。

比如某靶机目标，表面材料的 BRDF 由测量获得，发射波束前倾角为 60°；激光强度分布由测量拟合得到；仿真从雷达沿雷达目标相对速度坐标系 x 轴的 -10 m 开始到 10 m 结束。仿真结果如图 5-28 所示，得到滚动角 0°、60°、120° 时随时间变化的散射回波功率。

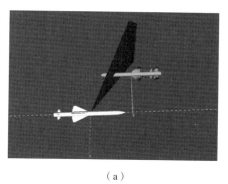
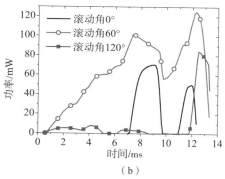

（a）

（b）

图 5-28　激光近区散射回波

（a）弹目交会场景；（b）不同通道的回波

5.3.3　激光散射特性的测量

激光散射特性测量主要有两类内容的测量，一类是针对目标整体的激光散射特性采用激光测量雷达直接获取目标的近场激光雷达散射截面；另一类就是针对目标表面的激光散射特性采用 BRDF 测量设备获取各种材料表面的 BRDF，为目标散射特性分析提供基础数据和基本特征。

1. 近场激光雷达散射截面测量

基于激光雷达测量，只要获取散射回波功率 P_r，代入雷达方程就可获取该测量雷达照射状态下的激光雷达散射截面。即

$$\sigma = \frac{(4\pi)^2 R^4}{P_t G^2 \eta_{atm} \eta_{sys}} P_r \tag{5-70}$$

要获取所有雷达方程参数的准确数值较为困难。激光雷达散射截面的测试，大多采用相对比较法，即在相同状态下，分别测试理论已知激光雷达散射截面的标准体目标（一般采用体积较小、波束可以全照射的朗伯球）和待测目标，由待测目标回波功率表达式与标准目标回波功率表达式相比可得

$$\frac{\sigma}{\sigma_0} = \frac{P_r}{P_0} \tag{5-71}$$

则待测目标的激光雷达散射截面计算公式为

$$\sigma = \frac{P_r}{P_0} \sigma_0 \tag{5-72}$$

式中：P_r、P_0 分别为待测目标和标准体的测试回波功率；σ_0 为标准体的激光雷达散射截面。

对典型目标测试，模拟引信与目标的交会状态，获取目标的散射特性，给出其交会状态下的散射回波。在目标坐标系，通过激光测量雷达对目标进行扫描测试，获取

目标与雷达相对运动过程中的激光雷达散射截面，测试形式如图 5 – 29，测试结果如图 5 – 30 所示，获取了不同滚动角下的激光雷达散射截面。

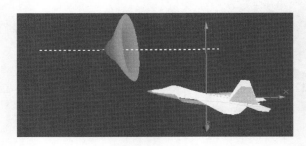

图 5 – 29　目标测试示意图

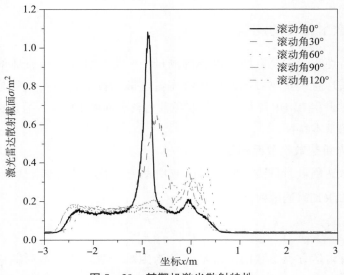

图 5 – 30　某靶机激光散射特性

2. BRDF 测量

目标表面样片材料的 BRDF 数据是目标 LRCS 预估的输入。BRDF 测量仪是获取样品 BRDF 数据的专用设备，它可以便捷地测量待测样品的散射光分布和光谱组成。除可以对所测量样品表面诸如粗糙度、瑕疵、镀膜类型或者油漆等特征进行描述以外，可以实现入射光经样品表面后在三维空间上散射特性的完全描述。

图 5 – 31 为 REFLET BRDF 测量仪机械转角示意。被测量样片旋转在样品支架上（XOY 平面），光源对于辐照样片的每一个照射角 θ_i，光电接收器均可在机械转臂带动下实现散射光的半空间扫描接收。接收俯仰角 $0° < \theta_d < 180°$，方位角 $0° < \varphi_d < 360°$。机械转角系统采用伺服电机系统，旋转角度精度为 0.5°。

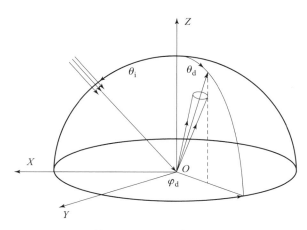

图 5 - 31　某 BRDF 测试设备机械转角示意图

为了消除杂散光的干扰，BRDF 测量需要置于暗室环境中进行，REFLET BRDF 测量仪系统包括一个配套的暗箱。将被测量目标样片固定于样品支架后，关闭暗箱门，即可构成测量需要的暗室环境。

BRDF 测量采用相对定标法，包括朗伯定标和单点定标方法。采用朗伯定标时，各单波长入射时待测样片的 BRDF 为

$$f_r(\theta_i,\varphi_i;\theta_r,\varphi_r;\lambda) = \frac{L_s(\theta_i,\varphi_i;\theta_r,\varphi_r;\lambda)}{L_b(\theta_i,\varphi_i;\theta_r,\varphi_r;\lambda)}\frac{\rho(\lambda)}{\pi} \tag{5 - 73}$$

式中：$L_s(\theta_i,\varphi_i;\theta_r,\varphi_r;\lambda)$ 是波长为 λ 的入射光沿 (θ_i,φ_i) 方向入射到待测样片上，沿 (θ_r,φ_r) 方向接收到的谱辐射亮度；$\rho(\lambda)$ 为对应波长 λ 的反射率；$L_b(\theta_i,\varphi_i;\theta_r,\varphi_r;\lambda)$ 为相同条件下，同波长的入射光沿 (θ_i,φ_i) 方向入射到标准板上，沿 (θ_r,φ_r) 方向接收到的谱辐射亮度。$f_r(\theta_i,\varphi_i;\theta_r,\varphi_r;\lambda)$ 即为入射波长为 λ 时，目标样片的 BRDF。

测量只能获取离散入射角和散射角下的 BRDF 值，LRCS 计算时需要任意入射角度和散射角度下的 BRDF 值，这可以通过对测量数据插值或 BRDF 统计建模获得。BRDF 统计建模就是利用最优化算法，结合 BRDF 的测量数据，求得 BRDF 参数化统计模型参数值的过程。经典的参数化统计模型有 Torrance - Sparrow 模型、改进的五参数模型等。如图 5 - 32 所示为对某装甲车前甲板样片在 0°、10°、30°、50° 入射角度下的 1.06 μm 激光 BRDF 测量值和模型计算值的比较。

该材料样片为微粗糙表面，其散射特性理论上包含镜向分量和漫射分量，并以镜向分量为主，通过 BRDF 模型能清晰地反映在各个波束入射条件下的散射分量强度及其变化关系。对于图中所式的装甲车前甲板样片，构建的仿真模型计算结果与试验测试结果相吻合，BRDF 变化趋势及量级相一致。

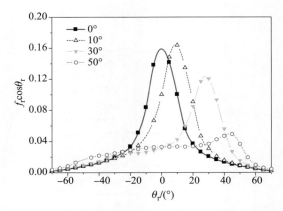

图 5-32　某装甲车前甲板样片不同入射角下测量值
（离散点）与模型计算值的比较（实线）

5.4　发展趋势

目标特性的概念和内涵非常丰富，本章主要围绕引信应用的目标雷达散射截面、多普勒信号和地海环境散射系数等特征进行了介绍，基于理论方法阐述了目标特征内涵，给出一种高效的计算方法；基于测试方法和原理描述了目标特征的获取技术以及目标特征的应用形式，给出了部分目标与环境的散射数据。目标特性应用中，目标特性的极化信息、散射中心分布等特征应用也较为广泛，限于篇幅，没有介绍，可以参考相关目标特性专业书籍查看。

随着技术的发展、隐身和高超声速目标的普及，隐身和高超声速目标散射特性是研究的重点。隐身和高超声速目标由于隐身材料和空气电离引起散射机理复杂，散射特征可能会有很大不同。低空突防成为现代武器的特点，目标与陆、海等环境的雷达复合特性也是后续研究热点。如何提取目标与环境的散射特征差异，是目标特性研究的重点方向之一。随着引信技术的发展，如频谱扩展到太赫兹，太赫兹频段的散射特性也是与微波、激光的散射特性差异较大，目前研究也是较多的；或者发展抗干扰性很强的量子雷达，对应的目标特性应当先于引信进行研究。目标特性研究越来越广泛，它是引信研究的基础，为引信最优设计提供依据，也为引信仿真提供基础数据。

第6章 分系统技术

不同体制引信的分系统各不相同。无线电引信的分系统主要包括天线、发射机、接收机、信号处理机和二次电源。二次电源常选用通用模块。在导弹引信中，二次电源一般由舱段统一设计。本章主要阐述无线电引信的天线、发射机、接收机和信号处理机。

6.1 天线

本节首先简要介绍引信天线的特点、要求和分类，详细地介绍了直线阵列的相关原理和设计方法。以波导缝隙线阵引信天线和微带贴片线阵引信天线为例，介绍了常见弹载引信天线的设计方法。最后，介绍了引信天线发展趋势和热点。

6.1.1 特点与要求

一般而言，任何一种天线都具有电气性能及结构方面的特点。作为弹载引信天线，其特点与作为天线边界条件的弹体有密切联系，同时也和弹上引信对天线的性能要求有关。

1. 特点

1）共形特性

引信系统向前辐射电磁波以探测目标，决定了引信天线必须安装在导弹的前端或前侧向。天线若突出于弹体表面，会大幅度增加空气阻力，有可能毁坏天线。为了保持弹体飞行时的稳定性，必须要降低阻力以提高射程，所以弹体前端都要进行一定的共形设计。因此在弹载引信天线的设计前应该先考虑弹头的形状，天线必须具有低剖面的特性，能够共形于弹体表面。

2）结构特性

引信天线作为引信系统的一部分，结构尺寸不能占用太大的空间，更不能对引信系统的其他装置产生影响，因此引信天线需结构简单、重量轻、可靠性强。引信天线工作时，弹体处于高速飞行（或旋转）振动的状态下，天线的安装方式必须能承受一定的强度作用。只有当引信天线能够可靠地工作，引信才能正常工作，这是确保炮弹

（导弹）能够正常工作的前提。

2. 性能要求

由于炮弹（导弹）对付的目标不同，引信的战术技术指标要求以及由此制定的引信天线性能要求也存在差异。引信天线主要性能指标有工作带宽、天线增益、主波束倾角、波束宽度及其指向、副瓣电平、周向角和平坦度、输入阻抗及驻波系数、收发天线隔离度、连接形式、安装尺寸、重量等。以下介绍几个重要的指标。

1）天线增益

天线增益表征了天线的方向性系数和辐射效率，其直接影响引信的灵敏度。在通常情况下，只要弹体表面的安装尺寸允许，应尽可能把天线的辐射效率提高，这对降低引信设备的发射功率及接收灵敏度要求有重要意义。天线增益一般的取值范围在 $10 \sim 18$ dB。

2）主波束倾角

引信天线的倾角，通常是指方向图主波束指向与弹轴飞行方向的夹角，这个角度的数值是根据目标速度、导弹速度、战斗部碎片速度及弹目交会姿态等因素确定的。一般的取值范围在 $35° \sim 80°$。

3）波束宽度

波束宽度指天线自最大辐射方向起，辐射强度降低到最大辐射方向一半所覆盖的角度，其值可以根据增益要求估算。在明确了天线波束宽度的前提下，就可以据此来计算天线长度是否满足弹体所容许的安装尺寸。最终设计需要在波束宽度、增益弹体的安装尺寸等方面进行折中考虑和处理。

4）副瓣电平

引信天线的副瓣电平指天线最大辐射方向电平与最高副瓣电平之间的差值，其设计要求是从引信的可靠性角度提出的。要求引信天线具有较低的副瓣电平，以保证在主波瓣之外的其他空间，引信天线接收的信号能量不能启动引信。即使在有干扰信号的情况下，仍能使引信不启动，这样就提高了引信的抗干扰性。由于引信的作用空域是在弹体飞行方向的前半球空间，因此对前面的副瓣电平要求较严，一般的取值范围在 $-20 \sim -30$ dB。

5）周向角和平坦度

在弹纵截面内，引信天线方向图一般需要实现窄波束的特性；而在弹横截面内，天线的周向角一般需要实现近乎全向性的特点。实际上理想的全向性天线波束（即天线增益在各个方向严格相等）是无法实现的，一般用平坦度或者不圆度来描述引信天线周向角的波束特性。在工程设计中，较常见的采用两发两收体制的一副引信天线其周向角不圆度指标是不超过 8 dB，即天线在任一弹横截面内增益的最高值和最低值之间的差异不大于 8 dB。对于单根天线，周向角不圆度指标在 3 dB 以内的周向角范围一般在 120°左右，8 dB 以内的周向角范围一般不小于 180°。

6）输入阻抗和驻波系数

按照通用的射频接口标准，引信天线输入端的输入阻抗一般是 50 Ω 或 75 Ω，而其中又以 50 Ω 输入阻抗的情况最为普遍。天线端口的驻波系数表征端口的匹配程度，一般要求低于 1.5。

7）收发天线隔离度

引信天线的收、发天线隔离度，表征了收、发天线之间相互影响的程度。不但和天线本身的电性能有关，而且还会受到弹体结构和天线安装位置的影响。弹目交会速度较小的型号中，引信天线的安装方式和位置较为自由，此时所提出的收、发天线隔离度指标处于 60～70 dB 的水平。但随着弹目交会速度不断提高，舱体尺寸朝着越来越小的方向发展，弹体隔热涂层厚度逐渐增厚，引信天线的安装环境也受到了越来越多的限制，这些因素对引信天线的收发隔离度都产生了很大的影响。因此具体的收发天线隔离度指标要根据具体的使用环境制定，以保证引信天线和引信系统的正常工作。

除上述常见的天线性能要求外，引信天线应该尽可能通用，即满足多种导弹的要求。某些引信天线安装在飞行器的前端即弹头的鼻锥部位，这里由于空气动力加热的原因而温度最高，同时弹体表面形成的等离子区电子浓度也很高。浓度过高的电子会影响引信天线所辐射的电磁波。特别是低频段的电磁波，受等离子干扰更加严重，甚至被等离子遮挡，导致引信天线探测不到所需探测的目标。因此，引信系统对于天线的工作波段和抗干扰能力也具有一定的要求。

6.1.2　分类

引信天线一般安装于弹体表面，其外形与数量都要受到弹体外形及尺寸限制，一般常见的引信天线形式有：螺旋天线、环形天线、介质棒天线、波导缝隙线阵天线和微带线阵天线等。

1. 螺旋天线

典型的螺旋天线是用金属导线绕制成螺旋弹簧形结构的行波天线，是小口径弹丸上适用的一种电小天线。该类引信天线安装在靠近弹头鼻锥部位，弹体受到激励形成"长线效应"，导致向后辐射的波瓣较多，幅度也比较大。图 6-1 所示为圆锥螺旋引信天线。

较常用的为对数螺旋天线，是一种在角锥形介质基板上用薄铜带卷绕的双臂对数螺旋线所构成的辐射器，其结构示意如图 6-1 所示。螺旋天线一般工作于低频段，天线抗干扰特性较差。

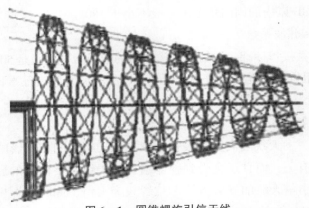

图 6 – 1　圆锥螺旋引信天线

2. 环形天线

环形天线可按电尺寸的大小进行分类，绕制成环的导体总长度远小于波长的称为电小环天线，当绕制环的导体长度接近谐振尺寸时称为电大环天线。电小环天线上的电流呈均匀分布，而电大环天线电流不再均匀分布，天线的性能存在差异。

若是在适当部位接入负载电阻，在导体上形成行波电流，就可构成非谐振型环天线或称为加载环天线。如图 6 – 2 所示，这不仅提高了天线的输入阻抗，便于和馈线匹配，而且具有良好的波束特性。此类加载电阻的环形天线方向图为心脏形，不过它的方向图非常不稳定，会随着频率变化而变化。

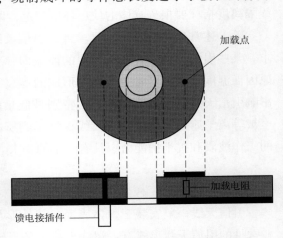

图 6 – 2　加载负载电阻的环形引信天线

3. 介质棒天线

随着高介电常数、低射频损耗的介质材料的发展，介质棒天线在引信中的应用也开辟了新的途径。介质棒引信天线如图 6 – 3 所示。

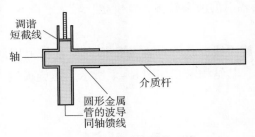

图 6 – 3　介质棒引信天线

介质棒天线一般用同轴线或波导馈电，介质棒外露于波导的部分一般呈锥形，以得到较大的方向系数和较小的旁瓣，输入端一般通过削尖的方式来取得良好的阻抗匹配。

4. 波导缝隙线阵天线

波导缝隙线阵天线采用波导缝隙作为天线辐射单元，具有结构牢固、加工容易的特点，是目前应用最广泛的一种弹载引信天线。图 6 – 4 示出了几根波导缝隙阵列。其主要的优点是 E 面的方向图宽，H 面的方向图窄，因此特别适合用作对空目标的无线电引信天线。波导缝隙线阵天线设计方法比较成熟，使用的频率范围较大，从 X 波段到毫米波波段均有成熟的应用。

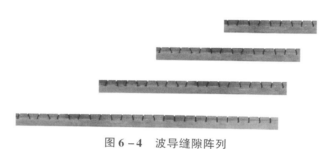

图 6 – 4　波导缝隙阵列

5. 微带线阵天线

微带线阵天线具有剖面低、重量轻、共形性好、成本低等特点，可以紧贴在弹体外表面，如图 6 – 5 所示。该类引信天线不破坏弹体的空气动力学性能。从电气性能上看，微带线阵天线可以获得所需的各种极化，可以制成双频工作的天线，同时还可以进行组合式设计，除功分馈电网络以外，固体器件如放大器、衰减器、开关、调制器、混频器、移相器等也可以直接制作在天线基片上。另外，从微带线阵天线的生产制造上看，由于它基本上采用印制电路的制造工艺，因此制造成本低，产品一致性好，易于大批量生产。基于上述优点，微带线阵天线已被广泛用作与弹体表面共形的天线制作。

微带线阵天线　　　　　　　圆柱体

图 6 – 5　微带线阵天线

微带线阵天线的缺点是频带窄、导体和介质损耗高，易于激励起表面波，使天线的辐射效率较低。如果引信天线在带宽和效率方面有较高的要求时，其应用便会受到较大的限制。

任何一类引信天线工程应用都有一定局限性。从弹载引信系统的稳定性来说，要求天线工作于较高的频段以获取较高的抗干扰能力。而螺旋引信天线的频段较低、抗干扰能力较差，因此其并不是非常适合用作弹载引信天线。为提高引战配合效率，要求对空高速目标的引信天线方向图在轴纵截面和轴横截面分别实现窄波束和宽波束的特性，这是圆环天线无法实现的。而对于介质棒引信天线来说，弹载引信系统对于天线共形特性的要求也很大地制约了其应用。

综合考虑弹载引信对于天线的要求，采用波导缝隙线阵天线和微带线阵天线本身的电性能表现基本能够满足系统对于引信天线的要求，其工作频段也可以设计得比较高，易于实现弹体共形。因此，现有弹载射频近炸引信系统所采用的大多是这两种类型的引信天线。

6.1.3 直线阵列原理

通常情况下，对空目标引信天线安装于弹体前侧向，同时为提高引战配合效率，要求发射天线和接收天线都具有漏斗形方向图，如图 6-6 所示。在弹纵截面内，天线方向图主波束窄，主波束指向与导弹飞行方向成夹角 θ；在弹横截面内，天线方向图近乎全向性。一般来说，需要采用两根或三根特定波束指向倾角的天线阵列，才能组合形成图 6-6 所示的漏斗形方向图。

引信天线常采用两根发射天线和两根接收天线，每隔 90° 安装在舱体周向位置。其中发射天线位于上下方向，接收天线位于左右方向，如图 6-7 所示。在天线收发共用的情况下，也有采用周向均匀排列两根或三根天线的形式，这样整体的天线结构会更加简单，同时也能满足天线方向图的要求。

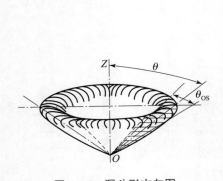

图 6-6　漏斗形方向图

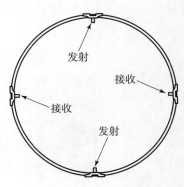

图 6-7　引信天线安装示意图

弹载引信天线大多采用阵列天线，因此其原理可以用圆柱体上纵向排列的直线阵

列原理来叙述。图 6 - 8 所示是一个 N 元直线阵列
的示意图，令其中阵元间距为 d，天线的主波束与
直线阵列轴向的夹角为 θ。为了实现该主波束倾
角，假设阵元自左而右的激励相位依次相差 α（右
侧相位落后于左侧）。考虑到等幅馈电的直线阵列

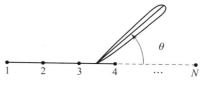

图 6 - 8　直线阵列示意图

具有较高的副瓣电平，因此需要利用激励幅值的锥削以抑制副瓣电平，并假设每个阵
元的激励幅值分别为 I_n，其中 $n = 1，2，3，\cdots，N$。

　　根据方向图相乘原理，由相同而且取向一致的辐射元组成的阵列其方向图是其辐
射阵元方向图和阵因子方向图的乘积。一般来说，可以近似认为阵元的波束宽度很宽，
因此仅仅通过阵因子的特性便可以大体表征天线阵列的相关性能和参数。从引信天线
设计的角度来说，相应的工作便是根据具体的天线性能指标，确定图 6 - 8 中的一系列
参数，包括阵元个数 N，阵元间距 d，激励相位差 α 以及激励幅值 I_n。

　　在图 6 - 8 所示的直线阵列中，为了实现低副瓣的指标要求，首先考虑对于阵元激
励幅值的锥削加权。较早的低副瓣天线阵列采用切比雪夫加权，在一定的线源长度下，
切式阵可以实现最佳的主瓣宽度和主副瓣比值。对于弹载引信天线来说，其馈电形式
通常是单端输入的，而此时切式阵最末端阵元的电流分布值难以通过实际的工程手段
实现。在 1956 年，泰勒应用函数理论获得了在工程上被采用的口径场泰勒分布函数，
该分布既满足主瓣宽度的要求，又能实现副瓣电平最低，是能够在工程上实现的任意
地接近切比雪夫分布的最佳分布。

　　泰勒分布方向图的特点是把切比雪夫分布的等副瓣结构变成从第 $\bar{n}$ 个副瓣开始逐
渐按 $\sin(\pi u)/(\pi u)$ 的包络下降。且主瓣宽度比切比雪夫分布稍有展宽，展宽的程度由
波束展宽因子 σ 决定，$\bar{n}$ 取值越大，σ 就越小，就越接近切比雪夫分布。典型的问题
是对图 6 - 8 所示的阵元数为 N、间距为 d 的直线阵列，采用泰勒综合法综合其激励幅
值分布 I_n，使其阵因子方向图的副瓣电平为 $-R_{0\text{dB}}$。

　　首先，根据副瓣电平 $-R_{0\text{dB}}$ 可以得到主瓣最大值 R_0、等副瓣个数 $\bar{n}$、泰勒加权系
数 A 以及展宽因子 σ

$$R_0 = 10^{R_{0\text{dB}}/10} \tag{6-1}$$

$$A = \operatorname{arccosh}(R_0/\pi) \tag{6-2}$$

$$\bar{n} = \operatorname{int}(2A^2 + 3/2) \tag{6-3}$$

$$\sigma = \bar{n} / \sqrt{A^2 + (\bar{n} - 0.5)^2} \tag{6-4}$$

其中 $\operatorname{int}(x)$ 表示对 x 取整数。

　　确定阵元的位置 z_n 以及变量 p

$$z_n = [n - (N+1)/2]d, \quad n = 1, 2, \cdots, N \tag{6-5}$$

$$p = 2\pi z_n / L \tag{6-6}$$

其中 $L = Nd$。式（6-5）确定的阵元位置对奇、偶阵列均可，所得 I_n 都是从左到右顺序排列的，其表达式为

$$I_n(z_n) = 1 + 2 \sum_{m=1}^{\bar{n}-1} \bar{S}(m) \cos(mp), \quad n = 1, 2, \cdots, N \tag{6-7}$$

其中参数 $\bar{S}(m)$ 可由式（6-8）计算得到

$$\bar{S}(m) = \begin{cases} 1, & m = 0 \\ \dfrac{[(\bar{n}-1)!]^2}{(\bar{n}+m-1)!(\bar{n}-m-1)!} \prod_{n=1}^{\bar{n}-1} \left\{ 1 - \dfrac{m^2}{\sigma^2[A^2 + (n-1/2)^2]} \right\}, & 1 \leqslant m \leqslant \bar{n}-1 \\ 0, & m \geqslant \bar{n} \end{cases} \tag{6-8}$$

式（6-1）~（6-8）便是泰勒综合法的具体计算过程。实际上，现在的工程设计已经不需要设计者自身进行上式的烦琐计算。对于特定阵元数量、副瓣电平和等副瓣个数的泰勒分布，现在已经有成熟的商用软件（如 Matlab）为用户提供了便捷的计算方式。用户只需要在程序中运行一条简单的语句（如 Matlab 中的 taylorwin 命令），便可以获得任意情况和需求下的泰勒加权系数。

对于图 6-8 所示的直线阵列，在已确定激励幅值分布 I_n 的前提下，其阵因子可以表达为

$$F(\theta) = \sum_{n=1}^{N} I_n e^{jn(kd\cos\theta + \alpha)}, \quad 0° \leqslant \theta \leqslant 180° \tag{6-9}$$

通过对式（6-9）的特性分析，便可以得到关于泰勒加权直线阵列的一系列性能指标，以指导引信天线的相关设计。

1）主波束倾角

从式（6-9）可以看出，如果使所有求和项中指数函数中括号内部的值都为 0，则指数函数由欧拉公式展开后的虚部皆为 0、实部皆为 1，从而可以得到最强的阵因子叠加结果。这个过程要求 $kd\cos\theta + \alpha = 0$ 成立，由此得到的最大波束指向（即主波束倾角）θ_m 为

$$\theta_m = \arccos\left(-\frac{\alpha}{kd}\right) \tag{6-10}$$

式（6-10）便是引信天线形成特定主波束倾角的理论依据。

2）栅瓣及不出现栅瓣的条件

阵因子主瓣最大值出现在 $kd\cos\theta_m + \alpha = 0$ 处。由于阵因子 F 是周期为 2π 的周期函

数，则其最大值将呈周期出现，即当 $kd\cos\theta_m + \alpha = 2m\pi$，$m = 0$，$\pm 1$，$\pm 2$，…时出现最大值。其中 $m = 0$ 时对应为主瓣，m 为其他值时对应为栅瓣。栅瓣的出现是人们不希望的，它不但使辐射能量分散，增益下降，而且会对目标定位、测向造成错误判断等，应当给予抑制。

对于上述泰勒分布线阵，其不出现栅瓣的阵元间距条件为

$$d_{\max} = \left(1 - \frac{\sigma}{N}\sqrt{A^2 + 1/4}\right)\frac{\lambda}{1 + |\cos\theta_m|} \tag{6-11}$$

经过大量验证，式（6-11）确定的 $d_{\max}$ 是准确的。从式（6-11）可以看出，泰勒分布阵列不出现栅瓣的最大阵元间距不但与所要求的主波束倾角有关，而且还会受到阵列副瓣抑制程度以及阵元数量的限制。

3）波束宽度

泰勒分布阵列的波束宽度可以表示为

$$(BW)_h = 2\arcsin\left[\frac{\sigma\lambda}{\pi L}\sqrt{(\mathrm{arccosh}R_0)^2 - \left(\mathrm{arccosh}\frac{R_0}{\sqrt{2}}\right)^2}\middle/ \sin(\theta_m)\right](\mathrm{rad})$$

$$\tag{6-12a}$$

当阵列长度 L 远远大于波长时

$$(BW)_h \approx \frac{\sigma\lambda}{\pi L}\sqrt{(\mathrm{arccosh}R_0)^2 - \left(\mathrm{arccosh}\frac{R_0}{\sqrt{2}}\right)^2}\middle/ \sin(\theta_m)(\mathrm{rad}) \tag{6-12b}$$

试验验证，当 $N > 10$，$d \geqslant \lambda/2$ 时，上述两式计算的波束宽度都很准确。随着副瓣抑制程度的加深，泰勒阵列的波束宽度会逐渐变宽。

4）方向性系数与增益

任何天线的增益取决于两个因素，即天线的方向性系数和辐射效率。对于天线阵列的理论分析来说，一般可以认为阵因子效率是理想的（即效率为1），因此阵因子的增益和方向性系数这两个概念往往被认为是等同的。

对于 N 元等间距的泰勒加权阵列来说，定义第 n 个阵元的激励幅值表示为 I_n，且相邻阵元相位差为 α，即取第 n 个阵元的激励相位为 $\alpha_n = n\alpha$，则此时阵因子的方向性系数为

$$D = \frac{\left|\sum\limits_{n=1}^{N} I_n\right|^2}{\sum\limits_{n=1}^{N}\sum\limits_{m=1}^{N} I_n I_m \mathrm{e}^{\mathrm{j}(n-m)\alpha}\dfrac{\sin[(n-m)kd]}{(n-m)kd}} \tag{6-13}$$

式（6-13）中分母求和项中的奇点（$m = n$）可以通过洛必达法则处理。特别地，当阵元间隔 $d = \lambda/2$ 时，上式可以简化为

$$D = \frac{\left| \sum\limits_{n=1}^{N} I_n \right|}{\sum\limits_{n=1}^{N} |I_n|^2} \qquad\qquad (6-14)$$

对于式（6-13）来说，其实现最大值 D 的条件恰恰是所有 I_n 取相同的幅值，此时阵列实际上便成为均匀直线阵列了。因此不难看出，随着阵列副瓣抑制程度的加深，泰勒分布阵列的阵因子方向性系数变低了，而这是实现低副瓣电平所付出的代价。

对于实际的引信天线来说，其增益取决于上式确定的阵因子方向性系数和阵元的增益。对于阵元增益为 G_{cel} 的情况来说，引信天线的增益 G 可以表示为

$$G = G_{cel}D \qquad\qquad (6-15)$$

采用工程中常用的分贝（dB）为单位，则式（6-15）等效于

$$G(dB) = G_{cel}(dB) + D(dB) \qquad\qquad (6-16)$$

其中 $G(dB) = 10\lg G$，$G_{cel}(dB) = 10\lg G_{cel}$，$D(dB) = 10\lg D$。阵元的增益 G_{cel} 取决于阵元的天线形式和具体结构，一般可以利用 $4 \sim 6$ dB 的取值范围来进行引信天线增益的初步估算。

从上述分析可以看出，当对直线阵列施加泰勒分布的激励锥削后，其相关阵列性能会随着锥削程度的加深而恶化。也就是说当阵元数量恒定的情况下，随着阵列副瓣电平的降低，阵列允许的最大阵元间距会逐步变小，阵列波束宽度会逐步变宽，而阵因子的方向性系数会逐步降低。如果想要在加强副瓣抑制程度的前提下保证其他的阵列性能，就需要增加阵列的阵元数量，这也就意味着更大的阵列规模和尺寸。因此在实际的近炸引信系统设计中，制定引信天线指标时需要综合考虑天线的电性能、结构尺寸限制和重量要求等因素。

6.1.4　波导缝隙线阵天线

在现有的各类弹载引信天线中，波导缝隙线阵引信天线应用最为广泛。本节介绍波导缝隙线阵引信天线的特点、用途和设计方法。

1. 特点与用途

波导缝隙线阵天线一般由许多开在矩形波导壁上的半波缝隙组成，它的主要优点是口径分布便于控制，易于实现低副瓣电平，效率高、结构紧凑，加工与安装简便。其可分为两类：一种是由驻波激励的谐振阵列（驻波阵），另一种是由行波激励的非谐振阵列（行波阵）。对于弹载引信天线来说，一般采用行波阵的设计。行波阵相邻缝隙的间距大于或小于 $\lambda_g/2$，其中 λ_g 是波导中的波导波长，波导末端接匹配负载。波导中近似传行波，天线能在较宽的频带上保持良好的匹配，但是匹配负载的吸收功率通常

会占到总输入功率的 $3\% \sim 10\%$ 。由于缝隙阵元由行波激励，具有线性相位差，使波束最大方向偏离阵面法线方向。

2. 设计方法

波导缝隙线阵引信天线最常见的是采用波导宽边单排缝隙，即缝隙单元在波导宽边中心线一侧排列。缝隙天线由波导的一端激励，另一端接匹配吸收负载，天线的主波束倾向终端负载方向。典型的问题是根据直线阵列分析所得的阵元数量 N、阵元间距 d、泰勒分布系数 I_n 以及所需的主波束倾角 θ_m（等同于相邻阵元所需相位差 α），确定所使用波导尺寸、缝隙尺寸以及偏移量。

图 6–9 所示是波导缝隙线阵引信天线中相邻缝隙及主波束倾角的示意图，其中设矩形波导的长、宽分别为 a、b，整根引信天线的总长度为 L。根据天线阵列理论，可以认为每个缝隙相同倾角的辐射在远区形成叠加。天线的远区场简称远场，引信天线是一种利用天线远场特性的天线，因此其相关天线性能只有在远场才能得到保障。天线的远场需要同时满足三个条件：

$$\begin{cases} r \gg L \\ r \gg \lambda_0/2\pi \\ r \gg 2L^2/\lambda_0 \end{cases} \qquad (6-17)$$

式中：r 是离开天线位置的距离；λ_0 表示波在空间传播的波长。

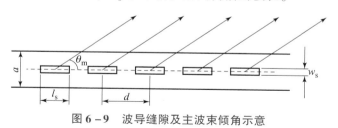

图 6–9　波导缝隙及主波束倾角示意

根据式（6–10）可知，实现特定主波束倾角 θ_m 的条件是两个相邻缝隙之间的激励相位差满足：

$$\alpha = -2\pi d\cos\theta_m/\lambda_0 \qquad (6-18)$$

而对于一个长、宽分别为 a、b 的矩形波导来说，其主模 TE_{10} 对应的波导波长为

$$\lambda_g = \frac{\lambda_0}{\sqrt{1 - (\lambda_0/2a)^2}} \qquad (6-19)$$

一般分析时取波导的左侧为激励端口，因此波自左而右传播。对于所有缝隙位于中心线一侧的阵列来说，某个右侧缝隙落后于其左侧缝隙的激励相位为

$$\beta = -\frac{2\pi d}{\lambda_g} \qquad (6-20)$$

为了实现主波束倾角 θ_m 的实现条件式（6–18），需要合理地选择矩形波导的长边

尺寸 a，以使由于波导传播造成的相位差 β 恰好等于所需要的阵元激励相位差 α。于是通过 $\beta = \alpha$ 可求得主波束倾角和波导宽边尺寸 a 之间的关系为：

$$a = \frac{\lambda_0}{2\sin\theta_m} \qquad (6-21)$$

由此便求得了矩形波导的长边尺寸 a。对于窄边尺寸 b 来说，一般可取 $b = a/2$。

工程中波导缝隙的长度 l_s 大多数谐振于 $\lambda_0/2$ 左右，而其宽度 w_s 一般满足下面条件即可：

$$10 \leqslant \lambda_g/w_s \leqslant 200 \qquad (6-22)$$

由此已经确定了波导尺寸和缝隙尺寸，最后来求解每个缝隙相对于波导中心线的偏移位置，其值与之前综合所得的泰勒分布有关。对于工作于行波状态的波导缝隙阵列来说，可以将其中的缝隙阵列视作连续阵，此时缝隙的电导可看成是沿线连续的。令 $g(z)$ 为沿线 z 处单位长度的归一化电导，则

$$g(z) = \frac{P_r(z)}{P(z)} \qquad (6-23)$$

式中：$P_r(z)$ 为沿线 z 处单位长度的辐射功率；$P(z)$ 为沿线 z 处的传输功率。

利用式（6-7）所定义的泰勒加权分布，并将 I 视作关于 z 的连续函数，则式（6-23）可以表示为

$$g(z) = \frac{I^2(z)}{\dfrac{1}{e_r}\displaystyle\int_0^L I^2(z)\,\mathrm{d}z - \displaystyle\int_0^z I^2(z)\,\mathrm{d}z} \qquad (6-24)$$

式中：$L = Nd$；e_r 为天线的辐射效率。利用该式定义的运算，可以计算出第 n 个缝隙的归一化电导为

$$g_n = dg\left(\frac{2n-1}{2}d\right) \qquad (6-25)$$

在利用上述方法计算缝隙归一化电导时需要注意，算出的 g_n 不应该超过规定的某最大值 g_{max}。原因为：①使缝隙对波导为弱耦合，此时波导内主模占优势，且很近似于行波；②太大的缝隙电导值可能无法在实际的波导结构中实现。一般取 $g_{max} = 0.1 \sim 0.2$，若计算出 g_n 的最大值超过 g_{max}，应取较低的 e_r 重新计算。根据行波状态波导缝隙线阵天线的大量实践结果来看，计算中所设定的 e_r 值一般不建议超过95%。

对于波导缝隙线阵来说，其第 n 个缝隙的归一化电导值 g_n 和相对于中心的偏移量 Δn 满足

$$g_n = 2.09\,\frac{a\lambda_0}{b\lambda_g}\cos^2\left(\frac{\pi\lambda_0}{2\lambda_g}\right)\sin^2\left(\frac{\pi\Delta n}{a}\right) \qquad (6-26)$$

根据式（6-26）便可以求出所有 N 个缝隙所对应的偏移量。

至此，满足直线阵列分析结论所要求的阵元数量 N、阵元间距 d、泰勒分布系数 I_n

以及主波束倾角 θ_m 的所有波导缝隙线阵参数（波导尺寸 a、b，缝隙尺寸 l_s、w_s，以及缝隙偏移量 Δn）求解完毕。

6.1.5　微带线阵天线

1. 特点与用途

弹载微带线阵引信天线在具体的电气性能与结构方面，具有下述特点：

（1）剖面薄、体积小、重量轻、加工工艺已经十分成熟。

（2）具有平面结构，并可制成与弹体表面共形的结构，不对炮弹（导弹）飞行产生附加空气流阻力。

（3）馈电简单，可与天线一体化，适合用印制电路技术大批量生产。

（4）能与有源器件和电路集成为单一的模块。

（5）微带介质板材料的一般使用温度范围为 $-50 \sim 260\ ℃$。

（6）结构牢靠，不会因飞行时所产生的振动和过载而引起变形或损坏。

微带线阵引信天线的电气参数如增益、驻波系数、带宽、极化等方面与一般引信天线的要求相近。方向图参数，如主波束倾角、副瓣电平等，与波导缝隙线阵引信天线的要求也相近。在实际应用中，虽然微带线阵天线由于介质损耗而效率降低，但是它受弹体所提供的安装位置限制较少，能充分地利用弹体表面，可以适当地增加天线尺寸来改善增益。在要求低剖面辐射器的场合，即使微带线阵天线某些性能不如其他类型天线，也可能被优先选用。目前已发展了不少技术来克服或减小微带线阵天线的缺点，如已有多种途径来展宽微带线阵天线的带宽。常规设计的相对带宽为 $1\% \sim 6\%$；新一代设计的典型值为 $15\% \sim 20\%$，已制造出超宽频带微带线阵天线。

2. 设计方法

微带线阵按馈电方式来说，主要可以分为串馈线阵和并馈线阵两种。无论是串馈方式还是并馈方式，微带线阵引信天线一般采用的都是矩形贴片的阵元形式。对于弹载引信天线漏斗形方向图的需求来说，采用端点馈电的行波式串联馈电微带线阵天线是最合适的。同时，端点馈电的行波式串馈微带线阵还可以提供较宽的带宽和较好的空间利用率，因此现有的弹载引信微带线阵天线采用的基本都是端点馈电的行波式串馈结构。

对于波导缝隙线阵引信天线来说，由于波导内的波导波长 λ_g 总是大于其空间波长 λ_0 的，因此可以使相邻缝隙由于波导传输造成的相位差等于实现特定偏向角所需要的激励相位差。但是对于微带线阵引信天线来说，其微带线中的有效波长 λ_g 总是小于其空间波长 λ_0 的，此时类似于波导缝隙线阵引信天线的推导过程会产生 $\cos\theta_m > 1$ 的情况。因此为了实际可行的设计，微带线阵引信天线中相邻阵元由于传导而造成的相位差与其实现特定偏向角所需的激励相位差不再相等，而是相差一个周期。

对于串馈行波阵形式的微带引信天线，一般通过调节连接相邻阵元的传输线长度 s 来满足上述阵元间的相位关系，从而实现主波束的偏转，其相应的约束条件为

$$\cos\theta_\mathrm{m} = \frac{s\lambda_0}{d\lambda_\mathrm{g}} - \frac{\lambda_0}{d} \tag{6-27}$$

式中：λ_0 是波在空间传播的波长；d 是相邻阵元之间的距离，微带线中的波导波长 λ_g 满足

$$\lambda_\mathrm{g} = \frac{\lambda_0}{\sqrt{\varepsilon_\mathrm{re}}} \tag{6-28}$$

式中：ε_re 称作有效介电常数，该值与微带板材质的相对介电常数 ε_r、微带板厚度 h 以及微带线的宽度 w 有关，而 w 的取值又与微带线的特性阻抗 Z_0 相关。当 $w \leqslant h$ 时

$$Z_0 = \frac{60}{\sqrt{\varepsilon_\mathrm{re}}}\ln\left(\frac{8h}{w} + \frac{w}{4h}\right) \tag{6-29a}$$

$$\varepsilon_\mathrm{re} = \frac{\varepsilon_\mathrm{r} + 1}{2} + \frac{\varepsilon_\mathrm{r} - 1}{2}\left[\left(1 + \frac{12h}{w}\right)^{-1/2} + 0.041\left(1 + \frac{w}{h}\right)^2\right] \tag{6-29b}$$

而当 $w > h$ 时

$$Z_0 = \frac{120\pi}{\sqrt{\varepsilon_\mathrm{re}}}\frac{1}{w/h + 1.393 + 0.667\ln(w/h + 1.444)} \tag{6-30a}$$

$$\varepsilon_\mathrm{re} = \frac{\varepsilon_\mathrm{r} + 1}{2} + \frac{\varepsilon_\mathrm{r} - 1}{2}\left(1 + \frac{12h}{w}\right)^{-1/2} \tag{6-30b}$$

大量测试结果证明在 $0.05 < w/h < 20$，$\varepsilon_\mathrm{r} < 16$ 的适用环境下，式（6-29）和式（6-30）的计算误差低于 1%。

对于微带线阵引信天线的设计来说，可以根据 s 的取值来区分引信天线的工作状态。假设引信天线的天线端口在最左端，而沿轴向右的方向设为 $\theta_\mathrm{m} = 0°$。当 s 的取值接近 d 时，即可认为相邻阵元之间近似用直线直接连接，最典型的状态如图 6-10 所示。对于这种情况，由式（6-27）得出的阵元间距 d 在主波束倾角 $\theta_\mathrm{m} < 90°$ 的情况下是很难满足泰勒加权情况下对于栅瓣抑制的要求的。因此对于这种微带线阵引信天线来说，一般取 $\theta_\mathrm{m} > 90°$ 的主波束倾角，使引信天线的主波束偏转向馈电侧。

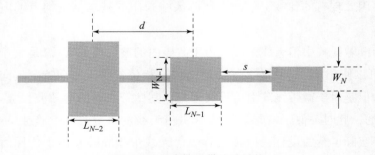

图 6-10 串馈微带线阵结构

而当 $s > d$ 时，相应的引信天线设计会变得灵活得多。不同于波导结构，利用微带线结构的弯曲走线是可以非常方便地实现传导相位的控制的。此时可以根据抑制栅瓣的要求确定阵元间距，而后通过微带线的弯曲、迂回走线去实现式（6 – 27）所要求的走线长度 s。但是对于这种情况，一般引信天线的主波束倾角被设计成 $\theta_m < 90°$ 的情况。因为如果此时要满足 $\theta_m > 90°$ 的主波束倾角，则微带走线需要额外弥补一个波长的传导相位以满足式（6 – 27）的要求，但这会增加微带线所造成的损耗。

对于引信天线来说，其主波束倾角总是被设计成偏向弹体头部的。那么对于采用不同 s 取值的微带贴片线阵引信天线来说，其天线与弹体之间的安装方式是不同的。图 6 – 11 给出了不同情况下的引信天线安装方式，当 $s = d$ 时，天线的安装方式应该确保天线端口位于靠近弹头的位置；而当 $s > d$ 时，天线的安装方式应该确保天线端口位于靠近弹尾的位置。

图 6 – 10 为串馈微带线阵的结构示意图，其中阵元采用矩形微带贴片天线的形式，相邻阵元之间的间距为 d，且取走线长度 $s = d$ 的情况。通过改变每个阵元贴片的长度 L 和宽度 W，则可以改变阵元相对应的输入导纳，从而实现特定的激励幅值分布以满足泰勒分布的要求。对于特定的工作频点 f_0 和介质基板相对介电常数 ε_r 来说，首先可以根据下式确定矩形微带贴片天线的宽度 W：

$$W = \frac{c}{2f_0}\left(\frac{\varepsilon_r + 1}{2}\right)^{-1/2} \tag{6 – 31}$$

式中：c 是自由空间的光速。

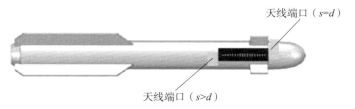

天线端口（$s=d$）

天线端口（$s>d$）

图 6 – 11　不同 s 取值对于微带线阵引信天线安装的影响

矩形微带贴片天线的长度 L 在理论上近似为 $\lambda_g/2$，但在工程设计中一般需要考虑边缘场的影响，因此需要在 L 的基础上减去 $2\Delta L$，其计算公式为

$$\Delta L = 0.412h\frac{(\varepsilon_{re} + 0.3)(W/h + 0.264)}{(\varepsilon_{re} - 0.258)(W/h + 0.8)} \tag{6 – 32}$$

式中 h 是微带板的厚度。由于矩形贴片天线的宽度 W 总是大于微带板厚度 h 的，因此式中的 ε_{re} 可由式（6 – 30b）求解。于是矩形贴片天线的长度为

$$L = \frac{c}{2f_0\sqrt{\varepsilon_{re}}} - 2\Delta L \tag{6 – 33}$$

对于该贴片天线，其输入电导 G 与电纳 B 分别为

$$G = \frac{1}{120\pi^2}\left[xSi(x) + \cos x - 2 + \frac{\sin x}{x} \right] \tag{6-34a}$$

$$B = Y_c \tan(\beta \Delta L) \tag{6-34b}$$

其中

$$\begin{cases} x = k_0 W \\ Si(x) = \int_0^x \frac{\sin u}{u} \mathrm{d}u \\ \beta = k_0 \sqrt{\varepsilon_{re}} \\ Y_c = 1/Z_c \end{cases} \tag{6-34c}$$

对于 Z_c 的计算，工程上可以应用如下的近似公式：

$$Z_c = \frac{337}{\varepsilon_r}\left\{ \frac{W}{h} + 0.883 + 0.165\frac{\varepsilon_r - 1}{\varepsilon_r^2} + \frac{\varepsilon_r - 1}{\pi\varepsilon_r}\left[\ln\left(\frac{W}{h} + 1.88\right) + 0.758 \right] \right\}^{-1}$$

$$\tag{6-35}$$

由此可得矩形微带贴片天线的输入导纳为 $Y = G + B\mathrm{j}$。

图 6-10 所示的天线结构，其等效电路图如图 6-12 所示。设第 n 个贴片的输入导纳和流过的电流分别为 Y_n 和 I_n，由于假设所有阵元已经优化到谐振状态，因此辐射贴片的导纳中只有实部。从 Y_n 右侧往末端看去的输入导纳设为 $Y_{n,2}$，而从其左侧往末端看去的输入导纳设为 $Y_{n,1}$。设连接阵元之间的微带线的特性导纳为 Y_0，对应的介质中有效波数为 $\beta = 2\pi/\lambda_g$，根据传输线理论可以得到从 Y_{n-1} 右侧往末端看去的输入导纳为

$$Y_{n-1,2} = Y_0 \frac{Y_{n,1} + \mathrm{j}Y_0\tan(\beta d)}{Y_0 + \mathrm{j}Y_{n,1}\tan(\beta d)} \tag{6-36}$$

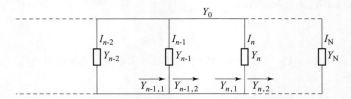

图 6-12　串馈线阵的等效电路图

而从 Y_{n-1} 左侧往末端看去的输入导纳为

$$Y_{n-1,1} = Y_{n-1} + Y_{n-1,2} \tag{6-37}$$

并且有

$$Y_{n-1} = Y_{n-1,2} \frac{I_{n-1}}{\sum\limits_{i=n}^{N} I_i} \tag{6-38}$$

联立上面三个式子可以得到：

$$Y_{n-1,1} = Y_{n-1} + Y_{n-1,2} = Y_0 \frac{Y_{n,1} + jY_0\tan(\beta d)}{Y_0 + jY_{n,1}\tan(\beta d)} \left(1 + \frac{I_{n-1}}{\sum\limits_{i=n}^{N} I_i} \right) \qquad (6-39)$$

式（6-39）建立了每一对 $Y_{n,1}$ 和 $Y_{n-1,1}$ 之间的递推关系。在实际推导中，假设最末端 Y_n 的 $Y_{n,1}=1$、$I_n=1$。根据泰勒综合所得的激励幅值分布，可以计算出所有阵元上的电流 I_n，然后通过式（6-39）由右而左推导出所有的 $Y_{n,1}$。求得所有的 $Y_{n,1}$ 后，通过式（6-37）可以求出所有的 $Y_{n,2}$，最后利用式（6-38）可以求出所有的 Y_n。由于忽略了所有贴片阵元输入导纳的虚部，因此根据所求出的 Y_n 结果，利用式（6-34a）便可以求出所有贴片阵元的宽度，而后其长度可以通过式（6-32）和式（6-33）确定。

相比波导缝隙线阵引信天线来说，微带线阵天线的参量计算是比较复杂的。在现今的天线设计中，利用高精度的全波仿真软件（如 HFSS、CST 等）可以非常高效和便捷地进行贴片天线的仿真计算和参数提取，从而可以获得相较理论计算公式更为准确的天线参数。

6.1.6　发展趋势

目前弹载引信越来越向小型化、自动化和智能化的方向发展，因此引信天线也必须随之相应地发展。本节将介绍近年来针对引信天线的一些较新研究方向和热点，它们也是引信天线在将来若干年的主要发展趋势。

1. 多波束天线

多波束引信天线可以只利用一副天线就能满足不同的主波束倾角要求。对于引信发射系统来说，可以通过端口切换实现发射信号的角度捷变。而对于引信接收系统来说，通过合理设计可以同时获得不同角度的入射响应。随着所集成主波束倾角的增加，多波束引信天线的结构会变得复杂，因为要按照不同的波束倾角要求去配备不同的馈电网络和端口。而且随着不同波束倾角之间的间隔变得越来越小，互耦问题会变得越来越严重，从而会导致天线方向图的变形、端口有源驻波的恶化以及增益的降低。

2. 有源相控阵天线

多波束引信天线虽然可以实现不同的方向图偏转指向，但是其可供选择的波束指向总是有限的。为使天线具有实时的、任意指向的波束变换能力，目前最可行的方案便是在引信系统中采用有源相控阵天线。此时整套引信天线不再需要额外的馈电网络，只需依据抑制栅瓣的间隔要求将同样的阵元结构依次排列即可。

然而对于传统的相控阵天线设计来说，其中存在的 T/R 组件会导致系统结构尺寸过大，使其无法适用于引信天线，而基于片上结构的天线/控制集成结构有望解决上述问题。随着该项技术的发展，低剖面、轻量化的有源相控阵引信天线必然会得到越来越广泛的应用。

3. 人工电磁结构天线

无论对于波导缝隙线阵引信天线还是微带线阵引信天线来说，当主波束倾角接近轴向时，天线的轴向辐射会变得越来越小。而利用人工磁壁、高阻抗表面、寄生像素贴片层等人工电磁结构构成的阵列单元天线，可以实现波束宽度大于180°的天线性能，从天线增益的角度来说完全可以满足低倾角辐射的要求。

但是目前所设计的低倾角引信天线基本都在点频工作，阻抗带宽一般很窄。而其在主波束指向低倾角时的副瓣电平往往仅能抑制到 – 10 dB 左右的水平。除此以外，各种人工电磁结构都会增加引信天线结构的复杂度，一般来说也会加大引信天线的剖面高度和重量。

6.2 发射机

发射机是引信微波收发组件的关键部分，与接收机相比，发射机的结构相对简单。发射机的任务是完成基带信号对载波的调制，将其搬移到所需要的发射频段上，使其具有足够的功率以满足发射要求，尽可能保证发射信号的频谱质量，且不对相邻信道造成明显干扰。

本节首先介绍了引信发射机的特点和要求，而后着重叙述了直接调制发射机和中频调制发射机的工作方式，并对发射机内部的主要工作电路特性进行了简单的性能说明，最后结合引信系统的发展要求，介绍近年来引信发射机的一些研究热点和设计方向。

6.2.1 特点和要求

在满足对载波调制和功率放大基础上，作为引信发射机，其特点和要求与引信系统的功能要求相关，下面进行详细介绍。

1. 特点

引信发射机的工作形式取决于引信系统的工作体制。对于调频连续波工作体制引信，需要连续波发射机；对于脉冲工作体制引信，需要脉冲发射机。在引信系统中，通常选用结构较为复杂的脉冲发射机。引信发射机都是窄带工作的。

脉冲发射机的微波信号输出需要快速通断控制，仅对功率放大器的控制，不足以达到快速控制的目的，因为功率放大器的调制反应时间较长。因此，需要在功率放大器打开工作期间，套入一个快速响应的 PIN 开关，以实现快速通断控制。套脉冲工作方式是引信脉冲发射机的主要工作特点。

由于引信需要对目标 360°周向探测，所以一般需要两路甚至三路发射输出，通过周向的两根或三根发射天线发射。

2. 指标要求

引信发射机的主要性能指标参数包括发射频率及偏差、发射信号相位噪声、输出功率、效率、信号波形、杂散抑制、调相载波抑制度等。

1）发射频率及偏差

发射机的工作频率主要由引信性能需求决定，工作频率是发射机电路的设计基础，决定了发射机内部电路的设计方式和器件的选择，包括功率放大器的调制方式和电源电路设计。

频率偏差是指实际发射信号与标称信号的中心频率偏差，该指标将影响发射电路带宽选择和天线带宽设计，由本振频率偏差及上变频中频频率偏差决定。

2）发射信号相位噪声

相位噪声主要取决于微波本振源，但实际电路中不可避免地会引入噪声分量，使得信号频谱扩散和相位噪声恶化，但总体影响较小。

3）输出功率

输出功率是发射机的主要指标之一，直接影响引信的作用距离和抗干扰能力。脉冲发射机的输出功率还分为脉冲调制峰值功率和平均功率。一般来说，决定引信作用距离的是平均功率而不是峰值功率，即可投射到目标上的总能量。

4）效率

发射机效率主要是对发射机的功率放大器而言的，用来衡量功率放大器将电源消耗的直流功率转化为有用微波输出功率的能力。

5）信号波形

脉冲发射机输出信号是经过脉冲调制的，调制后的微波信号包络波形是否有失真将影响发射机的性能。如脉冲调制后的脉冲展宽、脉冲顶部不平坦等。

6）杂散抑制

发射机杂散包括微波本振源杂散、调制杂散及上变频产生的杂散等各级电路杂散的总和。本振源根据产生振荡方式的不同，产生杂散的机理也不相同，锁相频率源的杂散包括鉴相杂散、电源工作频率干扰杂散和输入参考信号杂散等；介质振荡器的杂散主要是由于电源干扰引起的杂散。需要通过滤波器抑制杂散，满足杂散指标要求。

7）调相载波抑制度

发射机调相信号载波抑制度主要取决于调相器，是微波调相器的重要指标，能够衡量调相器的移相精度、寄生调幅和切换速度等参数。调相后的微波信号经过发射机后级非线性电路时，会产生附加相移，引起移相精度变化，影响载波抑制度。

6.2.2　分类

发射机按调制方式可以分为连续波发射机和脉冲发射机。连续波发射机主要用于定距或定高引信中，防空弹药引信普遍采用脉冲发射机。脉冲发射机分为直接调制发射机和中频调制发射机。

1. 直接调制发射机

直接调制发射机的电路框图如图 6 – 13 所示。频率为 f_s 的基带信号（一般为伪码脉冲信号）直接对微波本振源输出的载频 f_0 进行调制，PIN 开关对经调制的微波信号进行脉冲调制，后面两级放大器是为了实现信号功率的放大，直至需要的功率电平，并由发射天线将此信号输出。结合引信发射机的特点，通常包括两个发射天线，覆盖弹体四周 360°空间。发射机中的微波调制器主要是调相器，调幅功能由 PIN 开关来实现。

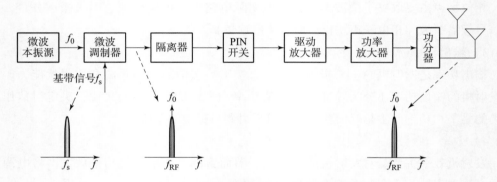

图 6 – 13　直接调制发射机电路框图

这种方案的发射机结构简单、体积小、成本低、可靠性高，可以避免混频器的非线性特性。但是由于这种结构的发射机发射信号是以本振频率为中心的通带信号，调制时的反射信号，功率放大后的强信号会泄漏或反射回来影响本振，对本振信号源抗负载牵引的要求较高，需要加强通道的反向隔离和屏蔽。因为本振源的输出信号直接作为发射输出载波，所有的调制工作都要在微波上完成，容易引起调制失真，增加调试难度。

2. 中频调制发射机

中频调制发射机的结构框图如图 6 – 14 所示。调制功能和上变频功能分别在两个电路中完成，基带信号 f_s 在中频调制器中对中频载波信号 f_1 进行调制，获得中频调制信号，然后经过带通滤波器滤除带外杂散信号，将此调制信号 f_{IF} 适当放大后输入混频器，与微波本振源输出的载频信号 f_0 进行混频，滤波器选取上边带或者下边带的微波调制信号 f_{RF}，PIN 开关控制微波信号输出，再经两级微波功率放大器放大到所需的输出功率电平，并由发射天线将此信号输出。发射机中的中频调制可以实现调相、调频和调幅等多种调制功能。

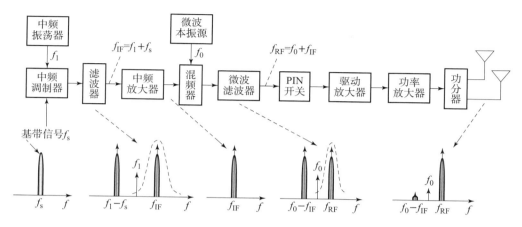

图 6 – 14　中频调制发射机结构框图

中频调制发射机可以弥补直接调制发射机本振信号易受负载牵引的不足，而且由于调制是在中频上进行，频率的降低有利于电路的实现。其缺点是混频后必须使用滤波器滤除另一个不需要的混频输出信号和本振泄漏信号。为了达到发射机的载波和边带抑制要求，对这个滤波器的要求比较高。当发射机的载波频率较高时，中频调制发射机的这种缺点就愈加明显，为了滤除不需要的混频产物和本振泄漏信号，就必须采用 Q 值很高的带通滤波器，而这种滤波器的设计在微波频段相对比较困难，且体积较大，不利于小型化设计。

3. 两种发射机的比较

对直接调制发射机和中频调制发射机进行比较，PIN 开关及以后的电路结构是相同的，对微波本振源的要求是相同的。区别在于基带信号与微波载频信号的调制方式，直接调制发射机前半部分电路相对简单，由基带信号对微波载频信号进行直接调制。中频调制发射机前半部分电路比较复杂，主要在调制电路和调制后对本振信号的抑制方面，基带信号首先调制于中频信号，中频信号再调制于微波载频信号，在调制后对不需要的信号通过滤波抑制。

直接调制发射机因其结构简单，只需使用微波调相器对本振源信号进行相位调制，在引信中应用广泛。目前从微波频段到毫米波频段均有使用，随着频率升高，调相器的设计和调试难度会有所增加。

中频调制发射机的使用主要受制于中频信号与本振源信号混频后极窄带通滤波器的实现，目前在微波频段引信中已成熟应用。随着波导滤波器的使用，在毫米波频段的低端，中频调制发射机也已有使用。

6.2.3 主要电路介绍

发射机的主要电路包括微波本振源、微波调相器、功率放大器和微波 PIN 开关等。

1. 微波本振源

引信微波收发组件中微波本振源的作用主要是产生一个供发射通道混频的本振信号，要求尺寸小、功耗小。接收通道的本振信号与发射通道共用，以保证接收通道处理回波信号时，本振信号的相位一致。微波本振源在直接调制发射机和中频调制发射机中的要求是一致的。

本振源的主要性能指标为：

（1）工作频率；

（2）工作频率偏差；

（3）输出功率；

（4）相位噪声；

（5）杂散抑制。

常用的微波本振源主要有两类：锁相频率源和介质振荡器（DRO）。早期引信发射机多使用介质振荡器作为本振源，其相位噪声较好（特别是远端相噪好），频偏较大，振动条件下相位噪声会有一定恶化，功耗较小；锁相频率源的相位噪声一般（近端相噪好），基本无频偏，振动条件下相位噪声基本没有变化，功耗偏大，随着锁相频率源技术的成熟，在引信发射机中逐步得到应用。

2. 微波调相器

微波调相器通常是基带信号对微波频率源的 $0/\pi$ 相位调制，即将微波信号进行 $0°$ 与 $180°$ 二相码调制，$0°$ 与 $180°$ 的相位变化规律按控制要求进行。微波调相器只在直接调制发射机中。

微波调相器的主要技术指标为：

（1）工作频率；

（2）插损；

（3）载波抑制度。

微波调相器一般采用微波移相电路实现。按引信发射机的相位变化特点，移相电路采用数字移相类电路完成。

应用最多的是开关线型移相器，通过开关控制，使输入信号经过不同电长度路径，产生不同的相位状态。其工程实现简单，利于集成。引信发射机应用中推荐使用基本移相器结构进行设计而不是集成 $0/\pi$ 的移相器芯片，因为引信发射机的功率放大器一般工作于饱和状态，是非线性的，信号传输时会产生附加相移，造成移相精度变差，所以需要在电路上对信号经过的电长度进行微调，这是移相器芯片无法实现的。

3. 功率放大器

功率放大器的主要作用是将微波信号放大至合适电平后，传输到天线发射，是整个引信微波收发组件中最消耗能量的一部分，同时也是发射机的最后一级。功率放大器的效率和线性度决定了整个发射机的效率和线性度。功率放大器在直接调制发射机和中频调制发射机中的要求是一致的。

功率放大器的主要性能指标为：

（1）饱和输出功率；

（2）增益及平坦度；

（3）效率；

（4）线性度。

脉冲发射机通常采用脉冲功率放大器，即用脉冲对功率放大器进行调制，功率放大器调制方式主要有栅极调制和漏极调制两种。

栅极调制技术是采用脉冲调制电路对固态功率放大器栅极电压进行调制，让其在正常工作状态和夹断状态之间切换来实现的脉冲调制方式。该调制方式需要的电流很小，属于电压型调制。

漏极调制技术是采用脉冲调制电路对固态功率放大器漏极电压进行调制，让其在正常工作状态和彻底关断状态之间切换来实现的脉冲调制方式。该调制方式需要的电流很大，需要使用 MOS 管来提高脉冲调制电路的功率输出能力，该调制方式属于电流型调制。

引信发射机的功率放大器一般都工作在较深饱和状态，保证常温、低温、高温条件下，输出功率基本保持稳定。

4. 微波 PIN 开关

引信发射机中通常使用单刀单掷开关控制发射微波信号的通断。微波开关中常用的控制器件有两类：PIN 二极管和场效应管。PIN 二极管能控制的微波功率大、损耗小，具有比较理想的开关特性。微波开关在直接调制发射机和中频调制发射机中的要求是一致的。

微波 PIN 开关的主要性能指标为：

（1）插入损耗；

（2）隔离度；

（3）开关时间；

（4）功率容量。

由于引信通常在近距工作，要求微波 PIN 开关能快速响应。在发射机中，微波 PIN 开关和功率放大器的控制时序通常采用套脉冲的方式实现。为降低发射关断时微波泄漏信号程度，需要微波 PIN 开关具有很高的隔离度，因此常采用多级 PIN 二极管并联的方式实现。并联式微波 PIN 开关具有插入损耗小，开关速度快，功率容量大的特点，因此得到广泛应用。

6.2.4 发展趋势

引信发射机的发展趋势，主要取决于引信系统的发展要求。目前引信系统要求发射机向大输出功率、小型化、抗干扰的方向发展，因此要求发射机也必须适应该发展要求。下面介绍近年来引信发射机的一些研究热点和设计方向。

1. 数字中频调制发射机

在目前数字调制方式日趋成熟的背景下，采用软件无线电方法，通过数字电路就可以实现从基带到中频的数字调制，并且可通过数字滤波器对已调信号进行中频滤波。数字电路比模拟电路更加稳定，不容易受到干扰，因此采用数字中频调制发射机是今后发射机设计的趋势。

2. 氮化镓功率放大器

随着材料技术的发展，半导体材料从最初的硅（Si）、锗（Ge）等第一代半导体材料，到砷化镓（GaAs）、磷化铟（InP）等第二代半导体材料，向氮化镓（GaN）、碳化硅（SiC）等第三代半导体材料发展。第三代半导体材料具有更宽的禁带宽度、更高的击穿电压、更高的热导率和更高的电子饱和速率，适合制作高温、高频和大功率器件。

目前功率放大器的主流工艺依然是砷化镓工艺，但氮化镓工艺也日趋成熟。氮化镓具有非常高的击穿电压，能达到 100 V 直流电压，与砷化镓相比，同样尺寸可以提供更高的输出功率；由于其良好的耐热性，对产品的冷却要求降低，减小了温度过热而引起失效的可能性。

基于氮化镓的功率放大器是近年来出现的一种性能优越的高功率放大器，由于其高效率、高热导率和高可靠性，是功率放大器的主流发展方向。

3. 多路通道发射机

发射机输出由两路向三路、四路增加，可以协助引信系统更精确地判别目标方位。多路发射通道与多根天线配合，向不同方位发射电磁波，根据接收信号的强弱，可以判定目标的具体方位。但同时电路的复杂度会增加，多路发射通道间的切换和时序控制也更为复杂。

4. 更高频段发射机

工作频率的提高可以提升引信系统的抗干扰能力，目前 8 mm 直接调制发射机已有成熟应用，在毫米波频段的低端，中频调制发射机也已有使用。为进一步提高引信的抗干扰能力，引信的频段向更高方向发展，但目前收发隔离、通道隔离还需进一步提高。

6.3　接收机

接收机的任务是接收被噪声干扰或淹没的已调微波信号，并提取有用信息。通常，接收机对输入信号进行检测前都需要经过滤波、放大和频率转换。增益、滤波、转换频率与转换方法都将影响接收机的选择性和灵敏度特性。需要在噪声系数、增益和线性度三方面有很好的折中。不同结构的接收机有不同的特性。

本节首先介绍引信接收机的特点和要求，而后介绍引信接收机的分类，着重阐述零中频接收机和超外差接收机的工作方式，并对接收机内部的主要工作电路特性进行简单说明，最后介绍引信接收机的一些研究热点和设计方向。

6.3.1　特点和要求

在满足对输入信号放大和频率转换基础上，作为引信接收机，其特点和要求与引信系统的功能要求相关，下面进行详细介绍。

1. 特点

由于引信的近距作用特点，其接收机输入端有用信号的能量通常有很大范围的幅度变化，这要求系统在满足一般接收机要求的低噪声系数、高增益、高灵敏度基础上，应具有很大的线性动态范围。

同时，为准确判断目标方位，需要有多路接收通道同时工作，每路接收通道连接不同方位的天线，通过判断不同接收通道信号大小，确定目标方位。

在引信收发组件中，由于发射机与接收机需要共用一个微波本振源，通常将两者整合为一个收发组件。因此对引信接收机的抗干扰性能提出了较高的要求，需防止发射信号泄漏至接收机，产生误触发干扰信号。

2. 指标要求

引信接收机的主要性能指标包括：噪声系数、增益、灵敏度、动态范围和线性度等。

1）噪声系数

接收机中的噪声会掩盖微弱信号，限制了接收机对微弱信号的检测能力，降低了接收机灵敏度。噪声可能是接收机自身产生的，也可能是从外部噪声源进来的。接收机自身产生的噪声包括放大器、滤波器、混频器等各级单元产生的噪声。接收机内部噪声限制了接收机检测最小信号的能力。

要衡量一个接收机对有用信号接收性能的好坏，往往要知道加到传输信号上噪声的数量，通常以信号功率与噪声功率之比来判定。因此确切地知道通过接收机的信号上的噪声量是相当重要的，表征这种特性的参数是噪声系数。噪声系数是定量描述一个元件或系统所产生噪声程度的指数，系统的噪声系数受许多因素影响，如电路损耗、偏压、放大倍数等。噪声系数定义为系统输入信噪比 $(S/N)_i$ 与输出信噪比 $(S/N)_o$ 的比值，其表达式为

$$F_n = \frac{(S/N)_i}{(S/N)_o} = \frac{S_i/N_i}{S_o/N_o} \geq 1 \qquad (6-40)$$

式中：S_i 为输入信号功率；N_i 为输入噪声功率；S_o 为输出信号功率；N_o 为输出噪声功率。

可以看出，噪声系数表征了信号通过系统后，系统内部噪声造成信噪比恶化的程度。如果系统是无噪的，不管系统的增益多大，输入的信号和噪声都同样被放大，而没有添加任何噪声，因此输入输出信噪比相等，相应的噪声系数为1。有噪系统的噪声系数均大于1。噪声系数常用分贝表示。

在引信接收机中，微波信号经滤波器、低噪声放大器、混频器和中频放大器等单元模块的传输，由于每个单元都有固有噪声，经传输后输入信噪比都会变差。接收机最前端的部件，尤其是低噪声放大器单元，决定了由多级单元组合而成的信号接收系统的噪声系数。接收机噪声系数 F_n 的表达式如下：

$$F_n = F_{n,1} + \frac{F_{n,2}-1}{G_1} + \frac{F_{n,3}-1}{G_1 G_2} + \cdots + \frac{F_{n,n}-1}{G_1 G_2 \cdots G_{n-1}} \qquad (6-41)$$

式中：$F_{n,1}$ 表示第一级单元的噪声系数；G_1 表示第一级单元的增益；$F_{n,2}$ 表示第二级单元的噪声系数；G_2 表示第二级单元的增益；以此类推。

从式（6-41）可以看出，要使接收机总的噪声系数降低，第一级的增益和噪声系数是至关重要的，因此，降低接收机的总噪声系数，第一级不但要具有低噪声系数，而且要具有高增益。如果第一级没有增益，反而有损耗，比如在接收机天线和第一级低噪声放大器之间接入一个无源滤波器，则滤波器的插损值就是噪声系数的增加值，会增大接收机的噪声系数。

2）增益

接收机的增益一般指信号传输功率增益，功率增益定义为输出端负载吸收的功率与激励源输出的资用功率的比值。可以表示为，接收机加入增益放大器时输出信号的大小与接收机未加入增益放大器时信号大小的比值。其中，输出端与输入端是否按照参数达到最佳匹配，直接影响增益的大小。

对于低噪声放大器，功率增益通常定义为激励源输入端以及负载端都为系统默认的最佳匹配（也就是 50 Ω 标准阻抗）时，放大器实际测量到的增益值。

功率增益作为接收机的前级，它的大小将直接影响到接收机的噪声系数。根据多级放大器级联所产生的噪声系数的公式可以计算出，只有最前端的增益足够大的情况下，接收机的噪声系数才与第一级的噪声系数相差不大。一般情况下，均将低噪声

放大器作为接收机的第一级，而后面的变频单元以及中频放大单元，看成接收机第二级，只有低噪声放大器的功率增益达到一定的数值，才能减弱后级电路所带来的噪声影响。

3）灵敏度

灵敏度和噪声系数一样都是衡量接收机接收和检测微弱信号能力的指标。它定义为，在给定要求的输出信噪比的条件下，接收机能够检测到的最低输入信号电平。当接收到的信号刚刚达到这样的强度时，接收机就能正常工作，并且产生预期的输出。

接收机灵敏度并非是基本量，是在给定噪声功率的前提下，衡量接收机检测信号能力的参数，一般要依赖一些其他的参数才能确定，如接收信号的调制方式、中频带宽、信噪比以及接收机的噪声系数等。式（6-42）为接收机灵敏度与这些参数之间的简单近似关系式：

$$S = -174 + F_n + 10 \lg B + S/N + K_m \qquad (6-42)$$

式中：S 为接收机灵敏度，单位为 dBm；F_n 为接收机噪声系数，单位为 dB；B 为中频带宽，单位为 Hz；S/N 为信号检波所需的信噪比，单位为 dB；K_m 为调制特性的函数，与信号的调制类型有关，单位为 dB。

从式（6-42）可见，若要提高灵敏度，只有降低接收机噪声系数和减小中频带宽。在宽带接收机中，灵敏度通常都是频率的函数，即接收机在不同的频率下工作，灵敏度不是一个常数。一般宽带接收机都有最低灵敏度和最高灵敏度两个指标，这两个值不应该相差太大，频带内灵敏度起伏太大也是影响整机性能的一个因素之一。

4）线性度

由于晶体管或场效应管等非线性器件的存在，在大信号输入时具有如增益压缩、谐波失真及非线性杂散响应等特性，会导致接收机在大信号输入时的非线性失真。

（1）1 dB 压缩点。

1 dB 压缩点表示实际输出响应与其线性响应的延长线在输出功率差 1 dB 时的输入功率值，如图 6-15 所示，输入 1 dB 压缩点记作 $P_{in,-1\,dB}$。相对应的实际输出响应为输出 1 dB 压缩点，记作 $P_{out,-1\,dB}$。

1 dB 压缩点是定量描述接收机在大信号输入时的失真特性，例如，当输入增加 10 dB，而输出只增加了 9 dB 处的功率点，即为 1 dB 压缩点。接收机的线性工作范围内，一般以 1 dB 压缩点为上限。

（2）三阶互调失真。

当两个强干扰信号（频率分别为 f_1 和 f_2）同时落在接收机通带内时，会产生三阶互调量 $2f_1 \pm f_2$ 或者 $f_1 \pm 2f_2$，而其中的一个或两个同时都可能会落在通带内。三阶截断点（IP3）被广泛用来描述接收机的互调失真特性。

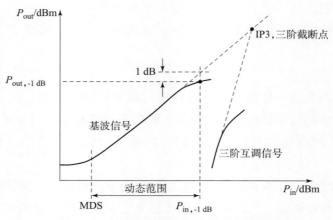

图 6 - 15 1 dB 压缩点与三阶截断点示意图

如图 6 - 15 所示，图中两条曲线分别是弱非线性系统中的基波信号和三阶互调信号。在小信号输入情况下，基波信号的输出是斜率等于 1 的线性响应，这表示当输入增加 1 dB 时，输出也相应增加 1 dB。同样，三阶互调信号的输入输出关系也是线性的，对应的基波输入在对数坐标图中斜率为 3，即当输入增加 1 dB，输出就会线性增加 3 dB。这两条响应曲线线性部分的延长线相交点即是三阶截断点。

如果接收机的三阶截断点越高，则带内强信号互调产生的杂散响应对接收机的影响就会越小，而要实现高三阶截断点，通常要选用 1 dB 压缩点高的低噪声放大器、混频器和中频放大器，一般 1 dB 压缩点高的放大器具有比小信号放大器更大的噪声系数和功耗，大信号混频器需要更大的本振信号来进行驱动，这样会使本振泄漏增加从而导致内部杂散响应也增大，当然功耗也会增加。

高三阶截断点和低噪声系数是一对矛盾的指标，当对接收机的线性度和噪声系数都有要求时，接收机设计要在这两个指标间作折中考虑。

5）动态范围

动态范围是接收机处理各种功率水平信号的能力，定义为最小可检测信号（MDS）与接收机输入 1 dB 压缩点之差，如图 6 - 15 所示。

6.3.2 分类

接收机的实现方案有许多种，如超外差接收机、镜频抑制接收机、零中频接收机和低中频接收机等。在引信中使用较多的接收机形式为超外差接收机和零中频接收机。

1. 超外差接收机

超外差接收方式在早期无线电通信阶段就开始流行，图 6 - 16 给出了超外差接收机的电路框图。由天线接收的低电平微波调制信号 f_{RF}，经过滤波、可调衰减器和低噪声放大器后与微波本振信号 f_0 进行混频，低通滤波器选取中频信号 f_{IF}，经中频放大器后输出至后续电路处理。

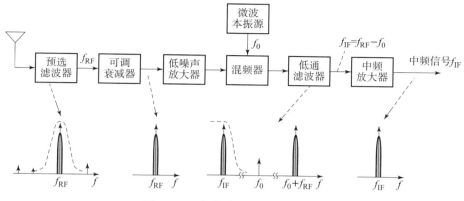

图 6 – 16　超外差接收机电路框图

"超外差"是指将微波输入信号与本地本振源产生的信号相乘或差拍，即由混频器后的低通滤波器选出微波信号与本振信号频率两者的差频。主要优点是低中频上容易实现相对带宽较窄、矩形系数较高的中频滤波，以提高接收机的选择性，而且增益可以从中频级获得，降低了微波级实现高增益的难度。

同时，由于信号可以在中频放大，因此接收机动态范围较大。当微波信号频率上升至毫米波时，可以采用二次变频方法，以降低滤波器实现的难度，保证接收机的选择性。即使在微波频率较低时，也可以采用二次变频，且第一中频设计为高中频的方法来获得较好的镜像频率抑制。实际上，现代接收机微波前端绝大多数设计为超外差结构。

但是，超外差接收机的缺点几乎与它的优点同样突出。超外差接收机的结构复杂，模拟器件多，需要使用多个滤波器，难以实现系统集成，滤波器使用要求也较高，在体积、重量和成本方面常常不能令人满意。由于输出中频信号不为零，必然存在镜像抑制问题。

2. 零中频接收机

零中频接收机的主要设计思想是微波信号经过一次混频就把有用信号下变频到基带，消除了镜像信号的干扰。结构框图如图 6 – 17 所示，零中频接收机和超外差接收机类似，微波调制信号 f_{RF} 经天线后通过可调衰减器和低噪声放大器，与微波本振源 f_0 信号进行混频，经过低通滤波和放大后得到基带信号 f_s。

理想的零中频接收机在混频过程中不存在镜像干扰问题，且微波信号被下变频到基带，混频后的低通滤波器工作频率很低，这样突出了零中频接收机易于集成的优点。但零中频接收机也存在一些自身的固有缺点。

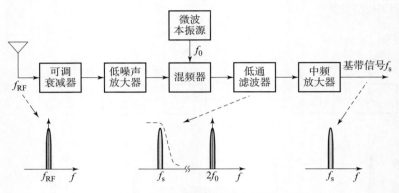

图 6 – 17　零中频接收机结构

1）本振泄漏

零中频接收机的本振泄漏信号会从接收天线发射输出，影响工作在同一频带的其他接收机。对零中频接收机结构进行简化后的本振泄漏示意图如图 6 – 18 所示，其反应了本振信号耦合至接收天线的两条路径，一是微波本振源与混频器射频端口之间的耦合电容 C_{C1} 和低噪声放大器输出端和输入端之间的耦合电容 C_{C2}，两者构成的本振信号反向传输通道；二是混频器芯片的衬底至输入端口焊盘之间的本振信号反向泄漏通道。

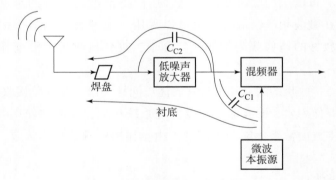

图 6 – 18　本振泄漏路径示意图

2）直流偏移

零中频接收机接收的微波频率和本地振荡频率是一致的，因此带来了一种限制零中频接收机广泛应用的直流偏移问题，也叫直流失调。如图 6 – 19 所示，直流偏移问题产生的主要原因有两个：一是本振信号通过 C_{C1} 耦合至混频器射频端后，与本振信号自混频；二是本振信号泄漏至低噪声放大器输入端，一部分经接收天线发射形成本振泄漏，另一部分沿接收机正常工作路径，传输至混频器，与本振信号自混频，如果泄漏信号较大，还会引起低噪声放大器的非线性效应而产生一个低频的二阶交调项。

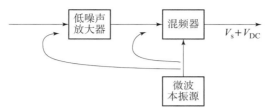

图 6 - 19　零中频接收机中直流偏移

本振泄漏信号与本振信号自混频后会产生直流分量 V_{DC}，并叠加在有用信号 V_s 上，两者一起进行低通、放大处理。这些直流分量会淹没有用信号，使后续各级处理电路达到饱和，有用信号无法正常处理，严重影响接收机性能。

在实际的工程设计中可以提高端口之间的隔离度，防止本振或微波信号的自混频作用；还可以采用谐波混频、多级放大的形式，防止前级的放大器饱和。

3）闪烁噪声的影响

由于有源器件的局部起伏引起发射电子的缓慢随机起伏，产生噪声，这种噪声通常出现在较低频率上（频率上限约 500 Hz），称为闪烁噪声，也称为 $1/f$ 噪声，其强度与 $1/f$ 成正比，是低频段的主要噪声源。

由于接收机的线性度要求，通常低噪声放大器和混频器的级联增益限制在 20 dB，混频后的基带信号仍较小，需要基带放大器进行放大处理，因此容易受到闪烁噪声影响。通过适当提高低噪声放大器的增益，选择有源混频器，适当提高基带频率，可以减小闪烁噪声的影响。

3. 两种接收机的比较

超外差接收机的优点是接收动态范围大、接收灵敏度高、直流失调小；缺点是集成度低、成本高、镜像信号影响大、功耗大。

零中频接收机的优点是集成度高、体积小、成本低、功耗低；缺点是动态范围较低、线性度较差、需要直流消除电路。

6.3.3　主要电路介绍

接收机的主要电路包括低噪声放大器、混频器、温度补偿电路和可调衰减器等。

1. 低噪声放大器

低噪声放大器通常都是作为微波接收机中的关键部件，它在微波电路中除了放大从天线接收的微弱信号从而提高电路的整体增益外，主要有 4 个作用：

（1）能够改善噪声特性，提高信噪比。

（2）使天线和微波本振源或混频器之间相互隔离，从而很好地避免可能由微波本振源所产生的反向传输信号对电路形成的干扰，在天线和混频器之间放上低噪声放大器阻碍和限制了信号通过天线向空中辐射的可能。

（3）提高了对镜频信号的抑制能力。

（4）提高和改善了电路的选择性。

低噪声放大器的主要技术指标为：

（1）噪声系数；

（2）增益；

（3）1 dB 压缩点；

（4）输入输出驻波比。

2. 混频器

混频器利用变阻二极管或变容二极管等非线性器件，将两个不同频率的输入信号和本地振荡信号，变换成频率为它们的差频或者和频的输出信号。二极管的非线性特性是产生混频作用的基本条件。

当频率为 f_L 的大信号加到二极管上时，会产生各阶谐波频率的信号，当频率为 f_i 的小信号同时加到二极管上时，会产生许多新的频率，其中包括 f_L 与 f_i 各次谐波的和、差频率分量 $f_o = mf_i \pm nf_L$（其中 m、n 为正整数）。基波混频器中，m、n 均为 1。

目前所有的二极管混频器，均使用肖特基势垒二极管作为混频元件。与 PN 结二极管相比，肖特基势垒二极管是多数载流子器件，不受电荷短缺效应的影响，具有较好的高频特性、开关速度快、噪声低、工作稳定和动态范围大等优点。

混频器的主要技术指标为：

（1）噪声系数；

（2）变频损耗；

（3）隔离度；

（4）1 dB 压缩点。

从电路结构来看，混频器可以分为单端混频器、单平衡混频器、双平衡混频器等。目前在微波收发组件中，双平衡混频器因其多倍频程工作带宽、混频组合分量少、隔离度好、动态范围大等特点，使用最为广泛。

3. 温度补偿电路

由于晶体管本身工作特性，基于晶体管设计的放大器在低温下增益高、高温下增益低，一般在 100 ℃温度变化范围内增益波动为 1~2 dB。如果引信接收机的接收链路有低噪声放大器、中频放大器等 3 个放大器，则级联后整个接收机的增益在 100 ℃温度变化范围内增益波动可达 3~6 dB，将超出接收机增益精度要求，所以必须进行温度补偿。在低频段对信号的处理相对微波频段更为容易，对增益的补偿一般在低频段完成。

一般使用温度补偿衰减器进行补偿。在常温时温度补偿衰减器有一定的衰减量，根据型号的不同，衰减量也不同。随着环境温度的升高，其衰减量会按照一定的斜率而线性变小，从而可以对电路中放大器由于温度升高而造成增益下降进行补偿，如图 6-20 所示。正因为温度补偿衰减器有这一特性，使其广泛应用于接收机和发射机中。由于温度补偿衰减器是无源器件，对通过它的信号不会产生失真，因此温度补偿衰减器在微波收发组件中的应用可以使电路设计变得简单可靠。

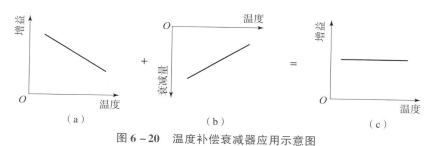

图 6-20　温度补偿衰减器应用示意图

（a）放大器响应；（b）温度补偿衰减器响应；（c）线性补偿

4. 可调衰减器

在引信接收机中，可调衰减器一般放置在低噪声放大器之前，当有大信号进入接收机时，通过增加可调衰减器的衰减量，使后续放大器和混频器仍处于线性工作状态，防止接收机饱和，增加接收机的线性工作动态范围，同时实现了接收机的自动增益控制功能。可调衰减器的插入损耗直接计入接收机的噪声系数，会影响接收机灵敏度。

可调衰减器一般分为电调衰减器和数控衰减器，主要技术指标为：

（1）插入损耗；

（2）最大衰减量；

（3）衰减步进；

（4）衰减精度；

（5）衰减响应时间。

电调衰减器是指衰减量根据输入电信号连续可调的模拟衰减器，实现衰减量的连续可调。电调衰减器主要可以分为两类：PIN 二极管电调衰减器和场效应晶体管电调衰减器，分别利用 PIN 二极管和场效应管的不同特性制作而成。数控衰减器是由不同固定衰减量组合形成一定步进的衰减器，如 1 dB、2 dB、4 dB、8 dB 和 16 dB 可以组合成最大衰减量为 31 dB、步进为 1 dB 的数控衰减器。

6.3.4　发展趋势

引信接收机的发展，主要取决于引信系统的发展趋势要求。目前引信系统要求接收机向多功能化、小型化、智能化的方向发展，因此要求接收机功能和尺寸也必须适应该发展要求。下面介绍近年来引信接收机的一些研究热点和设计方向。

1. 多路通道接收机

与发射机对应，为协助引信系统更精确地判断目标方位，接收信号处理的通道数也需相应增加，通道的切换和时序控制会更加复杂，接收机成本也会增加。

2. 高性能接收机

随着通道数量的增加，需要考虑通道间的相互隔离，在保证空间隔离和电源隔离基础上，还可以直接在各接收通道内增加 PIN 开关，在通道不工作时直接关断，避免对相邻通道的影响。

通过增加可调衰减器，对通道增益进行实时控制，并增加接收通道的动态范围，从而实现越来越高的大动态要求；通过增加温度补偿衰减器，对通道增益随温度波动进行补偿。

3. 带自检功能收发组件

为收发组件能够在通电后自动检查功能是否正常，从发射通道耦合一路微波信号至接收通道，通过开关控制。当耦合自检通路打开后，通过混频后的输出信号性能，判断收发组件是否工作正常；当耦合自检通路关断后，耦合信号电平低于接收机的接收灵敏度，不影响接收机正常使用。

虽然自检信号是耦合一路，但是需要功分至每一个接收通道，随着接收通道的增加，会相应增加电路的设计难度。

4. 接收机小型化设计

随着接收通道数量的增加，电路布局会越来越拥挤，需要充分利用芯片技术的发展优势，集成部分功能单元，如将限幅器和低噪声放大器集成于同一芯片，以减小接收机尺寸。多层立体封装技术 LTCC 的出现，可以有效减小无源器件，特别是滤波器的体积。

通过合理的电路设计，配合时序控制，公用部分信号处理电路，可达到小型化设计的目的。

6.4　信号处理机

信号处理机是引信的核心部件。它的主要功能包括：产生工作时序，控制引信工作；处理无线电或其他物理场接收机输出的前端中低频信号，从中提取目标信息、抑制干扰信号并产生引信启动信号；根据导弹装定信息计算并执行引战延时；通过引爆电路输出引爆信号。

信号处理机一般由中低频模拟电路和数字信号处理电路组成。目前，ADC 芯片采样率、分辨率、无杂散动态范围等性能以及信号处理器的数据处理能力已经能够满足中频数字接收机的要求，除引爆电路外，中低频模拟电路的功能可由数字信号处理算法实现。

6.4.1 中低频模拟电路

中低频模拟电路对无线电或其他物理场接收机输出的前端中低频信号进行解码、距离选通、滤波和放大等处理。其中滤波和放大是中低频模拟电路的基本功能。因为引爆电路由晶体管、电阻、电容等分立式模拟器件组成，所以一般将引爆电路归于中低频模拟电路。

本小节以 $0/\pi$ 调相脉冲多普勒引信为例，简述中低频模拟电路的组成、功能和技术要求。其他体制引信中低频模拟电路的基本功能也是滤波放大，与 $0/\pi$ 调相脉冲多普勒引信类似，故不再阐述。

1. 组成

$0/\pi$ 调相脉冲多普勒引信中低频模拟电路的组成框图如图 6 – 21 所示，主要由滤波放大电路与引爆电路组成。

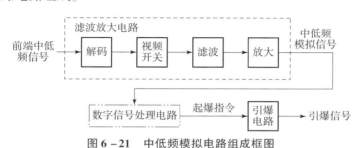

图 6 – 21　中低频模拟电路组成框图

滤波放大电路主要由解码模块、视频开关模块、滤波模块、放大模块组成。图 6 – 21 为单通道滤波放大电路组成图。如果有多挡距离门通道、高度测量通道、抗干扰辅助通道的要求，需要按照滤波放大电路的基本形式增加电路。引爆电路是一个相对独立的电路，执行由数字信号处理电路输出的起爆指令，输出引爆信号。

2. 功能

如图 6 – 21 所示，$0/\pi$ 调相脉冲多普勒引信中低频模拟电路的滤波放大电路具有如下功能：解码模块使用本地码将目标回波脉冲信号解调，去除目标回波中的伪码调制；视频开关模块进行距离选通，只允许引信作用距离范围内的信号通过，而将距离波门外的信号截止；滤波模块一般由低通滤波器和高通滤波器组合而成，允许目标回波多普勒信号通过；放大模块将微弱的回波多普勒信号放大，便于数字信号处理电路采集处理。引爆电路的主要功能是将数字信号处理电路输出的起爆指令转换为能引爆电雷管的引爆信号。

3. 技术要求

$0/\pi$ 调相脉冲多普勒引信中低频模拟电路的主要技术要求包括增益、动态范围、通带特性、噪声、视频开关特性、引爆电路电容充电时间以及引爆脉冲幅度。

1）增益

中低频模拟电路增益分配影响输出信号的幅度。增益指标设计时需要考虑启动灵敏度点输入信号幅度、模拟电路输出饱和幅度以及模拟电路动态范围要求。例如启动灵敏度点输入信号幅度为 0.01 V，模拟电路输出饱和幅度为 10 V，模拟电路动态范围要求为 26 dB，则模拟电路增益为 34 dB。

2）动态范围

模拟电路动态范围是指输出饱和幅度和输出启动门限幅度的比。在模拟电路动态范围内，放大器工作在线性放大区，输出信号不失真。动态范围一般要求大于 20 dB。

3）通带特性

通带特性包括 3 dB 带宽、带内波动以及倍频程衰减量。3 dB 带宽由引信天线主波束方向的弹目相对速度上下限决定。带内波动影响增益平坦性能，若波动较大会引起不平坦噪声，还会增大引信灵敏度的变化范围。一般要求带内波动小于 1.5 dB。倍频程衰减量决定了带外衰减的速度，一般要求大于 20 dB。

4）噪声

模拟电路如果不与微波接收机连接，其本身产生的噪声一般应该明显小于引信整机最终输出噪声（通过模拟电路输出）。整机最终输出噪声影响虚警概率，直接关系到引信的探测性能。引信整机最终输出噪声应满足引信系统的门限噪声比要求。如果模拟电路本身产生的噪声影响引信探测能力，则应设法降低模拟电路噪声。

5）视频开关特性

视频开关特性包括允许通过的信号幅度、开关隔离比与开关速度。开关隔离比影响引信作用距离外的信号截止能力，开关隔离比一般可达 40 dB 以上。开关速度主要影响引信无盲区探测以及距离截止能力，通常要求不超过 4 ns。

6）引爆电路电容充电时间

引爆电路电容充电时间由导弹工作时序决定。

7）引爆脉冲幅度

确定引爆脉冲幅度指标的前提是能可靠引爆电雷管。

6.4.2　数字信号处理电路

数字信号处理电路的基本功能是采样模拟电路输出的中低频信号，提取目标信息并进行启动判别。

1. 组成

数字信号处理电路组成框图如图 6 - 22 所示，主要由 ADC、核心处理器、时序驱动模块、接口驱动模块组成。其中，核心处理器包括 CPLD、DSP、FPGA、SOC、ARM

等，可由多款处理芯片联合构成，如 DSP + FPGA 架构。

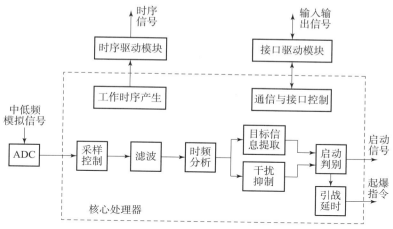

图 6 – 22　数字信号处理电路组成框图

2. 功能

如图 6 – 22 所示，核心处理器主要完成采样控制、信号处理、时序产生以及通信与接口控制。ADC 在核心处理器的控制下采样模拟电路输出的中低频模拟信号，传输数字信息至处理器中。核心处理器内部信号处理功能由软件实现，主要包括滤波、时频分析、干扰抑制、目标信息提取、启动判别等，输出引信启动信号。引战延时计算完成并执行后，输出起爆指令至引爆电路。核心处理器还产生工作时序，控制整个引信系统工作。核心处理器通信与接口控制部分完成引信与弹上其他系统的通信和信号传输。

3. 技术要求

数字信号处理电路的技术要求包括 ADC 性能、信号处理要求、时序要求、引战延时要求、通信接口要求、输入输出接口要求等。

1）ADC 性能

ADC 性能包括通道数、采样率、分辨率、无杂散动态范围、最大输入信号幅度等要求。

2）信号处理要求

信号处理要求主要包括抗干扰算法、目标信息提取算法以及启动判决算法等，信号处理器的数据能力应满足算法实现要求。

3）时序要求

多路时序控制信号的起始时间、脉宽、脉冲重频等应满足系统时序要求，脉冲前后沿一般不大于 3 ns。

4）其他要求

包括引战延时要求、通信接口要求、输入输出接口要求等，应满足系统要求。

6.4.3 中频数字接收机

中频数字接收机直接采样无线电或其他物理场接收机输出的前端中低频信号。模拟滤波放大电路通过数字滤波器和数字放大器实现，模拟解码电路和开关选通功能通过数字乘法器实现。因此，中低频模拟电路的功能基本可以合并到中频数字接收机中。

中频数字接收机的组成与前文所述的数字信号处理电路大致相同。0/π调相脉冲多普勒引信中频数字接收机的组成框图如图 6 – 23 所示，在核心处理器中增加了解码模块和距离选通模块，外部增加了引爆电路。对于非零中频接收机，可以在采样之后数字下变频到基带进行处理，或者采用带通采样的方式直接在基带处理，框图中不再列出。

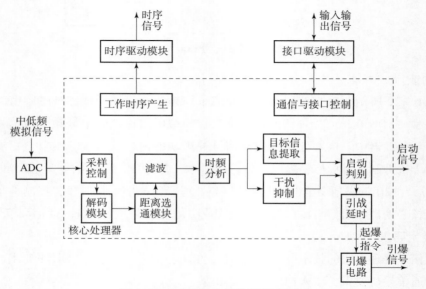

图 6 – 23　中频数字接收机组成框图

中频数字接收机实现了中低频模拟电路和数字信号处理电路的功能，也满足两者的技术要求。

中频数字接收机的优点：滤波器、放大器、乘法器、开关等通过软件实现，抗干扰、目标信息提取等信号处理算法实现更加灵活；有利于小型化设计；有利于降低硬件成本；接收机噪声降低，没有滤波器、放大器、乘法器、开关等模拟器件的噪声；温度适应性好，数字滤波器、数字乘法器、数字开关等工作点不会随温度漂移；抗振动能力强；多通道处理时，各通道的幅相一致性高。

中频数字接收机的缺点：数字滤波器存在群延时，设计时需要考虑群延时对引战配合的影响；对于需要数字下变频的信号处理方式，A/D 采样率、处理器工作频率、数据吞吐量要求提高，会增加设计难度；处理器热耗散增加，需要进行热设计。

第 7 章　抗地海杂波干扰技术

防空导弹拦截低空或掠海目标时，引信会受到地海杂波的严重干扰，不能正常工作，会发生"早炸""瞎火"等情况，导致导弹拦截来袭目标失败。引信有无对抗地海杂波能力，是决定防空导弹是否具有良好低空作战性能的重要因素。

超低空引信设计的关键在于克服地海杂波的影响并从中识别出目标，尽可能提高启动概率。引信的瞬时工作特性，使引信无法通过长时间的积累将目标回波从强地海杂波中提取出来。一般来说，防空导弹引信超低空抗地海杂波技术大致分为以下三类：

一是采用距离选通波门从时域上截止地海杂波，这种方法适用于引信与目标之间相对距离大于引信与地海面相对距离的情况，通过设置距离选通波门，从时域上将地海杂波截止于引信作用距离之外。

二是通过频谱分析从频域上识别地海杂波，这种方法适用于目标回波多普勒与地海杂波在频率上能够明显区分的情况，例如在迎攻且交会角较小的情况下，引信与目标的相对速度大于引信与地海面的相对速度，通过对回波信号的频谱分析识别并滤除地海杂波频谱分量，可克服地海杂波的影响。

三是采用被动引信来分辨目标与背景，被动引信不主动发射信号，被动感知目标自身辐射的电磁能量、目标磁场、目标电荷等信息，通过与背景能量做比较，得到引信启动信号。被动引信将地杂波、海杂波当作背景信号，利用目标信号与其差异性，克服地海杂波的影响，实现引信超低空探测目标的功能。

空空、舰空和地空导弹攻击掠海、掠地目标时，均要经历低空飞行段，引信会受到模糊区低空地海杂波的干扰。

本章首先分析地海杂波的散射特性及其对引信的影响，然后论述时域自适应距离选通抗地海杂波技术（又称为波门压缩技术）、频谱识别抗地海杂波技术、被动引信抗地海杂波技术、制导引信抗地海杂波技术，最后分析了界外背景干扰的特征与抑制方法。

7.1　地海杂波散射特性及其对引信的影响

本节介绍地杂波散射特性、海杂波散射特性和地海杂波对引信的影响。

7.1.1　地杂波散射特性

地杂波的散射特性可用幅度特性和频谱特性描述。

1. 地杂波的幅度特性

当把地面散射信号作为干扰杂波考虑时，不仅要考虑天线主波束的影响，同时还要考虑天线旁瓣的影响。由于天线方向性函数的复杂性以及交会姿态的不同，地面散射形成的回波功率是一个复杂函数，一般可用一个面积分表示为

$$P_r = \frac{P_t}{(4\pi)^3}\int_S \frac{G_t(\theta,\phi)G_r(\theta,\phi)\lambda^2\sigma_0}{R^4}\mathrm{d}S_e \tag{7-1}$$

式中：P_t 为引信发射机输出功率；λ 为工作波长；$G_t(\theta,\phi)$ 为发射天线增益函数；$G_r(\theta,\phi)$ 为接收天线增益函数；θ 为俯仰方向天线波束与弹轴的夹角；ϕ 为方位方向天线波束与弹轴的夹角；R 为引信至照射单元点的距离；S_e 为地面被照射的有效面积；σ_0 为地面散射系数。

对于不具备距离截止能力的引信，S_e 可按照天线 3 dB 波束照射面积计算，例如无调制的连续波引信等。对于具备距离截止能力的引信，S_e 只计算距离不被截止的照射面积，例如脉冲引信、脉冲多普勒引信、伪随机码调制引信等。散射系数 σ_0 一般由测试确定。表 7-1 为入射角为 15°~70°时地面散射系数平均值与最大值。

表 7-1　入射角为 15°~70°时地面散射系数平均值与最大值

地面目标特征	平均值/dB	最大值/dB
沙漠和道路	-13.01	-10.00
耕地	-17.95	-10.00
旷野和公路	-15.05	-10.00
有树的小山	-13.01	-6.02
城市	-12.01	-3.01

地面有大量散射单元，这些散射单元不仅形状和特性不同，它们之间的距离也是随机的，且散射回波相位不相关，地面回波概率密度函数服从瑞利分布。对于较复杂的某些地面，用韦伯分布描述其概率分布密度函数更合适，即

$$W(U_j) = \begin{cases} \dfrac{\eta}{\gamma}\left(\dfrac{U_j}{\gamma}\right)^{\eta-1}\exp\left(-\dfrac{U_j}{\gamma}\right)^{\eta} & U_j \geqslant 0 \\ 0 & U_j < 0 \end{cases} \tag{7-2}$$

式中：U_j 为杂波包络幅度；γ 为强度标量参数；η 为地面形状系数。

当地面粗糙程度很小时，其分布接近正态分布。

2. 地杂波的频谱特性

导弹攻击低空目标情况如图 7 - 1 所示，其中，θ_1、θ_2 为主波束边缘射线与弹体纵轴间的夹角。引信天线的主瓣和副瓣均可照射到地面，并接收地面反射的回波信号。其频谱特性主要取决于导弹相对照射地面飞行产生的多普勒频率。导弹与地面各散射单元间（如森林、植被等）的相对运动关系不同会引起地面回波多普勒信号频率起伏，各散射单元因粗糙不平的距离起伏也会引起地面回波幅度起伏，造成多普勒频率展宽。由于各散射单元相对引信的视线角很宽，杂波引起的多普勒频移分布在较宽的频带上。

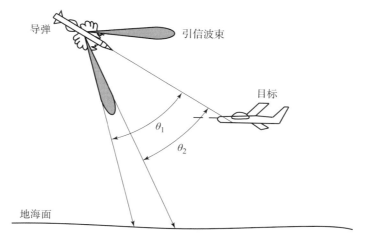

图 7 - 1　导弹攻击低空目标情况

如果忽略各散射单元之间的相对运动，以及因地面粗糙不平引起的频率影响，则杂波的频谱宽度 Δf 为

$$\Delta f = \frac{2v_{\mathrm{m}}}{\lambda}(\cos\theta_1 - \cos\theta_2) \qquad (7-3)$$

式中：v_{m} 为导弹飞行速度；θ_1、θ_2 为主波束边缘射线与弹体纵轴间的夹角（见图 7 - 1）。

当 θ 值不同时，由于天线增益不同，对应的杂波频率和幅度亦不同。用式（7 - 3）可计算出天线主波束和任意旁瓣波束对应的多普勒频率及其宽度。

仅考虑引信天线主波束，目标回波多普勒信号频率中心 f_{Dm} 及宽度 Δf_{Dm} 为

$$f_{\mathrm{Dm}} = \frac{2v_{\mathrm{mt}}}{\lambda}\cos\theta_0 \qquad (7-4)$$

$$\Delta f_{\mathrm{Dm}} = \frac{2v_{\mathrm{mt}}}{\lambda}\left[\cos\left(\theta_0 - \frac{1}{2}\Delta\theta\right) - \cos\left(\theta_0 + \frac{1}{2}\Delta\theta\right)\right] \qquad (7-5)$$

式中：θ_0 为主瓣最大增益方向与相对速度矢量的夹角；$\Delta\theta$ 为主波瓣宽度；v_{mt} 为弹目相对速度。

当目标谱落入杂波频谱范围内时，引信单靠速度分辨，难以从地杂波中把目标信号分离出来，从而影响其正常工作。这种情况在空空导弹尾追攻击目标时，因相对速度很低，当杂波信号落入引信的多普勒放大器通带内时，将导致引信"早炸"。

7.1.2　海杂波散射特性

海杂波虽与地杂波类似，但其特性远比地杂波复杂。海杂波强度主要受下列因素影响：

（1）地域、季节和时间；

（2）风、雨、雪等气候；

（3）海情及海面漂浮物；

（4）引信工作频率、极化方向、波束宽度和入射方向等。

海面呈现的有效散射截面积是引信波束照射面积乘以散射系数。海杂波的起伏远比地面大得多，这是因为海面散射单元间的激烈相对运动，改变了引信与各散射单元间的相对距离，使各散射单元回波间的相对相位出现变化，导致合成的回波随时间变化。一般来说，对于宽波束照射平静的海面情况，回波电压包络幅度服从瑞利分布。引信天线照射区有效散射截面积的概率密度分布函数为

$$W(\sigma_{\mathrm{e}}) = \frac{1}{\bar{\sigma}_{\mathrm{e}}}\exp\left(-\frac{\sigma_{\mathrm{e}}}{\bar{\sigma}_{\mathrm{e}}}\right) \tag{7-6}$$

式中：σ_{e} 为有效散射截面积；$\bar{\sigma}_{\mathrm{e}}$ 为有效散射截面积的平均值。

对于窄波束照射情况，杂波电压包络幅度的概率密度函数不符合瑞利分布。试验表明，用对数正态分布或者混合正态分布描述海杂波起伏特性更加接近实际情况。对数正态分布为

$$W(U_{\mathrm{j}}) = \frac{1}{U_{\mathrm{j}}2\sqrt{2\pi}\sigma}\exp\left[-2\left(\frac{\ln(U_{\mathrm{j}}) - \bar{U}_{\mathrm{j}}}{\sigma}\right)^2\right] \tag{7-7}$$

式中：U_{j} 为杂波电压包络幅度；$W(U_{\mathrm{j}})$ 为概率密度函数；$\bar{U}_{\mathrm{j}}$ 为 $\ln(U_{\mathrm{j}})$ 的均值；σ 为 $\ln(U_{\mathrm{j}})$ 的标准偏差。

图 7-2 为引信天线波束照射地海面三维示意图。图中，以 XOY 平面为水平面，h 为导弹距地海面的高度；v_{m} 为导弹速度；r 为导弹到地海面天线照射区域的距离；ϕ 为导弹纵轴与地海面天线照射区域在水平面上的夹角；θ 为导弹纵轴与地海面天线照射区域在垂直面上的夹角；$\mathrm{d}A$ 为地海面天线照射区域的微元面积。

由式（7-1）可以求得引信接收的海杂波平均散射功率为

$$P_{\mathrm{r}} = \frac{P_{\mathrm{t}}\lambda^2}{(4\pi)^3 h^2}\int_0^{2\pi}\left[\iint_{\pi/8}^{\pi/2}G_{\mathrm{r}}(\theta,\phi)G_{\mathrm{t}}(\theta,\phi)\sigma_0\sin^2\theta\mathrm{ctan}\theta\mathrm{d}\theta\right]\mathrm{d}\phi \tag{7-8}$$

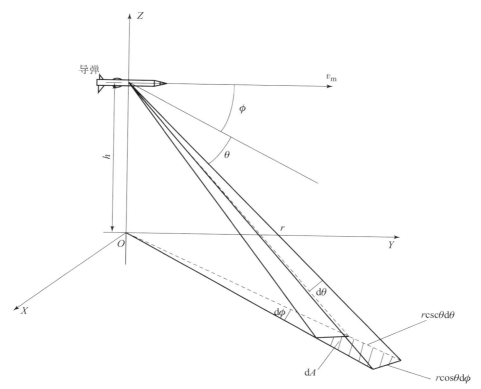

图 7 - 2　引信天线波束照射地海面三维示意图

式中：P_t 为引信发射机输出功率；λ 为工作波长；$G_r(\theta, \phi)$ 为接收天线增益函数；$G_t(\theta, \phi)$ 为发射天线增益函数；σ_0 为海面散射系数。

当 θ 趋向于 0，且 h 恒定时，r 趋向于无穷大，由于引信作用距离小，远距离杂波对引信影响较小。所以式（7 - 8）中积分下限不取零，取 $\pi/8$。

利用式（7 - 8）和多普勒曲线可求得海杂波的功率谱密度为

$$W(f) = \frac{P_t \lambda^3}{128 \pi^3 h^2 v_m} \int_{\pi/8}^{\pi/2} \frac{G_r(\theta, \phi) G_t(\theta, \phi) \sigma_0 \sin^2 \theta \operatorname{ctan} \theta}{\sqrt{\cos^2 \theta - [\lambda/(2 v_m)]^2 f^2}} \mathrm{d}\theta \tag{7 - 9}$$

式（7 - 8）和式（7 - 9）计算的复杂性，由天线增益函数的复杂程度决定。

海面散射系数 σ_0 在第 5 章目标与环境近场散射特性中已做了分析。本小节仅列出模拟 2 级 PM 谱海面试验测得的散射系数随入射角变化的情况，如图 7 - 3 所示，极化方式为 VV，频率为 Ku 波段。

从图 7 - 3 可以看出，海面散射系数散布范围较大，达到 21 dB。当引信天线波束垂直于海面时，入射角为 0°，海面散射系数平均值达 8 dB 左右，最高值达 16 dB，海杂波功率远高于目标回波功率。引信设计时需要考虑最大的散射系数，防止虚警。

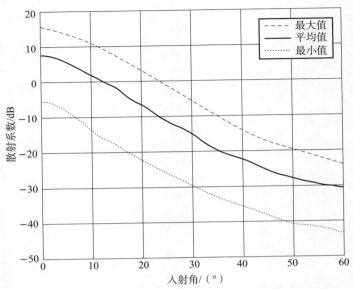

图 7 - 3　模拟 2 级 PM 谱海面 VV 极化 Ku 波段散射系数随入射角的变化

7.1.3　地海杂波对引信的影响

对防空导弹引信来说，地海杂波是很强的干扰，其对引信的主要影响包括：

（1）在入射角较小时，地海杂波能量比目标回波能量强，会抬升引信接收机底噪，将目标回波淹没，导致引信"瞎火"。

（2）地海杂波频谱与目标回波频谱有相似点，引信难以区分地海杂波与目标回波，导致"早炸"。

（3）对于采用旁瓣抑制措施的引信，由于地海面的面目标特性，引信天线旁瓣接收到地海杂波，会抑制引信天线主瓣启动能力，导致引信"瞎火"。

（4）对于采用复杂调制措施的引信，地海杂波会抬升相关函数的非相关副瓣电平，主峰和副瓣电平之比降低，从而降低了引信抗干扰能力。

7.2　时域自适应距离选通抗地海杂波技术

在时域上自适应改变距离选通波门宽度，截止地海杂波，可以有效降低地海杂波对引信探测能力的影响。

7.2.1　时域自适应距离选通抗地海杂波技术

时域自适应距离选通技术又称为波门压缩技术，其原理为采用地海面跟踪通道实时跟踪地海面，并根据与地海面的相对距离实时调整引爆通道的接收波门宽度，使得海面回波落在引爆通道的接收距离范围之外，保证不对地海面误启动。而目标在地海面之上，引信和目标的距离在有些条件下是小于引信和地海面距离的，这样目标回波可以进入引爆通道接收范围，引信可以正常启动。波门压缩示意图如图 7-4 所示，R_e 为引信天线波束方向与地海面的相对距离，R_0 为引信经过波门压缩之后的作用距离。一般来说，在时序设计时，R_e 与 R_0 之差固定，R_0 随 R_e 改变而改变。

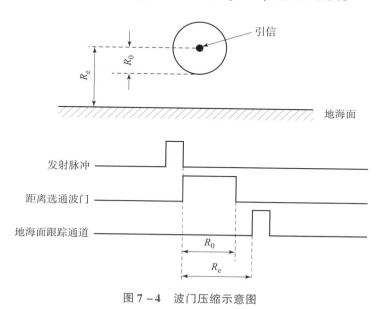

图 7-4　波门压缩示意图

　　采用波门压缩技术抑制超低空地海杂波干扰，在导弹超低空俯冲攻击时，随着高度的降低，引信作用距离不断缩小。衡量波门自适应调整技术水平的一个重要指标是 R_e 与 R_0 之差，即在确保引信不虚警的前提下，引信到海面的距离与引信作用距离之差，如图 7-5 超低空弹目交会示意图所示。在相同的 R_e 条件下，R_e 与 R_0 之差越小，R_0 越大，即对引信作用距离的影响就越小，超低空杂波干扰下引信启动概率越高，超低空性能越好。为了保证引信能够探测目标，波门压缩后目标回波应能够进入距离选通波门，地海杂波应能够被距离选通波门截止，即要求 R_e 与 R_0 之差必须小于目标飞行高度。例如，超低空目标飞行高度距离海面 5 m，那么 R_e 与 R_0 之差必须小于 5 m，否则会出现目标回波被距离选通波门截止的问题。

　　波门压缩措施根据地海面距离，压缩了距离选通波门的宽度，也就必然缩短了对目标的作用距离，对引信启动概率有很大的影响。特别是当导弹在目标下方交会时，有可能因为作用距离的损失造成"瞎火"。为了防止采用波门压缩措施后引信"瞎火"，一般要求导弹从目标上方交会。此外，采用分区波门压缩是提高引信启动概率的一个很好的途径。

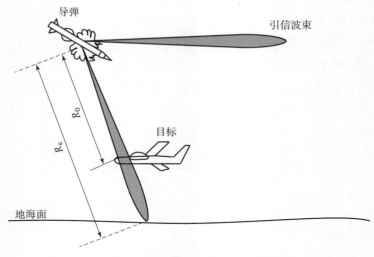

图 7 – 5　超低空弹目交会示意图

7.2.2　分区波门压缩技术

目前大多数防空导弹引信采用侧向探测的方式。按照收发通道的数量分类，无线电引信有两发两收或者三发三收，激光引信有六发六收等。本小节以无线电引信两发两收侧向探测体制为例介绍分区波门压缩技术。

在无线电引信导弹舱体周向间隔 90° 依次安装接收天线与发射天线，实现周向 360° 探测。非旋转弹能够通过弹体姿态控制保证一发一收朝上，另外一发一收朝下。设计时，为降低系统复杂度和硬件成本，会使用高速开关或者功分/功合器，一路发射通道功分为两路由天线对外辐射，两路接收功合为一路接收通道。这种设计方法在小型化、低成本、发射通道两路一致性、接收通道两路一致性等方面具有优势。但是采用波门压缩措施，会使得弹体上方作用距离和下方作用距离一起损失，造成波门压缩后导弹在目标下方交会时，极有可能因为作用距离的损失造成"瞎火"。

分区波门压缩的思路就是将上接收通道与下接收通道区分开，受到超低空地海杂波影响时，只压缩下接收通道的作用距离，上接收通道作用距离不损失，从而导弹在目标下方交会时引信仍然能够正常工作。分区波门压缩可以通过采用两路接收或者时分复用接收通道的方法实现。

时分复用接收通道射频前端结构如图 7 – 6 所示。发射机与接收机采用同一个振荡源。发射单元在外部发射驱动信号控制下，产生调制的射频发射信号，功分为两路后经由上、下两根发射天线对外辐射。在射频接收通道内，通过接收支路选择信号控制二选一开关，选通上接收天线或者下接收天线，接收目标反射回来的回波信号。射频回波信号经过限幅器、接收开关、低噪放后，下变频得到基带信号。基带信号经过滤波放大，被距离选通波门处理后输出到后端处理电路。在选通上接收天线时，不使能杂波跟踪通道，距离选通波门不会被压缩，引信对导弹上方目标的作用距离不会损失。在选通下接收天线时，使能杂波跟踪通道，距离选通波门会随地海面高度被压缩，杂波通过距离选通截止，不影响引信工作。

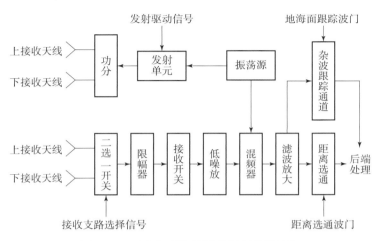

图 7 - 6　时分复用接收通道射频前端结构

　　时分复用接收通道分区波门压缩工作时序图如图 7 - 7 所示。其中 T_r 为脉冲重复周期，N 为一帧信号处理周期内脉冲积累数量，下接收通道和上接收通道依次打开。在下接收通道打开时，接收支路选择下接收天线接收到的回波信号，距离选通波门根据地海面跟踪通道测得的地海面距离实时调整，脉冲积累 N 周期后进行处理得到引信启动信号。在上接收通道打开时，接收支路选择上接收天线接收到的回波信号，距离选通波门固定，不会根据地海面跟踪通道测得的地海面距离实时调整，脉冲积累 N 周期

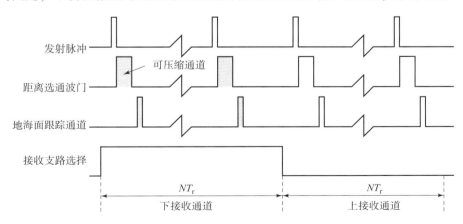

图 7 - 7　时分复用接收通道分区波门压缩工作时序图

后进行处理得到引信启动信号。时分复用接收通道分区波门压缩可以不降低接收通道利用率以及上下接收通道一致性，但是也存在同等信号积累时间下完成一次周向 360° 探测需要双倍时间，适用处理时间足够的情况，处理时间不足时还需考虑双接收通道分区波门压缩，原理与本小节类似，本章不再阐述。

7.2.3　旋转弹波门压缩技术

传统的波门压缩技术适用于非旋转弹，单调连续降低的导弹与地海面距离是该算法应用的前提条件。对于旋转弹，探测地海面的窗口随时在转动。某一个窗口转离地海面时，探测到地海面回波，地海杂波能量越来越弱。另一个窗口转至地海面时，探测到地海面回波，地海杂波能量会越来越强。因此旋转导弹会导致各窗口回波的幅度和距离起伏非常大，无法满足传统波门压缩算法所需的导弹与地海面距离单调连续降低的前提条件。

由于弹体在旋转，存在某些窗口一直探测不到地海杂波。当该窗口转到地海面能够探测到海面时距离水面已经很低，该窗口测得的导弹与地海面距离会有一个突变过程，不满足单调连续降低的前提条件，极易造成该窗口的虚警。

将波门压缩技术应用到旋转弹中要充分考虑弹体运动情况。首先是海面跟踪波门的设置，除了距离选通波门与海面跟踪波门，还要设置释放波门。图 7-8 为波门设置示意图。释放波门能够覆盖距离选通波门与海面跟踪波门。

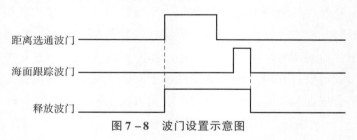

图 7-8　波门设置示意图

根据海杂波的随机特性，海面跟踪波门的海杂波存在判据为多次判决方法，例如以 10 个发射脉冲中在海杂波门中出现 3 个回波判定此为海杂波干扰，满足判据后，对该窗口距离选通波门进行压缩。

为了解决未压缩窗口转向海面时，与海面距离变化剧烈，来不及压缩而虚警的问题，需要相邻通道关联压缩。但某个窗口探测到海杂波，满足判据并压缩探测波门后，相邻两窗口中在转动前方的那个窗口也要压缩一次，而在转动后方的那个窗口距离选通波门应该与探测到海杂波并压缩的窗口相同。

当某个窗口释放波门内连续几个周期未检测到海杂波时，该窗口的作用距离释放，恢复至最大作用距离。

7.3　动目标检测抗地海杂波技术

动目标检测抗地海杂波技术又称为频谱识别或频率识别技术，其原理为计算导弹自身运动而带来的地海杂波多普勒频移，用来补偿或修正目标回波多普勒频率，以便在回波频谱上区分静止目标（地海杂波）和动目标（真实目标）。与波门压缩技术相比，频谱识别技术不会损失引信的探测距离，但会损失一部分目标多普勒检测带宽，降低对低速目标的启动概率，因此主要用于弹目相对速度高于导弹自身速度的场合。

频谱识别技术示意图如图 7 - 9 所示，根据导弹自身运动参数计算地海杂波在引信天线主波束方向上的多普勒频移，作为地海杂波的多普勒频率 f_{Dsea}。考虑到计算误差，引信再预留一定带宽 Δf 作为区分地海杂波和目标回波的判断基准频率 f_{th}。回波信号频率在该基准以下，认为是地海杂波信号，不允许引信启动；信号频率在该基准以上，认为是目标回波信号，幅度满足启动条件，允许引信启动。

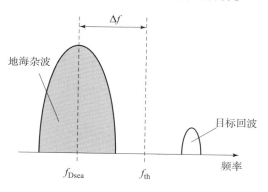

图 7 - 9　频谱识别技术示意图

某脉冲多普勒引信频谱识别技术实现框图如图 7 - 10 所示。为提高动态范围和地海杂波抑制效应，由通带可变的数控模拟滤波器和数字 FFT 滤波器两级串联实现。由弹上计算机计算地海杂波在引信天线主波束方向上的多普勒频移，向引信提供并实时更新，引信据此调整中频接收机的滤波器通带和信号处理机的多普勒频率选择范围。采用频谱识别技术后，引信对地海杂波的抑制度一般不低于 40 dB，而当真实目标的回波多普勒频率满足 $f_D \geq f_{th}$ 时，引信能正常启动。

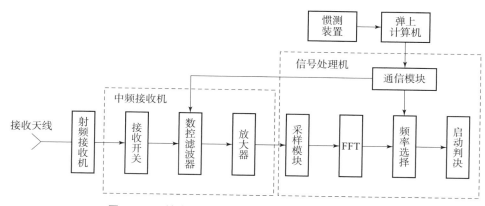

图 7 - 10　某脉冲多普勒引信频谱识别技术实现框图

图 7 – 11 为处理过程信号频谱图。经过图 7 – 11 （a） 所示的模拟滤波和图 7 – 11 （b）所示的数字滤波，杂波抑制度达到 40 dB 以上。

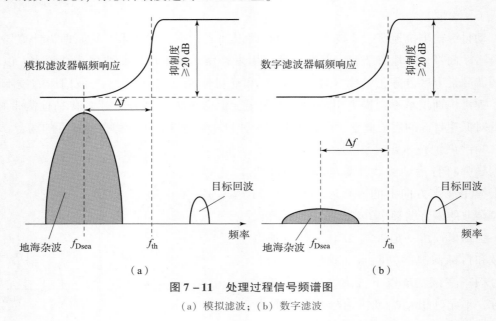

图 7 – 11　处理过程信号频谱图

（a）模拟滤波；（b）数字滤波

7.4　被动引信抗地海杂波技术

被动引信是指利用目标自身产生的某种物理场实现近炸的引信，例如利用目标发出声音引炸的声引信，利用目标磁场的磁引信，利用目标热辐射的红外被动引信，利用目标电磁辐射的无线电被动引信以及感应目标电荷的静电引信等。本节主要介绍毫米波被动引信以及静电引信两种被动引信抗地海杂波技术。

7.4.1　毫米波被动引信抗地海杂波技术

基于全功率辐射计原理的导弹毫米波被动引信本质上是一种接收微弱毫米波信号的高灵敏度接收机。基于全功率辐射计原理的导弹毫米波被动引信简化功能框图如图 7 – 12 所示。图中，3 个高增益窄波束毫米波天线周向 360°接收目标反射或者辐射的信号，经低噪声放大器放大后进入混频器混频，混频输出经滤波后为几百兆赫兹的中频信号，再经中频放大器放大后进行包络检波，无目标时，检出直流信号，弹目交会时，检出变化的低频包络信号，经信号处理可产生启动输出。

对于毫米波被动引信来说，地杂波为地面辐射的毫米波能量，海杂波为海面反射来自天空的毫米波能量，目标信号就是目标辐射或反射的毫米波能量，其抗地海杂波的原理就是通过比较接收到的目标信号与地海杂波，当满足一定的能量差和能量变

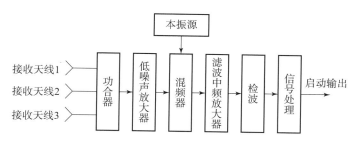

图 7 - 12　毫米波被动引信简化功能框图

化率时，就能判断目标的存在，并产生引信启动信号。为了增大引信接收到的目标信号与背景环境信号的差别，提高引信探测距离，3 根接收天线接收的信号可以不用功合器合成，而是单独接到功合器以后的电路，形成 3 个相同的独立支路（共用本振源），最后各支路的启动输出再进行合成处理形成总的启动输出。

7.4.2　静电引信抗地海杂波技术

飞机、导弹等军事目标在高速运动的过程中，与大气粒子摩擦、燃烧，会因为排放等离子气体、Lenard 效应等多种原因使得机体、弹体带上电荷。对典型飞机目标进行静电场分布特性仿真，可以获取飞机目标静电场分布特征。机身表面电荷密度较大的区域主要分布在机翼后缘、翅尖、垂尾后缘和鼻翼等位置。在不同的空间环境条件下，飞机表面电荷的分布区域和电场强度将会发生变化。在地海杂波干扰下，目标具备显著的静电场特征。

静电引信通过检测目标静电场变化特征，从复杂背景环境条件下可靠探测目标，提取目标信息。引信超低空工作时，地海面可近似看作无限大接地平面，根据静电场叠加性和镜像原理可知空气中任意位置的位场解是唯一的。在遭遇段，目标静电场特征信息与地海面接地平面具有显著的差别。基于这些差别，静电引信能够有效克服地海杂波的影响，可靠输出引信启动信号。

在设计上，静电引信一般采用与无线电复合抗干扰的方法，原理框图如图 7 - 13 所示。一方面，静电引信从探测物理场机理上消除超低空地海杂波的干扰；另一方面，利用静电、无线电复合引信信息融合探测技术，使静电引信同时具备抗电磁等其他干扰的优势。

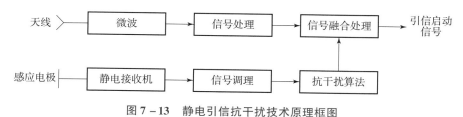

图 7 - 13　静电引信抗干扰技术原理框图

7.5 制导引信抗地海杂波技术

利用导引头输出的弹目多普勒频率在弹目交会瞬间急剧变化来判断目标临近，并经适当延时输出启动信号的引信称为制导引信。

基于某半主动导引头的制导引信基本原理框图如图 7-14 所示。令延时电路延时时间为 τ。当前时刻，导引头接收到的目标回波多普勒信号频率为 f_D，导引头接收机输出的中频信号频率为 f_0。时间 τ 之前，导引头接收到的目标回波多普勒信号频率为 f_{D2}，输出中频信号频率为 f_0。鉴频电路输出代表频率为 $f_0 + f_{D2}$ 的电压信号给引信接收机。该电压经适当延时后，控制 VCO 产生混频器 1 的本振信号，其频率为 $f_0 + f_{D2}$。该频率与预定频差 ΔF 进行混频得到频率 $f_0 + f_{D2} - \Delta F$。预定频差 ΔF 反映了回波多普勒频率变化的速率，一般结合脱靶量、延时时间 τ、导弹速度、目标速度、交会角等信息仿真计算确定。

在弹目相距较远时，$f_D = f_{D2}$，$f_0 + f_{D2} - \Delta F$ 与 f_D 混频得到 $f_0 - \Delta F$，不能通过速度门，速度门为带宽很窄矩形系数很好的晶体滤波器。在弹目相距较近时，引信输入 f_D 会急剧变小，而 $f_0 + f_{D2} - \Delta F$ 中的 f_{D2} 是延时前远区的 f_D，故当引信输入 f_D 急剧变小到与 $f_{D2} - \Delta F$ 相等时，混频器 2 输出频率为 f_0 的信号，可以通过速度门，经后级处理电路产生引信输出信号。

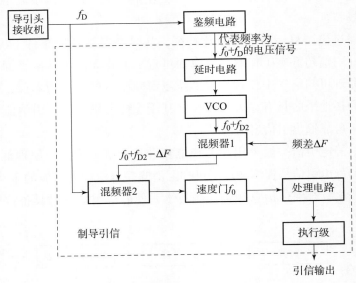

图 7-14 制导引信原理框图

制导引信超低空工作时，需考虑背景杂波和目标镜像的影响。在迎头攻击且交会角不很大的情况下，导引头相对于海面的速度低于导引头相对于目标的速度，因而导引头天线收到的海杂波多普勒频率低于弹目多普勒频率。只要目标速度高于 200 m/s，通过合理选择系统参数，如预定频差 ΔF，并设计高性能晶体滤波器，可以克服背景杂波的影响。

对于目标镜像干扰，其强度与海情密切相关，当海情为 0~1 级时，镜像干扰的强度足以超过引信门限，2~3 级为过渡区，当海情为 3 级以上时，镜像干扰的强度一般不足以超过引信门限，相当于噪声，将不会对引信工作产生影响。当导引头失锁瞬间，目标回波与镜像干扰在时间上是能区分开的，镜像干扰的多普勒频率先于目标回波多普勒频率变小，通过采用合适的电路和判据可有效抑制镜像回波干扰。

超低空制导引信充分利用导引头信息，可以在相对简单、小体积、低成本下达到良好的超低空性能。

7.6　引信抗界外背景干扰技术

部分无线电工作体制的引信存在不模糊距离，如脉冲多普勒体制。其模糊距离由脉冲重复周期决定，关系式为

$$R_{u} = \frac{cT_{r}}{2} \tag{7-10}$$

式中：R_{u} 为不模糊距离；T_{r} 为脉冲重复周期；c 为光速。$[0, R_{u})$ 为不模糊区，$[R_{u}, 2R_{u})$ 为第 1 模糊区，$[2R_{u}, 3R_{u})$ 为第 2 模糊区，以此类推。不模糊距离外的地海杂波又称为界外背景干扰，会进入距离选通波门，造成引信虚警。目前，无线电引信普遍使用脉冲多普勒体制，本小节以脉冲多普勒引信（简称 PD 引信）为例，分析界外背景干扰的回波特征与抑制方法。

7.6.1　界外背景干扰回波特征

第 1 模糊区界外背景干扰就是上一周期的发射信号被地海面反射后，进入当前周期接收波门的回波信号。对于 PD 引信来说，上一周期的回波信号与当前周期仍是完全相关的。由前文地海杂波频谱特征分析可知，界外背景干扰解调之后为带宽展宽的多普勒信号，与目标回波类似。

为便于计算界外背景干扰回波功率 P_{j}，将式（7-1）简化为

$$P_{j} = \frac{P_{t}\lambda^{2}G_{t}G_{r}\sigma_{0}S_{e}}{(4\pi)^{3}R_{e}^{4}L} \tag{7-11}$$

式中：P_{t} 为发射功率；λ 为引信工作波长；G_{t} 为发射天线增益；G_{r} 为接收天线增益；σ_{0} 为地海面散射系数；S_{e} 为天线波束有效照射面积；R_{e} 为引信天线波束方向引信与地海面的距离；L 为系统插损。

天线波束有效照射面积为

$$S_e = 2h \frac{\Delta\theta}{\sin\alpha} \sqrt{\left(h + \frac{c\tau_r}{2}\right)^2 - h^2} \qquad (7-12)$$

式中：h 为引信相对地海面的高度；$\Delta\theta$ 为天线主波束宽度；α 为天线波束与地平面的夹角；c 为光速；τ_r 为引信接收脉冲宽度。

某脉冲多普勒引信参数：启动灵敏度为 -92 dBW；脉冲重复周期为 1 μs，即不模糊距离为 150 m；发射功率为 1 W；引信工作波长为 18.75 mm；发射天线增益为 15 dB；接收天线增益为 15 dB；系统插损为 4 dB；引信接收脉冲宽度为 85 ns；天线主波束宽度为 4°。按照式（7-12）计算，天线波束与海面的夹角为 90°时，该引信第 1 模糊区天线波束有效照射面积约为 1 322.5 m²。按照前文所述的海面杂波散射特性，天线波束与海面的夹角为 90°时海面散射系数取 16 dB。按照式（7-11）计算，该引信第 1 模糊区界外背景干扰回波功率约为 -81.37 dBW。当弹目在引信第 1 模糊区交会、引信天线波束与海面垂直且目标回波功率为引信启动灵敏度点 -92 dBW 时，引信接收机信杂比低于 -10 dB，显然会造成引信虚警。

7.6.2　界外背景干扰抑制方法

常用的界外背景干扰抑制方法有三种：一是采用动目标检测抗地海杂波技术，从频谱上将杂波滤除，该方法前文已经详细论述，不再阐述；二是提高脉冲重复周期来提高不模糊距离，增大界外背景干扰空间传播衰减，降低引信接收到的干扰能量；三是通过伪随机调制和相关接收处理，降低界外背景干扰的功率谱密度，提高信杂比。

对于第一种方法，在频谱上抑制界外背景干扰会损失一部分多普勒通带，会损失启动概率，可能导致漏警。

对于第二种方法，脉冲重复周期不能够无限增加，脉冲重复频率必须大于目标最大多普勒频率的两倍，即不模糊距离存在一个最大值。通过增大脉冲重复周期来提高不模糊距离达到的界外背景干扰抑制能力有限。

第三种方法最典型的应用就是 0/π 调相脉冲多普勒引信。其发射信号为伪随机调制的脉冲信号。界外背景干扰与接收机本地码相关性低，经过相关接收处理后，界外背景干扰不再呈现窄带多普勒信号特点，而是呈现噪声特点。

不考虑地海杂波频谱展宽效应，假设界外背景干扰为一个频率为 50 kHz 的点频信号，无伪随机调制 PD 引信与 0/π 调相 PD 引信的界外背景干扰时域信号如图 7-15 所示。其中，图 7-15（b）的 0/π 调相 PD 引信界外背景干扰是相对图 7-15（a）的无伪随机调制 PD 引信界外背景干扰的最大值归一化。由图 7-15（a）和图 7-15（b）比较可以看出，两者的峰峰值相同，但 0/π 调相 PD 引信界外背景干扰不再呈现点频特征。

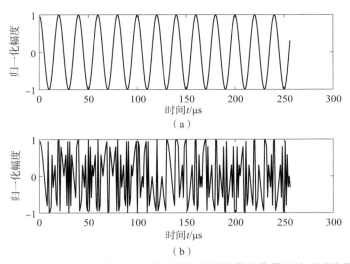

图 7 – 15　无伪随机调制与有伪随机调制引信界外背景干扰时域信号

（a）无伪随机调制 PD 引信界外干扰时域信号；（b）0/π 调相 PD 引信界外干扰时域信号

无伪随机调制 PD 引信与 0/π 调相 PD 引信的界外背景干扰频谱如图 7 – 16 所示。其中，图 7 – 16（b）的 0/π 调相 PD 引信界外背景干扰频谱是相对图 7 – 16（a）的无伪随机调制 PD 引信界外背景干扰频谱的最大值归一化。从图 7 – 16（a）和图 7 – 16（b）比较可以看出，经过伪随机相关解调之后，界外背景干扰频谱呈现噪声特征。通俗地讲，界外背景干扰能量被打散，均匀分布在整个带宽内，达到了抑制效果。图 7 – 15 和图 7 – 16 仿真分析所用的引信系统参数与 7.6.1 节计算信杂比所用的参数一致，伪随机序列为 7 阶小 m 序列。从仿真结果来看，界外背景干扰抑制度达 14 dB。

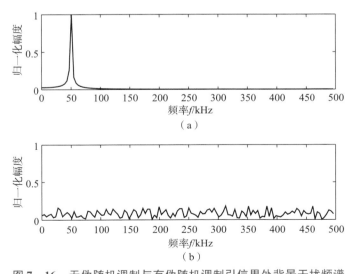

图 7 – 16　无伪随机调制与有伪随机调制引信界外背景干扰频谱

（a）无伪随机调制 PD 引信界外干扰频谱；（b）0/π 调相 PD 引信界外干扰频谱

由于界外背景干扰相关解调后呈现噪声特征，结合恒虚警措施，可以有效防止引信因界外背景干扰而出现虚警。

7.7　引信抗地海杂波验证技术

引信抗地海杂波能力一般通过造波水池试验、地海面挂飞试验进行验证。造波水池试验方法在第 5 章目标与环境近场散射特性中已做介绍，地海面挂飞试验方法将在第 12 章综合试验技术中介绍，本章不做阐述。

第8章　抗干扰技术

引信的输出负载是传爆序列的火工品或战斗部，具有一次性使用的特性，一旦因引信受到干扰而"早炸"或"瞎火"，将使整个武器系统的作战任务失败。因此，国内外的引信设计中都高度重视引信抗干扰技术的研究工作。

"没有干扰不了的引信，也没有抗不了的干扰"，引信与干扰是一对在对抗中不断发展的矛盾对立统一体。因此，抗干扰技术研究是引信发展的永恒主题。引信抗干扰技术研究的目标是确保引信在复杂干扰环境下获得所需要的足够精确的信息，保持良好的适时启动概率和引战配合效率。引信抗干扰技术的实质是研究在各种干扰条件下，如何迅速可靠地识别和提取目标信息。

本章主要讲述无线电引信和激光引信的抗干扰技术，多数原则和方法可以扩展到其他引信。

8.1　引信干扰源分类

广义上，凡是影响引信正常工作的因素都属于干扰。习惯上，把对引信的干扰分为两大类，即内部干扰和外部干扰。所谓内部干扰是指干扰源来自引信自身，在引信工作过程中存在的内部噪声；外部干扰是指非引信自身产生的干扰，主要是自然环境干扰和人为干扰。内部干扰与引信工程设计密切相关，可以通过选择合适的电路形式、器件参数，合理安排电路布局、结构设计、电源设计等技术措施来解决。目前引信内部干扰问题解决得相对较好，引信抗干扰技术研究的重点是解决外部干扰问题，常见的外部干扰源如图 8-1 所示。

对于无线电引信而言，最主要的威胁来自人为干扰，人为干扰又分为有源干扰和无源干扰。有源干扰主要通过干扰设备发射一定形式的信号来完成，无源干扰一般通过抛撒产生能二次辐射的金属箔条或假目标等方式实现。对于激光引信而言，由于其方向性好，人为光电干扰影响有限，最主要的威胁是太阳光和云、雾、雨、雪等自然界的环境干扰。对于攻击超低空或掠海飞行目标的引信而言，地面和海面杂波也是必须考虑的干扰因素，其对引信的干扰作用已在第 7 章中详细说明，本章不再赘述。

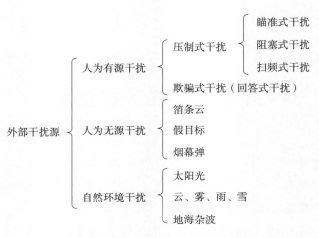

图 8 – 1 常见的外部干扰源

8.1.1 人为有源干扰

无线电引信作为一个电子设备，与雷达有很多相似的地方，多是利用发射和接收电磁波工作的。对引信的人为有源干扰，与对雷达的干扰基本相同，大体分为压制式干扰和欺骗式干扰两大类。

1. 有源压制干扰

压制式干扰是发射某种大功率的噪声，使得引信接收机的信噪比大大下降，难以检测出有用的信号或产生误差，若干扰功率足够大，还能够使接收机饱和，将有用信号完全淹没，从而达到压制的目的。

压制式干扰一般要求较大的发射功率，是目前广泛采用的干扰形式。根据实施干扰的方法不同，有源压制干扰分为瞄准式干扰、阻塞式干扰和扫频式干扰。在战术使用上又可以分为支援式、掩护式和自卫式。

1）瞄准式干扰

瞄准式干扰需要通过侦察接收机获取引信的发射信号，分析得到引信信号频率之后，引导干扰发射机的工作频率，发射窄带的干扰。这种干扰形式可以将其功率集中在一个略大于引信工作频带的频率范围内，因此不需要太大的干扰功率，但是侦察接收机获取引信信号频率以及引导干扰发射机工作需要消耗时间，有可能错过干扰的最佳时机。

采用瞄准式干扰必须首先测得引信信号频率 f_s，然后把干扰频率 f_J 调整到引信的载频上，从而保障较窄的干扰带宽 Δf_J 能够覆盖引信工作带宽 Δf_s。瞄准式干扰一般满足：$f_J \approx f_s$，$\Delta f_J = (2 \sim 5)\Delta f_s$，优点是在引信工作带宽内的干扰功率强，但缺点是对频率引导要求高。

2）阻塞式干扰

阻塞式干扰具有较大的频谱覆盖范围，可以采用射频噪声直接放大或者噪声调制信号的形式，能够干扰落在干扰频谱范围内的所有引信。这种干扰形式不需要对引信信号进行精确侦测，但是其功率与需要阻塞的带宽成正比，因此需要极大的发射功率。

阻塞式干扰一般满足：$\Delta f_{\mathrm{J}} > 5\Delta f_{\mathrm{s}}$，$f_{\mathrm{J}} \approx f_{\mathrm{s}} \epsilon \left[f_{\mathrm{J}} - \Delta f_{\mathrm{J}}/2 \,,\, f_{\mathrm{J}} + \Delta f_{\mathrm{J}}/2 \right]$。由于干扰带宽较宽，一方面对频率引导的精度要求降低，使得频率引导设备简单；另一方面也能够干扰频率捷变引信或同时干扰多部不同工作频点的引信。其缺点是在引信工作带宽内的干扰功率密度低。

3）扫频式干扰

当干扰设备无法捕获引信信号或无法识别信号类型，无法得到信号的载频估计时，一般采用在一定频带内进行扫频的方法来处理，即扫频式干扰。

扫频式干扰是指干扰发射机发射等幅或调制的射频信号，它的载波频率以一定的速率在较宽的频率范围内按一定的规律来回摆动。扫频干扰机发射单纯的等幅射频信号通常用来干扰自差体制的无线电引信，利用自差收发机容易被牵引的特点，在低频处理电路上形成干扰。扫频干扰机发射调制的射频信号则是希望通过扫频来寻找无线电引信的工作频率，并将干扰送入引信的接收机中。

由于发射机瞬时处理带宽有限，无法实现连续的扫频处理，一般用离散的步进的频率点来模拟扫频的过程。扫频处理的参数包括起始频率、终止频率、步进频率、扫频速率。当使用扫频功能时，干扰在每个频点上停留的时间由步进频率和扫频速率的比值决定。

当停留时间大于或等于引信积累时间，干扰功率电平大于引信启动灵敏度时，引信才会启动。扫频范围越宽，工作在不同频率的引信受干扰的可能性越大。但扫频过宽，而扫频速率不变，则扫频周期就越大，单位时间内引信受干扰的概率就会降低。特别是对晚开机和瞬时工作的防空导弹引信，其干扰概率会大为下降。然而扫频速率太快，停留时间小于引信积累时间，对引信的干扰作用也会下降。因此，同其他几种干扰相比，扫频式干扰不是威胁最大的干扰。

2. 有源欺骗干扰

对雷达的干扰中，常见的有源欺骗干扰形式有距离欺骗、速度欺骗和角度欺骗，但由于引信工作的瞬时性，很少采用距离、速度和角度跟踪环路，因此对引信的有源欺骗干扰的方式更倾向于模拟引信目标回波信号的回答式干扰。

回答式干扰又称转发式干扰，是通过侦察接收机接收引信发射信号，然后对信号进行放大和调制，在信号重构的过程中加入引信目标回波的一些特征（如时延、多普勒频移等），再转发给引信，引起引信误动作而"早炸"。

这种干扰方式的关键是快速侦察和高速的数据处理，目前主要通过数字射频存储技术（DRFM）实现。数字射频存储技术的基本原理是对引信发射信号进行下变频，将射频信号变成中频信号，然后通过模/数转换器进行高速采样，变换为数字信号，按时序存储到双口 RAM 中，经过严格的时序和延迟控制后，通过数/模转换器变换为模拟信号，再上变频至射频信号，过程中可以按需增加延时和多普勒调制，形成引信模拟回波干扰。

8.1.2　人为无源干扰

人为无源干扰主要是人为投放的箔条和无源诱饵假目标。

箔条干扰主要是由箔条干扰弹在空中爆炸形成箔条云所产生，箔条云是大量随机运动箔条（即偶极子）的集合体，为使其在较宽的频带范围内产生有效反射，偶极子的长度常参差不齐，投放散播后受空气浮力，在空中可飘浮很长时间。由于受空气扰动和风力影响，在很大空间范围内形成干扰云。箔条通常由涂覆金属的纤维或铝箔条组成，具有散射特性。干扰箔条的长度为电磁波半波长的整数倍时，箔条弹的反射能力最强，所形成的雷达散射截面最大。箔条干扰就是利用不同长度的箔条对某一频率范围电磁波的反射效果来制造假目标，所产生的散射回波类似于噪声压制干扰，使引信误动作而"早炸"。理论上，箔条云中的箔条数量越多，其反射功率越大，干扰的效果就越好。

无源诱饵假目标多为平面角反射器、三角形角反射器和龙伯透镜等。这些诱饵假目标都被装在发射器中发射出去，以使导弹跟踪假目标或使引信"早炸"。

对激光引信来说，战场上人为释放的烟幕弹也具有明显的干扰作用。其对激光引信的干扰机理，与箔条云对于无线电引信的干扰机理类似。

8.2　干扰与引信作用机理分析

8.2.1　人为有源干扰的影响

人为有源干扰对无线电引信的作用，是使引信启动的适时性受到破坏。具体表现为：

（1）干扰使引信接收机产生虚警，即在干扰作用下引信产生非正常启动而"早炸"；

（2）干扰使引信接收机饱和，破坏其正常工作，使引信"瞎火"失效；

（3）干扰对回波信号产生作用，使之产生跳动、失真，测量目标信息误差增大，导致引信启动的不适时。

1. 有源压制干扰对引信的影响

对引信威胁最大的有源压制式干扰是阻塞式干扰，最常见的阻塞式干扰信号形式是噪声调频信号，本章以此为例进行计算分析。

1）噪声调频信号的功率谱密度

假定噪声调频是线性的，噪声调频电压具有均匀的功率谱密度，且噪声调频的有效频偏远大于调制噪声的频宽，可求得噪声调频的功率谱密度 $G(\omega)$ 为

$$G(\omega) = P \frac{\sqrt{2\pi}}{\Delta\omega_e} \exp\left[-\frac{(\omega - \omega_c)^2}{2\Delta\omega_e^2}\right] \tag{8-1}$$

式中：P 为瞬时功率；$\Delta\omega_e$ 为噪声调频的有效频偏；ω 为瞬时角频率；ω_c 为调频载波角频率。

归一化的功率谱密度 $W(\omega)$ 为

$$W(\omega) = \frac{\sqrt{2\pi}}{\Delta\omega_e} \exp\left[-\frac{(\omega - \omega_c)^2}{2\Delta\omega_e^2}\right] \tag{8-2}$$

2）引信在噪声调频干扰下的信干比

假定接收机是线性的，回波和干扰均未使信号处于限幅状态，则引信接收到的噪声调频干扰有效噪声功率 P_J 为

$$P_J = \frac{P_g G_t(\theta_{JF}) G_r(\theta_{FJ}) \lambda^2}{(4\pi R_g)^2} \gamma_g k_\xi \tag{8-3}$$

式中：P_g 为干扰机发射功率；$G_t(\theta_{JF})$ 为干扰机发射天线在引信方向上的增益；$G_r(\theta_{FJ})$ 为引信接收天线在干扰机方向上的增益；λ 为引信工作波长；R_g 为引信与干扰机之间的距离；γ_g 为极化失配系数；k_ξ 为频谱系数，取决于引信体制、工作带宽，以及干扰机谱密度。

引信接收的目标回波功率 P_s 为

$$P_s = \frac{P_t G_t(\theta_{FT}) G_r(\theta_{FT}) \lambda^2 \sigma}{(4\pi)^3 R_M^4} \tag{8-4}$$

式中：P_t 为引信发射功率；$G_t(\theta_{FT})$ 为引信发射天线在目标方向上的增益；$G_r(\theta_{FT})$ 为引信接收天线在目标方向上的增益；λ 为引信工作波长；σ 为目标雷达散射截面；R_M 为引信和目标之间的距离。

由此可得信干比表达式为

$$\frac{P_s}{P_J} = \frac{P_t G_t(\theta_{FT}) G_r(\theta_{FT}) \sigma R_g^2}{4\pi P_g G_t(\theta_{JF}) G_r(\theta_{FJ}) R_M^4 \gamma_g k_\xi} \tag{8-5}$$

对于简单的连续波多普勒引信，假定多普勒滤波特性为理想矩形，则有

$$k_\xi = \frac{1}{(2\pi)^2} \int_0^{\omega_{dmax}} W(\omega + \omega_p) |H(\omega)|^2 d\omega$$

$$H(\omega) = \begin{cases} 1 & 0 \leq \omega \leq \omega_{dmax} \\ 0 & 其他 \end{cases} \tag{8-6}$$

式中：ω_{dmax} 为最大多普勒频率；$W(\omega)$ 为功率谱密度函数；ω_{p} 为引信载波角频率；$H(\omega)$ 为多普勒滤波器传输函数。

根据式（8–2），可得

$$W(\omega + \omega_{\text{p}}) = \frac{\sqrt{2\pi}}{\Delta\omega_{\text{e}}}\exp\left\{-\frac{[\omega - (\omega_{\text{c}} - \omega_{\text{p}})]^2}{2\Delta\omega_{\text{e}}^2}\right\} \tag{8–7}$$

代入式（8–6），则有

$$\begin{cases} k_\xi = \dfrac{1}{2\pi}\left\{\text{erf}\left(\dfrac{\Delta\omega + \omega_{\text{dmax}}}{\sqrt{2}\Delta\omega_{\text{e}}}\right) - \text{erf}\left(\dfrac{\Delta\omega - \omega_{\text{dmax}}}{\sqrt{2}\Delta\omega_{\text{e}}}\right)\right\} \\ \Delta\omega = \omega_{\text{c}} - \omega_{\text{p}} \end{cases} \tag{8–8}$$

式中：ω_{c} 为干扰载波角频率；ω_{p} 为引信载波角频率；erf 为概率积分符号。

事实上多普勒滤波器通带 $\Delta\Omega \approx \omega_{\text{dmax}}$，由于 $\Delta\Omega \ll \Delta\omega_{\text{e}}$，故在多普勒滤波器通带内，干扰频谱密度近似为常数，当干扰频率等于引信频率时，频谱系数的近似值为

$$k_\xi \approx \sqrt{\frac{2}{\pi}}\frac{\Delta\Omega}{\Delta\omega_{\text{e}}} \tag{8–9}$$

对于脉冲多普勒（PD）引信，可求得频谱系数为

$$k_{\xi\text{PD}} = \frac{\tau^2}{4T^2}\left[\text{erf}\left(\frac{\Delta\omega + \Delta\Omega}{\sqrt{2}\Delta\omega_{\text{e}}}\right) - \text{erf}\left(\frac{\Delta\omega - \Delta\Omega}{\sqrt{2}\Delta\omega_{\text{e}}}\right)\right] +$$

$$\frac{\tau^2}{2T^2}\sum_{N=1}^{\infty}\left[\frac{\sin(N\omega_0\tau/2)}{N\omega_0\tau/2}\right]^2\left[\text{erf}\left(\frac{\Delta\omega + N\omega_0 + \Delta\Omega}{\sqrt{2}\Delta\omega_{\text{e}}}\right) - \right.$$

$$\left.\text{erf}\left(\frac{\Delta\omega + N\omega_0 - \Delta\Omega}{\sqrt{2}\Delta\omega_{\text{e}}}\right)\right]$$

$$\omega_0 = 2\pi/T \tag{8–10}$$

式中：T 为脉冲重复周期；τ 为脉冲宽度。

当 $N > 1$ 时，式（8–10）中第二项迅速减小，故

$$k_{\xi\text{PD}} = \frac{\tau^2}{4T^2}\left[\text{erf}\left(\frac{\Delta\omega + \Delta\Omega}{\sqrt{2}\Delta\omega_{\text{e}}}\right) - \text{erf}\left(\frac{\Delta\omega - \Delta\Omega}{\sqrt{2}\Delta\omega_{\text{e}}}\right)\right] \tag{8–11}$$

比较式（8–9）和式（8–11），由于 $\tau \ll T$，脉冲多普勒引信的频谱系数远小于连续波多普勒引信（假定它们有相同的带宽）。因此，当脉冲多普勒引信的峰值功率与连续波相同时，脉冲多普勒引信具有较高的信干比，抗干扰能力更强。

2. 有源欺骗干扰对引信的影响

有源欺骗干扰的特点是波形、频率、多普勒频移等都会尽可能与目标回波信号相同，最常见的欺骗式干扰信号形式是回答式干扰，本章以此为例进行分析。

欺骗式干扰与目标回波信号相近，频谱系数近似为 1，只是由于转发时需要延时（目前最小能做到百纳秒量级），故比目标回波稍有滞后。引信对回答式干扰的信干比，

主要受引信距离截止特性影响，其表示式为

$$\frac{P_s}{P_J} = \frac{P_t G_t(\theta_{FT}) G_r(\theta_{FT}) \sigma R_g^2 F^2(R_M)}{4\pi P_g G_t(\theta_{JF}) G_r(\theta_{FJ}) R_M^4 \gamma_g F^2(R_g + \Delta R_0)} \tag{8-12}$$

式中：$F(R_M)$ 为引信距离截止函数，又称距离律方程；ΔR_0 为转发延时对应的距离，即

$$\Delta R_0 = \frac{1}{2} c\tau_0 \tag{8-13}$$

式中：τ_0 为转发延时，取 $100 \sim 400$ ns；c 为光速；ΔR_0 为 $15 \sim 60$ m。

对于不同的引信体制距离截止函数不同，对于连续波多普勒引信，有

$$F(R_M) = F(R_g + \Delta R_0) = 1 \tag{8-14}$$

对于脉冲多普勒引信，则有

$$F(R_M) = \sum_{N=-\infty}^{+\infty} q_r(R - NR_T - R_\tau) \tag{8-15}$$

式中：N 为正整数；R_T 为脉冲周期对应的距离；R_τ 为脉冲宽度对应的距离；$q_r(R)$ 为三角形函数，可表示为

$$q_r(R - NR_T - R_\tau) = \begin{cases} 1 - \left| \dfrac{R - 2R_\tau}{R_\tau} \right| & R_\tau \leqslant R \leqslant 3R_\tau \\ 0 & |R - 2R_\tau| > R_\tau \end{cases} \tag{8-16}$$

当干扰机位于引信截止区时，由于 $F(R_M) \approx 0$，干扰对引信的影响很小，信干比接近无限大。当目标携有干扰机时，式（8-12）变为

$$\frac{P_s}{P_J} = \frac{P_t G_t(\theta_{FT}) \sigma F^2(R_M)}{4\pi P_g G_t(\theta_{JF}) R_M^2 \gamma_g F^2(R_M + \Delta R_0)} \tag{8-17}$$

由于转发信号会比真实目标回波信号滞后 $15 \sim 60$ m，当目标信号进入引信工作区（非截止区）时，转发信号仍处在引信截止区。因此，具有良好距离截止特性的引信，尤其是当截止特性为不模糊的锐截止时，对回答式干扰有良好的抗干扰能力。

8.2.2 人为无源干扰的影响

诱饵假目标干扰的特点是在空间滞留时间短，散射的方向较窄，故对引信威胁较低。箔条云干扰的特点是覆盖的区域大，散射方向也宽，在空中飘浮的时间长，经济实用。箔条云的反射特征与目标反射的有用信号非常接近，从而对引信具有极大的危害作用。因此，重点介绍箔条云对引信的干扰作用。

箔条云的干扰可分为近区和远区两种情况，前者系指引信和载体进入箔条云中；后者是引信载体远离箔条云飞过的情况。

最可能出现的情况是引信由远区逐渐接近箔条云，继而进入箔条云中，而后飞出干扰云。

根据文献 [75]，可得出远区和近区的分界限 R_{div} 为

$$R_{div} \approx 0.7/\sqrt[3]{\rho_c} \qquad (8-18)$$

式中：ρ_c 为箔条云的空间密度。

当引信到箔条云的距离 $R > R_{div}$ 时为远区情况，干扰的瞬时值接近正态分布；当 $R \leqslant R_{div}$ 时为近区情况，干扰实质上是一些单个干扰元素（即偶极子）在一定距离上与引信相作用的结果。下面对近、远区情况加以阐述。

1. 箔条云远区情况

根据电磁场散射理论及箔条偶极子在空间分布的概率特性，单根箔条偶极子平均有效散射面积为

$$\bar{\sigma}_c \approx 0.17\lambda^2 \qquad (8-19)$$

式中：λ 为引信工作波长。

由此推导出引信接收箔条云散射的总平均功率为

$$\bar{P}_c = \frac{P_t\lambda^2\rho_c\bar{\sigma}_c(R_{cmax}-R_{cmin})}{(4\pi)^3R_{cmax}R_{cmin}}\int_0^{2\pi}\int_{-\pi/2}^{\pi/2}G_r(\theta,\phi)G_t(\theta,\phi)\sin\theta\mathrm{d}\theta\mathrm{d}\phi \qquad (8-20)$$

式中：P_t 为引信发射功率；λ 为引信工作波长；$G_r(\theta,\phi)$ 为接收天线增益函数；$G_t(\theta,\phi)$ 为发射天线增益函数；R_{cmin}、R_{cmax} 为引信至箔条云中心的最小和最大距离。

箔条云散射信号包络起伏的归一化频谱密度函数可表示为

$$G(F) = \exp\left(-\frac{\lambda^2F^2}{10v_r}\right) \qquad (8-21)$$

式中：λ 为引信工作波长；F 为箔条云引起的起伏频率；v_r 为箔条云相对引信的径向速度。

利用箔条反射振幅分布的概率特性，根据随机变量函数的变换特性，可以求得箔条回波功率起伏的概率分布密度函数，然后利用式（8-20）可求得箔条云的平均散射功率，结合功率起伏的密度函数求得其均方值，这样箔条云的回波功率特征就全部已知，若以 $P(P_c)$ 表示，则引信在远区受箔条云干扰而启动的概率为

$$P = P(P_c \geqslant P_s) = \int_{P_s}^{\infty}P(P_c)\mathrm{d}P_c = 1 - \int_0^{P_s}P(P_c)\mathrm{d}P_c \qquad (8-22)$$

式中：P_s 为引信启动的灵敏度。

式（8-22）非常清楚地表明了箔条云的干扰作用，当回波信号的功率电平超过引信灵敏度电平的概率时，引信存在受干扰启动的风险。需要指出的是，上述计算未考虑引信距离截止函数，对于具有良好距离截止特性的引信，尤其是当截止特性为不模糊的锐截止时，远区箔条对引信形成不了有效干扰。

2. 箔条云近区情况

这种情况相当于引信非常靠近箔条云或在箔条云中穿行，此时引信与一些单个偶

极子在一定距离上相遇而使引信受到干扰。一般假定单个箔条偶极子的反射信号就足以使引信启动，因此箔条近区干扰的问题可归结为引信在均匀分布的箔条云中飞行时，在启动距离上遇到一个箔条云的概率研究，一般用泊松分布描述。

文献［75］给出了引信在箔条云近区受干扰而启动的概率

$$P_{cj} = 1 - \exp(-1.295 R_0^2 \lambda \rho_c L / \sqrt{\sigma_e}) \qquad (8-23)$$

式中：R_0 为引信对正常目标的作用距离；λ 为引信工作波长；ρ_c 为箔条云的空间密度；L 为引信解封后在干扰区内的穿越长度；σ_e 为在正常作用距离 R_0 上，使引信启动所对应的雷达散射截面。

8.2.3　自然环境干扰的影响

云、雾、雨、雪等自然气候环境是引信的主要环境干扰源，引信对抗这些干扰的性能，决定了引信的全天候工作能力。对于激光引信而言，太阳光也是不可忽略的干扰因素。

1. 云、雾、雨、雪对引信的干扰作用

在气象学领域，通常把大气中悬浮的各种固态和液态粒子称为气溶胶，由于气溶胶是由固体或液体小质点分散并悬浮在气体介质中形成的胶体分散体系，因此又称为气体分散体系。这些固态或液态颗粒的大小一般在 0.001 ~ 100 μm，形状多种多样，从流体力学角度，气溶胶实质上是气态为连续相，固、液态为分散相的多相流体。通常将用物理或化学凝结法获得的小于 10 μm 固体微粒构成的气溶胶称为烟，在蒸气凝结或液体分散过程液体微粒构成的气溶胶为雾，固体物质分散时大于 10 μm 固体微粒构成的气溶胶称为尘。

自然界常见的云、雾、雨、雪也可以使用气溶胶的概念来描述。云是由悬浮在大气中的小水滴、过冷滴、冰晶或它们的混合物组成的可见聚合体，有时也包括一些较大的雨滴、冰粒和雪晶，底部不接触地表。雾是悬浮在近地面空气中缓慢沉降的微小水滴或冰晶等组成的一种胶体系统，是近地面层空气中水汽凝结的产物，雾滴半径通常在 1 ~ 10 μm 之间，在浓雾能见度小于 50 m 时，雾滴的半径可达 20 ~ 30 μm，当能见度大于 100 m 时，雾滴的平均半径大多小于 8 μm。形成雨的一般是半径大于 100 μm 的水滴，只有当水滴半径大于 80 ~ 100 μm 时才有足够的下落末速度避免在下落过程中不会被蒸发掉。雪的特征较难描述，一般而言，在相同含水量条件下，雪的衰减比雨大，但比雾要小。

对于无线电引信而言，在频率低于 X 波段（包括 X 波段）时，可以完全不考虑云、雨、雾对引信的影响。对于 Ku 波段，除大雨外基本可不考虑云、雨、雾的影响，但 8 mm 以上波段必须考虑云、雨、雾的影响。

对于激光引信而言，激光在大气介质中传输时，会与大气分子、气溶胶颗粒产生一系列的反应，体现出吸收效应和散射效应，激光在大气介质中传输时与气溶胶颗粒产生的反应，符合米耶（Mie）散射理论。根据米耶散射理论，当气溶胶颗粒大小与激光波长相仿时，出现散射最大值。用于大气污染和气象观测的激光雷达正是利用上述原理实现的，但对于激光引信而言，气溶胶对激光传输的吸收效应会降低引信的探测能力，对激光传输的散射效应（特别是后向散射）会形成一种虚假回波信号，干扰引信正常工作，严重时后向散射形成的回波信号会造成引信误动作而"早炸"。

2. 太阳光对激光引信的干扰作用

太阳光可近似为平行光，光谱分布范围广且能量大，其中可见光波段约占 43%，红外波段约占 48.3%，紫外波段约占 8.7%，在大气层以上辐射常数约为 135.7 mW/cm^2，海平面附近约为 90 mW/cm^2。

太阳直射光是太阳光干扰的主要组成部分，除了太阳直射光，阳光背景光也会对激光引信构成干扰，这些阳光背景光包含云层反射的阳光、地面海面反射的阳光等。防空导弹上经常采用侧向周视探测引信，要求光学系统在导弹周围形成 360° 的探测视场，因此各种背景散射光或直射光能够进入激光引信接收视场，由于阳光辐射有涨有落，因此会在光敏探测器的输出中产生脉冲噪声。这种噪声超过引信的目标比较门限电压，就会形成虚假的回波脉冲信号，影响引信正常工作。阳光脉冲噪声对引信形成干扰的原理如图 8-2 所示。

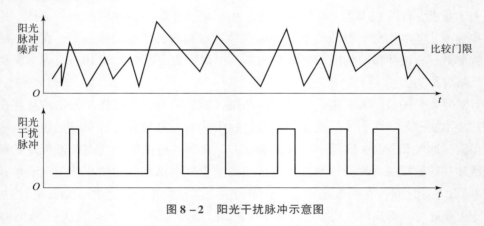

图 8-2　阳光干扰脉冲示意图

进入引信接收视场的阳光经光电转换后产生幅度起伏变化的脉冲噪声，它与激光引信的时序是不相关的，即在引信脉冲重复周期内的任一瞬间都有可能出现，当脉冲噪声幅值超过比较门限后，引信接收机会输出时间上随机出现、脉宽随机变化的干扰脉冲。

8.3 引信抗干扰性能评定准则

引信抗干扰性能评定准则是表征引信抗干扰能力的量度原则和方法，亦是评定引信抗干扰能力和判定引信抗干扰技术指标的重要依据。对引信抗干扰性能的评定，通常采用功率评定准则、效率评定准则和转发增益评定准则。

8.3.1 功率评定准则

对于阻塞式干扰和扫频式干扰，要想达到干扰引信的目的，必须有足够的功率压制引信的功率。引信在多大干扰功率作用下还能正常工作的能力，表明了引信的抗干扰能力。因此，引信的抗干扰能力可用达到预期干扰效果必需的干扰功率表示。

假定引信接收机启动灵敏度为 P_{rs}，根据式（8-3），为使引信启动，距离为 R 的干扰机必需的发射功率为

$$P_g = \frac{(4\pi R)^2 P_{rs}}{G_t(\theta_{JF}) G_r(\theta_{FJ}) \lambda^2 \gamma_g k_\xi} \tag{8-24}$$

式中：$G_t(\theta_{JF})$ 为干扰机发射天线在引信方向上的增益；$G_r(\theta_{FJ})$ 为引信接收天线在干扰机方向上的增益。

对于简单的连续波多普勒体制而言，当干扰机中心频率对准引信载频时，由式（8-9）可知频谱系数为

$$k_\xi \approx \sqrt{\frac{2}{\pi} \frac{\Delta\Omega}{\Delta\omega_e}} \tag{8-25}$$

将上式代入式（8-24），得

$$P_g = \frac{(4\pi R)^2 P_{rs}}{G_t(\theta_{JF}) G_r(\theta_{FJ}) \lambda^2 \gamma_g} \left(\sqrt{\frac{2}{\pi} \frac{\Delta\Omega}{\Delta\omega_e}} \right)^{-1} \tag{8-26}$$

如果在引信接收机中采用干扰识别抗干扰技术，并假定其功率改善因子为 δ_r，且引信正常启动信号功率电平为 P_{rs}，那么相同频带内，使引信启动的最小干扰功率电平为

$$P_{gs} = \delta_r P_{rs} \tag{8-27}$$

代入式（8-26），则在有抗干扰电路情况下，为达到预期的干扰效果，所需最小干扰功率为

$$P_g = \frac{(4\pi R)^2}{G_t(\theta_{JF}) G_r(\theta_{FJ}) \lambda^2 \gamma_g} \left(\sqrt{\frac{2}{\pi} \frac{\Delta\Omega}{\Delta\omega_e}} \right)^{-1} \delta_r P_{rs} \tag{8-28}$$

由此看出，当引信采用抗干扰技术，功率改善因子为 $\delta_r(\delta_r > 1)$ 时，在相同条件下，要对引信达到预期的干扰效果，所需最小干扰功率要增加 δ_r 倍。

干扰功率增大，意味着干扰设备的体积、重量增大，成本也增高。特别是飞行器用自卫式干扰机的体积和重量都受到严重限制。另外，功率增大，不仅制造成本增加，也使实现的可能性大为减小，这点对抗干扰十分有利。

8.3.2 效率评定准则

对引信干扰的目的是使引信"瞎火"，或使引信在目标进入战斗部动态杀伤区之前就启动并引爆战斗部，从而降低引信与战斗部的配合效率，使单发杀伤概率大为降低。效率评定准则就是用在干扰作用下与无干扰情况下，引信与战斗部配合效率降低系数 K_p 来评定引信抗干扰性能。

对某一目标，在某一空域点上，引信与战斗部配合效率 η 的定义为：配有实际引信的一发导弹或炮弹，对某目标，在某空域点的单发杀伤概率 P_1，与配有理想引信的一发导弹或炮弹，在该点的单发杀伤概率 P_0 的比值。即

$$\eta = \frac{P_1}{P_0} \tag{8-29}$$

当引信受干扰时，反映引信启动特性的概率密度函数将发生变化，配有实际引信导弹或炮弹的单发杀伤概率将变为 P_{1J}，因此，引信在受干扰情况下，引战配合效率可写为

$$\eta_g = \frac{P_{1J}}{P_1} \tag{8-30}$$

由效益评定准则的定义可得效率系数为

$$K_p = \eta_g / \eta = P_{1J} / P_1 \tag{8-31}$$

因此，只要求得受干扰和未受干扰情况下，单发杀伤概率之比，即可确定引信抗干扰性能情况。显然 K_p 越接近于 1，抗干扰性越好。

当导弹或炮弹射击的落入概率密度函数和战斗部坐标杀伤概率函数已知时，可以通过 1:1 动态启动试验、物理仿真和计算机数字仿真等方式，求得引信干扰前后启动特性的概率分布密度函数。通过图解或数字解，求得受干扰前后的单发杀伤概率，然后通过式（8-31）求得效率系数。

8.3.3 转发增益评定准则

对欺骗式干扰，采用功率评定准则不太合适。因为欺骗式干扰对引信实施干扰的难度，一般来说不在于功率的大小，而在于能否实现必需的转发增益。转发增益是指干扰机输出功率与输入信号的比值，大的转发增益，由于收发天线之间隔离度不够，容易引起干扰设备自激，从而失去干扰作用。一般情况下，回答式干扰机能做到的转发增益为 90～110 dB。干扰引信需要的转发增益越大，表明引信的抗干扰能力越强，

因此用转发增益作为引信抗回答式干扰的评定准则。

一般情况下，对引信的干扰，只有在引信天线旁瓣范围内才有效。假定携带干扰机的目标位于引信天线旁瓣内，与引信之间距离为 R_g，干扰机接收天线在引信方向上的增益为 $G_r(\theta_{JF})$，引信发射功率为 P_t，引信发射天线在干扰机方向上的增益为 $G_t(\theta_{FJ})$，引信工作波长为 λ，极化损失系数为 γ_g，则干扰机接收到的引信辐射功率 P_{in} 为

$$P_{in} = \frac{P_t G_t(\theta_{FJ}) G_r(\theta_{JF}) \lambda^2 \gamma_g}{(4\pi R_g)^2} \tag{8-32}$$

假定引信接收机是线性的，接收机启动灵敏度为 P_{rs}，距离截止特性函数为 $F(R_g + \Delta R_0)$，引信对抗回答式干扰的改善因子为 δ_r，为实现干扰，引信收到的干扰功率应满足

$$P_r = \frac{P_{in} K_g G_t(\theta_{JF}) M_g G_r(\theta_{FJ}) \lambda^2 F^2(R_g + \Delta R_0)}{(4\pi R_g)^2} = \delta_r P_{rs} \tag{8-33}$$

式中：K_g 为干扰机的转发增益；M_g 为干扰机功率利用系数；$G_t(\theta_{JF})$ 为干扰机发射天线在引信方向上的增益；$G_r(\theta_{FJ})$ 为引信接收天线在干扰机方向上的增益。

将式（8-32）代入得

$$K_g = \frac{(4\pi R_g)^4 \delta_r P_{rs}}{P_t G_t(\theta_{FJ}) G_r(\theta_{JF}) G_t(\theta_{JF}) M_g G_r(\theta_{FJ}) \lambda^2 \gamma_g F^2(R_g + \Delta R_0)} \tag{8-34}$$

式中：ΔR_0 为转发延时对应的距离，一般为 $30 \sim 60$ m。

由式（8-34）可看出：回答式干扰，干扰引信成功的条件与干扰机输出功率无关，取决于转发增益大小。提高引信的距离截止特性，降低引信接收天线的旁瓣电平，可提高干扰机所必需的转发增益，改善抗干扰性能。

8.4　引信抗干扰的设计原则

引信有别于一般雷达，具有与目标相互作用的复杂性、工作的瞬时性、引爆指令的高精度性、工作的高可靠性、高安全性和体积小、价格低等特点，这些特点有的利于引信抗干扰，有的不利于引信抗干扰。综合考虑，一方面，引信具有一定潜在的抗干扰能力，但随着干扰技术的发展，提升引信抗干扰能力的需求日益迫切；另一方面，任何干扰所造成的提前启动，都会导致武器系统作战任务毁于一旦，任何干扰所造成的延迟启动，也可能导致对目标射击的"差之毫厘，失之千里"的结果。

因此，引信抗干扰设计时需要遵从以下原则：

（1）引信设计中应始终把抗干扰放在重要位置，针对面临的干扰环境，明确抗干扰能力的具体要求。

（2）引信技术抗干扰必须同战术运用抗干扰密切结合，加强技术对策研究和技术保密，以使简单、可靠、灵便的对抗措施能发挥出最大作用。

（3）提高引信潜在的抗干扰能力，充分利用弹目交会时目标回波信号和干扰特征差异，把有用信号从干扰中提取出来。

（4）综合利用武器系统特别是制导探测系统提供的各种信息，提高对干扰的抑制能力，形成系统体系间的电子对抗能力。

8.5　引信抗干扰的技术途径

引信抗干扰的出发点是使干扰对引信正常工作的影响尽量小，从而达到确保引信可靠作用的目的。随着科学技术的发展，对引信的干扰水平和引信的抗干扰水平也会不断提高，因此，本章所讨论的抗干扰途径只能是基本原则或在某个时期、某项系统中行之有效的方法，而不可能是绝对可靠、一劳永逸的。

从引信技术抗干扰方面考虑，无线电引信抗干扰的技术途径主要有：

（1）提高引信工作的隐蔽性，优化引信调制波形设计，给敌方侦测引信参数造成困难，使其难以进行有效干扰。

（2）采用直接影响干扰来源的方法降低干扰强度。

（3）增加发射功率，采用锐方向性天线的方法，提高信干比。

（4）提高引信的距离、方位和极化选择能力。

（5）通过噪声对消技术，进一步提高对抗阻塞式干扰的能力。

（6）尽可能利用多的目标特征，提高引信从干扰中提取有用信号的能力。

8.5.1　提高工作隐蔽性的措施

提高工作隐蔽性的措施主要有以下几种。

1. 引信工作频段的选择

（1）把引信的工作频段，选在雷达和通信系统规定的标准频段交接边缘处，并尽可能选择在大气传输窗口之外。在标准频段边缘处，微波器件的发展不如标准频段内完备，干扰和侦收设备的制造也较为困难；另外，工作频段选在大气传输窗口之外，电磁波传输衰减大，会对远距离信号侦收和实施干扰造成不利影响，而引信在短距离工作，大气传输衰减影响甚微。

（2）引信的工作频段应避开我方雷达、通信和制导系统的工作频段。因为这些设备的工作时间长，易被侦收，也是敌方干扰的重点对象。

（3）可以考虑将引信工作频率选择在敌方雷达或通信的工作频率附近，使敌方因怕干扰自己而不能进行有效干扰。

（4）尽可能把引信工作频率选择在较高的频段上，例如毫米波频段，可以提高引信抗有源干扰能力。毫米波频段大气传输损耗比微波频段高一个数量级，不仅使敌方侦收和干扰设备的制造成本提高，同时由于功率器件制造上的困难，也难以获得大干扰功率。选择高频段的另一原因是高频段比低频段能容纳更多的引信工作频率，便于引信实现载频扩散，使敌方难于确定引信的工作载频，无法使用效率较高的瞄准式干扰。

2. 信号调制波形的选择

提高波形设计水平，采用随机噪声或非周期的且特征参数较多的信号作为调制波形。

一般来说，调制信号特征参数越多，信号的隐蔽性越强，敌方侦收截获、分析、复制被干扰信号的难度就越大。因为大部分干扰建立在侦收被干扰信号频谱的基础上，所以可通过分析欲干扰引信有用工作信号结构，调整干扰机信号进行有效干扰。简单的周期信号谱及其有用工作信号结构，很容易被侦收和预测，因而很容易被干扰。对于非周期的复杂调制信号，侦收其频谱和收发信号间的关系，比周期信号困难得多，所需时间也长得多。此外，采用噪声或非周期的复杂调制信号，有可能使敌方误把引信工作信号视为干扰而不予以处理。

另外，调制信号特征参数越多，调制波形的随机性越强，结合相关接收技术，能够降低非相关有源干扰的影响，削弱干扰效果。例如选用复包络为图钉形模糊函数的调制信号，它有尖锐的主峰，模糊度小，便于从干扰噪声中将目标信号分选出来，具有较强的抗干扰性能。

3. 提高天线辐射的方向性

采用窄波束和低旁瓣的锐方向性天线，不仅缩小了引信向空间辐射电磁波的范围，亦使引信工作过程中，干扰机只能从引信天线旁瓣范围侦收引信工作信号和实施干扰。

8.5.2　降低干扰功率的措施

迫使干扰源降低干扰功率采用的措施主要有两点，一是采用跳频或频率捷变技术，使得干扰机无法锁定引信工作频率，或者必须工作在较宽的频带范围内，从而降低干扰机的功率谱密度；二是引信发射诱饵假载频，掩盖住与启动条件相关的真实发射信号，使敌方干扰对准诱饵假频率。

8.5.3　提高有效辐射功率

对任何一种干扰，无论从提高引信工作时的信干比，还是从抗干扰功率准则出发，增加引信有效辐射功率，都是提高引信抗干扰性能行之有效的方法。引信与雷达相比，作用距离近，接收机灵敏度低，对引信的有源干扰要付出很大功率才能奏效。因此，可利用提高引信本身辐射功率的办法迫使干扰机功率增大以达到抗干扰目的，利用增大引信辐射功率抗干扰也叫功率对抗。

引信有效辐射功率与引信发射功率和天线增益两部分有关。信干比和干扰引信所需的最小功率，都与引信发射功率成正比，发射功率能提高多少分贝，那么引信就可以在抗干扰上获得多少分贝的收益；当收发天线增益相同或采用收发共用天线时，则与天线增益平方成正比，因此，提高天线增益获得的收益更大。此外，由于天线增益与天线波束宽度成反比关系，提高天线增益也是提高引信方位选择能力的重要方法之一。提高引信有效辐射功率的技术措施有：

（1）利用功率合成技术，提高发射机功率。

（2）采用脉冲多普勒或脉冲体制引信，获得较大的峰值功率。

（3）采用低旁瓣、高增益的窄波束锐方向性天线。

8.5.4 提高距离选择能力

提高引信的距离选择能力实质上就是要求引信具有不模糊的尖锐的距离截止特性，即要求无线电引信对规定作用范围内的目标信号能正常工作，对规定作用范围之外存在的即便是大反射面的物体或强干扰都不能起作用。因此，具有这种特性的引信不仅可以消除预定距离之外的背景干扰，还可以利用引信的距离截止特性降低转发式干扰的影响。任何转发式干扰相对目标的反射信号都有一定延时，当转发延时后的距离，在引信预定距离（又称截止距离）之外时，由于距离截止特性的作用，转发式干扰就失去了作用。

理论分析和试验均已证明，引信的距离和速度截止特性与发射机的调制波形有关，对调制波形进行优化设计可以获得良好的甚至理想的距离截止特性。本章主要介绍防空导弹上应用较多的脉冲多普勒引信和伪随机码引信。

1. 脉冲多普勒引信

脉冲多普勒引信既具有良好的距离截止特性，又具有良好的速度分辨能力。脉冲多普勒引信是用稳定的连续波本振信号经脉冲调制和功率放大后由发射天线向空间辐射，经目标反射后的回波信号，与连续波本振信号混频得到相干视频信号，该信号与适当延时的视频脉冲进行相关处理后，送入多普勒滤波器，经滤波后获得多普勒信号输入到引信启动电路。其抗干扰的主要特点是：

（1）可同时获得距离和速度分辨特性；

（2）可以获得较大的峰值功率；

（3）在采用窄脉冲时，有良好的距离截止特性；

（4）采用相关接收技术，即使在较低的输入信干比条件下，仍可获得较高的输出信干比。

脉冲多普勒引信的不足之处是，为避免速度测量模糊性，必须采用高重频脉冲，使得引信的模糊距离小，抗地海杂波干扰性能下降。

2. 伪随机码调相引信

伪随机码调相引信用伪随机码对连续波进行 0/π 调相获得发射信号，经目标反射后的回波信号，与连续波本振信号混频得到二重相位编码的多普勒信号，然后与本地码进行相关解调处理和滤波后获得需要的多普勒信号。相关解调的输出，包括相关多普勒成分和不相关的编码成分，它们在滤波器中被分离出来，仅当回波延时和本地码延时完全相同时，相关器输出的不相关部分才为零，相关多普勒最大；当二者延时不同时，随延时增大，相关幅度减小，不相关成分增大。当延时相差一个码元宽度时，相关分量为零，不相关分量最大。这些分量可以在滤波器中予以清除。

伪随机码引信的抗干扰特点有：

（1）用适当长的码长 P，可在相当大的距离内获得不模糊的距离测量。

（2）利用小的码元宽度可得到好的距离分辨率，且可得到一定的速度分辨能力。

（3）自相关函数具有类似狄拉克函数的特征，因此具有良好的距离截止特性。

（4）采用相关接收技术，对杂波干扰具有较强的对抗能力。

伪随机码引信的不足是，距离截止特性的基底不为零，而由 $1/P$ 决定，且 P 的增大往往受最高多普勒频率限制。因此位于非相关区的强转发干扰和强背景干扰仍可能使引信"早炸"。

为克服脉冲多普勒引信和伪随机码引信的不足，可采用伪随机码和脉冲多普勒引信复合调制引信技术，以增大模糊距离和减小距离截止特性的基底影响。

8.5.5 提高方位选择能力

方位选择与距离选择同属于空间选择抗干扰措施。方位选择抗干扰技术适用于对抗携带自卫式干扰机的目标，提高方位选择能力的主要措施有以下两种：

一是提高引信收发天线的方向性系数，使其具有尖锐的主瓣和低副瓣电平，在天线副瓣范围内只能用非常大的功率才能实现干扰。对弹上天线而言，在 Ku 波段一般可获得 −20 dB 左右的副瓣电平。

二是采用天线旁瓣抑制技术，用增益较低、方向覆盖主波束副瓣范围的辅助天线和辅助接收通道，通过主通道和辅助通道接收信号的逻辑处理实现天线旁瓣电平的抑制。此时，引信启动条件与主通道和辅助通道的接收信号功率比值有关，在天线旁瓣范围内即使有很强的干扰，也难以使引信启动。结合增益自适应调整的大动态范围接收机技术，当携带自卫式干扰机的目标进入天线主瓣后，引信依然可以正常启动。

需要注意的是，旁瓣抑制技术在对抗多方位或分布式干扰时，由于副瓣方位进入的干扰对主瓣有一定的抑制作用，有可能使引信"瞎火"。

8.5.6　提高极化选择能力

极化选择抗干扰技术是利用干扰和目标反射信号在极化上的差异，把目标信号从干扰中提取出来。当引信发射信号为水平极化，如不考虑目标对入射波的交叉极化调制影响，则目标反射信号仍为水平极化波。但干扰极化状态不同于目标回波，不仅有水平极化分量，也有垂直极化（正交极化）分量。当天线接收到干扰时，经极化分解器分解为水平极化和垂直极化两个正交分量，分别进入两个通道，然后经移相和幅度调整后，使两路不同极化方向的干扰幅度相等、相位相反，在对消器中对消掉。目标反射的信号由于只有一种极化分量而不会被对消，被保留下来的有用信号经混频、放大、滤波处理后，可用于产生引信启动信号。

极化对消抗干扰技术也适用于对抗箔条干扰。

8.5.7　信息处理抗干扰的措施

信息处理抗干扰是根据引信与目标交会时回波信号的一些特点，把目标信号从干扰中分离出来，常用的技术措施主要有以下几项。

1. 噪声对消抗干扰技术

噪声对消抗干扰的原理是利用目标反射信号和干扰在时序上或者相位上的不同来区分目标和干扰，并通过双通道将干扰进行对消，以进一步提高对抗强功率谱密度的阻塞式干扰及地海杂波干扰的能力。

图 8-3 给出了一种适用于脉冲多普勒引信的噪声对消电路原理框图，该电路不仅能消除回波信号中残余载波信号的影响（该信号发生在两个回波脉冲的休止期间），提高引信距离分辨能力，同时亦可减小地海杂波影响（即使杂波已落入距离门之内）。其工作原理主要是改变输入信号的功率谱密度分布，使其杂波的谱分布处于基带多普勒滤波器频带之外。

对于脉冲多普勒引信，假定 $S_c(\omega)$ 为带限的杂波功率谱密度，经视频波门采样后，未经对消的功率谱密度为

$$\begin{cases} S(\omega) = (\tau^2/T^2) \displaystyle\sum_{N=-\infty}^{+\infty} S_c(\omega - N\omega_0) \dfrac{\sin^2(N\omega_0\tau/2)}{(N\omega_0\tau/2)^2} \\ \omega_0 = 2\pi/T \end{cases} \tag{8-35}$$

经对消后的功率谱密度为

$$S(\omega) = 2(\tau^2/T^2) \sum_{N=-\infty}^{+\infty} \frac{\sin^2(N\omega_0\tau/2)}{(N\omega_0\tau/2)^2} S_c(\omega - N\omega_0) \sin^2(N\omega_0 t_0/2) \tag{8-36}$$

式中：τ 为取样宽度；T 为取样周期；t_0 为第一和第二开关脉冲间隔。

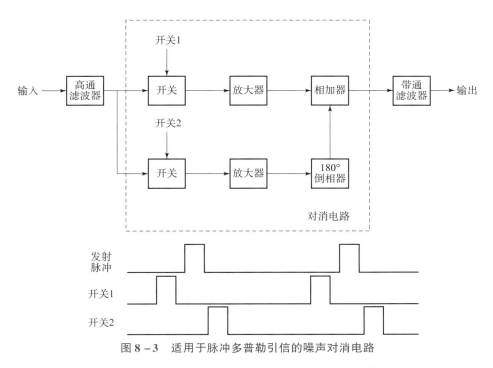

图 8 - 3 适用于脉冲多普勒引信的噪声对消电路

由于处理的多普勒信号取自于基带多普勒频率，$S_c(\omega)$ 的截止频率 ω_c 远小于 ω_0，对消前后的杂波信号谱如图 8 - 4 所示。

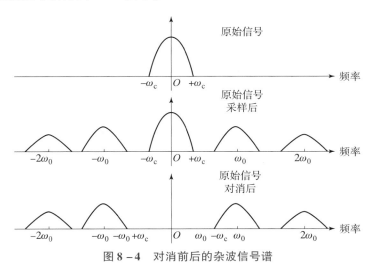

图 8 - 4 对消前后的杂波信号谱

由图 8 - 4 可知，对消后基带多普勒滤波器中已无杂波输出，并且 ω_0 越大能对抗的杂波谱越宽。

图 8 - 5 给出了一种适用于伪随机码调相引信的噪声对消电路原理框图，该电路可以用于消除阻塞式干扰。电路由一个主相关器、一个辅助相关器和一个对消的减法器

组成。主相关器被调整在所需的距离范围内；辅助相关器被调整在远离所需的距离范围。除本地码延时不同之外，两个相关器具有完全相同的特性。因此，在整个交会过程中，辅助相关器始终具有不相关的输出，只有主相关器才承担引信启动任务。

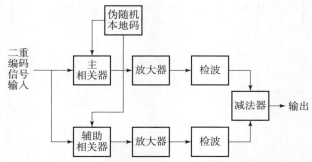

图 8 - 5   适用于伪随机码调相引信的噪声对消电路

当存在阻塞式干扰时，两相关器几乎具有完全相同的输出（当目标未进入相关距离时，其输出情况亦如此），假定两相关系统具有 t_0 的延时，那么，对消改善因子可表示为

$$\delta_r = 10\lg[1 - \rho(t_0)] \tag{8 - 37}$$

式中：$\rho(t_0)$ 为两路信号的归一化相关系数。

由于 t_0 接近于零，假定经检波后的信号与两路信号基本相同，即 $\rho(t_0) \approx 1$，则经过对消后，对干扰是一个极大的衰减。当目标信号进入主相关通道时，其输出为相关多普勒信号和非相关的干扰之和，辅助相关器输出只有非相关信号（包括干扰造成的），对消可将干扰所造成的非相关部分去除。一般来说，由于辅助相关系统中还包括回波信号造成的非相关部分，故经对消后的有用信号会略有损失。

2. 增幅速度选择抗干扰技术

增幅速度选择抗干扰的原理是利用目标反射信号和干扰幅度增加速度的不同来区分目标和干扰。在弹目高速接近中，引信只在极近程的作用距离上启动，因而目标反射信号的幅度是迅速增加的。而有源干扰由于干扰源离引信距离较远，干扰在引信短时的处理周期内可以认为是等幅的或接近于等幅的。利用信号增幅速度上的差异来抗干扰，是一种既简单又行之有效的好办法。图 8 - 6 给出了一种增幅速度选择抗干扰电路原理图。

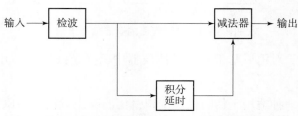

图 8 - 6   增幅速度选择抗干扰电路原理图

被处理的信号经幅度检波后分为两路，一路经积分延时后送到减法器一端；另一路直接送到减法器与延时信号相减。假定检波前的输入信号为 $F(t)$，则输出信号 $g(t)$ 可表示为

$$g(t) = \int_{-\infty}^{\infty} h(t_0) F(t - t_0) \mathrm{d}t_0 = F(t) - F(t - \tau) \qquad (8-38)$$

式中：τ 为积分延时时间。

当 τ 趋近于 0 时

$$g(t) \approx F'(t)\tau \qquad (8-39)$$

令

$$F(t) = f(t) + N(t) \qquad (8-40)$$

式中：$f(t)$、$N(t)$ 分别为信号和干扰经检波后的直流（低频）分量。

将式（8-40）代入式（8-39）得

$$g(t) = f'(t)\tau + N'(t)\tau \qquad (8-41)$$

由于 $f(t)$ 上升速率很快（目标回波功率与距离的四次方成反比变化），$N(t)$ 上升速率小，经微分后接近于零，故式（8-41）变为

$$g(t) \approx f'(t)\tau \qquad (8-42)$$

当仅有干扰存在时，由于幅度上升速率低，经微分后 $N'(t)\tau$ 很小，难以使引信启动，当目标信号存在时，则有足够的幅度使引信启动。根据弹目交会情况，对延时 τ 进行自适应调整，可使引信对阻塞式干扰有良好的抗干扰能力。试验表明，该电路能对干扰抑制 20~30 dB，对振动噪声也有良好的对抗能力。

3. 双通带多普勒检测抗干扰技术

双通带多普勒检测抗干扰的原理是利用目标反射信号和干扰在频谱上的带宽不同来区分目标和干扰。引信可以根据天线波束宽度和弹目相对速度，计算得到目标反射信号的多普勒带宽，一般为窄带信号，而干扰频谱一般较宽，因此，可以利用信号带宽上的差异来抗干扰。图 8-7 给出了一种双通带多普勒检测抗干扰电路原理图。

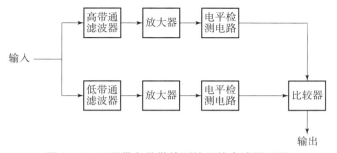

图 8-7 双通带多普勒检测抗干扰电路原理图

被处理的信号分为两个通道，一个通道为正常工作的多普勒信号通道，滤波器通

带与目标反射信号带宽一致，另一个通道的滤波器通带频率高于正常通道，且带宽约为正常通道的 2 倍，称为辅助通道。正常通道的通带频率上端与辅助通道通带频率下端几乎衔接在一起，辅助通道的增益略大于正常通道。将被处理的信号经过两通道进行滤波、放大、幅度检波后送往比较器。

在没有干扰时，只有正常通道工作，辅助通道送入比较器的电平几乎为零。受到干扰时，由于干扰频谱较宽，致使正常通道和辅助通道都有类似的干扰信号出现，因辅助通道的增益较高，故在电平检测电路中很快建立起高于正常通道的电平，两路信号经比较电路后，可避免因正常通道的电平大于启动门限而使引信误动作，当干扰消失时，由于辅助通道检测电平的下降需要一定时间，从而避免了因干扰突然消失而引起的"早炸"危险。

当然，辅助通道的滤波器通带也可以设计为覆盖整个接收机通带，并且适当减小辅助通道增益，由于比较器的存在，引信启动门限会根据辅助通道内的信号大小自适应调整，这一技术与雷达上的"恒虚警检测"方法较为相似。

上述的信息处理抗干扰技术既可以通过模拟电路实现，也可以通过数字电路高速采样后用软件来实现，两者的基本原理是一致的，但后者更加灵活方便。

激光引信与无线电引信探测所用的物理场不同，面临的干扰威胁也不同，因此激光引信有一些专用的抗干扰技术措施。

8.5.8　激光引信抗阳光干扰技术

激光引信抗阳光干扰的技术途径一般有以下几种。

1. 窄带滤光技术

激光引信用光电探测器一般为硅光电二极管，属于宽光谱接收器件，由于激光器出光频率稳定，因此可以在接收机前端增加窄带滤光片，滤光片带宽一般可以设计为 $50 \sim 100$ nm，能很大程度上削弱太阳光和其他光源对激光引信的影响。

2. 抗随机噪声门技术

经窄带滤光后，仍有部分太阳光能量能够进入光敏探测器，形成具有白噪声特性的信号，当阳光信号超过比较器的门限值时，对引信形成干扰脉冲信号。对于那些能越过比较门限电平而形成阳光干扰脉冲信号来说，它的出现时间具有随机性，即在引信探测窗口工作的整个时间段内，都有可能出现。

对于目标来说，激光回波比较稳定。由于激光引信发射基准脉冲的时间是预先设定的，因此经过目标反射回来的回波就会较稳定地只出现在发射基准脉冲后的一段时间内，而在这段时间之外的回波，可认为是由阳光干扰引起的。

因此，在发射脉冲的一个周期内，可以在不可能出现目标回波的时间段内加一个抗随机噪声门来检测是否有阳光干扰的到来，当出现阳光干扰时，就把在这个发射周期内出现的所有脉冲信号都当无效处理，从而达到消除阳光干扰的目的。发射脉冲和抗阳光干扰时间门的相对时序关系如图 8 - 8 所示。

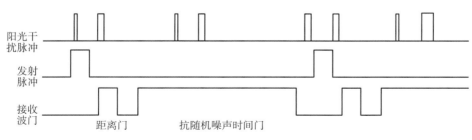

图 8 - 8 引信收发时序和抗随机噪声门示意图

3. 双视场探测技术

阳光相对于激光引信的入射角，具有单值性，因此在同一瞬间，它只能干扰双光路或双视场中的一个探测通道，而且由于导弹飞行姿态角的改变而致使阳光入射角的改变具有缓变性。文献 ［20］ 提出了一种利用双视场探测来抗阳光干扰的方法，当相邻两个探测光路之间的空白角或两个探测视场之间的空白方位角适当大时，在规定的间隔时间内，阳光就不会对两个探测视场均形成干扰。两个视场内的阳光干扰，进行相与逻辑判别后就能够剔除阳光干扰。

8.5.9 激光引信抗云、雾、雨、雪干扰技术

云、雾、雨、雪等干扰具有散射特性，激光束在穿透其内部密集的悬浮小颗粒时，一部分能量形成了后向散射信号，另外还有部分能量扩散到了更大的相邻区域，形成二次或多次后向散射，如图 8 - 9 所示。图中 A、B、C、D 为云、雾、雨、雪中的悬浮粒子。

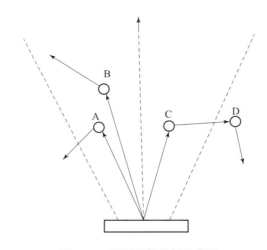

图 8 - 9 悬浮颗粒散射示意图

　　研究表明，云、雾、雨、雪等干扰后向散射的强弱不仅与悬浮小颗粒的浓度（单位体积内的气溶胶颗粒数量）相关，还与激光发射脉宽有关，脉宽越窄，后向散射信号越弱，原理如下：

　　气溶胶颗粒密度可达每立方厘米几十到几十万个，从宏观上看这些小颗粒都可以认为是紧挨在一起的，因此其形成的后向散射在探测器上的响应脉冲波形近似为钟形脉冲，如图 8-10（c）所示。当激光脉冲较宽时，由粒子 A 和粒子 B 后向散射回来的能量，在脉冲存在的某段时间内能同时到达探测器，被探测器接收并产生相应的响应脉冲并相互叠加，如图 8-10（a）所示。如果脉冲宽度较窄，当由粒子 B 后向散射回来的能量到达探测器时，由粒子 A 后向散射回来的能量正好结束或早已结束，两者没有重叠时间，因此不会叠加，如图 8-10（b）所示。对于前者来说，粒子间叠加效应更明显，探测器在单位时间内接收到的能量大，响应脉冲会比较强。

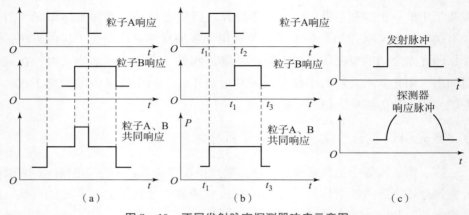

图 8-10　不同发射脉宽探测器响应示意图

（a）宽脉冲；（b）窄脉冲；（c）回波脉冲

　　根据云、雾、雨、雪等干扰的特性，对应抗干扰的技术途径一般有以下几种。

1. 减小发射脉冲宽度

　　云、雾、雨、雪等干扰对激光光波具有可穿透性，由前文所述分析可知，如果发射出的激光脉冲的宽度较窄，进入干扰内层的激光光波后向散射回来的能量与由干扰表层后向散射回来的能量在时间上不能重叠，这就使探测器接收到的回波峰值功率降低，因而相应的响应脉冲幅值也就随之减小，使得云、雾、雨、雪的后向散射不能形成有效干扰。

2. 设立多重电压门限和多重距离波门

　　在相同的作用距离上，由云、雾、雨、雪后向散射形成的回波干扰幅值小于非穿透性目标（各类实体飞行目标）反射而形成的回波信号幅值。因此，对应不同的距离，用不同的电压门限，让目标信号可以通过而云、雾、雨、雪等干扰被阻隔，使得云、雾、雨、雪的后向散射不能形成有效干扰。

3. 成像目标识别技术

由于激光引信探测视场具有尖锐的方向性，通过多通道或阵列探测成像技术，能够在弹目交会过程中实时获得被探测物体的二维或三维图像，可以利用目标图像与干扰图像的差异来识别出干扰。

8.5.10　物理场选择抗干扰

物理场选择抗干扰是指在明确具体干扰要求时，选用不易被干扰的物理场或者利用多种物理场进行复合探测，主要的技术途径有两种。

1. 选用被动探测方式

被动式引信探测器不依靠发射电磁波（包括激光）工作，因此它自身隐蔽性好，敌方很难发现，实施干扰亦十分困难。因此，只要能满足战术使用要求，应尽量采用被动式工作的探测器引信，如电容引信、被动式静电引信、被动式磁引信等。或者采用主被动切换体制，当主动引信受到干扰时，自动转入被动引信工作状态，利用目标的物理场或干扰源作为引信工作信号。

2. 选用复合探测方式

复合探测是指在一个引信中利用两种或两种以上的物理场或体制探测目标。以对抗人为有源干扰为例，可以选用无线电与激光复合探测方式，要求无线电通道回波信号和激光通道回波信号均符合启动判据时，才能输出启动信号。而人为有源干扰对激光探测器产生干扰的难度极大，所以无线电与激光复合探测引信对抗人为有源干扰能力很强，其他形式的复合探测也同理。但是，复合探测方式一般会增加引信的体积和成本，因此，在复合探测引信设计时，需重点关注高集成和低成本技术的应用。

8.5.11　战术运用抗干扰

引信抗干扰技术包括技术抗干扰和战术运用抗干扰两方面。引信除了在设计时采取一切可能的措施提高抗干扰能力外，还需要根据敌方的干扰情况及变化，在战术上巧妙运用己方已有的能力，以求达到事半功倍的对抗效果。

引信战术运用抗干扰技术主要有以下几点。

1. 晚开机

引信一般具有根据弹上提供的指令开机功能，因此利用武器系统或制导系统提供的信息，采用晚开机方法，可以避免过早暴露引信工作频率，例如在弹目交会前 0.1 ~ 0.2 s 或弹目距离在 200 m 以内再使引信发射机工作，敌方发现时，来不及干扰就被击毁了。

2. 晚解封

引信一般具有根据弹上提供的指令解封和封闭的功能。根据前文所述，引信在箔条云近区受干扰而启动的概率与引信在干扰区内的穿越长度有关，由于目标飞机在投放箔条弹以后会做机动规避，因此无须引信在箔条干扰区中探测目标，引信在穿越干扰区的过程中可以利用武器系统或制导系统提供的信息，封闭引爆控制系统，直到与弹目交会时再解除封闭。

第9章 目标方位识别技术

9.1 概述

弹药类目标体积小、防护厚、易损点小、机动性高,采用环形破片杀伤方式的全向引战系统,难以彻底摧毁此类目标。为此,提出了以引信精细化脱靶方位识别、战斗部定向起爆为特征的新型定向引战系统,能大幅提高战斗部的杀伤效能,也有利于战斗部小型化、轻量化。研究引信目标方位精确识别、精确定向引战匹配控制技术,通过对目标精细化探测、目标方位精确识别和定向引战匹配等关键技术攻关,将推动定向引战系统的工程应用。

定向引战系统作为新一代防空导弹标志性装备,其作用是在弹目交会过程识别目标脱靶方位,利用定向战斗部聚焦式或瞄准式高密度破片实现对目标的精确定向杀伤,其示意图如图9-1所示。第四代防空导弹已普遍采用定向引战系统,单发杀伤概率得到大幅提升。

高精度目标方位识别技术是定向引战系统的核心技术。引信采用无线电、激光、静电等自主探测手段,或基于制导引信一体化(GIF)技术,在弹目交会时自主识别目标及其方位信息,通过定向引战匹配算法控制定

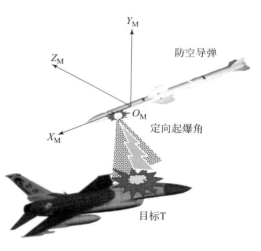

图9-1 定向引战系统定向杀伤示意图

向战斗部起爆角。目标方位识别精度决定着定向战斗部起爆的指向角,直接关系到定向引战系统能否发挥最佳的杀伤威力和目标毁伤效率。

9.2 无线电引信目标方位识别技术

无线电引信属于周向近程探测系统,天线周向安装,通过收发天线圆阵组合方式,

探测导弹或炮弹的周向360°范围的近程目标。无线电引信基于圆阵天线，利用无线电测角技术，在弹体坐标系内测定目标的方位。

9.2.1　无线电引信测角技术的特点

无线电测角技术一般采取比幅测角、比相测角、圆阵空间谱测向等空间测角技术手段。圆阵空间谱测向技术是以圆阵多元天线、现代数字信号空间谱估计技术为基础的新型测向技术，其特点是阵元数多、测角精度高、信号处理复杂，适用于对辐射源的高精度测向。无线电比幅测角、比相测角技术较为成熟，实现相对简单，该技术利用相邻天线的波束方向图的增益和相位特性，根据电磁波的方向性确定目标回波方向，对于远场、小角度范围目标具有较高的测角精度。

在弹目高速交会过程中，无线电引信脱靶方位识别是一种圆周360°范围、瞬时、近场测角技术，传统的单天线空间测角技术由于测角范围小、处理时间长，不能满足引信测角要求。引信为实现圆周360°范围目标探测和精确测角，对天线按照圆周进行布局，形成若干周向象限的天线阵列组合，对弹体圆周范围内的目标进行象限分割，通过分象限探测实现对目标所在象限位置的检测。为适应引信高速交会的瞬时特性，消除不同象限回波的相互干涉，必须对天线采取分象限高速分时扫描方式，并实时处理每个象限的回波信号。利用无线电比幅、比相空间测角技术提取目标回波特征，解算目标方位角，从而精确识别目标脱靶方位。

9.2.2　无线电引信分象限扫描技术

1. 系统组成

引信根据目标方位识别精度指标要求，结合引信天线阵列的舱体结构布局条件，综合设计天线阵元数和象限扫描时序。本章主要介绍四象限扫描无线电引信的脱靶方位识别技术，引信系统组成框图如图9-2所示。

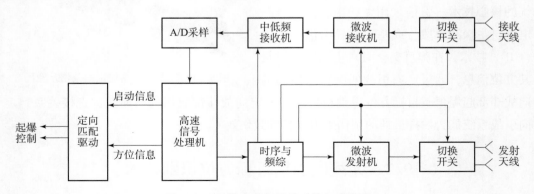

图9-2　无线电定向引信系统组成框图

引信系统由发射天线、接收天线、切换开关、微波发射机、微波接收机、时序与频综、中低频接收机、A/D 采样、高速信号处理机和定向匹配驱动等模块组成。无线电引信采用两发两收天线，按照 90°间隔圆周布局于舱体。引信时序与频综为收发链路提供控制时序和频综信号，引信收发前端（微波发射机、发射天线、接收天线、微波接收机）通过高速电子开关选择探测象限，通过时序切换实现对 360°周向空间的分象限扫描探测。在此基础上，根据定向引信的脱靶方位识别精度要求，选择合理的无线电测向技术。

2. 工作过程

引信四象限扫描示意如图 9 - 3 所示，按照 90°分区将周向划分为Ⅰ、Ⅱ、Ⅲ、Ⅳ四个象限。T_1、T_2 为发射天线，R_1、R_2 为接收天线，在时序控制下实现Ⅰ、Ⅱ、Ⅲ、Ⅳ四个象限扫描探测。其中Ⅰ象限对应 T_1、R_2 天线，Ⅱ象限对应 T_2、R_2 天线，Ⅲ象限对应 T_2、R_1 天线，Ⅳ象限对应 T_1、R_1 天线。每一个象限的周向探测范围即为收发天线组合波束角覆盖区，经四象限分时扫描后形成四象限分时目标回波信号。目标回波经天线接收、接收机信号调理、A/D 采样、数据分象限预处理后形成四象限回波数据。高速信号处理机对四象限回波数据进行目标检测、象限识别，并利用无线电测向算法，解算出目标方位角。

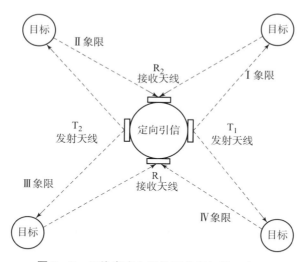

图 9 - 3 无线电定向引信四象限扫描示意图

9.2.3 比幅测角技术

1. 测角原理

引信比幅测角是在象限扫描的基础上，利用无线电比幅测向原理，对相邻象限回波进行比幅处理，根据引信天线的方向图特性（增益 - 方位角关系曲线），解算目标方位角。图9－4给出了引信四象限比幅测角的原理示意图，图中引信周向划分为Ⅰ、Ⅱ、Ⅲ、Ⅳ四个象限，其中Ⅰ象限位于0°～90°方位；Ⅱ象限位于90°～180°方位；Ⅲ象限位于180°～270°方位；Ⅳ象限位于270°～360°方位。

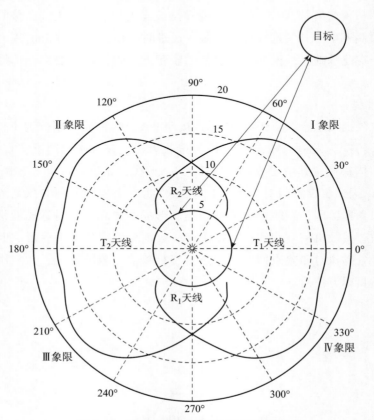

图9－4　引信四象限比幅天线方向图示意

由引信天线的布局图9－3可知，Ⅰ、Ⅱ象限共用R_2接收天线，Ⅲ、Ⅳ象限共用R_1接收天线，同理，Ⅰ、Ⅳ象限共用T_1发射天线，Ⅱ、Ⅲ象限共用T_2发射天线。因此，引信四象限比幅的基准是相邻象限的发射天线T_1、T_2或接收天线R_1、R_2的方向图增益比值，其中Ⅰ、Ⅱ象限的比幅曲线，为T_1、T_2发射天线在45°～135°范围的增益比值；Ⅲ、Ⅳ象限的比幅曲线，为T_1、T_2发射天线在225°～315°范围的增益比值；Ⅱ、Ⅲ象限的比幅曲线，为R_1、R_2接收天线在135°～225°范围的增益比值；Ⅰ、Ⅳ象限的比幅曲线，为R_1、R_2接收天线在315°～45°范围的增益比值。

引信经四象限扫描确定目标回波所在象限，对目标相邻象限回波进行比幅处理，其中根据45°～135°范围的比幅曲线，由Ⅰ、Ⅱ象限的实测比幅值，解算目标方位角；根据225°～315°范围的比幅曲线，由Ⅲ、Ⅳ象限的实测比幅值，解算目标方位角；根据135°～225°范围的比幅曲线，由Ⅱ、Ⅲ象限的实测比幅值，解算目标方位角；根据

315°~45°范围的比幅曲线，由Ⅰ、Ⅳ象限的实测比幅值，解算目标方位角。

　　根据上述比幅关系，选择Ⅰ、Ⅱ象限开展引信比幅测角性能分析。Ⅰ、Ⅱ象限比幅区间对应方位角为 45°~135°，比幅理论基准是 T_1、T_2 天线在 45°~135°方位角范围的天线增益比值，其中 G_{T1} 为 T_1 天线的增益、G_{T2} 为 T_2 天线的增益，则天线比幅值为 G_{T1}/G_{T2}。根据 T_1、T_2 天线的方向图测试数据，在 45°的方向图测试方位角范围内，计算 T_1、T_2 天线的增益比幅值，形成比幅值 – 方位角的关系曲线。图 9 – 5 给出了Ⅰ、Ⅱ象限天线的比幅值 – 方位角曲线，在方位角 90°位置，T_1、T_2 天线增益相同，引信Ⅰ、Ⅱ象限的比幅值为 0 dB；在方位角 45°位置，T_1、T_2 天线增益比为 +12 dB，引信Ⅰ、Ⅱ象限的比幅值为 +12 dB；在方位角 135°位置，T_1、T_2 天线增益比为 – 12 dB，引信Ⅰ、Ⅱ象限的比幅值为 – 12 dB。

　　由图 9 – 5 可知，在 90°方位角范围，引信比幅值范围为 – 12 ~ +12 dB。若目标位于Ⅰ、Ⅱ象限，则通过计算比幅值，根据比幅值 – 方位角曲线，可以解算出目标方位角。

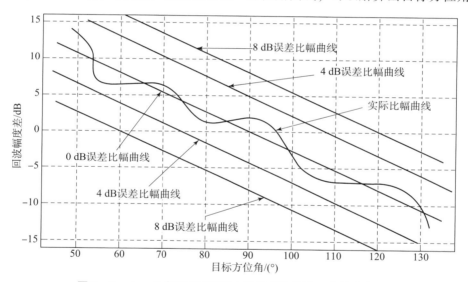

图 9 – 5　Ⅰ、Ⅱ象限 90°范围内的天线比幅值 – 方位角曲线

2. 测角精度分析

　　引信的比幅测角精度由系统实测比幅值与比幅值 – 方位角理论曲线的误差决定，四个象限回波比幅值误差越大则比幅测角精度越差。比幅值误差是由收发链路差异引起的，误差源包括链路插损、天线方向图、目标特性等误差，同时高低温环境条件下收发链路的离散性，使得引信四象限的比幅值 – 方位角曲线偏离理论值。图 9 – 6 是Ⅰ、Ⅱ象限比幅误差的分析结果，在 45°~135°方位角范围，引信实测的比幅值相对理论曲线叠加了系统误差。假定Ⅰ、Ⅱ象限收发链路的系统误差不超过 ±6 dB，则比幅值误差的上下限包络曲线为 A_1、A_2，可以看出对应引信的比幅测角误差不超过 ±25°。

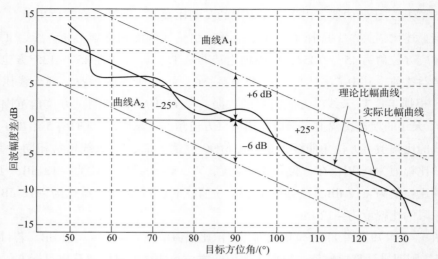

图 9 – 6　Ⅰ、Ⅱ象限（45°~135°）的天线比幅值 – 方位角曲线误差分析

　　为提高比幅测角精度，需对收发链路进行幅度标校和修正、高低温下补偿等措施降低引信四象限链路的系统误差，同时为提高比幅处理精度，需提高回波信噪比和接收机动态范围。同时为降低近场体目标效应对比幅测角的影响，引信可进一步采取信号二维高分辨处理技术，对体目标进行多散射点分割，通过对散射点比幅处理提高对体目标的比幅测角精度。

　　由上述误差分析可知，对于引信比幅测角系统，通过控制象限收发链路的系统误差在 ±5 dB 以内，引信通过比幅测角处理，可以达到八方位脱靶方位识别要求，如图 9 – 7 所示。

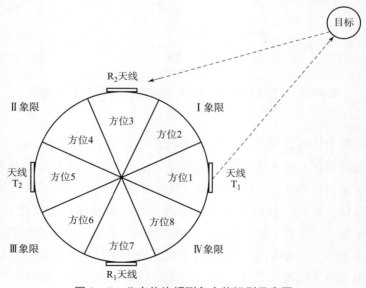

图 9 – 7　八方位比幅测角方位识别示意图

9.2.4 比相测角技术

1. 测角原理

引信在弹目交会过程中，由于四象限回波存在链路差异和目标特性差异，特别是在近场、瞬时、体目标工作条件下，引信四象限回波表现为持续时间短、信号起伏大、回波特性复杂，引信回波的比幅误差较大。因此，引信对体目标比幅测角的精度难以改善，一般很难达到优于30°的方位识别精度。为了实现优于30°的脱靶方位识别精度，引信必须在象限识别的基础上，进一步结合比相技术提高脱靶方位测量精度，以满足高精度定向引信对目标方位识别需求。

比相测角技术基于干涉测量原理，引信接收天线采用比相天线，为实现圆周向大范围测角不模糊，比相天线采用短基线设计，比相天线测角原理如图9－8所示。

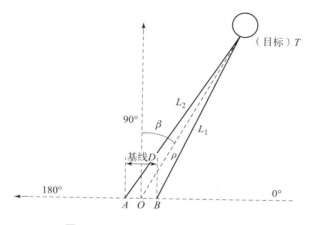

图9－8 比相天线测角原理示意图

A 与 B 分别为比相天线的相位中心点；T 为目标点；D 为比相天线基线长度，为实现天线180°范围比相不模糊，要求 $D \leqslant \lambda/2$（λ 为波长）；目标到天线中心的方位角为 β；ρ 为目标至比相天线中心的距离。目标回波至天线阵列 A 相位中心的距离为 L_2；目标回波至天线阵列 B 相位中心的距离为 L_1；φ 为比相天线 A、B 接收到目标回波的相位差，由目标回波至比相天线的距离差决定，即：

$$L_1 = \sqrt{(\rho\sin\beta)^2 + (\rho\cos\beta - D/2)^2} \tag{9-1}$$

$$L_2 = \sqrt{(\rho\sin\beta)^2 + (\rho\cos\beta + D/2)^2} \tag{9-2}$$

根据比相原理，计算相位差 φ，有

$$\varphi = 2\pi \times (L_1 - L_2)/\lambda = 2\pi \times D\cos\beta/\lambda \tag{9-3}$$

根据式（9－3）可知，λ 与 D 的比值越小，则相位差分辨率越高，在同样相位测量精度下，方位角测量精度越好。因此为提高方位角测量精度，尽可能减小 λ 与 D 的

比值。选择 $D = 0.45\lambda$，则相位差 φ、方位角 β 的关系曲线如图 9-9 所示，可以看出在 180°方位角范围，相位差 φ 与方位角 β 存在单调关系，且具有很高的相位分辨率。因此，根据引信实测目标回波至比相天线的相位差，通过曲线查表即可解算出方位角 β。

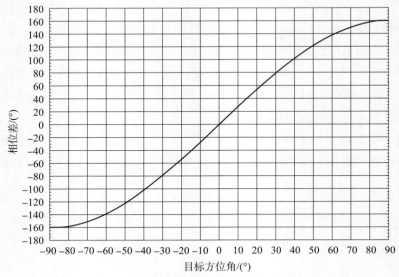

图 9-9　比相天线回波相位差与方位角关系

2. 测角精度分析

根据比相测角原理，引信通过相位差 - 方位角转换关系曲线可确定目标方位角，其测量误差主要由相位测量误差、相位差 - 方位角转换误差组成。其中相位测量误差是定向引信的系统误差，包括接收机链路相位误差、信号处理相位测量误差等。通过接收机链路相位自标校可以修正系统固有误差，通过提高接收机链路的稳相性能、回波信噪比、增加动态范围、优化相位测量算法等可以降低相位随机误差。同时由于定向引信在弹目交会过程近场、瞬时工作，目标回波存在持续时间短、起伏大，使得引信信号处理机精确相位测量的难度较大。传统基于平稳信号的相位测量技术不能满足高精度相位测量需求，须采取短时数字化相位测量算法，并结合短时相位滤波处理，提高相位测量精度。

相位差 - 方位角转换由比相关系曲线确定，对于侧向引信，目标相对比相天线的相位中心是空间立体角。目标立体角状态的比相关系如图 9-10 所示，图中 A 与 B 为比相天线相位中心；T 为目标点；α 为测向波束倾角；R 为弹目距离；β 为目标方位角。

目标立体角是天线波束倾角与目标方位角的复合角，比相天线测量的是目标空间相位差，对于 45°~90°的测向波束倾角，式（9-4）给出了相位差 - 立体角关系，即

$$\varphi = \frac{2\pi}{\lambda} D\sin\alpha\sin\beta \tag{9-4}$$

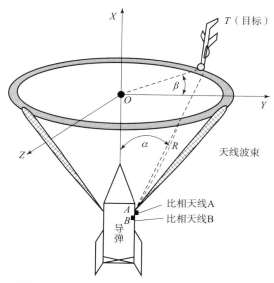

图 9 - 10　目标立体角状态的比相测角示意图

根据式（9-4），相位差 - 方位角转换曲线由比相天线参数选择、目标立体角的几何关系决定，根据已知的天线波束倾角，可以将立体角转化为目标方位角。侧向引信波束倾角越窄，则对目标立体角的影响越小，相位精度则越高。侧向引信由于存在天线波束倾角和波束宽度，不同波束倾角下，形成不同的目标至引信比相天线的立体角，引起相位差 - 方位角转换产生误差。

对于侧向引信，假定波束倾角 α 为 56°～60°，开展立体角仿真，计算出不同波束倾角的相位差 φ 与方位角 β 关系曲线，如图 9 - 11 所示。

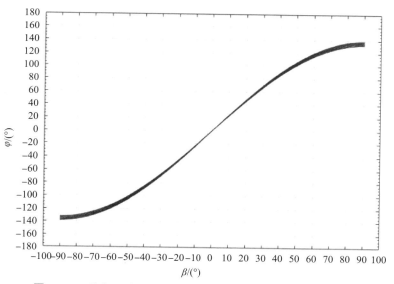

图 9 - 11　比相天线不同波束倾角的相位差与方位角 β 的关系

从图 9 - 11 的仿真结果可以看出，相位差 – 方位角关系曲线随着波束倾角的不同而变化，通过仿真分析可以得到如下结论：

（1）比相天线波束倾角 α 的倾角越大，则相位差范围越大，相位差分辨率越高，目标方位 β 的测量精度越高。

（2）比相天线波束倾角 α 波束越窄，则立体角散布越小，相位曲线散布越小，一致性越高；相位差分辨率越高，则目标方位角 β 的测量精度越高。

（3）方位角 β 在比相天线中心 $-70°$ ~ $+70°$ 范围时，波束倾角引起的相位差散布较小，相位差分辨率较高，对方位角 β 解算影响较小；当方位角超过 70° 或 $-70°$ 后，波束倾角引起的相位差散布急剧增大，相位分辨率下降，方位角测量精度急剧下降。

由上面分析可知，引信象限内采取精确相位测量和方位解算技术，可以实现对不同方位角目标的精确方位识别，脱靶方位识别精度可达 5° ~ 20°，可满足十二方位或十六方位的定向引战设计要求。

9.3　激光引信目标方位识别技术

激光引信采取阵列式分象限探测，激光波束具有良好的锐化性能，因此具备较好的目标方位识别性能。

9.3.1　基于象限划分的目标方位识别技术

防空导弹激光引信采用多象限探测的方式实现对周向 360° 的全覆盖探测。引信工作过程中，各象限之间相互独立工作，因此，可利用回波信号比幅技术进行象限识别。

将 360° 的周向探测范围按象限数量进行均分，总象限数量通常为 3 ~ 12 个。以六象限探测激光引信为例，象限设计示意图如图 9 - 12 所示，每象限角度为 60°。

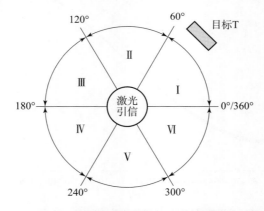

图 9 - 12　一种六象限探测激光引信象限划分示意图

六象限探测激光引信系统组成框图如图 9 – 13 所示。

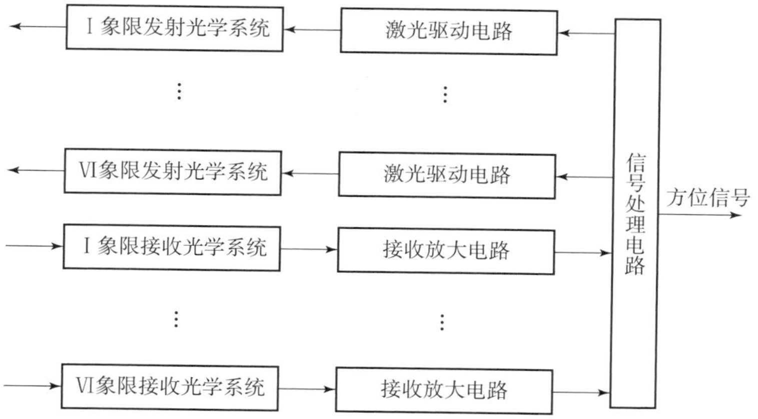

图 9 – 13　六象限探测激光引信系统组成框图

激光引信按照象限顺序依次发射激光探测信号，各象限的接收电路根据发射时序关系，依次接收各象限的回波信号，在信号处理电路中分别记作 I 至 Ⅵ象限的回波，并获取回波幅度信息或者脉冲宽度信息。

如图 9 – 12 所示，将 I 、Ⅱ象限回波信号进行比幅，若 I 象限回波幅值大于Ⅱ象限回波幅值，判断目标处于 I 象限，信号处理解算输出 30°方位角度。反之，判断目标处于Ⅱ象限，信号处理解算输出 90°方位角度。如果 I 、Ⅱ象限幅值判为一致，可判断目标处于 I 、Ⅱ象限之间，信号处理输出 60°方位角度。依次类推，通过象限间比幅技术，可实现 30°的方位识别。

基于象限划分的目标方位识别技术，方位测量精度取决于激光引信象限划分的数量，目标方位识别精度随着象限数量的增加而提高。为了提高目标方位识别精度，需要不断地增加激光引信象限数目，一方面使得激光引信的硬件通道成倍增加，引信成本不断上升，另一方面也增加了在舱上的安装难度，更有可能会带来其他的问题。因此基于象限划分不能适应高精度目标方位识别需求。

9.3.2　基于象限细分的目标方位识别技术

基于象限划分的激光引信，能解决目标所在象限的识别。为获取更高的方位精度，需要对探测系统进行特殊设计。

1. 二元探测原理

通常，周向探测激光引信对目标方位的识别仅限于周向一维角度的分辨。因此，根据多元探测原理，将探测器光敏面切割成多个面元，并结合回波光斑离焦设计即可实现。以六象限分区二元探测为例，假设目标 T 在第 I 象限，目标中心与 I 象限中心光轴夹角为 θ，如图 9 – 14 所示。

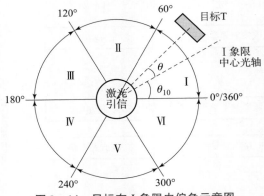

图 9 – 14   目标在 I 象限内偏角示意图

目标回波通过光学系统，在二元光电探测器上成像的示意图如图 9 – 15 所示。

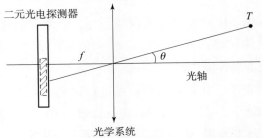

图 9 – 15   目标在二元光电探测器上成像示意图

图 9 – 15 中，f 为离焦后光敏面与透镜之间的距离。从光学成像原理可知，目标与光轴成 θ 夹角，因此其回波经过光学系统后形成的离焦光斑中心偏离光敏面中心。光斑成像示意图如图 9 – 16 所示。

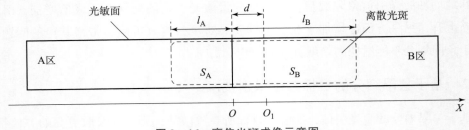

图 9 – 16   离焦光斑成像示意图

二元光敏面等分为 A 区和 B 区两个大小特性相同的面元，每个面元采取独立的接收链路。以光敏面的长边为参考建立一维坐标系，并以光敏面分割点为原点 O。当目标反射回波通过接收光学系统后，在光敏面上形成离散光斑。光斑中心 O_1 距离原点 O 的距离为 d。光斑落在 A 区和 B 区里的长度分别为 l_A 和 l_B，光斑面积分别为 S_A 和 S_B。对应的光斑能量经探测器光电转换和后级电路放大后，输出电压 U_A 和 U_B。

由二元探测的基本原理可以得到光斑中心 O_1 距离原点 O 的距离 d 为

$$d = k\frac{U_B - U_A}{U_B + U_A} \qquad (9-5)$$

式中：k 为与光斑大小相关的系数。

根据式（9-5）和图 9-15，由三角关系可以得到 d 和 θ 之间的关系为

$$\theta = \arctan\frac{d}{f} \qquad (9-6)$$

当目标位于象限中心时，两个面元接收的光斑面积相等，因此两路输出的电压幅度相等。此时，根据式（9-5）和式（9-6）解算出的偏角 θ 为 0°。当目标偏离象限中心时，两个面元上的光斑面积不相等，两路输出信号的幅度不相等，解算得到的角度也不为零。结合上一节中目标所在象限的判别，可得到该象限中心光轴的绝对角度为

$$\theta_{i0} = 60i - 30 \qquad (9-7)$$

式中：i 取 1~6，θ_{i0} 分别对应第 Ⅰ 象限到第 Ⅵ 象限中心光轴的绝对角度。

通过图 9-14 中的弹目位置关系，可得到目标在引信周向上的方位角度 θ_T 为

$$\theta_T = \theta_{i0} + \theta \qquad (9-8)$$

当目标跨在两个象限视场中间时，象限视场分界线会将目标划分成 T_1 和 T_2 两个部分，如图 9-17 所示。

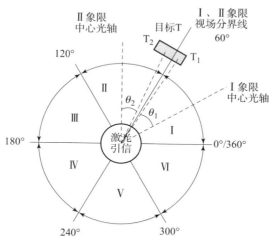

图 9-17　目标跨在 Ⅰ、Ⅱ 象限中间时的偏角示意图

T_1 在第 Ⅰ 象限内，与 Ⅰ 象限中心光轴的夹角为 θ_1。T_2 在第 Ⅱ 象限内，与第 Ⅱ 象限中心光轴的夹角为 θ_2。两个部分分别在两个象限的探测器上形成光斑。此时，可以将 T_1 和 T_2 分别看作在单象限内的目标，按式（9-5）和式（9-6）即可得到 θ_1 和 θ_2 的值。

通过图 9 - 17 中的弹目位置关系，可得目标在引信周向上的方位角度 θ_T 为

$$\theta_T = 60i + \frac{\theta_1 + \theta_2}{2} \tag{9-9}$$

式中：i 取 0 ~ 5，当目标在 Ⅵ、Ⅰ 象限之间时取 0，在 Ⅰ、Ⅱ 象限之间时取 1，以此类推。

2. 二元探测方位识别误差

引起二元探测方位识别误差的因素有三方面：一是由于离焦的弥散光斑不可能是完全均匀的矩形光斑，因此，光斑的不均匀性会引起一定的探测误差；二是由于材料及工艺等方面的因素影响，而且探测器面元的响应度也存在一定的差别；三是当目标跨象限时引起的截断误差，即目标落在某一象限的部分较小，使得其回波能量达不到该象限探测器的接收灵敏度，从而导致方位解算的误差。

常见的光能量分布模式为均匀分布、高斯分布、艾里分布。高斯分布为光斑离焦形式，可调光斑大小，其能量按高斯分布

$$I = I_0 \frac{1}{\sqrt{2\pi}\sigma_1} \left[\frac{-(r_1 - \tau)^2}{2\sigma_1^2} \right] \tag{9-10}$$

式中：I_0 为成像处中心点光强；τ 为能量平均值；σ_1 为能量分布标准方差；r_1 为光斑距离中心的大小。

在圆形光瞳的情况下，成像面位于系统焦平面上，艾里分布光强分布为

$$I = I_0 \left[\frac{2J_1(V)}{V} \right]^2 \tag{9-11}$$

其中

$$V = \frac{2\pi}{\lambda} \left(\frac{D}{f} \right) r_1 \tag{9-12}$$

式中：J_1 为一阶 Bessel 函数，f 为光学系统焦距；D 为光学孔径。

光斑分布模式不同，探测器的输出也不同。其中，艾里分布情况下探测灵敏度最高，但其输出线性范围最小；均匀分布情况下探测灵敏度相对较低，但其输出线性范围最大。单象限视场范围为 60° 的大视场工作条件下，光斑形式为离焦均匀光斑最好，可以达到较大的线性工作范围。

光斑能量的不均匀性和面元的不一致性可以统一为面元响应度的不一致性。设 A 区的响应度为 R_A，B 区的响应度为 R_B，根据式（9 - 5）解算得到光斑解算中心距 d_1 为

$$d_1 = k \frac{l_B R_B - l_A R_A}{l_B R_B + l_A R_A} \tag{9-13}$$

当响应度误差在 10% ~ 20% 之间变化时，通过仿真得到的误差曲线如图 9 - 18 所示。

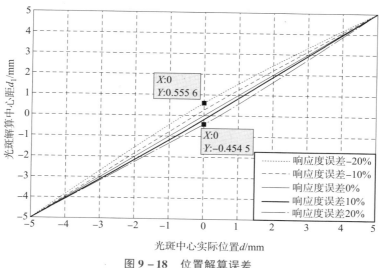

图 9 - 18　位置解算误差

可见最大的误差出现在零位附近，通过式（9 - 6）至式（9 - 8）可得由此引起的方位误差不大于 10°。

若目标位置跨象限，假设 T_1 的长度为 l_1，T_2 的长度为 l_2，$l_1 < l_2$。当 l_1 小到一定值时，T_1 形成的回波能量达不到第 I 象限探测器的接收灵敏度要求，使得该部分目标不能被有效识别，此时 l_1 的长度被定为截断误差长度。

由于探测器的最小探测灵敏度是一定的，在不同距离上达到该灵敏度探测要求的截断误差长度各不相同。当作用距离不超过 5 m 时，根据视场内的成像关系，对于不超过 1 m 长度的目标，由探测灵敏度引起的截断误差长度得到的理论解角误差不大于 5°。

因此，基于六象限激光引信，采用二元探测法对象限内视场细分，得出的方位识别误差不大于 15°，较原有 30°的精度有了较大提高。

9.4　基于主动雷达导引头信息的目标方位估计技术

在弹体坐标系下，利用主动雷达导引头在弹目交会前测量的目标位置信息、速度信息和相对姿态角信息，通过运动状态估计的方法，拟合出目标相对于导弹的相对运动关系，在弹目交会段假设相对运动状态不发生较大变化的前提下，递推出交会过程各时刻的目标位置信息，从而实现对弹目交会时刻的目标方位估计。

9.4.1　制导引信一体化设计工作时序

利用主动雷达导引头测量信息进行目标方位估计，是基于制导引信一体化技术实现对弹目末段交会时刻的剩余飞行时间和目标方位估计。引信利用主动导引头测量信息进行目标运动状态估计，实际上是一种信息复用方式，也即信息复用制导引信一体化测量，主要目的是为引信提供炸点控制参数。

利用主动雷达导引头测量信息估计引信起爆时刻、目标方位，在主动雷达导引头进入盲区后，假设弹目不再发生机动，或者采用适当的目标机动模型，在此基础上，通过外推估计交会点信息。制导、飞控以及引战系统的工作时序，如图 9 - 19 所示。

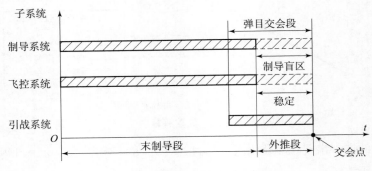

图 9 - 19　制导引信一体化工作时序

9.4.2　弹体坐标系目标方位估计

传统的弹目交会段通常是指从制导系统进入盲区至弹目交会点之间的一段运动弹道，而制导引信一体化设计对交会点估计需要利用导引头进入制导盲区前的制导信息，并外推制导系统盲区段的运动参数。弹目交会段呈现如下特征：

（1）导弹和目标不做机动；

（2）目标相对导弹的视线角速度开始发散，主动雷达导引头开始丢失目标；

（3）弹目接近速度发生急剧变化；

（4）近似地认为天线指向就是视线方向。

弹目交会段的上述特征，决定了引信最佳起爆控制的几何模型以及对制导系统信息的综合利用。导引头观测数据定义采用球坐标系，而对弹目交会轨迹的估计，采用弹体坐标系，因此在转换过程中，需要将导引头信息捷联解耦，并转换到弹体坐标系进行计算。

根据不同的主动雷达导引头测量信息，测角模式分为导引头测距测角模式和导引头测速测角模式，这里以导引头测距测角模式为例进行介绍。

运动状态估计与起爆控制主要涉及的参数：交会点时刻 t_{go}、目标方位角 γ、脱靶量 ρ 等，根据实测的目标位置信息，采用 Kalman 预测滤波方法估计目标达到交会平面时刻的目标状态参数。

弹体坐标系中弹目交会如图 9 – 20 所示，交会过程中假设目标相对导弹的运动轨迹为直线，弹目距离为 R，相对速度为 v_r，失调角为 φ，A 为预测滤波起始时刻位置，F 为预测滤波终止时刻位置，即利用 AF 段获取的回波数据完成脱靶参数估计，预测滤波算法设计要保证目标到达 F 点前实现算法收敛，稳定输出起爆延时与目标方位角，目标经 AF 与 XOY 平面交于 C 点，C 为破片击中目标位置，D 为弹目距离最小的位置，即 OD 为脱靶量大小。

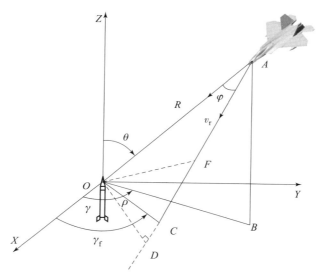

图 9 – 20　弹体坐标系弹目交会示意图

当存在失调角时，主要关心 C 点的位置，该点即战斗部破片命中目标的位置，将 $\gamma_f = \angle XOC$ 定义为命中点目标方位，$\rho = OC$ 为破片飞行距离。对于导引头主动模式，AF 段运动过程的弹目相对距离 R、俯仰角 θ、方位角 γ 等参数由导引头实时测量得到，利用 AF 过程的运动参数，通过预测滤波，从而得到轨迹 FC 过程中任何时刻的参数。

根据主动雷达导引头测量的目标距离 R、目标俯仰角 θ、目标方位角 γ 等参数可以推导出目标的三维位置信息：

$$R = \begin{bmatrix} R_X \\ R_Y \\ R_Z \end{bmatrix} = \begin{bmatrix} R\sin\theta\cos\gamma \\ R\sin\theta\sin\gamma \\ R\cos\theta \end{bmatrix} \tag{9 – 14}$$

通过 Kalman 滤波对 FC 过程参数进行预测滤波的输入与输出，目标跟踪滤波流程如图 9 – 21 所示。其中输入为 AF 过程中距离 R、俯仰角 θ、方位角 γ 采样值，通过 AF 过程的 X、Y、Z 方向的距离分量，滤波输出得到 FC 过程的距离、速度、加速度等三坐标轴分量的运动参数。

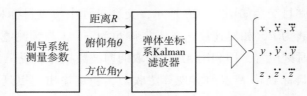

图 9 – 21　目标运动参数跟踪滤波过程

目标参数滤波过程的不同时刻，目标的剩余飞行时间为

$$t_{\mathrm{go}} = - R_Z / v_Z \tag{9 – 15}$$

从而，C 点的坐标为

$$\begin{cases} x_{\mathrm{c}} = R_X + v_X t_{\mathrm{go}} \\ y_{\mathrm{c}} = R_Y + v_Y t_{\mathrm{go}} \end{cases} \tag{9 – 16}$$

通过对目标位置的实时推导，从而估计出交会时刻的脱靶量、目标方位等信息。因此，脱靶距离和目标方位角分别为

$$\rho = \sqrt{x_{\mathrm{c}}^2 + y_{\mathrm{c}}^2} \tag{9 – 17}$$

$$\gamma_{\mathrm{f}} = \begin{cases} \arccos\left(\dfrac{x_{\mathrm{c}}}{\sqrt{x_{\mathrm{c}}^2 + y_{\mathrm{c}}^2}}\right) & x_{\mathrm{c}} \geqslant 0 \\[3mm] \pi - \arccos\left(\dfrac{x_{\mathrm{c}}}{\sqrt{x_{\mathrm{c}}^2 + y_{\mathrm{c}}^2}}\right) & x_{\mathrm{c}} < 0 \end{cases} \tag{9 – 18}$$

式中：γ_{f} 为目标方位角。

9.4.3　运动状态滤波估计

目标航迹预测或者对观测值滤波，可以应用最佳线性递推滤波（Kalman 滤波），也可应用较为简单的 $\alpha - \beta$ 滤波或者 $\alpha - \beta - \gamma$ 滤波，表 9 – 1 给出了主要滤波器及其性能对比。

表 9 – 1　预测滤波器性能对比

滤波器类型	抑制噪声能力	机动跟踪能力	处理时间	存储空间	坐标系
$\alpha - \beta$ 滤波	一般	一般	短	小	二维
$\alpha - \beta - \gamma$ 滤波	一般	一般	中	中	三维
Kalman 滤波	好	一般	长	大	三维

在导引头中各种测量参数受到内部噪声、目标噪声、目标运动、多路径效应、单脉冲接收信道的幅相特性不一致性、数据处理不完善等因素的影响，使测量结果存在一定的随机误差，采用滤波手段减小测量误差是该技术实现精确估计和高效引战的关

键技术之一。

在选择滤波器时，不仅要考虑它的噪声抑制能力、机动跟踪能力以及对微处理器资源的要求，还要考虑主动雷达导引头本身的精度、测量坐标的维数、系统对信号的采样时间以及实战中期望所设计的滤波器的收敛时间。这里以 Kalman 滤波器设计为例，对起爆时刻与目标方位进行预测滤波。

利用系统过程模型状态预测方程：

$$X(k \mid k-1) = AX(k-1 \mid k-1) + W(k) \tag{9-19}$$

式中：A 为状态转移矩阵；$W(k)$ 为状态噪声。

对 $X(k \mid k-1)$ 的预测误差进行更新：

$$P(k \mid k-1) = AP(k-1 \mid k-1)A^{\mathrm{T}} + Q \tag{9-20}$$

式中：Q 为系统过程的方差；$P(k \mid k-1)$ 表示 $k-1$ 时刻对 k 时刻的状态预测。

计算 Kalman 滤波的增益：

$$K_{\mathrm{g}}(k) = \frac{P(k \mid k-1)H^{\mathrm{T}}}{HP(k \mid k-1)H^{\mathrm{T}} + R(k)} \tag{9-21}$$

式中：R 为测量噪声的方差；H 为测量矩阵。

结合预测与测量，得到最优估计：

$$X(k \mid k) = X(k \mid k-1) + K_{\mathrm{g}}(k)\left[Z(k) - HX(k \mid k-1)\right] \tag{9-22}$$

式中：$Z(k)$ 为第 k 时刻观测值。更新 k 状态的方差：

$$P(k \mid k) = \left[I - K_{\mathrm{g}}(k)H\right]P(k \mid k-1) \tag{9-23}$$

式中：I 为单位矩阵。

式（9-19）～式（9-23）等 5 个方程构成 Kalman 预测滤波过程，这里以匀速简化模型为例，构造六状态 Kalman 滤波器进行预测滤波，其中状态变量为

$$X(k) = \begin{bmatrix} x(k) & \dot{x}(k) & y(k) & \dot{y}(k) & z(k) & \dot{z}(k) \end{bmatrix}^{\mathrm{T}} \tag{9-24}$$

状态转移矩阵为

$$A = \begin{bmatrix} 1 & T & & & & \\ & 1 & & & & \\ & & 1 & T & & \\ & & & 1 & & \\ & & & & 1 & T \\ & & & & & 1 \end{bmatrix} \tag{9-25}$$

式中：T 为主动雷达导引头的信息测量时间间隔。

状态转移方程为：

$$\begin{bmatrix} r_{k+1} \\ v_{k+1} \end{bmatrix} = A\begin{bmatrix} r_k \\ v_k \end{bmatrix} + w_k = \begin{bmatrix} 1 & T \\ 0 & 1 \end{bmatrix} + \begin{bmatrix} 0.5T^2 \\ T \end{bmatrix}a_k \tag{9-26}$$

式中：r_{k+1} 为 $k+1$ 时刻的距离估计值；v_{k+1} 为 $k+1$ 时刻的速度估计值；a_k 为加速度引起的状态转移噪声；w_k 为估计噪声项。设 a_k 为 0 均值和适当方差 σ_a^2 的高斯随机过程，则状态估计噪声矩阵为：

$$
\begin{aligned}
\boldsymbol{Q} &= \boldsymbol{I}_3 \otimes E[\boldsymbol{w}\boldsymbol{w}^{\mathrm{T}}] \\
&= \boldsymbol{I}_3 \otimes \begin{bmatrix} 0.25T^4 & 0.5T^3 \\ 0.5T^3 & T \end{bmatrix} \sigma_a^2
\end{aligned} \tag{9-27}
$$

式中：$\boldsymbol{I}_3$ 为 3 阶单位矩阵；$\boldsymbol{w}$ 为噪声；$\otimes$ 为 Kronecker 积。

预测测量过程以相对位置为输出，因此测量矩阵为

$$
\boldsymbol{H} = \begin{bmatrix} 1 & 0 & 0 & 0 & 0 & 0 \\ 0 & 0 & 1 & 0 & 0 & 0 \\ 0 & 0 & 0 & 0 & 1 & 0 \end{bmatrix} \tag{9-28}
$$

考虑一维滤波的测量方程：

$$
\boldsymbol{Z} = \boldsymbol{H} \begin{bmatrix} r \\ v \end{bmatrix} + \boldsymbol{V} = \begin{bmatrix} 1 & 0 \end{bmatrix} \begin{bmatrix} r \\ v \end{bmatrix} + \boldsymbol{V} \tag{9-29}
$$

式中：$\boldsymbol{V}$ 为测量误差矩阵。

因此测量误差的方差 $R = E[\boldsymbol{V}\boldsymbol{V}^{\mathrm{T}}] = \sigma_r^2$，故六状态滤波器的测量矩阵方差为

$$
\boldsymbol{R} = \begin{bmatrix} \sigma_r^2 & & \\ & \sigma_r^2 & \\ & & \sigma_r^2 \end{bmatrix} \tag{9-30}
$$

Kalman 滤波过程的初始值从前两个采样得到，因此初始状态为

$$
\boldsymbol{X}(0) = \begin{bmatrix} x_2 & \dfrac{x_2 - x_1}{T} & y_2 & \dfrac{y_2 - y_1}{T} & z_2 & \dfrac{z_2 - z_1}{T} \end{bmatrix}^{\mathrm{T}} \tag{9-31}
$$

同时，对应的初始预测协方差矩阵为

$$
\boldsymbol{P}_0 = \boldsymbol{I}_3 \otimes \begin{bmatrix} \sigma_r^2 & \sigma_r^2/T \\ \sigma_r^2/T & 2\sigma_r^2/T^2 \end{bmatrix} \tag{9-32}
$$

通过上述 Kalman 滤波，可以实现对目标运动参数的快速收敛和有效估计，从而推导出交会点目标方位和起爆时刻。

利用 Kalman 滤波进行交会段估计，建立交会过程仿真模型，通过对弹目距离 $R = 200 \sim 30\ \mathrm{m}$、$v_r = 3\,000\ \mathrm{m/s}$、脱靶量为 8 m、目标方位为 30°、失调角为 30°、$\beta = 45°$、主动雷达导引头测量信息的数据更新间隔时间为 1 ms、测距误差为 1.5 m、方位角和俯仰角误差为 2° 的参数进行交会过程 Kalman 滤波仿真。仿真采用弹体坐标系，坐标原点为弹体，X、Y、Z 三轴坐标分别表示目标当前时刻的位置坐标。

仿真结果如图 9-22 所示，图中分别给出了弹目相对运动理论值、测量值和估计

值。其中理论值是按匀速运动方程计算得到的交会过程中的真实坐标值；测量值是导引头实测的距离、角度信息，并加入给定测量误差后进行极坐标至直角坐标转换后的测量坐标值，也是运动状态估计滤波器的输入值；估计值是运动状态估计滤波器输出的目标位置坐标值。从图中可以看出，随着滤波迭代次数的增加，估计值逐渐收敛并接近理论值，得到滤波过程中弹目相对位置（坐标）估计、剩余飞行时间及目标方位估计结果。

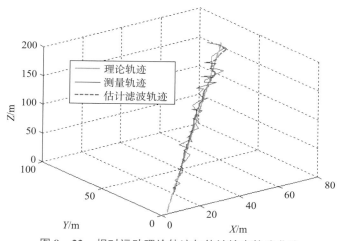

图 9 – 22　相对运动理论轨迹与估计输出轨迹曲线

图 9 – 23 分别给出了图 9 – 22 中 X、Y、Z 三个坐标的剖面，其横轴为滤波器的滤波递推时间，纵轴为三坐标的具体结果，从图中可以直观地看到滤波收敛过程。

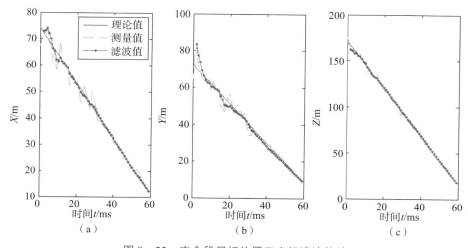

图 9 – 23　交会段目标位置三坐标滤波估计

（a）X 坐标滤波结果；（a）Y 坐标滤波结果；（c）Z 坐标滤波结果

图 9 – 24 给出了剩余飞行时间和目标方位估计输出的过程和精度，从图中可以看

到剩余飞行时间和目标方位随滤波器迭代次数的增加逐渐收敛，估计误差逐渐减小，上述结果为单次仿真结果。由于该方法的叠加噪声存在统计特性，为综合分析该方法的性能和有效性，采用蒙特卡罗法统计分析，可得到一般结论为：在该仿真假设条件下，剩余飞行时间估计误差为百微秒量级，目标方位估计误差优于10°，其性能接近甚至优于定向引信。

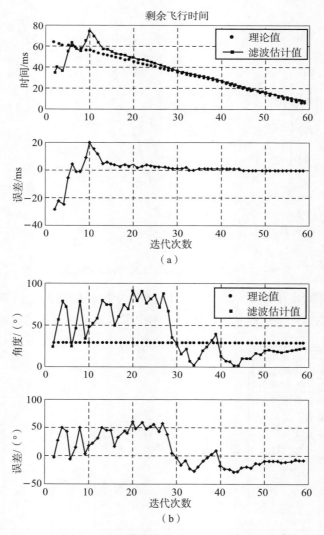

图9-24　交会段剩余飞行时间和目标方位估计输出

（a）剩余飞行时间估计输出；（b）目标方位估计输出

　　需要关注的是，上述仿真假设条件要求主动雷达导引头测距精度要优于1.5 m，测量信息数据率要达到1 ms级，提高雷达导引头的硬件能力和测量精度，可以进一步减小运动状态的估计收敛时间，提高目标方位识别精度。

9.5　静电引信目标方位识别技术

根据静电场叠加性原理，带电目标所形成的静电场是整个带电体电荷所产生的场强矢量总和，静电荷电目标可以近似等效为一个点电荷，其位于静电目标的"几何"中心。弹目交会过程中，目标静电场近似恒定不变，静电引信能够克服传统探测方式存在的"角闪烁"现象，通过阵列式静电探测电极，测量静电场中心的方位角，具有较高的目标方位识别精度。

9.5.1　静电引信目标方位解算技术

由于静电引信感应电极对静电场信号的接收是全向的，静电引信在探测时无法像其他探测体制如雷达、激光等按照方向性进行探测。静电引信利用布设的静电阵列感应电极，得到目标静电场在引信感应电极附近的电场矢量，通过对阵列感应电极电荷量、电流或者其他电场特征信息的处理，结合测角算法的表达式进行推算可以得到空中目标的方位信息。

静电引信采用静电场矢量方位解算方法，静电目标方位测量如图 9 - 25 所示。将目标 T 视为在 $OXYZ$ 空间的一个点电荷，其携带电量为 Q，距离导弹 M 坐标原点为 R。阵列感应电极在图 9 - 25 中表示为 A ~ H，由两组四对感应电极构成，两组感应电极间距为 d。由于带电目标静电场的作用，各对极板间会产生不同的电位差，分别记为

$$\begin{cases} U_{AB} = E \cdot L_{AB} \\ U_{CD} = E \cdot L_{CD} \\ U_{EF} = E \cdot L_{EF} \\ U_{GH} = E \cdot L_{GH} \\ U_{CG} = E \cdot L_{CG} \\ U_{AE} = E \cdot L_{AE} \end{cases} \qquad (9 - 33)$$

式中：L_{AB}、L_{CD}、L_{EF}、L_{GH}、L_{CG} 和 L_{AE} 分别表示感应电极 AB、CD、EF、GH、CG 和 AE 的长度；E 为目标 T 所产生的电场强度。

结合电场强度公式和探测系统所示的几何关系，推导阵列感应电极电压值为

$$U_{AB} = \frac{-Q}{4\pi\varepsilon_0\varepsilon_r R^2}\boldsymbol{a} \cdot \cos\beta \qquad (9 - 34)$$

$$U_{CD} = \frac{-Q}{4\pi\varepsilon_0\varepsilon_r R^2}\boldsymbol{a} \cdot \sin\beta \cdot \sin\alpha \qquad (9 - 35)$$

$$U_{CG} = \frac{-Q}{4\pi\varepsilon_0\varepsilon_r R^2}\boldsymbol{a} \cdot \sin\beta \cdot \cos\alpha \qquad (9 - 36)$$

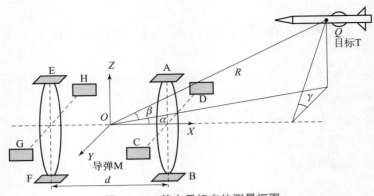

图 9 – 25   静电目标方位测量框图

式中：ε_r 为相对介电常数；ε_0 为真空绝对介电常数；$\boldsymbol{a}$ 为沿 E 方向的单位矢量。

利用静电探测系统获取 U_{AB}、U_{CD} 和 U_{CG} 的电压值，求出静电感应电极附近的电场强度，得到目标方位信息：

$$\alpha = \arctan\left(\frac{U_{CD}}{U_{CG}}\right) \tag{9 – 37}$$

$$\beta = \arcsin\frac{U_{AB}}{\sqrt{U_{CG}^2 + U_{CD}^2 + U_{AB}^2}} \tag{9 – 38}$$

$$\gamma = \arccos\frac{U_{AB}}{\sqrt{U_{AB}^2 + U_{CD}^2}} \tag{9 – 39}$$

同理，根据三维静电探测器感应电极阵列模型，利用电场强度可以求得

$$U_{EF} = \frac{-Q}{4\pi\varepsilon_0\varepsilon_r R^2}\boldsymbol{a} \cdot \cos\beta \tag{9 – 40}$$

$$U_{GH} = \frac{-Q}{4\pi\varepsilon_0\varepsilon_r R^2}\boldsymbol{a} \cdot \sin\beta \cdot \sin\alpha \tag{9 – 41}$$

$$U_{AE} = \frac{-Q}{4\pi\varepsilon_0\varepsilon_r R^2}\boldsymbol{a} \cdot \sin\beta \cdot \cos\alpha \tag{9 – 42}$$

弹目交会过程中，阵列感应电极总是先后接近目标，可根据感应电极获取的电荷量绝对值判断目标的远近，利用不同电极的电位差判断空中目标携带电荷的极性。因此，根据上述理论，采用正交平行布设的两组阵列感应电极，复合利用感应电荷幅值信号特征，实现对任意时刻带电体的方位进行高精度解算。

实际工程化探测时，静电目标方位解算精度与机械结构、探测电路性能和解算方法相关。方位解算误差来源主要是静电感应电极安装位置存在的机械误差，感应电极、静电探测系统等电路存在的不一致性误差，实时探测时环境的突变引起的瞬态干扰测试误差。因此，静电引信在工程化设计研制过程中需要综合考虑上述误差源，提高引信的方位解算精度。

9.5.2　方位解算精度数值计算

　　静电引信目标方位解算精度的验证通常采用数值仿真、实验室和外场试验验证的方法。目前，静电引信实验室等效测试理论及方法尚不完善，外场试验虽然能够有效测试引信方位解算精度，但是存在费用昂贵、周期长等缺点。因此，数值模拟计算方法成为验证目标方位解算精度的主要措施。

1. 控制方程

　　假设带电目标为点目标，目标电荷所激发的电场和感应电荷产生的电场相互作用，通常使得感应电极在极短的时间内达到静电平衡状态，因此目标电荷与感应电荷之间的相互作用可用静电场来描述。当目标电荷在感应电极的敏感区域内时，静电场满足泊松（Poisson）方程和狄利克雷边界条件：

$$\begin{cases} \mathbf{\nabla}(\varepsilon \mathbf{\nabla}\phi(x,y,z)) = -\rho(x,y,z) \\ \phi(x,y,z)\,|_{(x,y,z)\in \Gamma_{\mathrm{F}}} = 0 \\ \phi(x,y,z)\,|_{(x,y,z)\in \Gamma_{\mathrm{E}}} = 0 \\ \phi(x,y,z)\,|_{(x,y,z)\in \Gamma_{\mathrm{N}}} = C \end{cases} \qquad (9-43)$$

式中：$\phi(x,y,z)$ 为场域内电势；$\rho(x,y,z)$ 为场域内体电荷密度分布；ε 为敏感区间内介电常数分布；Γ_{F}、Γ_{E}、Γ_{N} 分别为空气边界、舱体和感应电极的空间位置；C 是一个常值，表示感应电极为一个等势体。从式（9-43）得出，整个静电探测交会过程可归结为求解给定边界条件下的泊松方程解。

2. 数值计算分析

1）有限元模型建立

　　由于耦合模型需要进行静态和参数化动态分析，且形状相对复杂，简化为二维模型计算较困难，故采用三维模型进行电场仿真计算。利用有限元仿真分析软件Maxwell，以某型导弹为研究对象，建立某交会条件下有限元方位解算数学计算模型，如图 9-26所示。

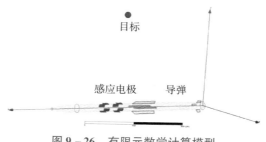

图 9-26　有限元数学计算模型

　　典型参数设置：交会目标为 400 mm 小球，材料为铝，运动方向为 x 轴正向；感应电极由两组片状铜箔构成，厚度为 0.2 mm，两组电极间距为 0.4 m，每组电极呈正交分布；求解域为矩形空气场；感应电极和导弹均设置为悬浮状态，目标方位角为 90°，脱靶量为 3 m，水平交会距离为 -10~10 m。

2）方位解算精度分析

通过 Maxwell 对弹目交会过程进行参数化动态计算，采用参数动态扫描方法使导弹感应电极中心与目标做交会运动。利用场计算器中的表面电荷计算公式，获得在交会过程中感应电极表面的电荷总量。

交会过程中通过数值计算获取的其中四路感应电荷特征曲线如图 9-27 所示。四路感应电荷特征曲线近似对称分布，电荷特征曲线的信号拐点出现时刻在 3.25 ms 位置。表面电荷量与弹目距离成反比，脱靶量位置感应电极 A 表面电荷量约 4.6 nC，感应电极 B 表面电荷量约 1.3 nC。

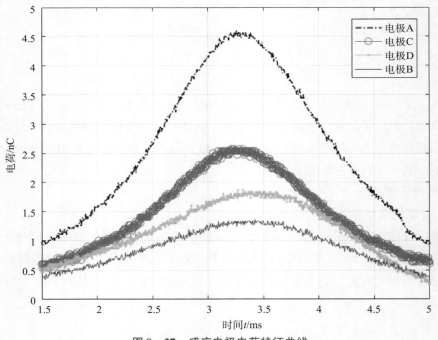

图 9-27　感应电极电荷特征曲线

根据所建立的目标方位解算数学模型，对数值模拟获取的感应电荷数据进行数学计算，可以得到目标方位信息，示例交会过程的解算结果如图 9-28 所示。方位解算角度为 120°，误差范围在 10°以内。引信在接近和远离目标的时刻范围内，由于各电荷特征曲线差别较小，工程研制应采用必要的优化算法消除误差的影响。同理，采用参数化动态模拟方法计算不同弹目交会状态，可以获取各个弹目交会路径下目标的方位解算特征结果。

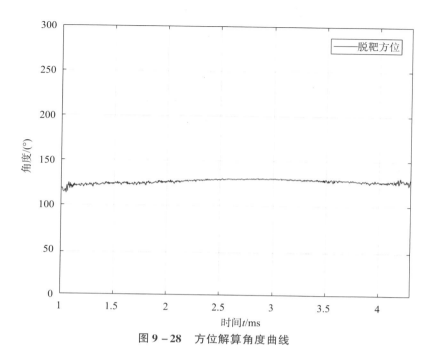

图 9 - 28　方位解算角度曲线

第10章　引信可靠性

可靠性对任何设备都是十分重要的质量要求，对引信而言，更有特殊的意义。引信工作环境条件十分复杂和恶劣，是一次性使用产品，其引爆性能无法进行 100% 的检验，某些性能不能进行筛选。在武器系统中，引信是实现毁伤目标的最后环节，引信工作可靠与否将影响整个武器系统的性能。引信失效不仅会造成系统工作无效、贻误战机，也会带来巨大的经济损失或造成人员伤亡等严重后果。

10.1　引信可靠性特点及定义

引信的可靠性具有它的独特性，引信长期处于贮存期（一般为 12 年以上）的不工作状态，而工作时间很短，只有几秒到几十秒。同时飞行中还有章动和进动，工作环境温度可低至 −50 ℃，高达 +70 ℃。同时引信系统是由近感探测与毁伤控制装置、能源、安全系统和爆炸序列组成的综合体，各部分由于功能和实现方式的不同，可能是电子产品、机械产品、光学系统、火工产品等，因此引信系统的可靠性需要针对不同类型产品的特点，结合引信的功能和工作条件进行综合设计、分析和评估。

产品可靠性一般可分为反映完好性（或可用性）的基本可靠性、反映任务成功性的任务可靠性和反映固有能力的耐久性要求（寿命），本章主要从任务可靠性角度对引信可靠性进行分析。引信的可靠性定义：在规定时间内，在规定的保管及使用条件下无故障地完成规定任务的性能。应理解为引信在预定的引爆工作条件之外的任何情况下不得作用或引爆而在靠近目标的杀伤区域正确作用的性能。

参照引信的可靠性定义，引信的可靠性可分为安全可靠性和工作可靠性。

引信的安全可靠性主要包括：

（1）贮存、运输、勤务处理时处于安全保险状态的可靠性（勤务处理安全）。

（2）弹药发射瞬间，到引信正常解除保险之前，保障发射阵地人员和设备安全的可靠性（发射安全）。

引信的工作可靠性主要包括：

（1）在弹药发射后在规定时间内可靠地解除保险，使引信处于待发状态的可靠性（解除保险可靠）。

（2）弹药离开发射装置到引信正常起爆战斗部前的整个飞行弹道上，在振动、冲击、过载等作用下，引信不得误输出（弹道飞行可靠）。

（3）在弹目交会、满足起爆要求时给出引爆信号的可靠性（给出引爆信号可靠）。

（4）当引信给出引爆信号或弹药给出自毁信号时，引爆战斗部的可靠性（引爆可靠）。

提高产品的可靠性，是可靠性工程的研究内容。可靠性工程分三部分，即可靠性管理、可靠性设计、可靠性试验。可靠性管理是为保证产品可靠性达到预期指标而进行的管理活动，如制定可靠性计划、标准并监督执行情况，收集可靠性数据等。可靠性设计是为确保产品满足规定可靠性指标所进行的技术活动，包括建立可靠性模型，进行可靠性分配、预计、设计、分析，确定可靠性关键件、重要件等。可靠性试验是为提高或保证产品的可靠性，而用于暴露产品在设计、制造中的缺陷和用于评价产品可靠性而进行的各种试验。

10.2　可靠性指标及确定

产品可靠性可以用不同的指标来表征。

10.2.1　可靠性主要指标

1. 可靠度函数 $R(t)$

可靠度指产品在规定条件下和规定时间内完成规定功能的概率，一般用可靠度函数 $R(t)$ 表示：

$$R(t) = P(T > t) \qquad (10-1)$$

式中：t 为规定时间；T 为产品寿命。

式（10-1）表示：如果某产品寿命 T 比规定时间 t 长，即 $T > t$，则此产品在规定时间 t 内能够实现规定功能，其概率为 $P(T > t)$。

如果 N 个产品工作到 t 时刻，有 $n(t)$ 个产品失效，当 N 足够大时，可靠度函数 $R(t)$ 可表示为

$$R(t) = \frac{N - n(t)}{N} \qquad (10-2)$$

2. 失效分布函数 $F(t)$

失效概率指产品在规定条件下和规定时间内失效的概率，用失效分布函数 $F(t)$ 表示：

$$F(t) = P(T < t) \qquad (10-3)$$

式中：t 为规定时间；T 为产品寿命。

式（10-3）表示：如果某产品寿命 T 比规定时间 t 短，即 $T < t$，则此产品在规定时间 t 内不能实现规定功能，其概率为 $P(T < t)$。失效分布函数 $F(t)$ 含有累积失效的概念，因此，$F(t)$ 也叫作累积失效概率。

如果 N 个产品工作到 t 时刻，失效数为 $n(t)$，当 N 足够大时，失效分布函数 $F(t)$ 可表示为

$$F(t) = \frac{n(t)}{N} \qquad (10-4)$$

很显然，$R(t) + F(t) = 1$。

3. 失效概率密度函数 $f(t)$

失效概率密度函数 $f(t)$ 是累积失效概率对时间的变化率，其表达式为

$$f(t) = \frac{\mathrm{d}F(t)}{\mathrm{d}t} \qquad (10-5)$$

故

$$F(t) = \int_0^t f(t)\,\mathrm{d}t \qquad (10-6)$$

因此，可靠度函数 $R(t)$ 与失效概率密度函数 $f(t)$ 之间的关系可表示为

$$R(t) = \int_t^\infty f(t)\,\mathrm{d}t \qquad (10-7)$$

或

$$f(t) = -\frac{\mathrm{d}R(t)}{\mathrm{d}t} \qquad (10-8)$$

4. 失效率函数 $\lambda(t)$

失效率是衡量产品可靠性的一个重要特征量，是指产品在 t 时刻后的单位时间内失效的产品数相对于 t 时刻还在工作的产品数的百分比值，也称产品在该时刻的瞬时失效率 $\lambda(t)$。产品的失效率是一个条件概率，也称失效率函数。

若 N 个产品的可靠度为 $R(t)$，那么产品在 t 时刻到 $(t + \Delta t)$ 时刻失效数为 $NR(t) - NR(t + \Delta t)$，那么失效率函数 $\lambda(t)$ 为

$$\lambda(t) = \frac{N[R(t) - R(t + \Delta t)]}{NR(t) \times \Delta t} \qquad (10-9)$$

当 N 足够大，且 $\Delta t \to 0$ 时，利用极限概念，可得

$$\lambda(t) = -\frac{1}{R(t)} \cdot \frac{\mathrm{d}R(t)}{\mathrm{d}t} \qquad (10-10)$$

若产品为典型电子产品，寿命服从指数分布，则可得到可靠度函数和失效率函数的关系为

$$R(t) = \mathrm{e}^{-\int_0^t \lambda(t)\,\mathrm{d}t} \qquad (10-11)$$

为表征各产品的失效率水平，通常把产品的失效率分成若干等级。例如，我国电

子元器件的失效率等级共分为 7 个等级：

亚五级（Y），1.0×10^{-5}个/小时$\leqslant \lambda < 3.0 \times 10^{-5}$个/小时；

五级（W），1.0×10^{-6}个/小时$\leqslant \lambda < 1.0 \times 10^{-5}$个/小时；

六级（L），1.0×10^{-7}个/小时$\leqslant \lambda < 1.0 \times 10^{-6}$个/小时；

七级（Q），1.0×10^{-8}个/小时$\leqslant \lambda < 1.0 \times 10^{-7}$个/小时；

八级（B），1.0×10^{-9}个/小时$\leqslant \lambda < 1.0 \times 10^{-8}$个/小时；

九级（J），1.0×10^{-10}个/小时$\leqslant \lambda < 1.0 \times 10^{-9}$个/小时；

十级（S），1.0×10^{-11}个/小时$\leqslant \lambda < 1.0 \times 10^{-10}$个/小时。

5. 平均寿命 $E(T)$

平均寿命是标志产品平均能工作多长时间的量。对于产品常用平均寿命作为可靠性指标。

对于不可修复产品，例如进入太空的卫星，寿命是指产品发生失效前的工作或贮存时间（或工作次数），因此，平均寿命就是平均寿终时间，称为 MTTF（Mean Time to Failure）。

对于可修复产品，寿命是指两次相邻故障间的工作时间，而不是指整个产品报废的时间，因此，平均寿命指平均无故障工作时间，称为 MTBF（Mean Time Between Failure）。

平均寿命 $E(T)$ 与失效概率密度函数 $f(t)$ 和可靠度函数 $R(t)$ 之间的关系为

$$E(T) = \int_0^\infty t f(t) \mathrm{d}t = \int_0^\infty R(t) \mathrm{d}t \tag{10-12}$$

当可靠度函数为指数分布时

$$E(T) = \int_0^\infty \mathrm{e}^{-\lambda t} \mathrm{d}t = \frac{1}{\lambda} \tag{10-13}$$

10.2.2　产品失效规律

通过各种产品的使用和试验得到大量数据，分析发现失效率函数 $\lambda(t)$ 随时间 t 呈浴盆曲线分布，如图 10-1 所示。

浴盆曲线可分为图中 3 个部分：

Ⅰ 为早期失效期，表示产品刚开始使用时失效率较高，失效率随使用时间增长而下降。早期失效一般是由于材料缺陷、生产过程工艺措施、人为因素、设备因素等不当造成的。对原材料及工艺加强质量控制、严格检查，进行应力筛选试验，让产品在适当条

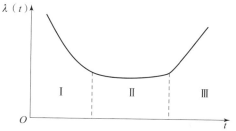

图 10-1　产品失效的典型曲线（浴盆曲线）

件下工作或贮存一段时间，可以减少或剔除早期失效产品，使产品的寿命进入偶然失效期。

Ⅱ为偶然失效期，产品在该使用时间内失效率较低，近似常数，这一阶段是产品的使用寿命期。偶然失效期的失效是随机性的，失效原因可以看作在某一时刻中产品累积的应力超过了产品的强度。

Ⅲ为耗损失效期，产品在该时间内随使用时间增长，由于长期磨损或疲劳，产品性能下降，失效率越来越高。耗损失效是由材料的物理与化学变化引起的。

可靠性工程的目的是使产品在开始使用时就处于偶然失效期，且失效率满足工程要求。

10.2.3 可靠性失效分布形式

失效分布函数用来描述产品失效的统计规律，是可靠性工程的一项重要研究内容。在可靠性实践中，常用的失效分布有二项分布、指数分布、正态分布、对数正态分布和威布尔分布等。

1. 二项分布

如果进行 n 次相同的贝努里试验（掷硬币），每次试验结果互不影响，每次试验结果只有成功或失败，而每次试验成功概率 p 都保持不变，那么成功次数 K（随机变量）的概率分布为

$$P_K = P_X(X = K) = \binom{n}{K} \cdot p^K q^{n-K} \tag{10-14}$$

其中，$q = 1 - p$。

二项分布的数学期望为

$$\begin{aligned}
E(X) &= \sum_{K=0}^{n} K P_X(X = K) = \sum_{K=0}^{n} K \binom{n}{K} p^K q^{n-K} \\
&= np \sum_{K=1}^{n} K \cdot \binom{n-1}{K-1} \cdot p^{K-1} \cdot q^{(n-1)-(K-1)} \\
&= np(p+q)^{n-1} \\
&= np
\end{aligned} \tag{10-15}$$

二项分布的方差为

$$E(X^2) = n(n-1)p^2 + np \tag{10-16}$$

$$D(X) = E(X^2) - E^2(X) = np(1-p) \tag{10-17}$$

2. 指数分布

指数分布模型的物理背景是"浴盆曲线"的偶然失效期，即产品使用寿命阶段。在这个阶段中产品的早期失效已经剔除，而晚期耗损失效因素尚未显露，所以产品失

效率最低而且稳定，接近于常数。因此可以近似地安全地用指数分布来描述。

指数分布的密度函数为

$$f(t) = \lambda e^{-\lambda t} \tag{10-18}$$

指数分布的失效分布函数为

$$F(t) = 1 - e^{-\lambda t} \tag{10-19}$$

指数分布的可靠度函数为

$$R(t) = 1 - F(t) = e^{-\lambda t} \tag{10-20}$$

指数分布的失效率 λ 为

$$\lambda = -\frac{\ln R(t)}{t} = -\frac{\ln[1 - F(t)]}{t} \tag{10-21}$$

指数分布的平均寿命为

$$E(T) = \frac{1}{\lambda} \tag{10-22}$$

指数分布的寿命方差为

$$D(T) = \frac{1}{\lambda^2} \tag{10-23}$$

3. 正态分布（高斯分布）

高斯 1809 年研究测量误差时提出了正态分布（高斯分布）。

正态分布的密度函数为

$$f(x) = \frac{1}{\sqrt{2\pi} \cdot \sigma} \cdot e^{-\frac{(x-\mu)^2}{2\sigma^2}} \tag{10-24}$$

式中：μ 为均值（或数学期望）；σ 为标准离差；σ^2 为方差。

正态分布的分布函数为

$$F(x) = \frac{1}{\sqrt{2\pi} \cdot \sigma} \int_{-\infty}^{x} e^{-\frac{(x-\mu)^2}{2\sigma^2}} dx \tag{10-25}$$

正态分布的平均寿命为

$$E(X) = \mu = \int_{-\infty}^{\infty} x f(x) dx = \frac{1}{\sqrt{2\pi} \cdot \sigma} \int_{-\infty}^{\infty} x e^{-\frac{(x-\mu)^2}{2\sigma^2}} dx \tag{10-26}$$

正态分布的寿命方差为

$$D(X) = \sigma^2 = \frac{1}{\sqrt{2\pi} \cdot \sigma} \int_{-\infty}^{\infty} (x - \mu)^2 e^{-\frac{(x-\mu)^2}{2\sigma^2}} dx \tag{10-27}$$

4. 对数正态分布

当产品寿命的对数服从正态分布时，那么这种产品的寿命所服从的分布称为对数正态分布，记作 $LN(\mu, \sigma^2)$。

对数正态分布的密度函数为

$$f(t) = \frac{1}{\sqrt{2\pi} \cdot \sigma t} \cdot e^{-\frac{1}{2}\left(\frac{\ln t - \mu}{\sigma}\right)^2} \tag{10-28}$$

式中：μ 为平均寿命；σ 为标准离差。

对数正态分布的分布函数为

$$F(t) = \int_{-\infty}^{\frac{\ln t - \mu}{\sigma}} \frac{1}{\sqrt{2\pi}} e^{-\frac{x^2}{2}} dx \tag{10-29}$$

对数正态分布的平均寿命为

$$E(T) = e^{\mu + \frac{\sigma^2}{2}} \tag{10-30}$$

对数正态分布的寿命方差为

$$D(T) = e^{2\mu + \sigma^2}(e^{\sigma^2} - 1) \tag{10-31}$$

5. 威布尔（Weibull）分布

威布尔分布的密度函数为

$$f(t) = \frac{m}{t_0}(t - r)^{m-1} e^{-\frac{(t-r)^m}{t_0}} \tag{10-32}$$

式中：r 为位置参数；m 为形状参数；t_0 为尺度参数。

威布尔分布的分布函数为

$$F(t) = 1 - e^{\frac{(t-r)^m}{t_0}} \tag{10-33}$$

威布尔分布的失效率函数为

$$\lambda(t) = \frac{m}{t_0}(t - r)^{m-1} = -\frac{\ln[1 - F(t)]}{t} \tag{10-34}$$

威布尔分布的平均寿命为

$$E(T) = t_0^{\frac{1}{m}} \cdot \Gamma\left(1 + \frac{1}{m}\right) \tag{10-35}$$

式中：$\Gamma(x)$ 为伽马函数，即

$$\Gamma(x) = \int_0^{\infty} y^{x-1} e^{-y} dy \tag{10-36}$$

$$\Gamma(n + 1) = n\Gamma(n) \tag{10-37}$$

威布尔分布的寿命方差为

$$D(T) = t_0^{\frac{2}{m}} \cdot \left[\Gamma\left(\frac{2}{m} + 1\right) - \Gamma^2\left(\frac{1}{m} + 1\right)\right] \tag{10-38}$$

威布尔分布是从最弱环模型导出的。从"浴盆曲线"可见，在早期失效阶段，产品失效率是随工作时间的增长而下降的。在耗损失效阶段，失效率是随时间递增的。只有在偶然失效阶段，失效率才近似为常数。威布尔分布可以统一描述产品寿命的3个不同阶段，对应于 $m < 1$，$m = 1$，$m > 1$ 分别描述产品早期失效、偶然失效和耗损失效期情形，因此通用性强。

10.2.4　可靠性指标确定

可靠性指标要从多方面考虑和论证。首先要从产品使用条件、人为因素、维修能力、参考正在使用中的同类型系统的可靠性水平考虑，其次要从产品指标的先进性、可行性、可能性、经济性、实现的时间性、用户的维修能力及系统的维修性、系统的体积、重量、能耗及其他指标的约束条件等方面论证。

确定可靠性指标时一般应遵循以下原则：一是满足使用要求；二是在满足一定的先进性和使用要求的前提下，尽可能降低成本；三是根据所研制产品的使用条件不同，确定可靠性指标高低。对于不可修复设备，如卫星、导弹、炮弹等一次性使用设备，应要求更高的可靠性指标。对于安装于导弹、炮弹上的引信，可靠性要求更高。

确定可靠性指标时，应根据使用方提出的可靠性要求以及研制对象的用途不同，选择适当的可靠性特征量，确定设备的可靠性指标。对于引信产品，一般以可靠度指标或平均寿命来表征，对引信中近感探测和毁伤控制装置，由于基本是电子产品，也可以用平均无故障时间来表征。

10.3　引信可靠性设计

引信可靠性设计包括可靠性建模、可靠性分配、可靠性预计、可靠性设计等内容。

10.3.1　可靠性建模

可靠性模型分为基本可靠性模型和任务可靠性模型。基本可靠性模型为串联模型，用以估计产品及组成单元引起的维修及后勤保障要求；任务可靠性模型描述在完成任务过程中产品各单元之间的可靠性逻辑关系（冗余单元为并联结构），用以估计产品在执行任务过程中完成规定功能的概率。

采用 GJB 813—1990《可靠性模型的建立和可靠性预计》规定的程序和方法建立以产品功能为基础的可靠性模型。建模步骤如下：

（1）建立功能框图，即确定系统及其组成单元之间的功能关系。

（2）建立可靠性框图，即确定系统及其组成单元之间的故障逻辑关系。

（3）建立可靠性数学模型，即确定计算系统可靠性的概率表达式。

（4）可靠性模型应随设计的进展和变更做相应修改，以保持可靠性模型与产品的技术状态相符。

图 10-2 为某近炸引信系统的功能框图，该引信由无线电近感探测与毁伤控制装置和安全执行装置两部分组成，其中近感探测与毁伤控制装置由敏感装置、信号处理器、启动与控制指令产生器、能源装置四部分组成（在某些情况下能源装置也可作为

独立于近感探测与毁伤控制装置的一个引信系统组成部分），安全执行装置由执行装置、安全系统和爆炸序列三部分组成（在某些引信系统中安全执行装置还可能包括触发器，兼具触发引信功能）。

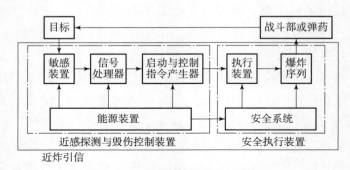

图 10 – 2　某近炸引信系统功能框图

以图 10 – 2 引信系统为例，建立可靠性模型。安全可靠性主要由安全执行装置保证，其模型为串联模型，框图如图 10 – 3 所示。工作可靠性由近感探测与毁伤控制装置和安全执行装置共同保证，其模型为串联模型，框图如图 10 – 4 所示。

图 10 – 3　某引信系统安全可靠性框图

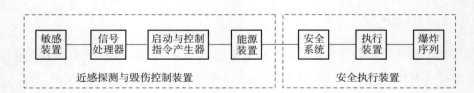

图 10 – 4　某引信系统工作可靠性框图

以图 10 – 2 引信系统为例，对该引信系统和两个组成单元分别建立可靠性数学模型。

1）引信系统可靠性数学模型

该引信系统为串联系统，其可靠性水平可用可靠度进行度量，其可靠性数学模型为

$$R_s = \prod_{i=1}^{n} R_i \tag{10 – 39}$$

式中：R_s 为引信系统工作可靠度；R_i 为第 i 个单元的工作可靠度；n 为引信系统的组成单元数。

2）近感探测与毁伤控制装置可靠性数学模型

该引信近感探测与毁伤控制装置是串联模型的典型电子产品，寿命服从指数分布，其可靠性水平可用可靠度、失效率或平均无故障工作时间（MTBF）进行度量，其可靠性数学模型为

$$R_1 = \prod_{j=1}^{n_1} R_{1j} = e^{-\lambda_1 t_1} = e^{-\sum_{j=1}^{n_1} \lambda_{1j} t_{1j}} \tag{10-40}$$

$$\theta_1 = \frac{1}{\lambda_1} \tag{10-41}$$

式中：R_1 为近感探测与毁伤控制装置可靠度；R_{1j} 为近感探测与毁伤控制装置第 j 个组件的可靠度；n_1 为近感探测与毁伤控制装置组件数量；λ_1 为近感探测与毁伤控制装置工作失效率；t_1 为近感探测与毁伤控制装置工作时间；λ_{1j} 为近感探测与毁伤控制装置第 j 个组件的工作失效率；t_{1j} 为近感探测与毁伤控制装置第 j 个组件的工作时间；θ_1 为近感探测与毁伤控制装置平均无故障工作时间。

3）安全执行装置可靠性数学模型

安全执行装置为电子产品、机械类产品和火工品组成的复合型产品，根据其功能特点，可将其看作成败型产品，寿命服从二项分布，其可靠性数学模型为

$$R_2 = \prod_{j=1}^{n_2} R_{2j} \tag{10-42}$$

式中：R_2 为安全执行装置可靠度；R_{2j} 为安全执行装置第 j 个组件的可靠度；n_2 为安全执行装置组件数量。

10.3.2　可靠性分配

可靠性分配是将可靠性定量要求分配到规定的产品层次，作为可靠性设计和外协、外购产品可靠性定量要求的依据。总体在下任务时，会给出引信的可靠性指标。设计时，根据引信系统的相对复杂度、技术成熟度、相对重要度、运行环境严酷度和工作时间等因素进行综合评分比例分配产品各个组成单元的可靠性指标。

分配给各个组成单元的可靠度为

$$R_i = R_s^{C_i} \tag{10-43}$$

式中：R_s 为总体要求的可靠度指标；C_i 为第 i 个组成单元的评分系数。

C_i 的表达式为

$$C_i = \frac{\omega_i}{\omega} \tag{10-44}$$

其中

$$\omega_i = \prod_{j=1}^{5} \gamma_{ij}$$

$$\omega = \sum_{i=1}^{n} \omega_i$$

式中：ω_i 为第 i 个组成单元的评分数；ω 为引信系统的评分数；γ_{ij} 为第 i 个组成单元第 j 个因素的评分数，$j = 1$ 代表复杂度因素，$j = 2$ 代表技术成熟度因素，$j = 3$ 代表相对重要度因素，$j = 4$ 代表运行环境严酷度因素，$j = 5$ 代表工作时间因素；n 为引信系统的组成单元数。

以图 10 - 2 引信系统为例，对其进行可靠性分配。因引信安全系统组成较简单，涉及的零部件较少，因此不再对该引信系统的安全可靠性进行分配。图 10 - 2 引信系统工作可靠性模型为由近感探测与毁伤控制装置和安全执行装置组成的串联模型，假设其工作可靠度要求值为 0.998，置信水平为 0.8，工作时间为 500 s，利用式（10 - 43）、式（10 - 44），在运行环境严酷度和工作时间基本相同的情况下，考虑复杂度、技术成熟度、相对重要度 3 个因素进行评分分配，分配结果如表 10 - 1 所示。其中近感探测与毁伤控制装置分配工作可靠度为 0.998 7，安全执行装置分配工作可靠度为 0.999 3。

表 10 - 1　某引信系统工作可靠度分配表

单元序号	单元名称	γ_{i1}	γ_{i2}	γ_{i3}	ω_i	C_i	R_i
1	近感探测与毁伤控制装置	9	8	7	504	0.651	0.998 7
2	安全执行装置	6	5	9	270	0.349	0.999 3
—	引信系统	—	—	—	774	1.000	0.998 0

10.3.3　可靠性预计

可靠性预计是根据系统的可靠性框图和使用环境，用以往试验或现场使用所得到的被系统所选用的产品的可靠性数据，来预测产品在规定的使用环境条件下可能达到的可靠性水平，从而评价所提出的设计方案是否能满足规定的可靠性定量要求。

系统可靠性预计可以在单元可靠性预计的基础上，根据系统可靠性模型，对系统的基本可靠性或任务可靠性预计值进行计算。

单元可靠性预计方法有相似产品法、元器件计数法、应力分析法和故障树分析法，火工品、机构等难以通过类比或计算方法获得可靠性预计数据的产品，但可采取可靠性试验和可靠性评估的方法对其可靠性进行预估。

相似产品法是利用与待预计产品相似的现有成熟产品的可靠性数据来估计该产品的可靠性，成熟产品的可靠性数据主要来源于现场统计和实验室的试验结果。相似产品法考虑的相似因素一般包括产品结构、性能的相似性，设计的相似性，材料和制造工艺的相似性，使用剖面（保障、使用和环境条件）的相似性。该方法可用于电子产品和非电子产品的可靠性预计，但准确度受产品相似度限制，可能存在不确定性。

元器件计数法是电子产品的一种较粗略的可靠性预计方法，一般在方案或初始设计阶段采用。预计时按照产品中各种元器件的数量和质量等级，及该类元器件在某特定环境下的失效率通用值，进行可靠性预计值计算。具体预计方法和电子元器件通用失效率数据可参考 GJB/Z 299C—2006《电子设备可靠性预计手册》以及 GJB/Z 108A—2006《电子设备非工作状态可靠性预计手册》。

应力分析法是电子产品的一种较详细的可靠性预计方法，一般在产品详细设计阶段采用。预计时应根据元器件的材料、生产工艺、技术成熟度、复杂度、质量等级、应力水平、使用环境条件等因素对基本失效率进行修正。相较于元器件计数法，应力分析法能够更准确地反映产品的可靠性设计水平。具体预计方法和电子元器件基本失效率数据、修正参数可参考 GJB/Z 299C—2006《电子设备可靠性预计手册》以及 GJB/Z 108A—2006《电子设备非工作状态可靠性预计手册》。

故障树分析法（FTA）是通过建造以任务失败为顶事件的故障树，进行故障树定性、定量分析，确定任务失败的概率 P_F，则任务可靠度 R 即任务成功概率的预计结果可以用下式进行计算

$$R = 1 - P_F \qquad\qquad (10 - 45)$$

故障树分析法可用于机械产品的任务可靠性预计，引信安全可靠性和引信安执机构工作可靠性可采用该方法进行预计。引信系统故障树分析法中底事件的概率值可参考 GJB 346—1987《引信安全系统失效率计算方法》和美国国防部可靠性分析中心（Reliability Information Analysis Center，RIAC）出版的 NPRD《非电子零件可靠性数据》。

对于不同类型部件组成的复合型产品，可以按功能组成，对其进行再次可靠性建模，确保可靠性模型中的各独立单元可分别进行可靠性预计，再根据数学模型计算该复合型产品可靠性预计值。

以图 10 - 2 引信系统为例，对其进行工作可靠性预计。按照工作可靠性框图，首先对近感探测与毁伤控制装置和安全执行装置分别进行工作可靠性预计。

1）近感探测与毁伤控制装置可靠性预计

按照 GJB/Z 299C—2006《电子设备可靠性预计手册》对近感探测与毁伤控制装置采用应力分析法进行工作可靠性预计，查表并计算得到每一只元器件的失效率，并求和，得到近感探测与毁伤控制装置的预计失效率为 $6\,934.2 \times 10^{-6}$/h，已知任务时间为 500 s 时，利用式（10 - 40）计算可得近感探测与毁伤控制装置可靠度预计值为 0.999 0。

2）安全执行装置可靠性预计

参考 GJB 346—1987《引信安全系统失效率计算方法》对安全执行装置工作可靠性

进行预计。因为安全执行装置意外解除保险误爆的情况已在安全可靠性中考虑，安全执行装置工作可靠性可以仅分析计算安全执行装置不起爆故障发生的概率。

安全执行装置在工作阶段出现不起爆事件的故障树如图 10 – 5 所示，图中底事件定义及发生概率数据如表 10 – 2 所示，顶事件及中间事件定义如表 10 – 3 所示。各底事件的概率值参考 GJB 346—1987《引信安全系统失效率计算方法》和《机电产品的可靠性》及 NPRD《非电子零件可靠性数据》。因底事件的概率都小于 10^{-4}，故顶事件的概率 P_F 可以采用首项近似公式进行计算。则安全执行装置的工作可靠度可用式（10 – 45）计算得到。

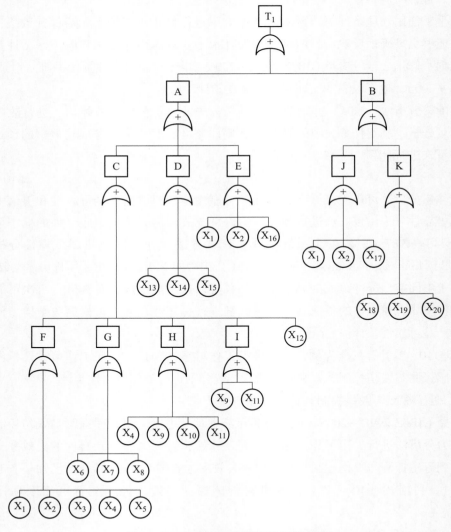

图 10 – 5　安全执行装置不起爆故障树

表 10 – 2　安全执行装置起爆点不起爆底事件定义表

序号	事件代号	事件	概率值
1	X_1	插头接点断开	2.00×10^{-7}
2	X_2	电装连接断开	3.60×10^{-10}
3	X_3	二次电源失效	1.44×10^{-6}
4	X_4	轴承卡死	5.60×10^{-8}
5	X_5	线圈短路或开路	5.50×10^{-8}
6	X_6	钢球碎裂	5.00×10^{-6}
7	X_7	润滑油污染	4.14×10^{-7}
8	X_8	导向杆断裂	2.00×10^{-7}
9	X_9	齿轮黏合	3.44×10^{-7}
10	X_{10}	销子被惯性块卡住	1.20×10^{-8}
11	X_{11}	齿片断裂	4.82×10^{-8}
12	X_{12}	保险销弹簧断裂	5.00×10^{-6}
13	X_{13}	接触片变形	5.00×10^{-7}
14	X_{14}	接触片脱落	4.80×10^{-7}
15	X_{15}	印制板损伤	1.60×10^{-7}
16	X_{16}	火药拔销器失效	1.00×10^{-4}
17	X_{17}	电雷管失效	1.40×10^{-5}
18	X_{18}	传爆管 I 失效	1.40×10^{-5}
19	X_{19}	传爆管 II 失效	1.40×10^{-5}
20	X_{20}	隔爆转盘尺寸超差	5.00×10^{-7}

表 10 – 3　安全执行装置起爆点不起爆顶事件及中间时间定义表

序号	事件代号	事件	计算公式	概率值
1	T_1	起爆点不起爆	$T_1 = A + B$	$5.557\ 4 \times 10^{-4}$
2	A	保险机构不解保	$A = C + D + E$	$1.707\ 4 \times 10^{-4}$
3	B	传爆序列不爆炸	$B = J + K$	$3.850\ 0 \times 10^{-4}$
4	C	保险销不解保	$C = F + G + H + I + X_{12}$	$5.860\ 0 \times 10^{-5}$
5	D	转换开关未连通起爆通路	$D = X_{13} + X_{14} + X_{15}$	$1.140\ 0 \times 10^{-6}$
6	E	火药拔销器不解保	$E = X_1 + X_2 + X_{16}$	$1.110\ 0 \times 10^{-4}$
7	F	电磁铁不吸合	$F = X_1 + X_2 + X_3 + 2X_4 + X_5$	$1.810\ 0 \times 10^{-6}$
8	G	惯性块不移动	$G = 10X_6 + X_7 + 2X_8$	$5.080\ 0 \times 10^{-5}$

序号	事件代号	事件	计算公式	概率值
9	H	偏心轮转动不到位	$H = 4X_4 + X_9 + X_{10} + X_{11}$	$6.280\ 0 \times 10^{-7}$
10	I	钟表机构不转动	$I = X_9 + X_{11}$	$3.920\ 0 \times 10^{-7}$
11	J	电雷管不起爆	$J = 9(X_1 + X_2 + X_{17})$	$1.280\ 0 \times 10^{-4}$
12	K	传爆序列不起爆	$K = 9(X_{18} + X_{19} + X_{20})$	$2.570\ 0 \times 10^{-4}$

由表 10-3 可知，安全执行装置在工作阶段发生故障，起爆点不起爆的概率为 $5.557\ 4 \times 10^{-4}$，则安全执行装置工作可靠度预计值为 0.999 442 6。

3）引信系统可靠性预计

经预计，任务时间为 500 s 时，近感探测与毁伤控制装置工作可靠度预计值为 0.999 0，安全执行装置工作可靠度预计值为 0.999 442 6，利用串联系统可靠性数学模型，引信系统的工作可靠度为

$$R_S = R_1 R_2 = 0.998\ 4$$

引信系统及近感探测与毁伤控制装置、安全执行装置的可靠度预计结果与指标和分配值对比，可看出，预计结果满足指标及分配值要求。

10.3.4　可靠性设计

可靠性设计内容广泛，可分为两大类，一是安全可靠性设计，二是工作可靠性设计。安全可靠性设计按 GJB 373A—1997《引信安全性设计准则》要求进行，因此，可靠性设计通常就是指工作可靠性设计。工作可靠性设计包括环境适应性设计、裕度与降额设计、冗余设计、防错设计、软件可靠性设计以及元器件、原材料、标准件、工艺适应性选用设计等。

根据引信的产品特点和工程研制经验，引信的工作可靠性设计一般应满足如下要求：

（1）产品应采用最优化设计方法，力求在满足规定功能要求的基础上，综合权衡系统的性能、可靠性、维修性、安全性、保障性、经济性、工艺等要求，并对各分系统进行综合优化设计。

（2）在满足系统总体指标要求前提下，应充分考虑产品设计的继承性，优先采用技术成熟的软、硬件设计方案和零、组、部件。

（3）尽可能进行简化设计，注重标准化和规范化，开展产品系列化、通用化、模块化设计，并使产品具有良好的测试性。

（4）尽量采用标准电路，对电路可能出现的瞬态和过应力采取保护措施，对电路参数的漂移、电源电压的变化、温度变化等引起的性能变化应进行充分分析和验证，

对无法避免的单点失效模式应采取增大设计裕度、采用冗余技术或选用高可靠性产品等措施。

（5）充分进行产品环境影响分析和耐环境设计，以满足使用环境的要求；进行电磁兼容性设计，通过采用合理布置元器件和电路、导线，以及隔离和屏蔽等方法，来消除或抑制干扰。

（6）软件应采用模块化设计方法，参照 GJB 2786A—2009《军用软件开发通用要求》和 GJB/Z 102A—2012《军用软件安全性设计指南》进行设计，通过开展软件特性分析和采用软件工程化管理的方法来保证并提高软件可靠性。

1. 环境适应性设计

进行产品设计时应充分考虑环境条件并进行必要的耐环境设计，使产品在寿命期内受到外界环境因素的影响降至最低程度，实现指标要求，主要要求如下：

（1）应识别对电磁、热、力学等环境敏感的产品，开展产品设计时，应综合考虑电磁、热、力学等环境条件对产品的影响。应开展工作和非工作的环境影响分析，找出工作条件下典型的失效模式和贮存失效模式，进行失效机理分析。

（2）应逐级开展电磁兼容设计，采取的措施应包括：干扰源频率的合理分配与选择；接地抑制；机箱、局部、电缆屏蔽阻挡；滤波吸收阻断传导等。

（3）应参照 GJB/Z 27—1992《电子设备可靠性热设计手册》的要求开展热设计，设计方案基本确定后，建立热数学模型，开展热仿真分析，仿真系统及单机产品的温度分布。检查产品内部组件是否处于降额后允许的极限温度范围，结合设计方案优化，从设计上保证热设计留有足够的裕度。优先选用结构简单、无运动部件、不耗电或少耗电的被动热控技术和产品，优先选用经过飞行验证的成熟技术和热控产品。对已选用大功率热耗器件的设备或组件，应通过传导、辐射散热和采用热管等特殊散热方式，使其工作温度保持在预定的范围。

（4）应进行振动、冲击和噪声防护设计，产品的固有频率应避开外界环境作用的激励频率，应减少电子产品内振动源的激励强度，对振动敏感的组件的安装位置应避开振动幅度最强的区域和冲击响应最大的方向，所有设备、组件或电缆应固定和定位，机械连接应有结构防松措施，采取隔振措施或设置减振装置等。

（5）应参照 GJB/Z 105—1998《电子产品防静电放电控制手册》的要求进行防静电放电设计，在电路输入或输出端加限流电阻器或泄放电阻器或隔离器。对于安装静电放电敏感元器件的印制电路板应采用防静电的屏蔽罩实现局部屏蔽。外表面应使用导电材料，所有表面都应良好接地，所有金属部件都应搭接到壳体，电缆应屏蔽，对高频率低电平线路应采取滤波和共模抑制措施。

（6）应对易受侵蚀的关键件、电路板、组件进行防潮、防盐雾、防霉菌设计。

2. 裕度与降额设计

应识别影响产品可靠性的定量特征参数，产品设计时同步进行裕度与降额设计。

降额的目的是通过使元器件或设备所承受的工作力适当地低于其规定的额定值，从而降低元器件的基本故障率，提高使用可靠性。

裕度与降额设计应围绕特征参数开展，有设计规范的采用规定的设计裕度值；无设计规范的，根据特征参数的广义强度 – 应力均值和统计散布，确定均值裕度与可靠度关系，通过提高均值裕度或者减少强度 – 应力散布来提高可靠度，主要定量的功能参数要求有合理设计裕度。

结构设计的安全系数最小值应满足设计规范规定的量值，在屈服和强度极限载荷条件，产品的结构部件都应具有合理安全裕度。

对热敏感的组件应有足够的防热安全余量。

寿命局限的产品或部件，应在规定的寿命期内使用，活动部件所选用电机的力矩应有足够裕度。

有密封要求的产品或部件，漏率设计应在规定的范围以内。

各单机时序裕度（余量）在单机设计、测试、试验等各环节应给予重点关注。

无法冗余的单点项目（含各种电缆），必须采用经过使用考核的高可靠器件、材料并进行充分的裕度设计、分析和验证。

对于电子、电器和机电元器件应根据 GJB/Z 35—1993《元器件降额准则》对不同类别的元器件按不同的应用情况进行降额设计。对于机械和结构部件，应进行应力 – 强度分析，采用提高强度均值、降低应力均值、降低应力和强度方差等基本方法，找出应力与强度的最佳匹配。

3. 冗余设计

产品设计时，应同步进行冗余设计。

应针对单点失效项目，特别是影响任务成败的部分（相关电路、单机、分系统或工作模式）采取必要的冗余设计。冗余设计应采取故障隔离措施，以防止主备份共因或共源失效。故障判断和切换装置（继电器或开关）的可靠性通常应高于冗余单元并进行充分的论证及验证试验。备份切换过程中瞬态变化对关键设备状态的影响应进行充分分析，并采取相应的对策。尽量在较低层次使用冗余设计，采用最简单的冗余设计方案。在进行冗余设计时应杜绝因冗余设计降低了某种故障模式发生的概率，却增加了另一种重要故障模式发生概率的情况。冗余设计必须系统考虑重量、体积、功耗等约束因素。无法冗余的单点项目，必须采用经过使用验证的高可靠器件、材料并进行充分的裕度设计。

4. 防错设计

产品设计时，应同步进行防错设计。

产品接插件、管路接头需要有防差错设计，应具有明显的标识。地面设备和工装应采取防误操作措施。各系统接口应进行防错设计，标明象限位置。对于严重影响引信及导弹武器系统可靠性和安全性的操作，需要在设计时考虑防止发生人为差错，明确补救差错的方法。应制定操作规程并组织人员学习、培训，防止人为差错发生。

5. 元器件、原材料、标准件选用设计

应合理选择产品的元器件、原材料和标准件，满足使用要求。

优选标准元器件。在满足使用要求前提下，按先后次序，遵循 3 个原则优选元器件，即优选通用元器件、优选符合军用标准的元器件、优选国产元器件。

优选成熟材料，控制新材料应用。应在满足使用要求前提下，优先选用符合国军标、航天行业标准的成熟材料，并尽量压缩材料品种和规格。必须选用新材料时，要特别注意新材料应用的前期准备工作，包括材料应已定型并形成标准，有稳定供应能力；要针对任务环境开展相容性试验或评估，开展新材料物理、化学、强度参数试验以获得可靠性基础数据；要考虑材料制造工艺性；非金属材料还应进行老化和寿命试验或评估。

对于标准零件和标准产品要评估其适用性。依据产品使用要求，包括新环境、新工况、新寿命，评估其适用性。对于环境、工况、寿命超出原有标准产品规范规定的参数覆盖范围的，应补充或重新开展可靠性验证试验。

6. 工艺适应性设计

应尽量采用规范成熟工艺，并分析和评估其针对产品使用要求的适用性，避免采用"限用工艺"，不得采用"禁用工艺"。产品设计和工艺参数上下偏差值的选择，对产品可靠度及其散布影响极大，对于关键环节应结合可靠性裕度设计、容差设计分析确定合理参数值。对于以往成品率低的工艺、工序、工步应分析评估改进，对于关键工艺项目、关键件、重要件、不可检测项目应开展 PFMEA 分析，确定保证可靠性的措施。

7. 软件可靠性设计

应按相关标准和规范的要求，根据软件特点进行相应的软件可靠性设计。针对软件类型，确定可靠性设计重点，例如实时、非实时软件，涉及安全性的软件等。根据确定的软件故障容限准则，明确软件冗余要求。严格执行软件工程方法开发软件，减少固有缺陷。

应采用结构化设计思想划分模块，对模块的入口和出口、扇入和扇出进行简化设计，对模块的耦合方式、内聚方式等提出排列的优先顺序。针对实时控制软件，应对软件控制的硬件特性充分辨识，保证软硬件在时序配合上的协调性，并对资源分配、时序安排提出具体余量要求。优化或减少中断嵌套处理，中断现场采取防差错保护和退出措施，中断处理时序应小于中断源频率间隔，以防止中断或数据的错乱或丢失。

应防止程序进入死循环设计，采取超时退出或其他退出方式。对软件出错应进行纠错处理或诊断处理，并设计出错提示或诊断入口。高度重视软件容错设计。

10.4 可靠性分析

引信可靠性分析包括故障模式、影响（及危害性）分析、故障树分析、可靠性关键项目和关键产品确定、容差分析、最坏情况分析、潜在通路分析和寿命分析。

10.4.1 故障模式、影响（及危害性）分析(FME(C)A)

FMECA 是 Failure Mode Effects and Critically Analysis 的缩写，即故障模式、影响及危害性分析。FME(C)A 的目的是在产品设计阶段，查明一切故障模式及其对系统各级功能影响的后果，判断其严重性等级。预先发现、评价产品可能潜在的失效与后果，及早找出能够避免或减少这些潜在失效发生的措施，并将此过程文件化，为以后的设计提供改进和补偿的措施。

FME(C)A 是用于产品研发阶段对产品设计过程中出现的问题进行风险控制的方法和手段，是产品初步设计和详细设计阶段必须进行的可靠性工作之一，对于及早发现和解决设计缺陷及潜在故障隐患具有重要意义。同时，由于 FME(C)A 工作的特点，大量故障模式信息的收集以及完善的风险分析结果有助于新研产品的可靠性设计。

在进行产品方案初步设计时应参照 GJB/Z 1391—2006《故障模式、影响及危害性分析指南》同步进行故障模式、影响（及危害性）分析，识别产品潜在可靠性薄弱环节、技术风险点、关键产品或关键项目；通过自下而上的故障模式分析，形成针对性的可靠性保证措施，提高产品设计和过程可靠性。

FME(C)A 应覆盖以下几个方面：

功能 FME(C)A、硬件 FME(C)A、接口及切换电路 FME(C)A、工艺过程 FME(C)A 及软件 FME(C)A。

FME(C)A 应包括功能或性能变化、测试试验程序和软件。

根据研制阶段，分别开展功能、硬件、接口、工艺等级别的 FME(C)A 分析。

FME(C)A 注意事项：应考虑产品工作环境条件与任务要求的关系；对于运行难于维护的产品，应重点确定其监测方法是否恰当和充分；在实施 FME(C)A 时应加强对冗余设计的分析，特别注意共模（共因）故障的影响，以确保产品设计的可靠性；应利用 FME(C)A 的层次迭代关系，将较低层次 FME(C)A 结果综合到高一层次产品。

10.4.2 可靠性关键件、重要件确定原则

在 FME(C)A 基础上，针对 I、II 类故障进行筛选，确定可靠性关键件、重要件，

以利于研制过程中通过针对性的措施保障影响产品任务成败的关键件、重要件的可靠性。可靠性关键件、重要件主要根据以下九点来确定：故障严酷度为Ⅰ、Ⅱ类或故障发生后将直接导致系统破坏或人员伤亡的单点失效项目；采用未经飞行试验考核的新技术、新产品、新程序，且一旦故障发生将严重影响系统工作或使系统的任务目标不能实现的项目；不满足或无法验证其可靠性要求的项目；具有有限寿命期（使用次数、循环周期、使用有效期、有限贮存期）或对环境条件敏感，因而必须对其使用和贮存进行控制的项目；在制造、贮存、装卸、包装、运输和测试、试验时需采取特殊防护措施的项目；在产品质量与可靠性方面有过不良历史的产品或项目；由于技术水平的限制，在预期的应用中有苛刻性能要求的项目；难以采购或生产的项目；用户方根据工程经验确定的其他关键项目。

10.4.3　故障树分析

故障树分析法（Fault Tree Analysis，FTA）是复杂系统可靠性和安全性分析的一种有力工具，也是故障分析的一个重要手段。在进行产品方案初步设计时应参照 GJB/Z 768A—1998《故障树分析指南》同步进行故障树分析，识别产品潜在可靠性薄弱环节、技术风险点、关键产品或关键项目；通过自上而下的故障模式分析，形成有针对性的可靠性保证措施，提高产品设计和过程可靠性。

在 FME(C)A 的基础上，将严酷度Ⅰ、Ⅱ级且发生概率高于 E 级的故障模式作为顶事件，分析各底事件对顶事件发生影响的组合方式和传播途径，识别导致顶事件发生的各种可能的故障原因，找出一阶最小割集，对于查找出的薄弱环节，应采取有效的改进措施防止该失效模式发生，随着设计的不断深入逐步完善 FTA 工作。FTA 分析方法可参考 GJB/Z 768A—1998《故障树分析指南》。

通过故障树定性分析，寻找导致顶事件发生的原因和原因组合，识别导致顶事件发生的所有故障模式；帮助判明潜在的故障，指导改进设计和故障诊断。通过故障树定量分析，计算顶事件发生的概率及各底事件的重要度，为设计决策提供量化依据。

10.4.4　容差分析

容差分析是指对产品内部与外部特征参数的变化导致产品性能参数变化的情况进行分析，确定在性能满足预定要求的极限情况下内外特征参数允许的变化值，为产品内部参数公差选择、外部参数环境控制提供依据。容差分析与最坏情况分析应在产品设计方案形成后立即进行。生产阶段重点控制加工误差和装配误差，避免消耗设计裕度。容差分析主要开展以下工作：建立产品系统输出特性与内、外影响因素参数之间的数学函数关系；建立各因素相对偏差与其方差之间概率统计关系；针对某种内、外因素偏差的最坏情况，对性能参数影响进行分析，确定其是否满足原有性能参数容差范围情况，以及概率置信度情况；如果存在性能参数超出容差范围的情况，应通过合理分配公差、环境防护等设计措施，保证设计的合理性和各设计参数之间的匹配性；一般产品应根据复杂程度及元器件数量规模，结合有关可靠性分析结果选定关键电路进行分析。

10.4.5　最坏情况分析

最坏情况分析是指在性能满足预定要求的极限情况下，确定内外特征参数允许的变化值。最坏情况分析主要开展以下工作：建立产品系统输出特性与内、外影响因素参数之间的数学函数关系；针对某种内、外因素偏差的最坏情况，对性能参数影响进行分析，确定其是否满足原有性能参数容差范围和是否存在过应力情况；如果存在性能参数超出容差范围，或者过应力情况，应通过合理分配公差、环境防护等设计措施保证设计的合理性和各设计参数之间的匹配性。

评价特征参数在最坏情况下的变化对单机的性能影响，应结合性能测试、环境适应性试验及相关的可靠性试验等进一步验证。

进行最坏情况分析时，还要注意识别产品寿命期可能导致产品失效的、与性能或接口匹配设计密切关联的可靠性薄弱环节。例如：裕度不充分；冗余主备切换、故障隔离；存在规范要求以外的工作模式；时间基准、时序和同步、瞬态效应等问题；存在多余的硬件；电路的接口防护，接口的健壮性设计；结构动力学耦合；精密机械、运动机构重要配合尺寸的热变形影响分析；人为差错或软件诱发的误指令等。

10.4.6　潜在通路分析

潜在通路分析主要是找出产品不希望有的通路、时序、指令，消除会引起功能异常或抑制正常功能的现象，必要时应进行潜在通路测试。潜在通路通常出现在电气电路、系统逻辑电路、供电电路中，有四种表现形式：潜在路径、潜在时序、潜在指示和潜在标志。

潜在路径指电流、信息流等所流经的非期望的路径；潜在时序指以非期望或矛盾的时间顺序、或在非期望的时刻、或延续一个非期望的时间段发生，从而使系统或产品出现异常状态的时序；潜在指示指关于系统运行状况的模糊或错误的指示，潜在指示可能误导系统或操作人员做出非期望的反应；潜在标志指关于系统功能的错误或不确切的标志，潜在标志可能会误导操作人员。

进行潜在通路分析时，必须保证分析的产品能代表系统的实际情况；潜在通路分析一般只注重部件之间的相互连接和相互影响，而不关心部件本身的可靠性；应列出系统中的所有通路，保留源、汇、分支、开关，略去其中的无关环节，构成连接网络拓扑图；应对开关通断错误、时序错误、信息指示错误的各种组合可能性进行罗列分析，查找潜在通路情况；应拟定设计改进措施。

对于复杂系统，潜在通路分析工作量很大，可采用计算机辅助实现。不具备潜在通路测试、计算机辅助分析手段时，应进行潜线索专题分析。

10.4.7　寿命分析

应在产品方案设计阶段通过 FMEA/FTA、应用环境、工作极限等识别出与寿命和耐久性相关的零部件或环节，并进行寿命和耐久性设计和验证。应分析各种类型环境因素、工作状态，以及产品工作产生的诱导环境可能对产品寿命带来的不利影响，识别敏感的硬件和软件及其关键参数并通过设计、生产等给予保障。

1）贮存期寿命分析

贮存期寿命分析需进行以下几方面工作：识别对产品寿命影响较大的贮存环境和产品转运环境；重点关注电子元器件、光学器件、精密机械零件、非金属件、金属锈蚀问题；采取贮存厂房环境设计、包装设计、局部保护设计改善产品贮存环境；采取测试性、维修性设计，对部件贮存寿命低于产品总贮存期要求的，通过测试性、维修性和保障性设计改善产品可用性。

2）工作寿命分析

工作寿命分析需进行以下几方面工作：识别限制产品寿命的薄弱环节和主导因素，例如磨损、疲劳因素；通过局部试验建立主导因素与工作寿命（或工作次数）的关系或物理数学模型；采用磨损失效模型或疲劳失效模型，预计产品寿命；对寿命达不到要求的，开展延寿设计（如减低磨损、减低应力措施），或者系统冗余设计，或者维修性、测试性设计；重点关注活动部件、转动部件、有开关动作次数规定的部件、有擦写次数要求的部件等；在后续试验计划中验证设计的有效性。

3）产品寿命要素

产品寿命要素主要体现在寿命指标、历经环境剖面、任务期间的载荷与应力、产品结构特性、材料特性、失效机理、贮存环境等方面。

4）极限工作应力和寿命分析

针对全寿命经历的外部环境和内部工作状态及其组合，分析产品极限工作应力和寿命。

5）寿命与耐久性分析

通过评价产品寿命周期的载荷与应力、结构特性、材料特性和失效机理等进行寿命与耐久性分析。

10.5　可靠性试验

引信可靠性试验主要包括环境应力筛选试验、环境适应性试验、可靠性增长试验、可靠性验证试验、寿命试验以及跌落试验、隔爆安全性试验、静电放电试验。其中环境应力筛选试验、环境适应性试验、可靠性增长试验、可靠性验证试验、寿命试验主要针对引信中的电子产品如近感探测与毁伤控制装置等；跌落试验、隔爆安全性试验、静电放电试验主要针对引信中的安全系统，用于验证引信的安全性。

10.5.1　环境应力筛选试验

环境应力筛选（Environmental Stress Screening，ESS）的目的是在产品上施加随机振动及温度循环应力，以鉴别和剔除产品工艺和元器件引起的早期故障，使产品在筛选后达到"浴盆曲线"的恒定故障率阶段。也就是尽可能剔除早期失效的产品。ESS试验应在一批产品中100%进行，并针对暴露出来的故障采取设计或工艺改进，以提高后续产品的固有可靠性。

ESS试验主要适用于电子产品，也适用于电器、机电和电化学产品。一般应做到：印制电路板组件筛选、电子组件或整机筛选、舱段级应力筛选。实践表明，对于激发缺陷而言，温度循环加随机振动最为有效，这是因为，温度循环采用了高变温率，产品在较大热应力作用下，可以使生产制造缺陷尽早暴露，而随机振动是在整个振动时间内对每个频率同时激振，有充分的时间对有缺陷的产品激起共振，促使缺陷尽早暴露。

环境应力筛选条件以能够高效地激发早期失效，有利于剔除早期失效为确定准则，不必模拟使用中遇到的各种应力，也不强调环境应力量级必须与真实使用情况一致，这一点是与环境适应性试验最直接的区别。施加的环境应力量级不应损坏本无缺陷的产品，即不得引入使用条件以外的失效机理（新的故障模式）。对电路板、组合、设备，应按 GJB 1032—1990《电子产品环境应力筛选方法》进行 ESS 试验，有条件时也可按 GJB/Z 34—1993《电子产品定量环境应力筛选指南》进行定量 ESS 试验。

进行 ESS 试验时，所有试验产品应去除包装物及减振装置后再进行试验，试验产品在箱内安装应保证除必要的支点外，全部暴露在空气中。在进行夹具设计时，要保证产品的振动激励方向为故障敏感方向。试验箱热源的位置布置不应使辐射热直接到达试验产品，用于控制温箱的热电偶或温度传感器应置于试验箱内部的循环气流中，并要加以遮护以防止辐射影响。若存在试验箱内空气及制冷系统的冷却介质，应对空气的温度和湿度加以控制，使其在试验期间产品上不出现凝露。

10.5.2　环境适应性试验

环境适应性试验也称例行试验，是按照标准或规范抽取一定比例的产品进行极限环境条件下的性能验证。一般按 GJB 150A—2009《军用装备实验室环境试验方法》的要求进行。

环境适应性试验对试验条件、试验前的信息、试验安装、试验后的数据都需要有限定条件。

利用实施 GJB 4239—2001《装备环境工程通用要求》得出的结果，确定试验量值、范围、变化率与持续时间等；确定试验所要使用的设备和仪器，要求的试验程序，试验中关键的部、组件，试验持续时间，试验的技术状态等；试验安装时应尽可能模拟实际使用情况，并按需要进行试件连接和测试仪器连接；每次试验完后，应按规定检验试件，并与试验前的数据进行对比。

根据不同使用需求，例行试验项目和试验条件略有不同，如高温贮存试验中，地空导弹引信贮存时间为 2 h，而空空导弹和舰空导弹引信贮存时间一般为 24 h；振动试验中，舰空导弹引信需要进行模拟舰船海上航行颠簸的颠振试验，空空导弹引信需要进行模拟挂机的抖振试验；冲击试验中，空空导弹引信需要进行模拟着落冲击，各类引信的发射环境不同，发射冲击的条件也相差很大。其余温度贮存试验、低气压试验、振动试验、冲击试验、盐雾霉菌试验等均无明显差异，一般按国军标要求进行。

10.5.3　可靠性增长试验

可靠性增长试验通过对产品施加适当的环境应力、工作载荷，暴露产品的薄弱环节，加以设计改进，验证改进措施，使产品可靠性获得增长。这种试验是一个试验—暴露问题—分析—改进—再试验的过程，通常需要反复多次，每经历一次，可靠性增值一次，以最终达到用户规定的可靠性指标为目标。

应按 GJB 1407—1992《可靠性增长试验》或其他有关标准规定的要求和方法进行可靠性增长试验。可靠性增长试验应明确可靠性增长数学模型、试验时间、试验样品及数量、试验剖面、试验记录与故障分析；试验前应对受试产品进行性能、功能测试，确定产品性能、功能的符合性；试验后应对受试产品进行性能、功能测试，检验产品试验前后性能、功能的一致性。试验过程应严格跟踪，试验期间应收集所有的故障信息，及时分析并记录故障纠正措施。

试验应力（环境应力、工作应力）应足以发现设计的薄弱环节并诱发故障或验证设计余量。试验应尽量模拟设备之间或部件与组件之间正常的接口连接，以确保系统工作中不引入新的故障模式。

10.5.4　可靠性验证试验

可靠性验证试验分为可靠性鉴定试验和可靠性验收试验。

可靠性鉴定试验是验证产品的设计是否达到了规定的最低可接受的可靠性要求，用于定型鉴定。可靠性鉴定试验一般应在第三方进行；应尽可能在较高层次的产品上进行，以充分考核接口的情况，提高试验的真实性；可结合产品的定型试验或寿命试验进行；鉴定试验的受试产品应代表定型产品的技术状态，并经认购方认定；应按 GJB 899A—2009《可靠性鉴定和验收试验》或其他有关标准规定的要求和方法进行可靠性鉴定试验。

可靠性验收试验是生产交付阶段的可靠性验证试验，一般批量较大的产品在定型后批生产或转厂生产结束时应进行可靠性验收试验，其目的是检验某批产品生产过程中是否具有系统性的不可靠因素而引起产品可靠性下降，从而为是否接收该批产品提供依据。对于引信产品而言，由于批量小，一般不专门安排可靠性验收试验。

10.5.5　寿命试验

寿命试验用于验证产品的设计寿命是否满足使用要求。

试件应是设计和工艺技术状态确定后的产品，其技术状态要能达到评价产品设计寿命的目的。试件的选取可以是整机产品或部件产品，但均应符合飞行产品技术状态。试验时应确保对真空、温度梯度、重力等环境因素模拟的充分性。应根据产品的具体特点选择 1:1 方式或加速方式进行试验，若产品需要进行加速寿命试验，应对加速寿命试验的方法和条件进行严格论证。试验前应结合受试产品本身特点，制定出相应的试验评价判据；试验结束后，应根据寿命试验结果对产品在现有技术状态下的使用寿命能否满足设计要求做出具体评价。

10.5.6　跌落试验

跌落试验分为 1.5 m 跌落试验和 12 m 跌落试验。1.5 m 跌落试验是模拟装卸和作战时搬运条件的试验，用于考核安全执行装置装卸和搬运后的安全性和作用可靠性。12 m 跌落试验是模拟码头和舰船之间装卸条件的试验，用于考核安全执行装置在装卸过程中偶然跌落后的安全性。跌落试验应满足 GJB 573A—1998《引信环境与性能试验方法》中方法 103、方法 104 的要求。

10.5.7　隔爆安全性试验

隔爆安全性试验是模拟爆炸元件意外发火的试验，其目的是通过安全执行机构在保险状态下的起爆来考核引信爆炸序列中隔爆装置的隔爆安全性。隔爆安全性试验应满足 GJB 573A—1998《引信环境与性能试验方法》中方法 401 的要求。

10.5.8 静电放电试验

静电放电试验是模拟引信遭遇高电压放电条件的试验，其目的是通过对处于保险状态的引信进行预先选定放电点的高电压静电放电，来考核引信在装卸和运输过程中可能遇到高电压静电放电（雷电环境除外）时的安全性和作用可靠性。静电放电试验应满足 GJB 573A—1998《引信环境与性能试验方法》中方法 601 的要求。

10.6 可靠性评估

可靠性评估是根据产品在试验和使用过程的工作故障、维修信息对产品的可靠性进行定量评价，计算和估计产品的可靠性量值。作为产品可靠性定型鉴定的重要依据，可靠性评估常用于不能独立进行可靠性鉴定试验的产品。

通过可靠性评估，可以定量地判断可靠性薄弱环节，从而确定需要改进和增长的项目；也可以对产品的可靠性增长趋势进行评价，为可靠性工作的改进提供依据；通过可靠性评估得到的产品可靠性量值，可作为当前产品冗余设计、维修策略的设计和备件方案设计的重要依据，也可以作为后续产品的可靠性指标论证的技术依据。

可靠性评估方法包括点估计与区间估计。点估计适用于大样本量场合。对于引信产品，由于小样本条件限制，主要采用区间估计。区间估计是根据产品样本数据，给出产品的可靠性真值以某一把握性存在于某一区间的估计方法。通常将区间称为置信区间，该把握性称为置信度（或置信水平）。区间估计又分为单侧区间估计和双侧区间估计，引信的可靠性评估中一般都采用单侧置信区间，关注的是可靠度单侧置信下限。由于引信安全可靠性要求非常高，GJB 373A—1997《引信安全性设计准则》中要求安全执行装置意外解除保险概率小于 10^{-6}，而在引信研制过程中样本量较少，无法满足评估要求，且安全性的要求是在预定条件下引信不作用，进行可靠性评估的判据不易确定，因此对于安全可靠性一般采用相似产品法或可靠性预计的方法进行评价。本节重点讨论引信工作可靠性的评估方法。

10.6.1 评估要求

可靠性评估应在设计定型阶段完成。通过有计划地收集、分析实际使用数据，来评估产品的使用可靠性水平。没有使用数据的，利用产品研制中累积的各种检测数据及试验数据，分析及估算产品在实际条件下的使用可靠性水平，确保产品满足规定的使用可靠性要求。评估时应明确评估对象，评估参数和模型、评估准则、样本量、统计时间长度、置信水平、评估相关约定、评估流程以及所需的资源等。可靠性评估应以统计方法为基础，可根据 GJB 899A—2009《可靠性鉴定和验收试验》或其他有关标准，选择适合的统计试验方案和确定环境条件。当不能或不适宜用试验方法验证产品可靠性时，允许利用不同层次产品的可靠性数据（特别是试验结果）通过建模与仿真或其他分析、综合的方法，评估产品的可靠性水平是否符合规定的要求。

10.6.2　评估方法

因为引信是由电子产品、机械产品和火工品组成的复合系统，功能也较为复杂，可靠性评估参数难以确定，因此对引信产品功能和组成建立可靠性模型，确保每个独立功能单元能够确定简单的评估判据和统计模型。以图 10 - 2 引信系统为例，可对其建立由近感探测与毁伤控制装置（寿命服从指数分布的指数寿命型产品）和安全执行装置（试验结果服从二项分布的成败型产品）组成的串联可靠性模型，对近感探测与毁伤控制装置和安全执行装置分别按照电子产品和成败型产品模型进行可靠性评估，评估结果再根据串联模型进行整合，最终得到引信系统的可靠性评估结果。

1. 指数分布产品的可靠性评估方法

相关理论和统计表明，电子设备、复杂系统和经过老炼筛选且进行定时维修的机电产品，可认为其寿命服从指数分布。

1）评估输入要求

数据和评估参数的输入有：总时间 T；故障次数 r；任务时间 t_0；可靠度 R；置信水平 c。

当要评估任务可靠性时，故障的次数只计会导致任务失败的次数；当要评估基本可靠性时，故障的次数记录为所有关联故障的次数。

依据不同的寿命试验截尾情况，试验总时间 T 由下列公式给出：

完全样本情况时

$$T = \sum_{i=1}^{n} t_i \tag{10 - 46}$$

有替换定时或定数截尾情况时

$$T = nt_{\mathrm{s}} \tag{10 - 47}$$

无替换定时或定数截尾情况时

$$T = \sum_{i=1}^{r} t_i + (n - r)t_{\mathrm{s}} \tag{10 - 48}$$

不等定时截尾情况时

$$T = \sum_{i=1}^{r} t_i + \sum_{j=1}^{m} \tau_j \tag{10 - 49}$$

式中：t_i 为故障时间；t_{s} 为定时或定数截尾时间；τ_j 为不等定时截尾时间。

2）数学模型

（1）故障率点估计。

故障率的极大似然点估计为

$$\hat{\lambda} = \frac{r}{T} \tag{10 - 50}$$

（2）故障率的置信上限。

依据不同的截尾情况，故障率的置信上限由下列公式给出：

完全样本和定数截尾情况时

$$\lambda_{\mathrm{U},c} = \frac{\chi_c^2(2r)}{2T} \tag{10 - 51}$$

定时截尾情况时

$$\lambda_{\mathrm{U},c} = \frac{\chi_c^2(2r + 2)}{2T} \tag{10 - 52}$$

不等定时截尾情况时

$$\lambda_{\mathrm{U},c} = \frac{\chi_c^2(2r + 1)}{2T} \tag{10 - 53}$$

零故障情况时

$$\lambda_{\mathrm{U},c} = \frac{-\ln(1 - c)}{T} \tag{10 - 54}$$

以上各式中的 T 应根据寿命试验类型，选择匹配的公式进行计算，$\chi_c^2(\nu)$ 为自由度为 ν，概率为 c 的 χ^2 分布分位数，通过查 GB 4086.2—1983《统计分布数值表—χ^2 分布》中 χ^2 分布分位数表可得。

（3）可靠度估计。

给定任务时间 t_0，已知故障率 λ 的点估计值，则可得到可靠度的点估计值为

$$\hat{R}(t_0) = \exp(-\hat{\lambda}t_0) \tag{10 - 55}$$

同理可得可靠度置信下限为

$$R_{\mathrm{L},c}(t_0) = \exp(-\lambda_{\mathrm{U},c}t_0) \tag{10 - 56}$$

（4）可靠寿命估计。

给定可靠度 R，已知故障率 λ 的点估计值，则可得到可靠寿命的点估计值为

$$\hat{t}_R = \frac{1}{\hat{\lambda}}\ln\left(\frac{1}{R}\right) \tag{10 - 57}$$

同理可得可靠寿命置信下限为

$$t_{R,\mathrm{L}} = \frac{1}{\lambda_{\mathrm{U},c}}\ln\left(\frac{1}{R}\right) \tag{10 - 58}$$

3）评估计算

图 10 – 2 引信系统的近感探测与毁伤控制装置工作（飞行）可靠性评估数据类型为无替换定时截尾数据，其试验总时间用式（10 – 48）计算，故障率的置信上限用式（10 – 52）计算，可靠度置信下限用式（10 – 56）计算。已知其任务时间为 500 s，故障次数为 0，总试验时间为 321.6 h，通过查 GB 4086.2—1983《统计分布数值表—χ^2 分布》中 χ^2 分布分位数表可得

$$\chi_c^2(2r + 2) = \chi_{0.8}^2(2) = 3.218\ 88$$

根据公式计算，可得到该近感探测与毁伤控制装置故障率的置信上限为 $5\ 004.4 \times 10^{-6}$/h，可靠度置信下限为 0.999 3。

2. 成败型产品的可靠性评估方法

成败型产品试验结果仅取成功、失败两种状态，它服从二项分布，如安全执行装置和火工品等。

1）评估输入要求

数据和评估参数的输入有：样本量 n；失败次数 r；置信水平 c。

当评估任务可靠度时，失败的次数只计导致任务失败的次数；当评估基本可靠度时，失败的次数计所有关联故障的次数。

2）数学模型

产品可靠度的点估计

$$\hat{R} = \frac{n - r}{n} \tag{10 – 59}$$

可靠度的单侧置信下限 R_L 可用下式求得：

$$P(X \leq r) = \sum_{i=0}^{r} \binom{n}{i} R_L^{n-i} (1 - R_L)^i = 1 - c \tag{10 – 60}$$

当 $r = 0$ 时

$$R_L = (1 - c)^{\frac{1}{n}} \tag{10 – 61}$$

通常已知试验次数 n 和失败次数 r，给定置信度 c，可根据 GB/T 4087—2009《数据的统计处理和解释　二项分布可靠度单侧置信下限》求得可靠度的单侧置信下限 R_L，或利用 Matlab 软件包的 fzero 和 fsolve 直接求解式（10 – 60）。

3）评估计算

已知图 10 – 2 引信系统的安全执行装置试验次数 n 为 4 531 次，失败次数 r 为 0，置信水平 c 为 0.8，根据式（10 – 61）或 GB/T 4087—2009《数据的统计处理和解释　二项分布可靠度单侧置信下限》中规定的方法可求得该安全执行装置置信度为 0.8 的可靠度单侧置信下限为 0.999 6。

3. 引信系统的可靠性评估方法

引信系统一般情况下为串联系统，可以采用 L – M（Lindstrom – Maddens）法进行

系统可靠性综合评估。L－M 法是基于串联系统可靠性取决于组成系统的最薄弱环节这样的事实，利用各组成单元的成败型试验数据对串联系统可靠性进行综合评估的一种方法。

1）输入要求

数据和评估参数的输入有：样本量 n_s，成功次数 s_s，系统串联的成败型设备数量 l 等系统数据；样本量 $n_i(i=1,2,\cdots,l)$，成功次数 $s_i(i=1,2,\cdots,l)$，置信水平 c 等设备数据。

2）数学模型

已知设备数据，系统的等效数据 (n^*,f^*) 为

$$\begin{cases} n^* = \min\{n_1,n_2,\cdots,n_l\} \\ f^* = n^*\left(1-\prod_{i=1}^{l}\dfrac{s_i}{n_i}\right) \end{cases} \qquad (10-62)$$

则系统的总样本量为 n_s+n^*，总故障次数为 $n_s-s_s+f^*$，可利用二项分布的方法求得系统的可靠度点估计和置信下限。

对于非成败型单元，可以通过转换方法，将非成败型单元的数据转换为成败型数据。

根据设备的数据得到设备的可靠度点估计 $\hat{R}_i$ 和可靠度置信下限 $R_{L,c,i}$（结合任务时间和分布类型，可将 MTBF 估计转换为可靠度估计），由下式可以转换为成败型数据 (n_i^*,s_i^*)：

$$\begin{cases} \hat{R}_i = \dfrac{s_i^*}{n_i^*} \\ I_{R_{L,c,i}}(s_i^*,n_i^*-s_i^*+1) = 1-c \end{cases} \qquad (10-63)$$

因为引信系统一般情况下组成较简单，子系统数量为 2～3 个，且系统、子系统可靠性评估置信度一致，在完成子系统（组成单元）的可靠性评估后，可直接利用其数学模型进行引信系统的可靠度计算，作为引信系统的可靠度评估结果。

3）评估计算

图 10－2 引信系统由近感探测与毁伤控制装置和安全执行装置两个子系统组成，置信度为 0.8 时，近感探测与毁伤控制装置工作可靠度置信下限 R_1 为 0.999 3，安全执行装置工作可靠度置信下限 R_2 为 0.999 6，引信系统工作可靠度置信下限 $R_{1S}=R_1\cdot R_2=0.998\ 9$。

第 11 章　综合测试技术

综合测试是实验室内对引信整机或重要组合性能的测试技术。本章介绍无线电引信、激光引信、电容引信的综合测试，以及引信的自动化测试控制技术。

11.1　无线电引信综合测试技术

无线电引信最常用的体制有脉冲多普勒、旁瓣抑制脉冲多普勒、脉冲、调频和伪随机码脉冲多普勒等体制。本节内容主要介绍脉冲多普勒引信测试技术。

11.1.1　无线电引信测试项目

无线电引信在实验室的综合测试项目主要有灵敏度、作用距离、最小作用距离（或称盲区性能）、一次性工作特性、工作时序及交会参数、引战延时、报警功能、起爆功能、自毁功能、待爆时间功能、泄漏下起始噪声和抗干扰性能等。在实验室测试中，将作用距离转化为测量引信的相对灵敏度（在规定的回波延时和多普勒频率下）。最小作用距离一般要求趋于零米，在实验室一般通过测试近距灵敏度替代。

1）灵敏度

灵敏度为在一定的距离和交会速度下（一定的回波延时和多普勒频率），无线电引信发射功率与引信接收到并符合引信规定启爆的最小功率之比（S）。即

$$S = 10\lg\left(\frac{P_t}{P_{rdmin}}\right) \tag{11-1}$$

式中：P_t 为引信发射功率；P_{rdmin} 为引信接收的最小启爆功率。

2）无线电引信启爆比和抑爆比

带有旁瓣抑制的无线电引信，还需测试引信启爆比和抑爆比。在一定的距离和交会速度条件下，目标落入天线主瓣区时，表征引信的可启爆性称为启爆比，干扰进入天线旁瓣区时的可抑爆性称为抑爆比。

灵敏度 $S(P_Q = 0)$ 定义为

$$S(P_Q = 0) = 10\lg\left(\frac{P_t}{P_{D,dmin}}\right) \tag{11-2}$$

式中：P_t 为引信发射功率；$P_{D,dmin}$ 为引信定向通道接收并使引信产生引爆命令的最小回波功率；P_Q 为引信全向通道输入的功率，$P_Q = 0$ 表示引信全向通道输入端封闭，即全向通道无信号。

引信启爆比表征：定向通道输入功率大于灵敏度，且与引信全向通道输入功率之比大于某规定值时，引信才能产生引爆指令。

引信启爆比 $Q(P_{Ddz})$ 定义为：

$$Q(P_{Ddz}) = 10\lg\left(\frac{P_{Ddz}}{P_{Qdmax}}\right) \qquad (11-3)$$

式中：P_{Ddz} 为引信定向通道所输入并符合引信引爆条件的功率，$P_{Ddz} \geq P_{D,dmin}$；P_{Qdmax} 为引信全向通道所输入且仍能保证引信启爆的最大功率。

引信抑爆比表征：当引信从全向通道输入的功率与从定向通道输入的功率之比大于某规定值时，即使引信定向通道输入功率大于引信灵敏度，被测引信也不会产生引爆命令。

抑爆比 $Y(P_{Ddz})$ 定义为

$$Y(P_{Ddz}) = 10\lg\left(\frac{P_{Ddz}}{P_{Qbdmin}}\right) \qquad (11-4)$$

式中：P_{Ddz} 为引信定向通道所输入并符合引信引爆条件的功率，$P_{Ddz} \geq P_{D,dmin}$；P_{Qbdmin} 为引信维持不启爆条件下引信全向通道输入的最小功率。

3）作用距离

作用距离是指引信能够启动的距离范围，实验室测试时用相对灵敏度代替。

4）最小作用距离

无线电引信最小作用距离，指盲区要求，如无特别要求，按无盲区测试，在实验室一般通过测试近距灵敏度替代。

5）一次性工作特性

由于引信的输出负载是传爆系列的火工品或战斗部，因此引信具有一次性使用的工作特性。在弹目交会时，只要目标回波电平超过引信启动门限，引信必须可靠起爆。测试设备测试时，模拟单次目标交会过程的目标回波，引信必须能够可靠起爆。

6）工作时序及交会参数

工作时序信号主要包括导引头和弹上计算机发送给引信的控制指令和引信所需的弹目交会参数。时序控制指令一般有引信开机、解封信号、目标类型、攻击状态、早/晚到、极误差指示、AGC 跌落、引信解锁、强干扰指示、允许截获指令、允许充电、弹动指令、自毁信号等，信号形式为 TTL 或以通信编码形式表示。弹目交会参数一般有弹速电压、回波功率电平、弹目视线速度等，信号形式为缓变直流电压信号或以通信编码形式表示。

7）引战延时、报警功能、起爆功能

引战延时是指报警信号与起爆信号之间的延时时间。一般根据引信自身参数、弹目交会的有关信息确定引战延时的具体指标。报警功能是指引信满足启动判据后立刻输出报警信号，起爆功能是指报警信号经过引战延时后，能够输出给战斗部起爆信号。

8）自毁功能

引信接收到自毁指令，立刻输出起爆信号的功能。

9）待爆时间功能

引信接收到待爆时间控制指令（允许截获指令或允许充电指令或弹动指令）后，立刻输出待爆时间信号的功能。

10）泄漏下起始噪声

泄漏下起始噪声是指模拟收发天线隔离度状态下的引信输出的多普勒信号起始噪声电平。

11）抗干扰性能

抗干扰能力是引信非常重要的战术技术性能。通过抗干扰测试，验证采取的抗干扰措施是否有效，干扰性能是否满足总体要求。对无线电引信的有源干扰形式有噪声干扰、扫频式干扰、瞄准式干扰、转发式干扰等，无源干扰形式有箔条干扰、诱饵假目标干扰、地海杂波干扰、云雨雪雾干扰等。

11.1.2 引信点目标回波信号模拟技术

无线电引信通过目标的二次散射信号发现目标。目标散射信号主要分为点目标回波信号和体目标回波信号。体目标回波信号不易定量模拟，而点目标回波信号的定量模拟则相对简单。通常都会采用点目标回波信号模拟技术，实现对引信整机性能进行定量测试。

1. 引信点目标回波信号数学模型

不考虑目标近区的影响，将目标看作是点目标，引信点目标回波信号包括弹目相对速度、距离等信息。目标反射信号表示为

$$s(t) = k\cos[2\pi f_0(t-\tau)]\left[P_{\tau_0}(t-\tau) * \sum_{N=-\infty}^{+\infty}\delta(t-NT)\right] \tag{11-5}$$

式中：k 为包括目标雷达散射截面、发射功率和雷达距离因子在内的加权系数；f_0 为引信发射载波频率；τ 为电磁波从引信到目标的往返延时；$P_{\tau_0}(t)$ 为宽度为 τ_0 的脉冲函数，重复周期为 T；$\delta(t)$ 为狄拉克函数；N 为脉冲个数；$*$ 为卷积算子符号。

考虑目标与引信的相对运动，不考虑目标引入的初始相位，式（11-5）可写为

$$f(t) = \cos[2\pi(f_0+f_D)t]\left[P_{\tau_0}(t-\tau) * \sum_{N=-\infty}^{+\infty}\delta(t-NT)\right] \tag{11-6}$$

式中：f_D 为目标与引信的相对运动形成的多普勒频率。f_D 可表示为

$$f_D = \frac{2v}{\lambda} \qquad (11-7)$$

式中：v 为径向速度，即引信与目标相对速度在引信目标视线方向的投影；λ 为引信发射信号的波长。

2. 弹目相对速度模拟

在弹目交会时，由于弹目有相对运动变化，因此需要模拟弹目相对速度，即引信目标回波中包含速度信息，模拟方法是在引信发射信号上叠加多普勒频移。

弹目相对速度的模拟方法：DDS（直接数字频率合成技术）中频调制法、微波单边带调制法、微波调幅法、中频单边带调制法，一般常用 DDS 中频调制法。

1）DDS 中频调制法

DDS 中频调制法采用 DDS 技术实现，如图 11-1 所示，将引信载频信号下变频到中频 $f_{I,1}$，两只 DDS 芯片产生中频 $f_{I,2}$、$f_{I,2}+f_D$ 信号（含多普勒信号），然后通过下变频器将 $f_{I,1}$、$f_{I,2}$ 产生为 $f_{I,1}-f_{I,2}$ 信号，$f_{I,1}-f_{I,2}$ 信号与 $f_{I,2}+f_D$ 信号再通过上变频器产生 $f_{I,1}+f_D$ 信号，然后需要进一步上变频至射频 f_0+f_D 信号。可以看出在引信发射载波叠加多普勒频移，实现了弹目相对速度模拟。

采用此方法，单边带抑制比（f_0+f_D 与其他频率分量中功率最大者的功率之比）可达 40 dB 以上。优点是通过基带 I/Q 数据（预先存放在 DSP 中的正交多普勒信号数据）可改变模拟弹目交会时多普勒实时变化过程，也可以非常精确地调整目标回波信号的相位变化，还可通过多个基带 I/Q 数据模拟引信体目标回波信号中复杂的多普勒信号，缺点是电路复杂。

DDS 中频调制法适用于脉冲多普勒体制、伪随机码脉冲多普勒体制、脉冲多普勒比幅比相无线电引信，应用于无线电引信综合测试设备。

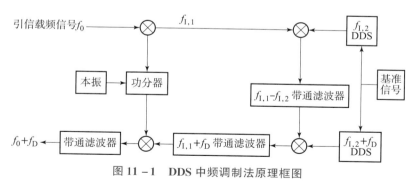

图 11-1 DDS 中频调制法原理框图

DDS 工作原理框图如图 11-2 所示。DDS 芯片是在正交调制模式下，接收串口输入的频率控制字，产生正交本振信号到正交调制器，与基带 I/Q 数据（预先存放在数字信号处理器中的正交多普勒信号数据）相乘之后相加，产生正交调制信号数据流，

最后通过高速数/模转换器（DAC）变成模拟信号输出，经低通滤波器滤波后产生具有多普勒频移的中频信号。使用两只 DDS 芯片可同时输出两路中频信号，满足 DDS 中频调制法的应用。

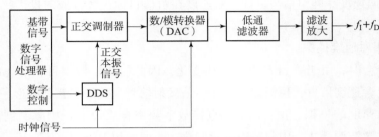

图 11-2　DDS 工作原理框图

2）微波单边带调制法

微波单边带调制法是通过正交多普勒频率调制方法来实现载波多普勒频移，与真实目标回波多普勒效应原理一致，如图 11-3 所示。微波单边带频率调制器由微波功分器、两路抑制载波幅度调制器和功率合成器组成。射频信号 f_0 由功分器输入后分为两路，一路进入幅度调制器 I，另一路移相 $\pi/2$ 后进入幅度调制器 II，两路正交多普勒信号 f_{DI} 和 f_{DQ}（频率均为 f_D）分别在两个幅度调制器中与射频信号混频输出两路双边带信号，分别为 $f_0 \pm f_{DI}$ 和 $f_0 \pm f_{DQ}$。这两路双边带信号经功率合成器进行相位合成消去一个边带，形成单边带信号从 3 端输出。

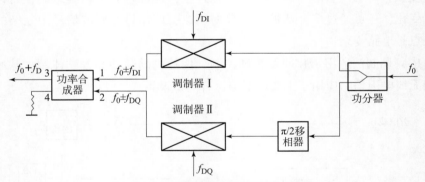

图 11-3　微波单边带调制器原理框图

射频信号为

$$u(t) = U\cos(2\pi f_0 t + \varphi)\left[P_{\tau_0}(t-\tau) * \sum_{N=-\infty}^{+\infty} \delta(t-NT)\right] \tag{11-8}$$

式中：U 为射频信号的幅度；φ 为射频信号的初始相位。

移相 $\pi/2$ 后的射频信号为

$$u_1(t) = U\sin(2\pi f_0 t + \varphi)\left[P_{\tau_0}(t-\tau) * \sum_{N=-\infty}^{+\infty} \delta(t-NT)\right] \tag{11-9}$$

多普勒正交信号 f_{DI} 为

$$u_{\text{DI}}(t) = U_{\text{D}}\sin(2\pi f_{\text{D}}t) \tag{11-10}$$

多普勒正交信号 f_{DQ} 为

$$u_{\text{DQ}}(t) = U_{\text{D}}\cos(2\pi f_{\text{D}}t) \tag{11-11}$$

式中：U_{D} 为多普勒信号的幅度；f_{D} 为多普勒信号的频率。

幅度调制器 I 的输出信号为

$$u(t)u_{\text{DI}}(t) = UU_{\text{D}}\sin(2\pi f_{\text{D}}t)\cos(2\pi f_0 t + \varphi)\left[P_{\tau_0}(t-\tau) * \sum_{N=-\infty}^{+\infty}\delta(t-NT)\right] \tag{11-12}$$

幅度调制器 II 的输出信号为

$$u_1(t)u_{\text{DQ}}(t) = UU_{\text{D}}\cos(2\pi f_{\text{D}}t)\sin(2\pi f_0 t + \varphi)\left[P_{\tau_0}(t-\tau) * \sum_{N=-\infty}^{+\infty}\delta(t-NT)\right] \tag{11-13}$$

经过功率合成器的信号为

$$\begin{aligned}
u_{\text{m}}(t) &= u(t)u_{\text{DI}}(t) + u_1(t)u_{\text{DQ}}(t)\\
&= \left[UU_{\text{D}}\cos(2\pi f_0 t + \varphi)\sin(2\pi f_{\text{D}}t) + UU_{\text{D}}\sin(2\pi f_0 t + \varphi)\cos(2\pi f_{\text{D}}t)\right] \times\\
&\quad \left[P_{\tau_0}(t-\tau) * \sum_{N=-\infty}^{+\infty}\delta(t-NT)\right]\\
&= UU_{\text{D}}\sin[2\pi(f_0 + f_{\text{D}})t + \varphi]\left[P_{\tau_0}(t-\tau) * \sum_{N=-\infty}^{+\infty}\delta(t-NT)\right]
\end{aligned} \tag{11-14}$$

以上是理想情况的理论推导，实际除了主边带 $f_0 + f_{\text{D}}$，还有 $f_0 - f_{\text{D}}$，$f_0 + 2f_{\text{D}}$，$f_0 \pm 3f_{\text{D}}$ 等边带，在实际使用时，通过调节两路正交中频信号的幅度和相位，使得单边带抑制比（即主边带 $f_0 + f_{\text{D}}$ 与其他频率分量中功率最大者的功率之比）至少大于 15 dB。

微波单边带频率调制器的优点是直接产生单边带信号，控制简单，使用方便，通过调节多普勒信号频率即可得到不同交会速度的模拟回波。缺点是微波单边带调制器抑制比不够高，在带有频谱识别功能引信测试中 $f_0 + 2f_{\text{D}}$，$f_0 \pm 3f_{\text{D}}$ 等信号会影响测试准确性。

微波单边带调制法适用于脉冲多普勒体制、伪随机码脉冲多普勒体制无线电引信测试。应用于无线电引信单机测试、全弹无线电引信测试。

3）微波调幅法

微波调幅法原理框图如图 11-4 所示，在引信微波载波信号 f_0 上用多普勒信号 f_{D} 进行调幅，从而在微波载波信号上产生多普勒频移，实现弹目速度的模拟。

微波调幅法的数学模型分析过程如下。为了数学推导简捷，假定采用平衡抑制载波调幅器，输入到平衡抑制载波调幅器的信号为

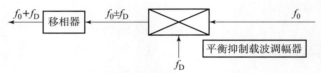

图 11 - 4　微波调幅法原理框图

$$e(t) = U_t \left[P_{\tau_0}(t - \tau) * \sum_{N=-\infty}^{+\infty} \delta(t - NT) \right] \cos(2\pi f_0 t + \varphi_0) \qquad (11 - 15)$$

式中：U_t 为微波脉冲峰值幅度；φ_0 为微波载波初相。

施加到平衡抑制载波调幅器的调制信号为

$$e_D(t) = U_D \cos(2\pi f_D t) \qquad (11 - 16)$$

式中：f_D 为多普勒信号频率；U_D 为多普勒信号幅度。

平衡抑制载波调幅器的输出信号为

$$e_{tD}(t) = U_t U_D \left\{ \left[P_{\tau_0}(t - \tau) * \sum_{N=-\infty}^{+\infty} \delta(t - NT) \right] \cos(2\pi f_0 t + \varphi_0) \right\} \cos(2\pi f_D t)$$

$$(11 - 17)$$

引信内部微波混频器的本振信号为

$$u_L(t) = U_L \cos(2\pi f_0 t + \varphi_L) \qquad (11 - 18)$$

式中：U_L 为输入到引信混频器本振端信号的幅度；φ_L 为本振端信号的初相。

将微波混频器表示为乘法器和低通滤波器的组合模型，得到混频器的输出信号为

$$e_{mt}(t) = U_{mt} \cos(\varphi_0 - \varphi_L) \left\{ \left[P_{\tau_0}(t - \tau) * \sum_{N=-\infty}^{+\infty} \delta(t - NT) \right] \cos(2\pi f_D t + \varphi_0 + \varphi_L) \right\}$$

$$(11 - 19)$$

式中：U_{mt} 为混频器的输出信号幅度。

由式（11 - 19）可见，混频结果虽可获得需要的多普勒调制，但幅度却是（$\varphi_0 - \varphi_L$）的函数，为此需要对模拟回波信号通过移相使 $\cos(\varphi_0 - \varphi_L) = 1$，以保证测试的准确性。

目前一般采用微波电调衰减器做调幅器件，可输出信号双边带信号，即载波 f_0、上边带 $f_0 + f_D$、下边带 $f_0 - f_D$，下边带 $f_0 - f_D$ 会影响引信的测试，因此要在微波回路中加入移相器。在引信测试时，通过调节移相器使 $\cos(\varphi_0 - \varphi_L) = 1$，消除下边带 $f_0 - f_D$ 对引信测试准确性的影响。

微波调幅法的优点是能够在射频上直接产生回波信号；缺点是测试时需调节移相器，测试操作复杂。

微波调幅法适用于脉冲多普勒体制、伪随机码脉冲多普勒体制无线电引信，应用于全弹无线电引信测试中。

4）中频单边带调制法

由于微波单边带调制器的抑制比不够高，故在引信综合测试中使用中频单边带调制器，单边带抑制比可达 30 dB 以上，可满足带有频谱识别技术的引信测试，其原理框图如图 11 - 5 所示。

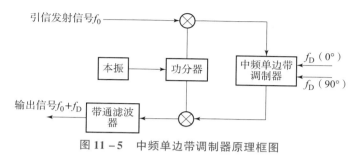

图 11 - 5　中频单边带调制器原理框图

中频单边带调制法原理如图 11 - 5 所示，将引信发射信号下变频至中频进行单边带调制，然后经上变频生成带多普勒频率频移的微波信号 $f_0 + f_D$。中频单边带调制器的基本原理与微波单边带调制器相同，不同点是载频在中频。

中频单边带调制法的单边带抑制比（$f_0 + f_D$ 与其他频率分量中功率最大者的功率之比）可达 40 dB 以上，与 DDS 中频调制法比较，优点是电路相对简单。

中频单边带调制法适用于脉冲多普勒体制、伪随机码脉冲多普勒体制无线电引信，应用于无线电引信综合测试。

3. 弹目距离模拟

弹目距离对引信的作用可分解为信号衰减和弹目间电磁波往返传输延时，信号衰减可通过衰减器实现，因此弹目距离模拟通常体现在引信发收之间的电磁波延时模拟。

距离延时的模拟方法有：视频延时方法、射频电缆延时方法、数字射频存储技术（DRFM）方法，目前一般常用视频延时方法。

1）视频延时方法

由于无线电引信测试需要模拟由远到近的动态交会过程，因此采用视频延时方法。

视频延时方法是根据脉冲类引信体制的特点，利用提前于引信发射信号的同步脉冲或引信发射微波脉冲检波信号，经过可控延时后再重新调制引信载波信号，形成引信目标回波信号的延时，实现弹目距离模拟。此方法的特点是将微波信号延时转化为视频脉冲延时，缺点是不适合非脉冲类引信体制，但其优点有：

（1）视频脉冲延时电路设计相对微波延时电路简单，容易实现。

（2）由于引信发射同步信号提前于发射信号，因此目标回波信号相对于发射信号的延时最小可以做到为零，最大可以达到 1 000 ns 以上，既可用来模拟引信中作用距离比较远的高度计的回波信号，也可用来模拟引信近距盲区的回波信号。

（3）视频延时电路可以实现延时速率的变化，即可模拟弹目交会速度时变的由远到近快速接近目标的距离动态变化过程。

（4）目前已有数字控制的脉冲延时集成电路，延时步进可达 0.25 ns，这种脉冲延时电路可以用计算机来控制，与数控衰减器配合，易于模拟弹目由远到近的动态交会过程的幅度和延时实时变化的目标回波信号。

视频延时方法适用于脉冲体制、脉冲多普勒体制、伪随机码脉冲多普勒体制无线电引信，应用于无线电引信综合测试。

2）射频电缆延时方法

回波距离模拟也可采用射频电缆延时来实现。由于射频电缆的延时一般为 4~5 ns/m，插损较小，且引信的作用距离一般在几十米以内（不包括引信测高功能），因此射频电缆非常适合用于无线电引信测试设备作延时用。射频电缆长度 l_d 与延时量 τ_d 之间的关系式为

$$l_d = c\tau_d / \sqrt{\varepsilon} \qquad (11-20)$$

式中：ε 为射频电缆内填充介质材料的介电常数，$\varepsilon > 1$；c 为真空中的光速。需要模拟的弹目距离 R 与电缆长度 l_d 之间的关系式为

$$l_d = 2R / \sqrt{\varepsilon} \qquad (11-21)$$

固定回波距离模拟选几挡长度不同的射频电缆，即可实现不同距离延时，在设计中应把微波器件链路的延时计算在内。优点是实现简单，缺点是不能模拟连续弹目距离变化过程。

射频电缆延时方法适用于脉冲体制、脉冲多普勒体制、伪随机码脉冲多普勒体制无线电引信，应用于无线电引信功能测试。

3）数字射频存储技术（DRFM）方法

数字射频存储技术（DRFM）方法如图 11-6 所示，先对引信发射信号进行下变频，将射频信号变成中频信号，然后进行高速 A/D 采样，成为数字信号，按时序存储到双口 RAM 中，再经过严格的时序和延迟控制后，经高速 D/A 转换器变换为模拟信号，再上变频至射频信号，过程中软件控制数据读取时间形成回波信号的延时，实现弹目距离模拟。

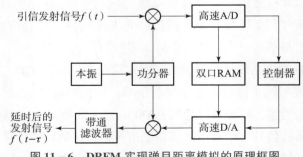

图 11-6 DRFM 实现弹目距离模拟的原理框图

例如，无线电引信测试设备中引信射频信号下变频后，信号中心频率为 300 MHz 左右，带宽 150 MHz，根据奈奎斯特采样定理，高速 A/D 采样率不小于 900 MHz，一般在工程中高速 A/D 采样率大于 1.2 GHz，另外为保证寄生信号抑制，高速 A/D 转换器的位数不低于 8 位。控制器一般选用 FPGA，它将实现对高速 A/D 转换器、双口 RAM、高速 D/A 转换器的逻辑控制，协调数据流的时序控制，控制数据读取时间形成输出信号的延时。

高速 D/A 转换率同样要求不小于 1.2 GHz，要与高速 A/D 转换器同用一个时钟，高速 D/A 转换器的位数不低于 8 位。

延时的步进和精度取决于双口 RAM 存取速度，目前双口 RAM 存取速度达到 1 ns 以下，因此可保证延时的步进和精度达到 1 ns，由于要处理高速 A/D 转换器的量化噪声、相位相干性、固有延时长等问题，因此技术难度较大，费用昂贵，但 DRFM 方法采取了高速 A/D、高速 D/A 模块。只要引信发射信号下变频后的频率和带宽符合奈奎斯特采样定理，均可使用 DRFM 方法实现目标回波距离模拟，可通用测试多种体制引信，是模拟目标回波延时的一种较先进方法。

DRFM 方法适用于脉冲体制、脉冲多普勒体制、伪随机码脉冲多普勒体制和脉冲多普勒比幅比相无线电引信等，应用于无线电引信综合测试。

4. 目标回波强度模拟

目标回波强度的模拟，是利用引信的发射信号通过衰减实现，要求能覆盖最小和最大作用距离内的目标回波动态衰减范围，并要求回波衰减的精度和稳定性满足灵敏度测试精度要求。在设计中，回波衰减包含目标通道（含测试电缆等测试附件）固定衰减和数控衰减两部分，目标通道固定衰减加上数控衰减器动态范围，必须覆盖引信灵敏度动态范围。数控衰减一般选用大动态、低插损、高精度的温补型数控 PIN 衰减器，其性能稳定，精度高。

5. 作用距离模拟

在实验室测试中，将作用距离转化为测量引信的相对灵敏度（在规定的回波延时和多普勒频率下），因此只要目标回波的速度、距离、强度的模拟符合引信测试的范围，即可实现引信作用距离模拟。

6. 一次性工作状态模拟

弹目交会过程中，目标穿越引信天线主瓣是一次性的，且不可逆。因此需要验证引信一次性工作状态性能。穿越时间因相对速度、交会姿态和目标长度等因素而异。根据实际弹目交会状态，可确定目标穿越引信天线主瓣时间，一般取几毫秒。

其模拟方法有两种，第一种是多普勒调制信号瞬时通断法。在规定时间内，向被测引信提供携带多普勒信息的模拟目标回波信号，以验证被测引信的一次性启爆可靠性。

第二种是 PIN 开关通断法，只在规定时间内，打开微波调制器，输出目标回波信号给被测引信，以验证被测引信的一次性启爆可靠性。一般采用 DSP 控制 PIN 微波开关调制器，用软件来实现。

以上两种方法相比较，多普勒调制信号瞬时通断法简单灵活，成本低，体积小，可获得较高通/断比。

测试设备可设单次、脉冲、总控和连续四挡。在单次状态时，输出一个几毫秒模拟回波，以测试引信单次交会的性能。在脉冲状态时，重复输出模拟回波，以测试引信多次交会性能，借以检测引信故障。在总控状态下，由总控计算机控制引信测试设备源输出一个模拟回波。在连续状态下输出连续的回波。

7. 工作时序等其他功能模拟

工作时序信号、报警功能、起爆功能、自毁功能、待爆时间功能、引战延时中的控制指令和不同交会状态下的弹目有关信息，一般常用电压信号、TTL 信号形式表示，或以通信编码形式表示。电压信号、TTL 信号目前常用计算机多功能信号板卡即可模拟，以通信编码形式表示的指令常用软件编程通过计算机通信板卡实现。引信报警功能、起爆功能、自毁功能和待爆时间功能输出的报警信号、起爆信号、自毁信号和待爆时间信号均可以用示波器等常用仪表采集。

8. 泄漏下起始噪声模拟

将引信（不带天线）接收、发射端口通过短电缆与衰减器连接，用示波器等常用仪表采集测试引信输出的多普勒信号起始噪声电平。短电缆使用引信安装在舱体上的收、发天线电缆各一根，衰减器的衰减量取安装在舱体上的天线隔离度值。

9. 目标模拟器

目标模拟器如图 11-7 所示，通常由下变频模块、多普勒调制模块、上变频模块、距离延时模块、强度调整模块、控制模块组成，下变频模块的功能是将引信发射信号或引信载频下变频到中频。多普勒调制模块的功能是采用 DDS 中频调制法或中频单边带调制法将多普勒信号调制到中频信号上，通过调节多普勒频率，为引信提供弹目相对速度模拟。

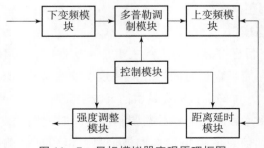

图 11-7　目标模拟器实现原理框图

上变频模块将中频信号上变频至射频。距离延时模块的功能是产生射频信号的延时。强度调整模块的功能是通过衰减器控制射频回波信号幅度。控制模块产生控制多普勒调制模块、距离延时模块、强度调整模块的多普勒、延时、衰减量参数和单次交会的信号。

11.1.3　无线电引信整机测试

1. 测试原理

无线电引信整机引信测试设备一般由目标模拟器、供电模块、控制模块和测试模块组成，如图 11 – 8 所示。

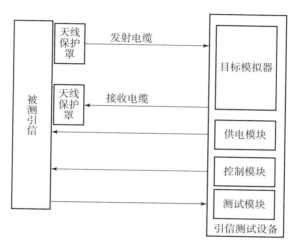

图 11 – 8　整机测试框图

供电模块的功能是为引信提供电源，测试模块的功能是采集引信输出信号，控制模块的功能是提供引信控制指令。引信天线保护罩是实现目标模拟器与被测引信之间的射频或微波信号的耦合，并起到屏蔽外界电磁场干扰和防止射频泄漏的作用，是引信在电子舱体上带天线测试时必需的测试附件，目标模拟器提供目标回波信号。

2. 无线电引信测试

无线电引信整机测试主要包括闭馈测试、天馈测试、空馈测试和抗干扰测试。

1）闭馈测试

闭馈测试主要用于在实验室内引信不带天线的测试，如图 11 – 8 整机测试框图所示，不使用引信天线保护罩，与引信直接用测试电缆连接，可满足引信整机的灵敏度、作用距离、最小作用距离（或称盲区性能）、泄漏下起始噪声、工作时序、报警功能、起爆功能、自毁功能、待爆时间功能、引战延时、一次性工作特性等性能测试需求；缺点是不能覆盖引信带天线的性能测试。

由于某些定向引信采取比相探测方法，因此在目标模拟器中增加两通道输出信号间相位调节功能，即可满足定向引信的脱靶方位识别性能测试。

2）天馈测试

天馈测试主要用于（在电子舱上）引信带天线的测试，如图11－8整机测试框图所示，使用引信天线保护罩和测试电缆，将测试设备与引信连接；缺点是引信天线尚未形成天线方向图，与实际弹目交会引信工作状态有差异，尤其是定向引信具有脱靶方位识别，因此带天线引信还需空馈测试。

3）空馈测试

空馈测试用于引信在电子舱带天线状态的性能测试，测试系统由暗箱、引信调姿控制设备、目标模拟天线、引信整机测试设备组成，空馈测试如图11－9所示。

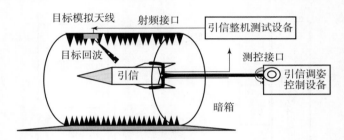

图11－9　引信空馈测试连接框图

利用整机测试设备模拟目标回波信号，由目标模拟天线辐射目标回波信号，通过引信调姿控制设备控制引信转动，模拟目标方位，依据试验条件，设置引信目标方位，同时引信整机测试设备采集测试数据，验证引信方位识别性能。

4）抗干扰测试

（1）无线电引信干扰模拟要求。

无线电引信干扰信号必须具备有源干扰，如噪声干扰、扫频式干扰、瞄准式干扰、转发式干扰等信号，无源干扰如箔条干扰、诱饵假目标干扰、地海杂波干扰、云雨雪雾等干扰信号，干扰信号的样式和功率能够满足不同引信的试验要求。

（2）无线电引信干扰的产生。

早期干扰信号采用噪声调制压控振荡器产生，目前采用宽带矢量调制微波信号源，运用基带I/Q信号矢量调制技术实现。

干扰信号波形基带I/Q信号有两种产生方法：第一种方法是建立干扰信号的数学模型，然后通过软件计算得到基带I/Q信号；第二种方法是利用接收机设备对实际信号（如地海杂波）进行实时采集、存储和处理，根据干扰形式进行实时数字信号处理，然后将处理后的数据转化为基带I/Q信号。数学模型或实时采集生成的基带I/Q信号通过宽带矢量调制微波信号源的调制可以产生各种引信干扰信号。

（3）引信的抗干扰测试方法。

引信的抗干扰模拟试验，通过功率合成器从引信接收机同时输入目标回波信号和干扰模拟信号，如图 11－10 所示，改变干扰信号的功率、样式和引信状态，记录干扰效果，包括误起爆、不起爆（瞎火），以及提前起爆或延迟起爆，从而获得引信的抗干扰性能数据。通过反复改进电路和抗干扰措施，可确定最佳的抗干扰电路和参数，从而得到较好的抗干扰性能。也可在微波暗室内做静态或动态试验，用干扰发射机辐射干扰信号（功率不够时可用功率放大器），通过接收天线进入引信接收机，完成引信抗干扰空馈模拟试验。

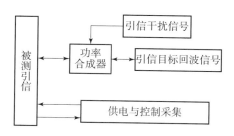

图 11－10　无线电引信抗干扰测试框图

11.2　激光引信综合测试技术

激光引信利用光电探测器将接收到的激光信号转化成电信号，即将激光信息转变成电信息，同时结合各种信息处理方法来满足不同的需求，最终完成对相应目标的探测。

激光引信按照探测体制分类，主要有两类：激光非相干探测和激光相干探测。目前，成熟的激光引信产品均采用非相干探测体制，使用相干探测体制的激光引信较少，因此，本节内容主要针对非相干探测体制类的激光引信进行介绍。

本节内容以六发六收周视激光引信的性能测试为参考，重点是激光引信的实验室性能测试，其他类型激光引信的性能测试方法与此类似。

11.2.1　激光引信测试项目

1. 相对灵敏度

相对灵敏度为刚好使激光引信启动的接收功率与发射功率的衰减变量。

2. 作用距离

作用距离是指引信能够启动的距离范围。

3. 探测范围

探测范围是指引信能够启动的角度范围。

4. 工作时序

工作时序信号主要包括导引头或弹上计算机发送给引信的控制指令，时序控制指令一般有发射地、引信开机、解封信号等，信号形式为 TTL 或以通信编码形式表示。

5. 报警信号、引战延时和起爆信号

引信在弹目交会时对目标启动输出报警信号，经过引战延时后输出起爆信号至执行级。

6. 抗干扰能力

激光引信的抗干扰包括抗阳光、云雾干扰。抗阳光干扰一般通过设计保证，抗云雾干扰则必须通过测试验证。

11.2.2 激光引信整机性能测试

激光引信整机性能测试方法有开场测试和闭馈测试。

针对上述的激光引信测试项目，开场测试和闭馈测试所覆盖的项目有所不同。开场测试主要用于测试激光引信的作用距离和探测范围。闭馈测试主要用于测试相对灵敏度、工作时序、报警、起爆和引战延时以及高低温条件下的整机性能。

1. 开场测试

激光引信与无线电引信比较大的区别在于整机测试时的产品完整性，无线电引信一般不含天线，激光引信则将天线全部安装到位。因此，通过激光引信的开场测试可以真实反映产品的实际性能。

开场测试主要测试激光引信的作用距离和探测角度范围。真实目标体积较大，一般无法在实验室环境中使用，因此测试中使用的模拟目标通常需要根据真实目标的尺寸和表面反射率进行等效。激光引信的开场测试一般使用等效后的标准漫反射板作为模拟目标，而激光引信则使用真实产品。

激光引信由于采用脉冲体制，只对能量进行探测，弹目相对速度不会影响到激光引信对目标的能量探测。因此，激光引信的开场测试不需要考虑速度的影响，可以采用静态测试来测激光引信的作用距离和探测角度范围。

激光引信开场测试示意如图 11-11 所示。图中 $-\theta \sim +\theta$ 主要由被测激光引信的视场决定，可伸缩导轨用于标准漫反射板的承载和模拟不同的交会距离，供电电源向被测激光引信提供工作所需电源，控制信号模拟向被测激光引信提供弹上各种控制指令的输入，输出信号采集将被测激光引信的测试输出信号进行显示和存储，主要包括报警和起爆信号。可伸缩导轨的长度不小于被测激光引信的作用距离，如有超低空波门压缩测试的，导轨长度还要大于超低空探测距离。测试设备主要实现被测激光引信的供电、控制信号的模拟、输出信号的转接和采集。被测激光引信的作用距离和探测范围等与距离、角度相关的测试均可以通过开场测试方法实现。作为模拟目标的标准漫反射板可以在一定的空间范围内实现不同距离、不同角度的位置模拟，以此来模拟测试弹目交会时激光引信在不同作用距离、不同交会角度上的实际性能。

通过以上的测试，激光引信的作用距离和探测范围性能均得到了测试验证。开场测试的优点就在于更接近真实环境。但是开场测试对场地要求较高，一方面占地面积大，另一方面还要求无背景干扰，否则会对测试结果产生影响。

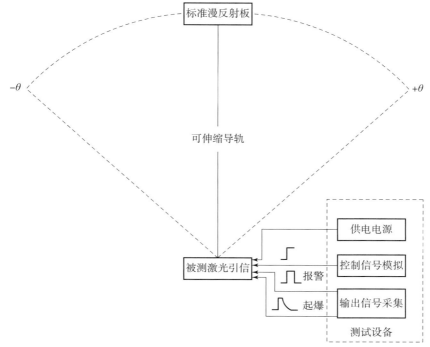

图 11 – 11 激光引信开场测试示意图

2. 闭馈测试

通常情况下，场地环境会限制激光引信的测试，如果需要在室内环境进行激光引信的综合性能测试，就需要通过闭馈测试系统进行测试。

闭馈测试系统需要完成激光引信的功能测试和评估，主要测试工作时序、相对灵敏度、报警、起爆和引战延时，便于激光引信参数调整、软件算法改进。同时，闭馈测试系统还可以用于超低空波门压缩功能测试。此外，闭馈测试系统还可以用于激光引信的高低温环境试验测试中，可以有效地解决激光引信在温箱小空间内的测试问题。

激光引信闭馈测试采用模拟目标回波信号来进行。通过光信号接收系统对激光引信的发射信号进行检波，获取系统的模拟同步时钟，以此为基准确定模拟回波的时钟周期，在进行了必要的信号调制（脉宽控制、延时控制、幅度控制）之后，模拟的目标回波信号通过光信号发射系统被送入到激光引信的接收机中。闭馈测试系统原理如图 11 – 12 所示，与无线电引信不同之处在于信号的传输介质由电缆换成了光纤，并且是带光学天线的测试。

激光引信闭馈测试的运用对于激光引信整机性能测试验证具有重要意义。在进行整机开场性能测试前，可以在实验室内对整机性能有个全面了解，判断引信工作状态是否正常，各部分参数是否与设计值一致。同时，模拟导弹真实工作环境和目标回波时延信号来判断引信工作性能是否符合要求，这些功能都可以通过闭馈测试来完成。

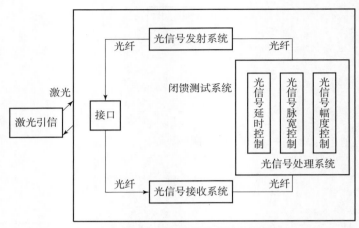

图 11 - 12　整机闭馈测试系统原理框图

3. 抗干扰测试

对激光引信的干扰主要有两种，一是阳光干扰，二是云雾（烟）干扰。下面分别介绍抗阳光干扰测试和抗云雾（烟）干扰测试。

虽然激光引信的抗阳光干扰功能一般通过软硬件设计保证，但为了检验其功能是否达到设计要求，需要进行功能性测试验证。激光引信抗阳光干扰测试通常在自然环境条件下进行，选择阳光辐照较强的季节和时间，测试原理如图 11 - 13 所示。图中供电电源向激光引信提供工作所需电源，控制信号模拟向激光引信提供弹上各种控制指令的输入，输出信号采集将激光引信的测试输出信号进行显示和存储，主要包括报警和起爆信号。二维转台主要对激光引信的俯仰角和方位角进行调节，确保激光引信的窗口正对阳光入射角度。

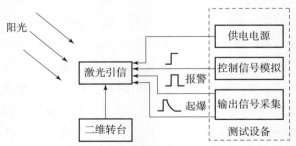

图 11 - 13　激光引信抗阳光干扰测试示意图

由于云雾的成分是水，通常情况下，激光引信的抗云雾干扰可以在开场环境下采用水雾模拟云雾来实现测试。

激光引信抗水雾干扰测试原理如图 11 - 14 所示。空压机产生压缩空气，利用高压气枪将水以高压水雾的形式喷射出去，水雾在激光引信的收发窗口路径上形成干扰，而水雾的大小可以通过可调气压阀门控制，以此来测试激光引信在不同水雾环境下的抗干扰能力。

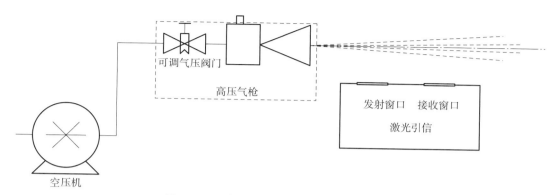

图 11 – 14　激光引信抗水雾干扰测试原理图

激光引信抗烟雾干扰的测试方法，可以在室内通过烟雾产生器产生烟雾，定量检测激光引信抗烟雾的能力。如图 11 – 15 所示，烟雾产生器产生一定浓度的烟雾，通过能见度测试仪实时监测模拟烟雾环境的实时能见度。激光引信在模拟的烟雾环境中开机工作。供电电源向激光引信提供工作所需电源，控制信号模拟向激光引信提供弹上各种控制指令的输入，输出信号采集将激光引信的测试输出信号进行显示和存储，主要包括报警和起爆信号。

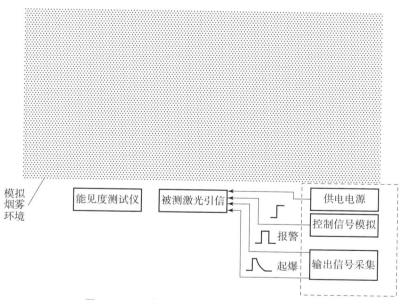

图 11 – 15　激光引信抗烟雾干扰测试示意图

对于有超低空需求的激光引信来说，超低空抗海杂波干扰也是一项重要的抗干扰性能。激光引信的超低空抗海杂波干扰主要通过波门压缩技术来实现，而整机产品的波门压缩功能通过开场测试和闭馈测试均能得到验证。

4. 目标方位识别测试

目标方位识别激光引信的测试，主要通过标准光源在不同位置模拟导弹与目标的交会姿态，测试激光引信的方位识别精度。

目标方位识别激光引信测角精度测试如图 11 - 16 所示，使用标准光源分别在位置 1、位置 2 和位置 3 模拟不同方位的目标回波。位置 1 一般选择在象限中间附近，位置 2 一般选择在象限边缘附近，位置 3 一般选择在两个象限中间。标准光源发出的平行光覆盖激光引信的接收窗口，以此来模拟目标发射的光信号。在实际测试中，两个位置间的角度 θ 一般设置为不小于激光引信的方位识别精度。通过以上的测试方法，可以方便地测试出目标方位识别激光引信的测角精度。

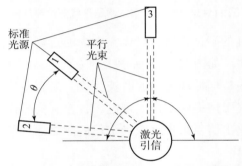

图 11 - 16　目标方位识别激光引信测角精度测试示意图

11.3　电容引信综合测试技术

电容引信是通过两个探测电极之间的电容变化量及变化率来进行目标探测，其测试方式需要使引信两端的电容产生定量的变化，以完成引信性能的测试。

电容引信实验室测试项目包括电容引信灵敏度测试、启动信号测试以及多种弹目交会情况下的起爆情况测试。

11.3.1　电容引信测试设备基本要求

电容引信测试设备的基本要求如下：

（1）电容引信以引信两端舱体为探测电极，如果供电电源及测试信号的地与大地相连，会导致电容特性产生变化，从而导致测试出现偏差。因此，电容引信测试设备需要为引信提供独立的与大地隔离的供电电源。

（2）能够准确测量电容引信无目标出现时的主振频率 f_0 以及启动时主振频率偏差 Δf 的值。

（3）能够定量地模拟弹目交会时探测电极之间的电容变化量及电容变化率，对电容引信的灵敏度进行测试。

（4）对电容引信在不同交会距离及交会速度情况下的启动情况进行测量，测试启动脉冲的输出情况、信号幅度及信号脉冲宽度是否符合要求。测量启动信号时，同样要保证信号地与大地的隔离。

以下给出电容引信测试的几个具体要求，包括电容引信供电、主振频率 f_0 及频率偏差 Δf 测试、灵敏度测试和启动信号测试。

（1）电容引信供电。

由于电容引信探测方式的特殊性，测试过程中，需要为其提供与大地隔离的供电系统。测试设备中可使用多节可充电电池进行串联，并安装在非金属材料制成的底座上，为电容引信提供工作电源。

（2）主振频率 f_0 及频率偏差 Δf 测试。

电容引信主振频率 f_0 的频率值低，主振信号能量小，使用标准频谱仪即可对其进行测试。测试的时候，探头需要靠近引信，但不能与引信接触。因此，测试探头设计时，应充分考虑其在多种测试环境中的可安装性及安装位置。

对频率偏差 Δf 进行测量，要使用带有跟踪记录功能的频谱仪。将无外界信号影响的初始主振频率及受测试信号影响时的主振频率同时显示在测试屏幕上，对两者的频率偏差值进行精确测量。

（3）灵敏度测试。

测试过程中，电容引信需要将两端的战斗部模拟舱段和制导舱模拟舱段与其进行连接，引信壳体为非金属材料，把弹体分成了前后两个探测电极，并与电容引信主振器回路相连接。两端加装模拟舱段后的电容引信，安装在专用的非金属材料托架上进行测量，避免测试过程中受到外界的影响。

电容引信输出起爆信号需满足两个条件，即主振频率偏差值 Δf 和频率变化的速率均满足指标要求。因此，引信的灵敏度测试也分为两部分：第一部分，灵敏度初步测试。通过调节信号源产生特定交会速度（高速并且为固定值）状态下的交会信号，调节交会信号的强度，观察启动信号刚刚产生时频率变化量是否满足考核值，该考核值的确定需综合考虑应用环境影响与实际工程经验。第二部分，模拟仿真测试。灵敏度初步测试合格后的产品，还需要测试其在近距及截止距离处各个交会速度下的启动情况。测试设备按照设定好的交会距离和交会速度产生符合条件的弹目交会信号，测试引信的启动情况是否符合要求。

（4）启动信号测试。

电容引信的启动信号用于引爆战斗部，同时可以用作测试引信灵敏度的参考信号。主要测试指标为信号幅度和信号脉宽，可以使用标准示波器完成测试。与供电电源一样，启动信号的参考地也需要和大地隔离。测试过程中，使用光耦实现引信启动信号与测试端的隔离。引信启动信号接光耦输入端，光耦隔离输出端的信号接标准示波器，然后进行测试。

11.3.2　电容引信弹目交会信号模拟技术

电容引信弹目交会时，两个感应电极之间的电容变化、主振频率的变化见第 4 章中图 4 – 14。电容引信测试设备应能够输出可调的测试信号，使电容引信两个探测电极之间产生图 4 – 14 中所示的弹目交会时的 ΔC 变化。

电容引信弹目交会信号的模拟需要设计专用的测试夹具或自由空间状态模拟网络，利用变容二极管在不同的偏置电压下呈现不同的电容量，来模拟导弹接近目标的作用而使引信电极间呈现的电容变化量。

偏置电压可以由以下两种方式产生。

一是使用标准信号源输出特定的脉冲信号作为变容二极管的偏置电压。该方式下，需要设置标准信号源的信号输出方式、周期、占空比、偏置和幅度等参数。产品测试时，将标准信号源的信号输出端和地接至变容二极管的两端，电容变化量 ΔC 可以通过改变脉冲信号的幅度值进行精确调节。由于脉冲信号上升沿及下降沿比较陡峭，使其产生的 ΔC 的变化斜率也比较陡峭，即只能模拟高速时的弹目交会信号。该方法适用于对电容引信的灵敏度进行初步测试，使其起爆时的频率偏差 Δf 被控制在一定范围以内。

二是使用正式产品在外场进行低速弹目交会试验，采集不同脱靶量情况下，弹目交会时电容引信主振频率的变化曲线。将采集到的每条频率曲线数据先转变为一组对应的偏置电压数据组，再转变为目标仿真数据组，并通过编译器将仿真数据组按一定顺序排列后转换成可烧写的二进制文件后写入存储芯片中。产品测试时，对测试设备端的脱靶量进行设置，测试设备根据脱靶量，定时循环读取存储芯片中对应的目标仿真数据组中的数据。数据通过数/模转换器转换成偏置电压输出到变容二极管两端，使其产生对应脱靶量弹目交会过程中的电容变化量。对测试设备端的交会速度进行设置，可改变定时读取的间隔，使电容变化量的变化速率与弹目交会速度相符。该种方法产生的电容变化量及其变化速率比较符合真实情况，适用于引信模拟仿真测试。初步测试合格的电容引信，通过此项测试可进一步测试灵敏度的合格性。

11.3.3　电容引信测试控制设备

电容引信测试设备组成如图 11 – 17 虚线框所示，主要由供电模块、信号测试模块、频谱分析仪、信号源组成，供电由专用电池组提供，引信地与大地始终保持隔离。

供电模块：供电模块为电容引信提供工作所需的 +20 V 电源及 – 20 V 电源。供电模块底座由非金属材料制成，两组电池组均由三节专用电池串联后固定在底座上，分别

提供 +20 V 电源和 –20 V 电源。两个电池组的地都不与测试设备机壳（大地）相接触。

信号测试模块：由通用示波器和隔离光耦两部分组成，用于测试电容引信启动信号的幅度和脉宽。启动信号从接插件口引出接到光耦输入端，光耦输出端接示波器。光耦同样固定在非金属底座上，除输出端的地为测试设备机壳外，其他管脚均不与机壳接触。

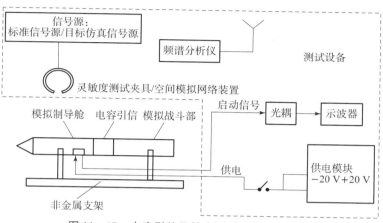

图 11 – 17 电容引信灵敏度测试设备组成框图

频谱分析仪：频谱分析仪的频率测量带宽应满足测试要求并且具有跟踪记录功能。频谱分析仪用于测试电容引信的主振频率和灵敏度点的频率偏差值。天线探头一端固定在频谱分析仪输入端口上，一端固定在产品非金属支架上靠近电容引信的地方。

信号源：电容引信测试设备中的信号源有两套方案，分别用于引信灵敏度初步测试及模拟仿真测试。

1）标准信号源

标准信号源用于引信灵敏度初步测试。该信号源能够输出周期、占空比、偏置和幅度均可调的脉冲信号。信号源输出接到灵敏度测试夹具上，再将灵敏度测试夹具夹在电容引信的非金属连接环上，灵敏度测试夹具的两个金属电极分别与模拟制导舱和模拟战斗部相接触，连接示意图如图 11 – 18 所示。

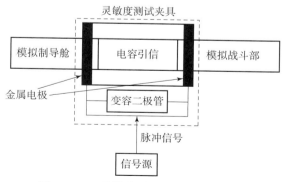

图 11 – 18 灵敏度测试夹具连接示意图

进行测试时，先设置信号源的输出方式及输出信号参数。给电容引信供电后，再打开信号源，输出到灵敏度测试夹具两个金属电极上的脉冲信号会使电容引信两个感应电极之间的电容量产生变化，从而使电容引信主振频率产生变化。通过频谱分析仪对电容引信的主频信号进行观察，此时屏幕上可以看到一个扫频信号，如图 11-19 所示。调节信号源输出信号的幅度直至引信输出起爆信号，测量两个峰值之间的频率偏差值，完成引信灵敏度初步测试。

2）目标仿真信号源

目标仿真信号源用于模拟仿真测试。信号源的组成框图如图 11-20 所示，主要由单片机、存储芯片、控制按键和数/模转换器组成。

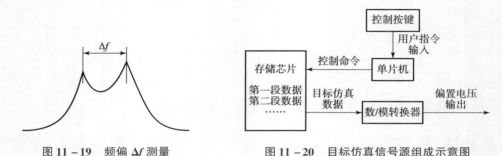

图 11-19　频偏 Δf 测量　　　　图 11-20　目标仿真信号源组成示意图

存储芯片中需要提前写入多组不同脱靶量的目标仿真数据，目标仿真数据按以下步骤生成：

（1）使用正式产品进行低速弹目交会试验，通过数据采集仪采集弹目交会时的产品主振频率曲线。试验中，调整目标与引信的垂直距离 R（即脱靶量），控制产品匀速通过目标下方。更改脱靶量后重复该过程，采集多条数据曲线。

（2）将采集到的频率曲线数据转变为电压-电容曲线。

（3）根据选用的数/模转换器将电压-电容曲线转变为对应的数字量，形成对应脱靶量的偏置电压数据组（即目标仿真数据）。

（4）按脱靶量顺序将所有的偏置电压数据组进行排列，置于对应的地址区间内。使用编译器使其形成可烧写的文件，最后使用烧写器将该文件写入存储芯片中。

模拟仿真测试时，将电容引信装上模拟制导舱和模拟战斗部后，放置在空间模拟网络装置中的非金属测试工装上。

目标仿真数据准备完以后，在目标仿真信号源上设置弹目交会速度及脱靶量。按下"启动"按钮键后，目标仿真信号源根据设定的脱靶量选取存储芯片中对应的目标仿真数据组。再根据设定的弹目交会速度对原始低速数据进行比例压缩，使其与设置的交会速度保持一致，然后输出给数/模转换器。数/模转换器将目标仿真数据还原成偏置电压模拟量，输出给后端的空间模拟网络装置。

空间模拟网络装置中的变容二极管，在目标仿真信号源输出的偏置电压作用下，呈现不同的电容变化，来模拟弹体接近目标时引信电极间的电容变化量及变化速率。测试示意如图 11 - 21 所示。

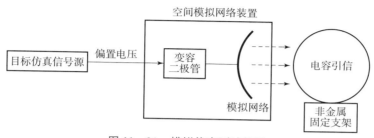

图 11 - 21　模拟仿真测试简图

模拟仿真测试中的仿真信号示意如图 11 - 22 所示。脱靶量确定后，仿真信号的幅度将是固定的，即曲线最底端电平保持不变。当对速度进行调节的时候，曲线的斜率会跟着发生改变。当仿真信号的电压值及下降斜率满足条件时，电容引信的启动信号测试端口会产生负脉冲信号。通过测试特定脱靶量及交会速率下电容引信的启动情况，达到测试引信灵敏度是否合格的目的。

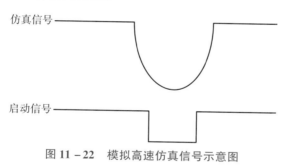

图 11 - 22　模拟高速仿真信号示意图

11.4　引信自动化测试控制技术

随着自动化技术的飞速发展，为了提高引信的测试可靠性和工作效率，引信的测试由手动向自动化方向发展，因此非常有必要了解引信自动化测试控制设备，了解引信自动化测试过程。本节以主动式无线电引信自动化测试控制技术为例进行阐述。

11.4.1　引信测试控制设备

引信自动化测试控制设备组成框图如图 11 - 23 所示。引信自动化测试控制设备一般由控制设备、采集设备、程控电源、测试适配器、控制计算机等组成，一般采用基于虚拟仪器的计算机测试技术，具有较好的通用性和可扩展性，可通过添加通用硬件模块、更换接口模块和模拟信号源实现通用平台与专用接口。系统具有体积小、使用方便、测试快捷、软件更改方便等优点。

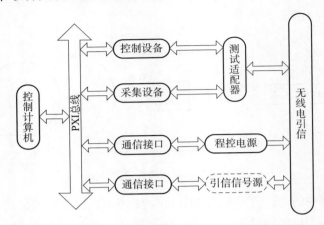

图 11 – 23　引信自动化测试控制设备组成框图

1. 引信控制信号

引信控制信号是指模拟引信的输入信号，主要包括导引头和弹上计算机发送给引信的控制指令和弹目交会的引信所需参数，控制指令一般有引信开机、引信解封、目标类型、攻击状态、早/晚到、极误差指示、AGC 跌落、引信解锁、强干扰指示等，信号形式为 TTL 或用通信接口以编码形式传送。

弹目交会的参数一般有弹速电压、回波功率电平、弹目视线速度等，信号形式为缓变直流电压信号。

2. 引信控制信号常用设备

引信控制信号设备可模拟弹上设备送至引信的控制信号，目前常采用美国国家仪器公司（NI）推出的主要面向计算机测控领域的 LabVIEW 作为软件开发平台的模块化 PXI 测试系统。PXI 测试系统中 PXI 控制器选用 NI 公司最新的嵌入式控制器如 PXIe – 8108。多功能卡选用 NI 的多功能模块如 PXIe – 6368，具有 48 路高速数字 I/O，4 通道 3.3 MS/s 转换率模拟电压输出，可满足引信输入信号要求。

引信供电设备一般选用可编程直流电源，选用时须考虑开关电源纹波对引信工作性能的影响，主要是电源开关信号频率是否落入引信多普勒频率通带范围，从而造成引信工作不正常。程控电源具有控制输出电压、电流的功能，满足自动加电、断电、实时监控电压和电流参数的能力。

11.4.2　引信测试采集设备

引信测试采集设备用于采集引信输出信号。

1. 引信测试采集信号

引信测试采集信号主要包括引爆脉冲、调制脉冲脉宽、调制脉冲幅度、调制脉冲周期、引爆延时、引信起始噪声电平、鉴频电压、鉴频电压纹波、多普勒信号、引信输出等参数。

2. 引信测试采集信号常用设备

引信测试采集信号设备用于采集引信输出信号。根据输出信号的技术指标，分为低频信号和窄脉冲信号两部分，对于窄脉冲信号的采集设备目前常选用 NI 公司最新的示波器卡，如 PXI－5154，具有 8 位分辨率、2G/s 采样率、带宽 500 MHz 的采集能力。对于低频信号的采集设备目前选用 NI 公司的多功能模块，如 PXIe－6368 多功能采集卡，具有 48 路高速数字 I/O，具有 16 通道、16 位分辨率、最高 2MS/s 采样率模拟输入采集功能，可满足引信输出信号采集要求。

11.4.3　引信自动化测试软件

引信自动化测试软件用于控制引信自动化测试设备，完成自动化测试任务。

1. 引信自动化测试软件开发环境

测试编程软件种类繁多，功能和用途千差万别，从测试编程软件的应用来看，使用美国国家仪器公司（NI）推出的主要面向计算机测控领域的 LabVIEW 软件平台，非常适合引信自动测控设备使用。

LabVIEW 是一种基于图形开发、调试和运行程序的集成化环境，其编程风格有别于传统编程语言，可降低对编程者编程经验和熟练程度的要求，提高编程效率，被誉为"工程师和科学家的语言"。

LabVIEW 作为一个功能强大的图形化编程软件，是开发虚拟仪器的一种方便快捷工具，LabVIEW 用图标表示函数，用连线表示数据流向。LabVIEW 提供很多外观与传统仪器（如示波器、万用表）类似的控件，可用来方便地创建用户界面。LabVIEW 还包含大量的工具与函数用于数据采集、分析、显示与存储等。

LabVIEW 的具体优势主要体现在以下几个方面：

（1）提供了丰富的图形控件，采用图形化的编程方法。

（2）内建的编译器在用户编写程序时就在后台自动完成编译并纠错。

（3）采用数据流模型，可实现自动多线程。

通过 DLL、CIN 节点、AciveX、.NET 或 Matlab 脚本节点等节点技术，引信自动化测试软件可以轻松实现 LabVIEW 与其他语言混合编程。

（1）通过应用程序生成器可以轻松发布 EXE、动态链接库或安装包。

（2）LabVIEW 提供大量的仪表驱动与专用工具，几乎能与任何接口的硬件连接。

（3）LabVIEW 内建了 600 多个分析函数，用于数据分析和信号处理。

2. 引信自动化通用测试软件组成

引信自动化通用测试软件的主要组成框图如图 11 – 24 所示。

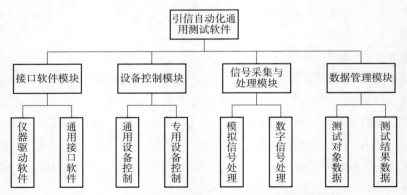

图 11 – 24 引信自动化通用测试软件主要组成框图

测试软件采用模块化结构，包括接口软件模块、设备控制模块、信号采集与处理模块和数据管理模块四部分。

接口软件模块实质就是标准的 I/O 函数库及其相关规范的总称，是仪器驱动程序提供信息的底层软件和一些通用的通信接口和测试接口软件，能够完成对仪器寄存器直接存取数据操作，实现软件对仪器的控制与引信的对接。

设备控制模块包括通用设备控制和专用设备控制功能，能够完成对某一特定仪器的控制与通信。通用设备厂商一般会提供程序，再进行二次开发，专用设备控制功能则需要单独进行开发。

信号采集与处理模块主要针对模拟信号和数字信号进行采集和处理，根据实际被测对象的输出信号形式选取合适的参数进行设计即可。

数据管理模块一般包括测试对象数据和测试结果数据两部分，测试对象数据包含用户和被测对象的识别，测试结果数据包含被测对象的数据采集功能、判断合格与否功能、报表功能。

11.4.4　引信自动化测试控制技术发展趋势

随着仪器技术的发展，传统的手动测试已逐渐被自动化测试所代替，同时，随着虚拟仪器技术的不断发展，当前的自动化测试也将更新换代。

引信自动化测试控制技术的发展将出现三大特点。

1) 集成化

随着虚拟仪器的不断创新发展，将原先庞大的仪器仪表转变成体积轻巧的高性能的模块化硬件，灵活高效的软件能帮助用户创建完全自定义的用户界面。同时拥有高效的软件、模块化 I/O 硬件和用于集成的软硬件平台这三大组成部分，可以充分发挥虚拟仪器技术性能高、扩展性强、开发时间少的优势，测试开发的周期大大缩短。

2）信息化

虚拟仪器技术可将设备功能综合化，获得的数据更加完整，能更全面地判断被测引信的整体性能或者更综合地判断不同时间、不同类别引信的整体良好情况。这种实时全面的数据存取功能比传统测试设备更符合信息化建设的需要。

采用虚拟仪器技术更可实现引信的远程测试和技术支援，通过网络将前方测试人员与后方技术人员紧密联系起来，及时准确地将设备及引信各参数传达到后方获取技术支援，可有效降低保障的费用和人员负担，提高保障力。

3）智能化

在传统模式下的型号设计、生产过程中，产生了大量宝贵数据，但这些数据却散落在各个环节无法集中管理，如何将不同领域、不同系统、不同单机数据联成一体加以综合研究是一个难以解决的问题。随着自动化测试控制技术的发展，测试数据实时自动存储到统一的平台上，综合测试大数据管理成为可能。

同时，通过人工智能技术的运用，逐渐在引信设计、生产过程中实现大数据分析、引信故障诊断等功能，对引信研制和生产效率的提升具有重要意义。

第 12 章　综合试验技术

在靶试前，为了全面验证引信的性能，经实验室测试、试验和筛选合格的产品需增加一些必要的验证试验，即对产品的性能进行综合试验验证，如进行动态交会模拟试验，以进一步验证引信的作用距离、截止距离、盲区性能、启动特性和抗干扰性能等核心指标。此外，针对某些产品的特殊应用要求，需要进行低空性能、方位识别性能的试验验证。这些试验统称为综合试验。综合试验常用的有全尺寸目标模型的动态交会模拟试验、炮射试验、低空挂飞试验和射频半实物仿真试验等。

12.1　动态交会模拟试验

引信对全尺寸目标模型的动态交会模拟试验，是引信系统仿真与模拟试验的基本方法之一。它以典型的引信实物与具有代表性的全尺寸目标模型（例如典型的真实飞机目标）进行试验。由于地面模拟的交会速度达不到实战要求的相对速度范围，试验引信实物的某些参数常常要做一些改变，但试验引信与原型引信实物的差异较小，因此这种模拟试验也可称为引信 1:1 准动态交会模拟试验。1:1 的含义是目标和引信都是真实的而不是缩比的。准动态交会的含义一是表明是动态交会，引信或目标是运动的；二是表明运动速度一般达不到甚至远远达不到实际靶试的交会速度，而且试验引信实物的某些参数常常要做一些改变，例如多普勒无线电引信处理器的通带范围要向低端扩展等。

引信 1:1 准动态交会模拟试验主要有三种试验方式：将目标悬吊在空中，引信在滑轨上低速运动的低速滑轨试验；用火箭推动引信沿索道运动的柔性滑轨试验；用火箭橇作引信运载器的火箭橇试验。

引信 1:1 准动态交会模拟试验，在引信的研制过程中具有十分重要的意义。研制新引信时，在引信方案研究阶段、设计阶段及定型前，都可用 1:1 准动态交会模拟试验分析验证和考核引信的动态性能。

12.1.1　试验原理

1:1 准动态交会模拟试验其本质为速度缩比模拟试验。以多普勒体制为例，相对速度仅决定多普勒特征信号频率，目标回波信号的幅度与弹目交会的相对速度无关。所以，将 1:1 准动态交会模拟试验的多普勒特征信号频率提高到真实的多普勒频率，就相当于将交会速度提高到真实的交会速度，目标回波信号的幅度起伏规律不变。例如，主动式连续波多普勒引信做 1:1 准动态交会模拟试验时，其混频器输出的多普勒信号表达式为

$$u_D(t) = \frac{K}{\rho^2 + v_{mt}^2 t^2} \cos \frac{2\omega_0}{c} (\rho^2 + v_{mt}^2 t^2)^{\frac{1}{2}} \qquad (12-1)$$

式中：K 为与引信参数有关的常数；ρ 为脱靶量；ω_0 为引信辐射电波的角频率；c 为光速；v_{mt} 为 1:1 准动态交会模拟试验时，弹目交会相对速度；t 为以脱靶点作计算零点，引信运动至脱靶点所需的时间。

多普勒信号频率的表达式为

$$f_D(t) = \frac{2 v_{mt}^2 t}{\lambda (\rho^2 + v_{mt}^2 t^2)^{\frac{1}{2}}} \qquad (12-2)$$

式中：λ 为引信发射机工作波长。

信号 $u_D(t)$ 由变频装置或记录仪记录，其记录速度为 v。当记录仪以 $K_0 v$ 的速度重演该信号时，相当于变换时间坐标。新坐标时间大小对应于原坐标 t/K_0 的大小，即 $t_1 = t/K_0$。将 $t_1 = t/K_0$ 代入式（12-1）、式（12-2），即得重演的真实多普勒信号 $u_D(t)$ 及多普勒频率 $f_D(t)$，计算式为

$$u_D(t) = \frac{K}{\rho^2 + K_0^2 v_{mt}^2 t^2} \cos \frac{2\omega_0}{c} (\rho^2 + K_0^2 v_{mt}^2 t^2)^{\frac{1}{2}} \qquad (12-3)$$

$$f_D(t) = \frac{2 K_0^2 v_{mt}^2 t}{\lambda (\rho^2 + K_0^2 v_{mt}^2 t^2)^{\frac{1}{2}}} \qquad (12-4)$$

比较式（12-1）～式（12-4）可知，变换后得到的多普勒信号相当于引信与目标相对交会速度增加 K_0 倍（包括振幅与频率）。也就是说，用加速重演的方法可以实现实战交会速度的模拟。

K_0 称为速度缩比系数，其数值为

$$K_0 = \frac{v_r}{v_{mt}} \qquad (12-5)$$

式中：v_r 为实战时弹目交会相对速度。

多普勒频率变换可采用两种方法：一是用记录仪加速回放 1:1 准动态交会模拟试验的记录信号，实现频率的转换；二是采用数字变换法，即在 1:1 准动态交会模拟试验的交会过程中，数字变换设备将输入的多普勒信号经模/数转换电路转换成数字信号，并存入存储器，然后按需要选取数据速率，取出存储器中的数字信号，并通过数/模转换电路输出所需的高速交会多普勒特征信号。

为在模拟系统试验中，能正确获得原型系统的引信启动性能，引信实物的一些参数应做必要的调整，以补偿这两个系统的差别。

1）引信多普勒放大器的通频带

如果模拟系统相对速度低于原型系统的相对速度，模拟系统回波信号的多普勒频率会低于引信实物的多普勒放大器通带下限，为保证模拟试验的多普勒信号能正常通过放大器，其低端应适当扩展。

2）引信多普勒信号积累时间常数

由于模拟系统相对速度低，目标反射信号的多普勒频率低，振幅的上升时间较长，振幅衰落时间间隔较大，信号持续时间较长，因此引信多普勒信号检波器的积累时间常数需相应增大，或者数字信号处理的采样积累时间在处理点数不变的前提下需相应增大，增大倍数 K_T 近似为

$$K_{\mathrm{T}} = \frac{\rho_{\mathrm{m}}}{\rho_0} \frac{v_{\mathrm{r}}}{v_{\mathrm{mt}}} \tag{12-6}$$

式中：ρ_{m} 为模拟系统的脱靶量；ρ_0 为原型系统的脱靶量；v_{mt} 为模拟系统的相对速度；v_{r} 为原型系统的相对速度。

如果动态交会模拟试验中脱靶量一致，如低速滑轨试验，即 $\rho_{\mathrm{m}} = \rho_0$，那么

$$K_{\mathrm{T}} = \frac{v_{\mathrm{r}}}{v_{\mathrm{mt}}} \tag{12-7}$$

3）试验引信的总延迟时间

由于模拟系统的相对速度低，脱靶距离与原型系统可能不一样，为保证模拟系统引信启动角与原型系统的引信启动角一致，试验引信的总延迟时间（包括多普勒信号检波积累时间与引信启动脉冲的固定延迟时间）需相应增长，增长倍数为

$$K_{\tau} = \frac{\rho_{\mathrm{m}}}{\rho_0} \frac{v_{\mathrm{r}}}{v_{\mathrm{mt}}} \tag{12-8}$$

12.1.2 典型试验系统

典型的动态交会模拟试验由于模拟的最大相对速度不同或者模拟系统采用的驱动方式不同，最常见的有低速滑轨试验、柔性滑轨试验和火箭橇试验。此外，也有通过弹射或抛射提供相对运动初速度的试验系统，其试验方法本质与上述三种系统基本一致，仅动力装置存在差别。

1. 低速滑轨试验

在 1:1 准动态交会模拟试验的三种试验方式中，低速滑轨试验由于试验成本低廉且方便，是使用最多的一种。

低速滑轨试验设施由交会模拟系统、目标吊挂及姿态控制系统、信号采集与数据

处理系统，以及全尺寸目标模型四大系统组成，如图 12 - 1 所示。其中目标吊挂及姿态控制系统为塔吊系统，通过吊车、滑轮和吊绳将目标运送到试验预定位置并控制目标姿态，方便实用。

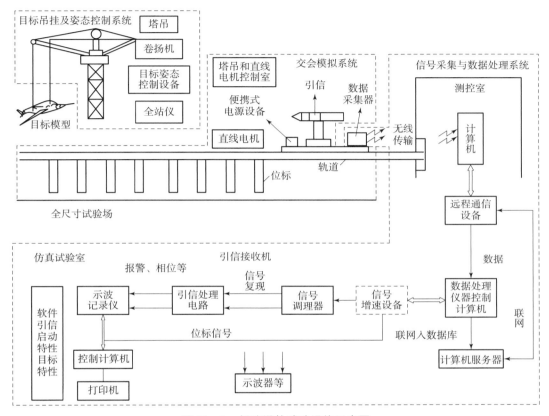

图 12 - 1　低速滑轨试验设施示意图

1）交会模拟系统

它是低速滑轨试验设施的主体。其功能是按规定弹道参数装定的引信，沿相对速度方向与目标做低速交会，以获得回波信号。

该系统主要包括轨道跑车、轨道、位置标定装置及引信姿态控制器。

轨道跑车带动引信产品沿轨道运行，在交会段内保持匀速交会。轨道跑车上的引信支架和姿态控制器必须满足试验精度要求；应启动方便、灵活，制动可靠，运行平稳、安全；轨道跑车还需设置供电设施，为待试产品和相关的仪器设备提供电源。若选用直线电机作轨道跑车，因其加速度大，直流制动快，轨道长度可大为缩短。

位置标定装置的作用是给出精确的引信瞬时位置信号，并送往信号采集记录装置（数据采集器），用于研究引信与目标的相对位置。此处的时统信号是指用于统一各路记录信号的时间起点及信号处理时的计算零点标志信号。其时统信号装置设在轨道稳速交会段前的某一位置上，当引信天线辐射中心途经此点时，产生一个脉冲信号，送至记录设备。

2）目标吊挂及姿态控制系统

低速滑轨试验设施中，目标吊挂系统的背景反射是造成误差的最主要来源。因此，目标吊挂系统的设置方式必须精心选择。

目标吊挂方式很多。通常采用软吊挂方式，它除具有足够强度外，还具有低微波反射的特点。以直径为 80 mm 的尼龙绳为主尼龙绳，在主尼龙绳中点附近的适当位置上固定一滑轮组。穿过滑轮组的三根较细尼龙绳的一端分别连接在目标的起吊重心、头（或尾）和翼上，另一端分别连接在三台卷扬机上。通过卷扬机分别控制目标的吊挂高度、俯仰角和滚动角。装在目标上的两个角度指示器，分别指示俯仰角和滚动角。目标方位角可以通过改变连接目标与地面的细尼龙绳进行调整，用经纬仪精确测定。目标的位置和高度、引信的高度等均由全站仪测试。

这种软吊挂方式具有起吊平稳、控制方便、微波反射低的特点。试验过程中，应注意铁塔及主尼龙绳免受电波照射，以获得低的背景反射。

3）信号采集与数据处理系统

低速滑轨试验设施的信号采集与数据处理系统，由信号采集器、信号传输设备和信号处理设备等组成。信号采集器装于轨道跑车内，引信输出信号、位置标定信号、时统信号等经信号采集器（数据采集器）采集后由控制计算机进行远程控制和数据传输。信号处理设备主要包括信号增速设备、信号调理器、引信处理电路、数据采集系统和控制计算机。信号增速设备用于将低速交会的目标多普勒信号增速到实际弹目交会状态下的多普勒信号，同时通过信号调理器保持原始信号幅度不失真，复现引信接收机的接收多普勒信号。然后通过引信处理电路和数据采集系统获取引信真实状态下的启动特性。

4）目标模型系统

制造一架全尺寸目标（飞机或导弹）模型，其成本非常高。特别是敌方目标更是如此。通常选用几种有代表性的退役或报废飞机、靶机进行整修加工，使其保持原几何外形，以及与雷达散射特性有关的部件（如发动机旋转叶片、天线等）。为减轻重量，便于吊挂及姿态控制，修整时应尽量拆除机内无关设备。

5）降低场地背景反射措施

测试区域内的背景等效雷达散射截面，必须低于目标等效最小雷达散射截面 20 dB，此背景指在没有目标时，对测试区测得的等效雷达散射截面数值。降低背景反射的措施有：

（1）轨道跑车应采取降低背景反射措施。除采用隐身机理的外形外，尚须在某些部位覆盖反射系数低于 −40 dB 的微波吸收物质（吸收漆或吸收材料）。

（2）塔体及主尼龙绳避开引信天线主波束电波照射。

（3）目标高低及姿态控制绳索，选用强度高、微波反射率低的细尼龙绳，必要时，可在绳索表面敷设电波吸收物质，以进一步降低绳索反射。

（4）尽量减少发射机的泄漏和对背景物的照射。为此，对发射系统采取有效吸收屏蔽措施，仅让发射天线主瓣无障碍照射目标区，抑制主瓣方位平面及副瓣对背景物的照射，接收天线也采取相似的措施，抑制来自背景的反射。

（5）对场地的局部地面，采取有效的防反射措施。

2. 柔性滑轨试验

柔性滑轨试验是指装有引信模型和固体火箭发动机的试验飞行器，沿着由尼龙绳或钢索构成的柔性滑轨运动，以测试引信启动特性的一种 1∶1 准动态交会模拟试验。

试验时把试验用的引信模型装在试验飞行器上，将目标模型设置在地面上，柔性滑轨架设在离地面不高的空间，其轨道长度只需数百米或更短距离。在装有引信模型的试验飞行器沿柔性滑轨运行过程中，引信模型的天线波束扫过目标模型，则可验证引信的启动特性。试验时引信模型的天线可相对目标装定成不同的交会姿态。试验设备主要包括柔性轨道、试验飞行器（包括固体火箭发动机和试验引信）、飞机目标或靶标、控制测量记录系统，以及阻尼伞刹车装置等。

1）试验引信参数调整

柔性滑轨试验时，试验引信由固体火箭发动机牵引，可以得到比较高的模拟相对速度，但仍达不到原型系统的相对速度，因此，试验引信的某些参数，需像低速滑轨试验那样做适当调整。

2）试验场地和试验

柔性滑轨试验要有专门试验场地。试验时首先按图 12-2 布置试验设备，并由总控台统一控制各设备，引信天线安装在飞行器下表面或侧面，天线波束朝向目标方向，保证运动时天线波束能扫过固定在地面上的飞机目标。

试验开始时，由总控台发出引信加电指令，使引信开始工作，接着控制台通过控制盒 1 使试验飞行器固体火箭发动机点火启动，飞行器沿着柔性轨道滑跑。点火的同时，控制台通过控制盒 2 和控制盒控制照相机、采集仪和记录仪进行同步摄影和采集记录，记录的参数有飞行器运动轨迹、引信的多普勒信号和引信动作信号等。飞行器通过主动段后进入刹车段，刹车阻尼装置采用双伞刹车，以保证试验安全。每滑跑试验一次要消耗一台固体火箭发动机。

3. 火箭橇试验

火箭橇试验也是 1∶1 准动态交会模拟试验的一种。被试引信样机安装在由火箭作动力装置的火箭橇上，目标或目标模型以不同姿态悬吊在滑轨上空。载有被试引信的火箭橇沿滑轨在目标下面通过，模拟不同弹道时导弹与目标的交会状态，此时引信天线波瓣扫过目标，以验证引信的启动特性和启动区。火箭橇试验示意图如图 12 – 3 所示。

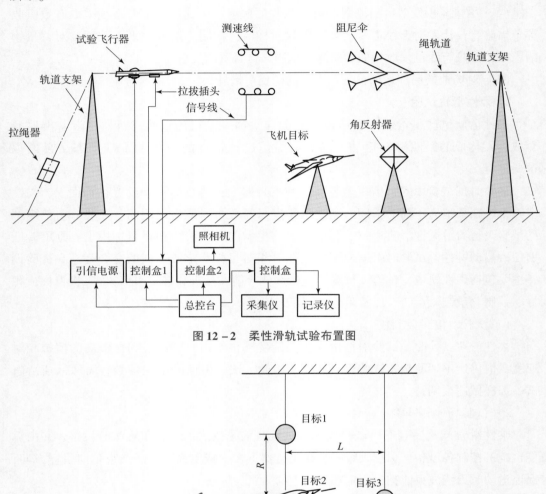

图 12 – 2　柔性滑轨试验布置图

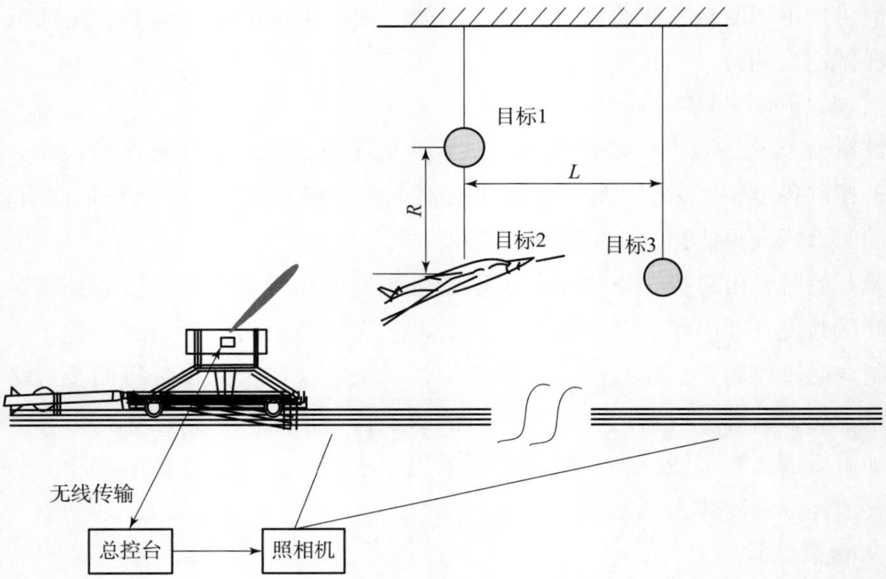

图 12 – 3　火箭橇试验示意图

1）试验引信参数调整

火箭橇试验可通过增加火箭推力或增加火箭数量提高弹目交会速度，得到接近实弹打靶时的弹目交会速度，这样被试引信产品的参数就不需要更改了。

2）试验场地和设备

引信火箭橇试验是在专门建设的火箭橇试验场进行的。火箭橇试验场的固定设施，主要由滑轨和目标吊挂装置两部分组成。

滑轨由铁轨铺设而成，铁轨所有接缝都要进行焊接。铁轨应铺设在水平地面上，构成一水平直线，滑轨铺设后要进行校直。火箭橇的减速采用铺砂制动，制动器是滑橇下面可伸缩的探头，伸出的探头被铁轨间松散的砂土层阻碍而实现制动。轨道上设置有轨道位置线圈。

为使每次运行获得尽可能多的数据，可以确定 3~5 个独立的目标位置，目标悬吊在滑轨上空，目标可在不同高度悬吊成各种姿态，图 12-3 示出了 3 个目标典型悬吊示意。

3）试验方法

根据试验选定的典型弹道，确定目标与导弹的姿态，按确定的姿态，将被试引信装在火箭滑橇上，目标悬吊在滑轨上空。

试验开始时，首先给引信加电开始工作，接着火箭发动机点火，滑橇携带着引信以规定速度沿轨道在目标下方穿过，此时引信天线波束扫过目标，引信输出回波信号和启动信号。数据采集仪记录引信的回波、检波、引信报警等信号和位标信号，数据同步传输到控制室的计算机进行记录。同时对匀速交会段进行高速摄像。

经过对不同姿态目标的多次反复试验，可模拟导弹以不同弹道与目标高速交会情况。对这些记录信号进行判读分析，可确定引信的启动特性和启动区。

4. 动态交会模拟试验方法评述

以上介绍的 3 种引信 1:1 准动态交会模拟试验方法，各有自己的特点和局限性。

低速滑轨试验采用引信实物和原型目标进行试验，交会速度慢，试验容易实施且成本低，可验证引信的作用距离、盲区性能、截止特性和启动信号，尤其适合进行试验量大的启动特性试验，获得不同目标、不同脱靶量、不同交会条件下的启动特性，已成为引信研制过程中非常重要的试验手段。

柔性滑轨试验要有专门的试验场地，占地面积比火箭橇试验场小，但比低速滑轨试验场大，设备相对简单。这种试验使用了一次性工作的火箭发动机，试验成本高，而且存在严重的地面反射干扰问题，模拟试验较难实施。

火箭橇试验能模拟接近于弹目高速交会的情况。能获得比较逼真的引信启动特性和比较可靠的信息，而且空间交会姿态和相对速度可以控制，可得到接近于实际交会时导弹与目标间很高的相对速度，马赫数一般可达到 1~2。但这种试验场地建设要求高、耗资大，只宜在国家通用的火箭橇试验场地内进行。此外，试验时用一次性工作的火箭发动机，试验成本很高。这种试验常用于引信研制工程设计阶段，作为低速滑轨试验的补充，以验证引信样机在高速交会时性能是否符合设计要求。

根据以上分析，对近炸引信来说最常用的1:1准动态交会模拟试验是低速滑轨试验，主要适合对中、小型目标的动态交会模拟试验。

12.1.3　验证的主要关键指标及评估方法

动态交会模拟试验可以对近炸引信的最大作用距离、截止距离、盲区、启动特性和抗干扰性能等主要关键指标进行试验验证。

1. 最大作用距离

最大作用距离试验的陪试目标通常采用标准球。由于标准球的雷达散射截面在任意方向都相同，所以，采用标准球进行最大作用距离试验结果准确、效率高。

标准球的半径按引信设计时针对的目标最小雷达散射截面选取，将标准球悬挂于距模拟弹体中心最大脱靶量位置，其方位处于引信天线增益的最小值区域，进行3~5次动态交会试验，观察引信是否启动并分析采集回波的能量余量，若引信均启动且至少有3~5 dB的灵敏度余量，表明最大作用距离满足要求。

通常在靶试前，靶标确定后，针对特定靶标在典型交会姿态下再进行最大作用距离的复核验证。

2. 截止距离

截止距离试验的陪试目标通常采用雷达散射截面远超实体目标的标准目标。角反射器的雷达散射截面极大，一般用八个角反射器组成的伞靶靶标作为截止距离试验的陪试目标。八个角反射器组合后，其反射增益方向为全向，避免了交会姿态对试验结果的影响。单个角反射器的边长通常取1 m。

试验时将伞靶悬挂于距模拟弹体中心沿引信天线波束指向的截止距离位置，其方位处于引信天线增益的最大值区域，进行3~5次动态交会试验，观察引信是否启动，若引信均不启动，表明截止距离满足要求。

3. 盲区

盲区试验的陪试目标通常也采用标准球。标准球的半径按引信设计时针对的目标最小雷达散射截面选取。试验时，通过调整悬挂装置，在确保安全的前提下，使标准球外缘距模拟舱体的距离尽量小，通常为0.1 m；其方位处于引信天线增益的最小值区域，进行3~5次动态交会试验，观察引信是否启动并分析采集回波的能量余量，若引信均启动且至少有3~5 dB的灵敏度余量，表明盲区满足要求。

通常在靶试前，靶标确定后，针对特定靶标在典型交会姿态下再进行盲区的复核验证。

4. 启动特性

启动特性通常针对某特定目标进行界定。试验时采用该特定目标的实体靶标，按给定的弹目交会条件，在引信作用距离内，以一定间隔调整脱靶量、目标俯仰角、目标偏航角、目标滚动角、弹体俯仰角、弹体偏航角，组合形成特定弹道条件。针对每条弹道分别试验 3 ~ 5 次，观察引信是否启动。最终以试验启动次数除以总的试验数，可以得到针对该特定目标的启动概率。试验得到的所有启动点构成的空间区域为针对该特定目标的启动区。

5. 抗干扰性能

抗干扰性能评估通常关注两方面内容，一是在没有目标的情况下，针对特定干扰的虚警概率；二是在有目标情况下，针对特定干扰的启动概率。干扰源的布设位置由干扰类型决定。自卫式干扰源可放置在目标本体上，支援式干扰源放置在距目标一定距离的地方，弹目连线与干扰源–目标连线的夹角有特定的角度要求。试验和评估方法与启动特性评估试验类似。需要注意的是，干扰功率的设置以及干扰源距目标的距离，需要针对抗干扰指标定量计算，通常采用缩比模拟方式。此外，对于自卫式干扰验证试验，由于干扰设备安放于目标上，需采取相应措施避免对目标的原雷达散射截面产生较大影响。

12.1.4　试验系统的主要误差来源

各种试验和测量都有误差。动态交会模拟试验的误差来源，主要有试验场地背景反射及目标吊挂设施背景反射引入的误差（统称为背景反射引起的误差）；引信与目标姿态的装定误差；目标模型误差；气象因素引入的测试误差；仪器设备及量具的固有误差；人为读数及取值误差；雷达散射截面测量中的定标金属球制造误差等。

本节讨论的误差来源，不包括目标模型误差和定标金属球制造误差，仅就启动特性试验中的主要误差来源进行分析。

1. 背景反射引起的误差

为模拟引信与目标的真实工作环境，尽可能降低背景反射，使其接近自由空间条件，是各类模拟试验的首要问题。

引信启动瞬间，接收天线处的总电场强度，为目标反射场强和背景反射场强在接收天线处的矢量和，可表示为

$$\boldsymbol{E}_a = \boldsymbol{E}_T + \boldsymbol{E}_b \tag{12-9}$$

式中：$\boldsymbol{E}_a$ 为引信启动瞬间，接收天线处合成电场强度矢量；$\boldsymbol{E}_T$ 为引信接收天线处，目标反射电场强度矢量；$\boldsymbol{E}_b$ 为引信接收天线处，背景反射电场强度矢量。

在背景反射场强和目标反射场强极化方向相同，其相对相角为 ϕ 的条件下，电场平面内总电场强度 $|\boldsymbol{E}_a|$ 可运用欧拉公式进行运算，则式（12-9）可表示为

$$| \boldsymbol{E}_a | = | \boldsymbol{E}_T | e^{i0°} + | \boldsymbol{E}_b | e^{i\phi} = | \boldsymbol{E}_T | + | \boldsymbol{E}_b | e^{i\phi}$$

$$= | \boldsymbol{E}_T | + | \boldsymbol{E}_b | (\cos\phi + i\sin\phi) \qquad (12-10)$$

取 $| \boldsymbol{E}_a |$ 的极值（即 $\phi = 2m\pi$ 及 $\phi = (2m+1)\pi$，其中 $m = 1, 2, 3, \cdots$），则

$$| \boldsymbol{E}_a | = | \boldsymbol{E}_T | \pm | \boldsymbol{E}_b | \qquad (12-11)$$

式（12-11）表明，背景反射影响引信启动试验的真实、准确性，其影响程度随背景反射强度而变。若在引信有效探测区域内，背景反射较强，满足引信启动条件，即使不存在目标，引信也能启动，使引信启动试验无法进行；背景反射低于引信启动电平，但可与其比拟时，可能使引信启动点提前或滞后，造成测试精度下降。

通常，目标和背景的反射强度均用等效雷达散射截面表示，则式（12-11）可改写成

$$\sigma_a = \sigma_T \pm \sigma_b \qquad (12-12)$$

式中：σ_a 为对应 $\boldsymbol{E}_a$ 的等效雷达散射截面；σ_T 为对应 $\boldsymbol{E}_T$ 的等效雷达散射截面；σ_b 为对应 $\boldsymbol{E}_b$ 的等效雷达散射截面。

以分贝表示的测量误差范围为

$$l = 20\lg\left(1 \pm \frac{\sigma_b}{\sigma_T}\right) \qquad (12-13)$$

由式（12-13）可得，在引信启动灵敏度电平对应的等效目标雷达散射截面 σ_T 设计值为 0.2 m^2，其测量误差为 $\pm 1 \text{ dB}$ 时，背景等效雷达散射截面 σ_b 应不高于 0.02 m^2。

采取降低背景反射措施后，背景发射通常可满足试验要求。例如某低速交会模拟试验场的背景反射电平低于 $\phi500 \text{ mm}$ 球标电平（直径为 500 mm 金属圆球的反射电平）20 dB 时，场地背景引起目标反射信号的测量误差约为 0.1 dB。

2. 引信启动角的测量误差

若场地背景反射电平较低，则由背景反射引起的引信启动角误差亦较小。影响启动角误差的主要因素还有两项。

1）测试仪器设备的误差

测试系统中，仪器设备（如采集仪、放大器、多普勒频率增速仪等）的测量精度和稳定性直接影响测试精度。在条件允许的情况下，必须选择较高精度的仪器设备，以减少测试的误差。

2）装定与标定误差

装定、标定误差主要指弹体纵轴与相对速度矢量夹角的装定误差、脱靶量和位标的标定误差，以及目标模型姿态装定误差。

β_M 及 θ_M 装定精度由安装引信的转台精度决定。目前高精度转台的设计技术已很成熟。即使简易转台，精度也可控制在 $\pm 0.2°$ 以内。

标定误差主要指脱靶量（ρ）和弹目坐标原点间距离的示值误差。若采用先进的激

光测距技术,示值误差的测量精度一般可达到 ± 5 mm。

3. 气象因素引入的误差

气象因素主要指目标受风作用产生的测量误差。因此,选择有利气象条件十分重要。经验表明,若选择风力小于 2 级,并对目标采取稳定措施条件下,该项误差可以忽略。

4. 人为读数及取值误差

动态交会试验中,通常采用高精度采集仪或计算机进行信号记录和数据处理。由于这些仪器的取样精度很高,因此,人为读数及取值误差可忽略。

12. 1. 5　试验技术的完善

动态交会试验不但能在地面有效地进行引信实物对全尺寸目标的交会试验,而且还能运用现代数据处理技术,将低速交会的目标回波特征信号,转换成弹目实际高速交会时的回波模拟信号。它是研究引战配合、引信启动特性及目标特性的一种逼真、易行的试验方法。但这种试验方法还需从下述几方面进一步完善。

1. 提高测试精度

为降低背景反射,需研制低反射的目标吊挂构件;建造大型、低反射微波暗室内的交会模拟体系,以满足测试、研究全尺寸隐身飞行物的需要;使用激光技术和电视技术,提高测试精度和检测能力。

2. 采用先进的目标吊挂系统

以往的目标吊挂系统改变目标姿态时自动化程度低,费时费力且目标姿态装定精度不高。因此需采用先进的目标吊挂系统,提高自动化程度和目标姿态装定精度。

3. 建立数据库

建立各类引信启动特性和多种目标特性数据库,使物理模拟与数学仿真紧密结合。

4. 测试系统自动化

实现用计算机对目标姿态、弹体姿态、交会系统和数据采集处理系统的综合控制,以达到自动、一体化的目的。

12. 2　炮射试验

炮射试验主要用来验证引信产品在高速交会时的盲区性能和启动性能是否符合设计要求,为分析引信启动特性提供较逼真的数据。炮射试验是地面实体目标模拟试验方法中,交会速度最大、最接近真实交会速度的试验方法。

12.2.1　试验准备

试验前的准备内容主要包括试验引信参数调整以及试验场地和设备。

1. 试验引信参数调整

炮射试验弹目相对速度接近真实弹目实际交会速度，作用距离也不会超出实际引信作用距离，因此被试引信参数不需做调整。

2. 试验场地和设备

炮射试验在专门的炮射试验场进行。参试目标一般采用 130 加农炮弹丸，其速度为 600 ~ 900 m/s，弹丸雷达散射特性与导弹类掠海目标水平相当；被试引信产品为正常工作状态。一对收发天线的中线垂直指向天空，保持工作状态，另一对朝向地面的天线用吸收负载屏蔽或不接，以减小地杂波干扰。其他参试设备还包括引信控制设备、供电设备和信号记录设备等。

12.2.2　试验方法

在试验场一条直线上依次布置火炮、引信和瞄准靶，引信附近布置引信测控台和数据采集器。火炮采用一定的仰角，瞄准引信后方的瞄准靶射击，弹丸高速穿越引信天线辐射场，场地布置图如图 12 - 4 所示。在炮管出口处布置 1 根零靶线，以产生数据采集器需要的同步信号。通过引信测控台设定引信工作状态，数据采集器记录引信相关信号。炮弹弹丸穿越引信天线辐射场时刻的飞行姿态和实际飞行速度由高速摄像机记录。弹着点由引信后方的瞄准靶穿孔记录，炮弹弹丸穿越引信天线辐射场时与引信的距离可根据瞄准靶穿孔计算获得。

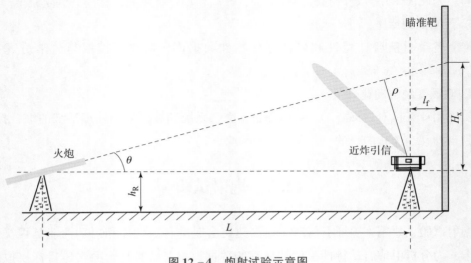

图 12 - 4　炮射试验示意图

为了实现小脱靶量的射击精度,引信距炮口距离为 L,弹丸弹道基本平直,"校炮"后,弹着点误差控制在 0.1 m 左右,能保证 0.5 ~ 1.0 m 以内脱靶量情况下被试引信和其他设备的安全。

12.2.3　验证的主要关键指标及评估方法

炮射试验验证的主要关键指标是盲区性能和最大作用距离。目标为炮弹弹丸,由火药爆炸产生的推力,推动弹丸高速直线运动以模拟弹目交会。其评估方法与动态交会试验章节中的评估方法一致,这里不再赘述。

12.2.4　试验系统的主要误差来源

炮射试验的最大特点是目标运动,被试产品静止,尤其针对多普勒体制引信,场地背景引起的误差基本可忽略。弹目交会速度高,气象因素引入的误差无影响。此外,针对盲区和最大作用距离验证时,主要判断引信是否可靠启动,因此,也不存在测量误差和人为读数、取值误差。故采用炮射试验进行盲区和最大作用距离验证,是精度最高的试验方法。

12.3　低空挂飞试验

导弹低空飞行或攻击低空目标时,距地面的高度有时接近甚至小于引信的最大作用距离,从引信解除保险后到导弹目标交会前,地面或海面背景反射可能使引信"早炸",或当导弹与目标交会时,背景噪声干扰目标信号,能使引信与战斗部配合效率降低,这一点对中低空导弹和超低空导弹引信十分重要。另外,对于脉冲多普勒体制的无线电引信,还存在低空界外干扰的情况。因此,在设计时规定了低空工作的性能指标,并在方案设计和样机研制阶段,均可进行低空挂飞试验,以考核引信低空工作性能。低空挂飞试验是全面验证近炸引信低空、超低空性能的主要手段,也是验证脉冲多普勒无线电引信抗界外干扰性能的手段。

12.3.1　试验系统组成

低空挂飞试验系统组成框图如图 12 - 5 所示,主要由总控设备、惯导装置、数据记录设备、引信电源与控制设备、引信及引信角度调整装置组成。

引信电源与控制设备给引信加电,并控制引信工作状态。引信波束对地海面的入射角由引信角度调整装置控制,用于验证不同

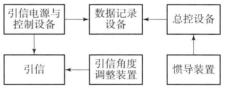

图 12 - 5　低空挂飞试验系统组成框图

入射角下的杂波数据。惯导装置记录载机位置，并传输给总控设备。数据记录设备采集惯导信息、杂波数据、引信状态信息及引信启动信号。

12.3.2　试验方法

低空挂飞试验示意图如图 12 - 6 所示。载机携带数据记录设备，引信悬挂于载机下方。载机按照预定的飞机路线飞行，数据记录设备记录超低空下引信的各项数据和载机的惯导信息，用于数据分析和算法优化。

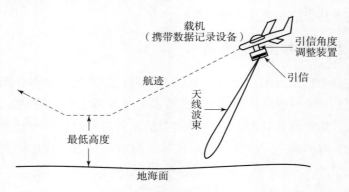

图 12 - 6　低空挂飞试验示意图

低空挂飞试验需要采集多个入射角下的杂波数据，典型的航迹示意如图 12 - 7 所示。载机由高度 H_1 处开始俯冲，引信开始工作，数据记录设备采集各项数据。在最低高度平飞若干秒后抬升至 H_2 高度。在 H_2 高度下，调整引信天线波束对地海面的入射角。角度调整完成后，载机再次俯冲。如此循环，采集数据。

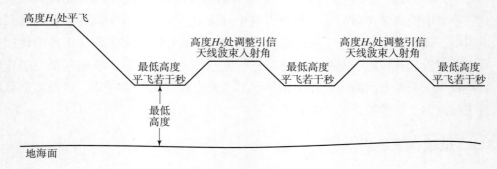

图 12 - 7　航迹示意图

根据特定引信的时序和波形参数，最大飞行高度各不相同。最大飞行高度主要受界外干扰的回波能量决定，通常按所需验证的界外干扰距离确定最大平飞高度，并适当留有余量即可。

为使低空挂飞试验结果更接近真实状态，地面或海面上还应有目标模型。可将目标模型架设在离地面一定高度的支架上，或架设在海面浮标上，带有引信的飞机在目标模型上空飞过。这种低空挂飞试验状态，既有目标又有干扰背景，对产品性能考核更有实际意义。但当目标模型尺寸较大时，支撑和改变姿态都很困难，在海面试验时，更难以实现。由于试验时飞机不能离目标太近，因此，难以模拟小脱靶量情况。另外，考核引信在 5 ~ 10 m 的超低空性能时往往不用目标，主要考核引信在超低空是否虚警。

12.3.3　验证的主要关键指标及评估方法

低空挂飞试验主要用来验证近炸引信的超低空性能和抗界外干扰性能。

1. 超低空性能

超低空性能验证时，载机挂载引信从百米左右高度向下俯冲接近超低空指标规定的最小飞行高度，其间观察引信是否有报警信号，当到达最小飞行高度后，保持数秒平飞再拉起，反复多个俯冲和平飞，持续观察引信是否报警，若不报警，表示引信超低空性能满足设计要求。

试验过程中除观察报警信号外，事后应分析引信接收通道内是否有杂波进入以及杂波的能量大小，并对超低空性能的余量进行定量分析。

2. 抗界外干扰性能

抗界外干扰性能旨在验证引信穿越界外干扰区的过程中，地海杂波能不能引起引信的误动作。首先通过理论计算得到引信界外干扰区的安全高度，载机挂载引信由该安全高度向下俯冲，依次穿越各个界外干扰区直至第一界外干扰区以下，其间观察引信是否有报警信号；引信拉起至初始飞行高度反复多个俯冲，持续观察引信是否报警，若不报警，表示引信抗界外干扰性能满足设计要求。同样在事后也要关注性能余量。

12.4　射频半实物仿真试验

由于高科技在武器系统中的不断应用，如何在敌我双方作战方式、攻防能力不断升级的情况下最大限度地发挥引信在高效毁伤上的作用成了当前武器系统研制的突出问题。武器系统对引信的要求，也从适时引爆战斗部进一步地提高到全天候全空域工作、针对高速低速目标的精确引爆、最佳起爆、最佳毁伤等新要求。面空近炸引信技术的发展必须要具有对付高速再入的弹道导弹、超低空入侵的各种巡航导弹和反舰导弹等目标的能力，同时还要不断提高引信的抗干扰能力。为适应这些新的要求，国内外导弹近炸引信研究机构不断探索新的探测体制和信号处理手段，不断开展制导和引信系统一体化设计的研究，提高对付各种高速、低速目标时的引战配合效率。引信技术的创新和发展，必须有新的仿真和试验手段来保证，射频半实物仿真试验技术应运而生。

国内在引信试验条件方面的建设上得到了国家主管部门的高度重视，但主要是各种外场试验条件的建立。目前外场全尺寸慢速/火箭橇交会模拟系统采用了较多的试验手段，但由于模拟的交会速度相对低，不能真实地验证引信在高速动态条件下的工作情况，无法满足新一代引信反弹道导弹等高速目标时的脱靶方位识别、制导信息提取和炸点预估、实时信号处理和自适应引战配合等性能考核。在低空性能、对付高速小目标时的盲区特性等方面还须采用绕飞、挂飞、炮射等外场试验来验证。由于绕飞、挂飞、炮射等试验周期长、代价大，并且试验时交会姿态很难控制，所能获得的信息单一，不能对引信进行全面考核验证。而射频半实物仿真试验，可以通过回波信号的动态模拟、空馈回放，实现高速交会、综合电磁环境下的真实仿真。

射频半实物仿真试验技术采用射频空馈式方法，系统复杂，功能齐全，造价相对较高。但半实物仿真可以在实验室实现对引信产品在各种弹道、各种不同电磁环境和地海背景情况下的性能仿真，在实验室逼真地模拟引信动态、高速、复杂的工作过程，验证引信产品的性能，及时发现设计缺陷。可改变目前较为落后的设计、研制和试验手段，提高了引信的研制验证水平，可以逐步取代各种费用较高的火箭橇、挂飞和炮射等试验，减少靶场飞行试验的次数，是缩短引信研制周期、降低研制费用的有效途径，具有较高的效费比。

12.4.1 射频半实物仿真系统的组成

半实物仿真系统采用射频仿真的方法，主要包含目标、干扰和杂波信号的形成以及弹目高速动态交会过程的模拟。该方法不同于目前制导系统采用的点目标大转台角度跟踪模拟，而是由天线阵的馈源来模拟体目标效应时的散射中心，通过调节阵列中不同的馈源以及馈源的幅度、相位和延时，达到模拟实际弹目高速交会时的电磁环境的目的。由于是通过改变天线阵列馈源的电特性来达到仿真目的，因此可以较容易地实现弹目交会时高达 4 000 m/s 的高速相对运动。引信与目标的交会姿态是通过交会姿态控制台来改变和调整的。

面空近炸引信弹目高速交会半实物仿真系统是由目标模拟器、馈电阵列系统、实时控制系统、系统校准装置、引信通用测试系统和微波暗室等组成，其框图如图 12−8 所示。微波暗室提供了射频仿真的电磁波自由传播空间，消除二次反射和背景干扰。引信通用测试系统用来测试被试引信本身的指标和参数是否正常，并在仿真试验中用于采集、记录、上传引信输出信号。目标模拟器根据目标的类型和交会条件，产生动态回波模拟信号，由一组阵列天线辐射出去至被测引信的接收天线端。引信发射基准信号由电缆注入目标模拟器，产生与发射基准信号相干的回波信号供给阵列天线。当模拟高速交会时，测试系统根据交会条件的参数初值确定导弹引信在弹体坐标系中的三维姿态，分布式实时控制系统按照弹目相对运动特性，把近场目标特性数据（幅度、频率、初始相位等）调制到基准信号上，再根据弹目相对距离的变化情况，改变信号的延时，从而形成目标回波模拟信号。该信号通过阵列天线辐射出去。阵列天线由三元组组成，通过精位控制和粗位控制，在引信接收天线输入端合成的信号包含了目标和导弹运动信息，模拟了弹目高速交会时回波信号的特征。根据交会时的不同情况，还可把各种干扰和杂波信号通过相同的模拟方法进行调制和辐射，提供给被测引信进行接收和处理，达到半实物仿真的目的。

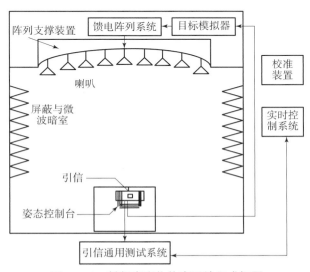

图 12 - 8　射频半实物仿真系统组成框图

引信工作时目标处于引信天线的近区或超近区，此时引信与目标间的距离往往与目标的尺寸为同一数量级，到达目标和目标反射的电磁波均为球面波。引信天线接收目标反射信号的幅度、相位、多普勒频率等，都与目标的大小、形状、结构、引信与目标的距离和交会角有密切的关系。此时目标的雷达散射截面是距离的函数，与目标远场的雷达散射截面和经典雷达方程比，体目标效应明显，目标回波信号不能简单地用点目标回波信号来代替。

引信体目标回波信号模拟技术适用于脉冲体制、脉冲多普勒体制、伪随机码脉冲多普勒体制和脉冲多普勒比幅比相无线电引信测试，可完成无线电引信目标高速交会试验。

12.4.2　体目标回波信号的生成

引信体目标回波信号是指把目标等效成若干个具有幅度、相位、方位和高低位置起伏的等效散射中心的反射信号之和。每个散射点可以看作一个点目标，每个点目标可以用距离、角度和多普勒信号来表示。当有 n 个散射点时，反射信号为

$$s_n(t) = \sum_{m=1}^{n} k_m \cos(\omega - \omega_{Dm})t \left[P_{\tau_0}(t - \tau_m) * \sum \delta(t - NT) \right] \qquad (12-14)$$

式中：k_m 为包括目标雷达散射截面、发射功率和雷达距离因子在内的加权系数；τ_m 为电磁波从引信到第 m 个点目标的往返延时；P_{τ_0} 为宽度为 τ_0、幅度为 1、重复周期为 T 的脉冲；$\delta(t)$ 为狄拉克函数；ω_{Dm} 为第 m 个点目标上多普勒信号的角频率；n 为散射点总数，m 为散射点个数；T 为脉冲重复周期；N 为脉冲个数；$*$ 为卷积算子符号。

　　根据以上分析，一个复杂的体目标可以等效为 n 个点目标的集合体，体目标的目标回波信号可以等效为 n 个点目标回波信号的叠加，并且不同的点目标回波信号相对于发射信号有不同的延时时间、多普勒频率和幅度衰减值。因此引信体目标回波信号原理框图如图 12-9 所示。

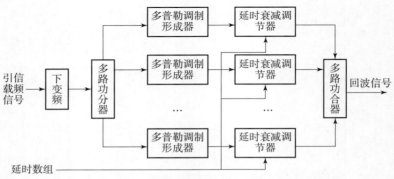

图 12-9　引信体目标回波信号原理框图

12.4.3　体目标回波信号模拟技术

　　模拟引信目标交会时，测试系统根据交会条件的参数初值确定导弹引信在弹体坐标系中的三维姿态，分布式实时控制系统按照弹目相对运动特性，把近场目标特性数据（幅度、频率、距离、初始相位参数等）调制到基准信号上，再根据弹目相对距离的变化情况，改变信号的延时，从而形成体目标模拟信号。该信号通过阵列辐射出去。在引信接收天线接收到的合成信号包含目标和导弹相对运动信息。根据交会时的不同情况，提供不同的目标回波信号，供被测引信进行接收和处理，从而达到体目标仿真测试的目的。

　　1. 目标模拟器

　　目标模拟器单路点目标回波信号电路主要由微波下变频模块、中频放大滤波器、PIN 开关、上变频模块、滤波放大模块、精密衰减模块、精密延时电路模块等组成，目标模拟器将从被测引信接入微波载频信号作为输入信号，经过下变频至中频后，再经中频放大滤波器、多普勒调制形成器，然后对通过精密延时后的发射同步信号进行脉冲调制，形成单路点目标回波信号。一般目标模拟器由 8 路单路点目标回波信号组成。

目标模拟器单路点目标回波信号电路组成如图 12 – 10 所示。

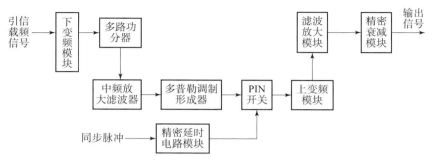

图 12 – 10　目标模拟器单路点目标回波信号电路组成示意图

2. 馈电阵列系统

模拟一个点目标运动时，在计算机控制下同时接通球面阵上三个相邻辐射天线单元，它们组成一个三元组天线阵。由计算机控制这三个天线单元辐射信号的幅度和相位，可以使三元组天线阵所辐射的等效相位中心位于三元组天线阵所组成的三角形中的任意位置上。使用阵列中不同位置的相邻三元组天线阵，可以使合成的等效辐射中心位于整个阵列上的任意一点，通过选择不同位置的三元天线组以及控制三个辐射天线辐射的信号相位和幅度，就可以模拟目标的连续运动。

馈电阵列系统主要由阵列天线及调整装置、馈电通道（含粗、精位控制模块）、控制设备（计算机、微波器件及时序控制电路）、控制软件、阵列支架及维护平台、校准设备等组成，阵列由三元组组成，由天线阵的馈源来模拟体目标效应时的多个散射点，通过调节阵列中不同的馈源以及馈源的幅度、相位和延时，达到模拟实际引信与目标交会时的体目标回波的目的。精位控制通过控制移相器、衰减器实现等效辐射中心在三元组内移动；粗位控制通过控制开关切换实现等效辐射中心在三元组之间的控制。其组成框图如图 12 – 11 所示。

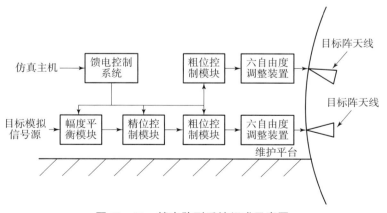

图 12 – 11　馈电阵列系统组成示意图

3. 实时控制系统

实时控制系统是整个系统的控制核心，包括总控台、中心仿真计算机、实时计算机网络、实时控制分系统、交会姿态控制系统和视景等。主要功能如下：

（1）控制系统各硬件设备的加电、自检，控制仿真试验的开始、终止和结束，以及仿真系统通信链路的故障诊断分析。

（2）给各个分系统提供统一的同步时钟。

（3）实现系统校准装置的统一调度。

（4）控制被试引信产品的性能指标测试和数据记录。

（5）控制仿真数据的分析和显示以及交会状态的动画演示，根据对被试引信的实验要求，调用所需目标的多点散射模型参数。

（6）计算导弹和目标交会中与引信仿真有关的参数，包括目标上各个强散射点各自与导弹引信的径向速度、作用距离、回波幅度等。

（7）完成弹体坐标系和实验室倾斜坐标系之间的参数转换，计算出目标多点散射模型中各点在阵列坐标系下的方位角和俯仰角，通过网络传输给阵列控制计算机。

（8）控制交会姿态。

4. 系统校准装置

系统校准装置是馈电阵列系统和目标模拟器校准所必需的专用工具。校准装置应完成以下功能：

（1）辐射信号视在角度位置的校准，此角度位置是指从三轴姿态模拟台回转中心向阵列方向看，辐射信号在阵列球面坐标系的两个角度坐标。

（2）各通路辐射信号一致性校准，包括辐射单元方向图轴线指向角校准和各个支路路径损耗一致性校准。

（3）各通路辐射信号相位（路径长度）一致性校准。

（4）辐射信号极化平面的校准（即辐射单元围绕其方向图轴线的转角校准）。

（5）馈电阵列系统各支路移相器、衰减器校准。

（6）射频目标仿真系统目标位置精度的校准。

（7）目标回波延迟校准。

5. 引信通用测试系统

引信通用测试系统在仿真试验前用于测试各种引信的功能，在仿真试验中接收实时控制系统信号，给引信加电、开机，测试引信的工作状态，采集、记录、上传引信输出信号。

12.4.4 验证的主要关键指标及评估方法

射频半实物仿真试验手段可以验证包括最大作用距离、截止距离、盲区、启动概率、抗干扰性能、超低空性能、抗界外干扰性能等在内的所有关键指标，是评估手段最全的模拟试验方法，也是精度最高、随机误差最小的试验方法。按真实条件计算产生目标回波信号并向被试产品空间辐射，指标性能的评估方法与其他试验方法完全一致，这里不再赘述。

12.5　综合试验各方法的评述

根据上文描述，试验验证手段的核心是模拟的真实性，包括目标的真实性、产品的真实性以及交会条件的真实性。从上述三个方面出发，评述动态交会模拟试验、炮射试验、低空挂飞试验和射频半实物仿真试验等四种综合试验方法，其优缺点概括如下。

1）动态交会模拟试验

动态交会模拟试验的最大优势为目标的真实性。交会条件的真实性随模拟速度的提高逐渐接近真实值的下限，产品参数一般会有一定调整。火箭橇模拟速度最高，柔性滑轨模拟速度次之，低速滑轨模拟速度最低，但试验消耗成本也渐次降低。低速滑轨试验可验证的主要关键指标相对较全面，是综合试验中最常用、最普及也最有效的试验方法。尤其针对启动概率指标的试验评估，往往需要进行数百个弹道上千次的交会模拟，此时，低速滑轨试验低廉的成本、快速的组织实施方面的优势更加明显，且试验系统造价适中，可重复使用，是进行启动概率试验评估的首选。柔性滑轨和火箭橇试验可作为低速滑轨的补充，针对某些特殊情况，可考虑采用真实产品进行柔性滑轨或火箭橇的验证，主要从试验次数、效费比等方面综合考虑。

2）炮射试验

炮射试验兼顾了目标真实性、产品真实性和交会条件的真实性，且试验误差很小。模拟的交会速度远超真实值下限，是实体目标模拟试验手段中，模拟交会速度最高的试验方法。该方法的消耗成本高于低速滑轨，却远低于柔性滑轨和火箭橇。但可验证的关键技术指标仅为动态交会试验的一部分，在进行盲区验证和脱靶方位评估验证等特殊应用的情况下，多采用炮射试验进行最终性能的评判。也是动态交会模拟试验的补充。

3）低空挂飞试验

低空挂飞试验的最大优势也是兼顾了目标真实性和交会条件的真实性。其目标为真实的地海面，尤其针对抗界外干扰性能验证时，是唯一能够真实模拟引信穿越多个界外干扰区的试验手段。但其需要动用直升机或运输机为载体，试验成本远高于动态交会试验，在进行抗界外干扰验证和超低空性能验证的特殊应用情况下，采用低空挂飞试验进行性能评判。除试验成本高以外，海面挂飞时海情、海况很难定量限定或评判，而且受空域协调、天气因素等环节限制，试验效率很低。

4）射频半实物仿真试验

射频半实物仿真试验的最大优势是交会条件模拟的真实性，是综合试验方法中唯一能够真实模拟弹目交会速度的试验手段，也是验证的关键指标最全的试验手段。其唯一不足是目标回波采用数学模型计算仿真生成，回波的模拟精度受目标实体模型的精度限制。随着目标特性仿真计算手段的提升以及采用实体目标实测验模优化，回波模拟精度已控制在 2 dB 以内，该精度对评估验证的结果影响基本可忽略。其试验消耗也极低，并可重复试验，因此，射频半实物仿真试验是后续综合试验的主要方法。由于其系统极其庞大复杂、造价过于昂贵，目前尚未推广普及。

附录 A 缩略术语汇总表

本附录给出了书中涉及的缩略术语的英文原义和相应的中文术语。

ADC——Analog to Digital Converter，模/数转换器

A/D——Analog – to – Digital，模/数

AGC——Automatic Gain Control，自动增益控制

ARM——Advanced RISC Machine，先进"精简指令集"微处理器

ASIC——Application Specific Integrated Circuit，特定用途集成电路

BRDF——Bidirectional Reflectance Distribution Function，双向反射分布函数

CPLD——Complex Programmable Logic Device，复杂可编程逻辑器件

DAC——Digital to Analog Converter，数/模转换器

DDS——Direct Digital Synthesizer，直接数字式频率合成器

DPSSL——Diode Pump Solid State Laser，二极管泵浦固体微激光器

DRFM——Digital Radio Frequency Memory，数字射频存储器

DRO——Dielectric Resonator Oscillator，介质振荡器

DSP——Digital Signal Processing，数字信号处理

EBG——Electromagnetic Band Gap，电磁带隙

ECM——Method of Equivalent Current，等效电流法

ESS——Environmental Stress Screening，环境应力筛选

FDTD——Finite Difference Time Domain，时域有限差分法

FEM——Finite Element Method，有限元法

FEM – MOM——Finite Element Method – Method of Moment，有限元法 – 矩量法

FFT——Fast Fourier Transform，快速傅里叶变换

FMCW——Frequency Modulated Continuous Wave，调频连续波

FMECA——Failure Mode Effects and Criticality Analysis，故障模式、影响及危害性分析

FPGA——Field Programmable Gate Array，现场可编程阵列

FSS——Frequency Selective Surface，频率选择表面

FTA——Fault Tree Analysis，故障树分析

GIF——Guidance Integrated Fuzing，制导引信一体化

GO——Geometric Optic，几何光学法

GPS——Global Position System，全球定位系统

GTD——Geometric Theory of Diffraction，几何绕射理论

HFSS——High Frequency Structure Simulator，高频结构仿真

HIS——High Impedance Surface，高阻抗表面

ILDC——Incremental Length Diffraction Coefficient，增量长度绕射系数法

IP3——3rd Order Intercept Point，三阶截断点

KA——Kirchhoff Approximation，基尔霍夫近似

LRCS——Laser Radar Cross Section，激光雷达散射截面

LTCC——Low Temperature Co – fired Ceramic，低温共烧陶瓷技术

MEMS——Micro Electro – Mechanical Systems，微机电系统

MDS——Minimum Detectable Signal，最小可检测信号

MMIC——Monolithic Microwave Integrated Circuit，单片微波集成电路

MOM——Method of Moment，矩量法

MOSFET——Metal Oxide Semiconductor Field Effect Transistor，金属氧化物半导体场效应晶体管

MOS—Metal Oxid Semiconductor，金属氧化物半导体

MTTF——Mean Time to Failure，平均寿终时间

MTBF——Mean Time Between Failure，平均无故障工作时间

PD——Pulse Doppler，脉冲多普勒

PLL——Phase Locked Loop，锁相环

PIN—Positive – Intrinsic – Negative，P，型半导体 – 本征半导体 – N 型半导体

PN 结—Positive Negative Junction，P 型半导体和 N 型半导体结合面形成的空间电荷区

PO – MLFMA——Physical Optics – Multilevel Fast Multipole Algorithm，物理光学 – 多级快速多极算法

PO——Physical Optics，物理光学

PSS——Phase Shifting Surface，相移表面

PTD——Physical Theory of Diffraction，物理绕射理论

RAM——Random Access Memory，随机存取存储器

RCS——Radar Cross Section，雷达散射截面

ROM——Read – Only Memory，只读存储器

SBR——Shooting and Bouncing Ray，射线跟踪

SOC——System On a Chip，片上系统

SPM——Small Perturbation Method，微扰法

TBM——Tactical Ballistic Missile，战术弹道导弹

TTL——Transistor Transistor Logic，逻辑门电路

UTD——Uniform Theory of Diffraction，一致性绕射理论

VCO——Voltage Controlled Oscillator，压控振荡器

VSWR ——Voltage Standing Wave Ratio，电压驻波比

参 考 文 献

[1]马宝华．战争、技术与引信——关于引信及引信技术的发展[J]．探测与控制学报，2001，22(1)：1－6．

[2]王时春．中国大百科全书·军事[M]．北京：军事科学出版社，1987．

[3]王祖尧．中国军事百科全书[M]．北京：军事科学出版社，1992．

[4]崔占忠．引信发展若干问题[J]．探测与控制学报，2008，30(2)：1－4．

[5]崔占忠，宋世和，徐立新．近炸引信原理[M]．北京：北京理工大学出版社，2009．

[6]孙志慧，邓甲昊，闫小伟．国外激光成像探测系统的发展现状及其关键技术[J]．科技导报，2008，26(3)：13．

[7]张跃．半主动式激光近炸引信目标探测与信号处理技术研究[D]．南京：南京理工大学，2007．

[8]安晓红，张亚，顾强．引信设计与应用[M]．北京：国防工业出版社，2006．

[9]张清泰．无线电引信总体设计原理[M]．北京：国防工业出版社，1985．

[10]钟鑫．引战系统半实物仿真技术研究[D]．南京：南京理工大学，2016．

[11]王家鑫，薛正国，张元，等．超低空导弹掠海试验技术概述[J]．制导与引信，2014，35(2)：34－38．

[12]黄烨．典型弹目交会最佳起爆控制技术研究[D]．南京：南京理工大学，2017．

[13]徐豫新．破片杀伤式地空导弹战斗部杀伤概率计算[D]．太原：中北大学，2008．

[14]沈珠兰．电容近炸引信启动特性研究[J]．上海航天，2002，19(6)：33－36．

[15]许俊峰，姜春兰，李明．引制一体化与可瞄准战斗部配合技术研究[J]．兵工学报，2014，35(2)：176－181．

[16]吴洪波，王笑寒，孔丽．舰空导弹战斗部破片飞散运动规律解析[J]．舰船电子工程，2012，32(5)：34－36．

[17]梁棠文．防空导弹引信设计及仿真技术[M]．北京：宇航出版社，1995．

[18][俄罗斯]N. M. Korah．雷达引信原理[M]．华恭，兴华合，译．北京：国防工业出版社，1980．

[19]陈慧敏，贾晓东，蔡克荣．激光引信技术[M]．北京：国防工业出版社，2016．

[20]陈慧敏，等，近程激光探测技术[M]．北京：北京理工大学出版社，2018．

[21]王春晖，陈德应．激光雷达系统设计[M]．哈尔滨：哈尔滨工业大学出版社，2014．

[22]徐贵力，陈智军，郭瑞鹏．光电检测技术与系统设计[M]．北京：国防工业出版社，2013．

[23]张艳艳，霍玉晶，何淑芳，等．一种新的双频激光多普勒测速方法的实验研究[J]．激光与红外，2010，(7)：694-696．

[24]戴永江，激光雷达技术[M]，北京：电子工业出版社，2010．

[25]周健，姚宝聚，龙兴武．激光多普勒信号渡越加宽的研究[J]．红外与激光工程，2011，40(5)：826-829．

[26]H. Trinks. Electric Field Detection and Ranging of Aircraft[C]. IEEE on Aerospace and Electric system. Vol. AES-18,1982.

[27]韩磊．静电探测机理与应用[M]．北京：国防工业出版社，2012．

[28]鲍重光．静电技术原理[M]．北京：北京理工大学出版社，1993．

[29][日]菅义夫．静电手册[M]．《静电手册》翻译组，译．北京：科学出版社，1981．

[30]杜照恒，刘尚合，等．飞行器静电起电与放电模型及仿真分析[J]．高电压技术，2014，40(9)：2806-2812．

[31]郝晓辉，虞健飞，崔占忠．直升机静电场研究[J]．兵工学报，2012，33(5)：583-587．

[32]Maciej A. Noras, Stephen J. Vinci, David M. Hull. Modeling Detection and Electrical Parameters of Rapidly Moving Charged Objects[C]. IEEE Industry Applications Society Meeting, 2014:1-4.

[33]Fujiwara O, Nakazawa K, Takeshita H. An Analysis of Charged Floor Potential Using Electromagnetic Field Theory [J]. Electro. Commun., 1998, 81: 28-35.

[34]黄培康．雷达目标特性[M]．北京：电子工业出版社，2005．

[35]陈保辉．雷达目标反射特性[M]．北京：国防工业出版社，1993．

[36]E. F. Knott, J. F. Shaeffer, M. T. Tuley. Radar Cross Section[M]. New York：Artech House,1989.

[37][美]E. F. 克拉特.雷达散射截面——预估、测量和缩减[M]．阮颖铮，译.北京:电子工业出版社,2003.

[38][美]Jin Au Kong. 电磁波理论[M]．吴季，等，译.北京:电子工业出版社,2003.

[39]盛新庆.计算电磁学要论[M]．合肥:中国科学技术大学出版社,2008.

[40]阮颖铮. 复射线理论及其应用[M]. 北京:电子工业出版社,1991.

[41]庄钊文,等. 军用目标雷达散射截面预估与测量[M]. 北京:科学出版社,2008.

[42]聂在平. 目标与环境电磁散射特性建模[M]. 北京:国防工业出版社,2009.

[43] Z. L. LIU, C. F. WANG. Efficient Iterative Method of Moments – Physical Optics Hybrid Technique for Electrically Large Objects[J]. IEEE Transactions on Antennas and Propagation, 2012, 60(7):3520 – 3525.

[44]金亚秋. 电磁散射和热辐射的遥感理论[M]. 北京:科学出版社,1998.

[45]陈晓盼,孙辉,李柏文. 国外目标与环境电磁散射特性建模技术[M]. 北京:国防工业出版社,2018.

[46]蔡昆,陈金浩. 引战系统仿真中的目标电磁散射数学模型[J]. 上海航天,1990,3(2):12 – 15.

[47]顾俊. 用 PO + PTD 法进行近场电磁散射理论建模[J]. 制导与引信,2000,21(1): 11 – 15.

[48]顾俊,王万富,童广德. 基于 AutoCAD 几何建模的近场目标电磁散射计算技术[J]. 上海航天,2002,(4):1 – 4.

[49]高火涛,鲁述,徐鹏根,吴正娴. 复杂目标散射近区 RCS 特性预估的研究[J]. 吉首大学学报, 1997, 18(4): 1 – 7.

[50] J. M. Rius Casals, M. Ferrando Bataller, Jofre Roca, Lluís. GRECO:Graphical Electromagnetic Computing for RCS Prediction in Real Time[J]. IEEE Antennas & Propagation Magazine, 1993, 35(2):7 – 17.

[51] Gu Jun, Wang Xiao Bing, Cai Kun, Liang Zi Chang. Near – Field Targets Electromagnetic Scattering Calculation Technolgy Based on CAD Geometry Modeling[J]. PIERS, 2004:99 – 100.

[52] E. F. Knott. The Relationship Between Mitzner's ILDC and Michaeli's Equivalent Currents[J]. IEEE Trans. on AP,1985,33(1):367 – 371.

[53] R. C. Hansen. Geometric Theory of Diffraction[J]. IEEE PRESS,2001:85 – 98.

[54]顾俊,王万富,童广德. 引信目标 RCS 理论算法发展及应用[J]. 上海航天,2003(4):18 – 21.

[55]李铁,马岸英. 近场 RCS 标定问题[J]. 制导与引信, 1996,17(4):65 – 69.

[56]梁子长,岳慧,等. 金属平板定标体 RCS 的近场修正研究[J]. 制导与引信,2009,30(4):42 – 45.

[57]陈晓盼,孙辉,林刚. 国外目标与环境电磁散射特性测试技术[M]. 北京:国防工业出版社,2018.

［58］［美］斯科尔尼克 MI. 雷达手册［M］. 谢卓，译. 北京：国防工业出版社，1978.

［59］［美］M. W. 朗（M. W. Long）. 陆地和海洋的雷达反射特性［M］. 薛德镛，译. 北京：国防工业出版社，1981.

［60］郭立新，王蕊，吴振森，等. 随机粗糙面散射的基本理论与方法［M］. 北京：科学出版社，2010.

［61］文圣常，余宙文，海浪理论与计算原理［M］. 北京：科学出版社，1984.

［62］J. R. SMITH，S. J. RUSSELL，B. E. BROWN，et al. Electromagnetic Forward – scattering Measurements Over a Known，Controlled Sea Surface at Grazing［J］. IEEE Transactions on Geoscience & Remote Sensing，2004，42（6）：1197 – 1207.

［63］徐根兴. 目标与环境的光学特性［M］. 北京：宇航出版社，1995.

［64］戴永江. 激光雷达技术［M］. 北京：电子工业出版社，2010.

［65］吴振森，谢东辉，谢品华，等. 粗糙表面激光散射统计建模的遗传算法［J］. 光学学报，2002，22（8）：897 – 901.

［66］毛康侯. 防空导弹天线［M］. 北京：宇航出版社，1991.

［67］王建，郑一龙，何子远. 阵列天线理论与工程应用［M］. 北京：电子工业出版社，2015.

［68］黄玉兰. 电磁场与微波技术［M］. 北京：人民邮电出版社，2017.

［69］钟顺时. 天线理论与技术［M］. 北京：电子工业出版社，2015.

［70］王新稳，李延平，李萍. 微波技术与天线［M］. 北京：电子工业出版社，2016.

［71］［美］Reinhold Ludwig，et al. 射频电路设计——理论与应用［M］. 王子宇，等，译. 北京：电子工业出版社，2002.

［72］薛正辉，杨仕明，李伟明，等. 微波固态电路［M］. 北京：北京理工大学出版社，2004.

［73］陈邦媛. 射频通信电路［M］. 北京：科学出版社，2002.

［74］［美］Behzad Razavi. 射频微电子学［M］. 邹志革，等，译. 北京：机械工业出版社，2016.

［75］杜汉卿. 无线电引信抗干扰原理［M］. 北京：兵器工业出版社，1988.

［76］刘跃龙. 超低空引信技术综述［J］. 制导与引信，2010，31（4）：1 – 6.

［77］邵云生，周明宇，王荣，程妹华. 复合随机调制引信抗界外干扰分析［J］. 制导与引信，2016，37（1）：1 – 4.

［78］刘跃龙，刘东芳. 雷达引信抗低空界外干扰研究［J］. 制导与引信，2017，38（2）：18 – 20.

［79］马忠恕. 防空导弹非触发引信工作原理［M］. 北京：国防工业出版社，1983.

［80］曹健宁. 基于四象限探测器的太阳光实时跟踪技术研究［D］. 长春：长春理工

大学,2011.

[81]邓甲昊,侯卓,陈慧敏. 新型磁探测技术[M]. 北京:北京理工大学出版社,2019.

[82]李炜昕,武海东,刘跃龙,等. 基于静电感应的引信目标探测传感器研究[J]. 测试技术学报, 2016,4(30):341-346.

[83]陈曦,黄韬,付巍. 基于有限元分析的静电探测器电极设计[J]. 北京理工大学学报, 2011, 31(4): 413-416.

[84]周正伐,顾长鸿,朱北园. 航天可靠性工程[M]. 北京:中国宇航出版社,2006.

[85]刘春和,陆祖建,等. 武器装备可靠性评定方法[M]. 北京:中国宇航出版社,2009.

[86]徐建强. 火箭卫星产品试验[M],北京:中国宇航出版社,2012.

[87]芮延年,傅戈雁. 现代可靠性设计[M],北京:国防工业出版社,2007.

[88]任季中,冯小平. 高性能 DDS 芯片 AD9959 及其应用[J]. 电子元器件应用, 2007,9(6):4-7.

[89]吕海涛. 数字射频存储器(DRFM)设计方法研究[J]. 火控雷达技术,2009, 38(3):34-37.

[90]夏红娟,陈潜. 噪声调频干扰信号仿真及应用[J]. 上海铁道大学学报,2000, 21(6):22-27.

[91]杨乐平,李海涛,赵勇. LabVIEW 高级程序设计[M]. 北京:清华大学出版社, 2003.

[92]苏建刚,黄严峻,曾嫦娥,等. 激光制导弹药半实物仿真目标模拟技术[J]. 光电与控制, 2010,17(7):58-60.

[93]庄志洪,路建伟,涂建评,等. 动态交会条件下引信最佳起爆面(区)设计[J]. 兵工学报, 1998,19(2): 219-222.

[94]李永红,杜力力,侯晋兵,等. 多普勒引信的弹目交会模拟实验与测试系统研究[J]. 仪器仪表学报, 2004,25(4):221-223.

[95]高峻,王世忠. 无线电引信检验技术与方法[M]. 北京:国防工业出版社,2006.

[96]李廷杰. 导弹武器系统的效能及其分析[M]. 北京:国防工业出版社, 2000.

[97]徐清泉,程受浩. 近炸引信测试技术[M]. 北京:北京理工大学出版社,1995.

索　引

（王彦祥　张若舒　编制）